U0814718

普通高等院校“十四五”精品教材

计算机应用基础

（Windows 10+Office 2016）

主　编　高云辉　袁明锋　何雄伟
副主编　黄宇靖　陈光奇　代安华
　　　　周娅兰　张国全

哈爾濱工程大學出版社
Harbin Engineering University Press

内容简介

本书是为计算机基础教学而编写的教材。本书主要介绍了计算机基础知识、Windows 10 操作系统及其应用、文字编辑软件 Word 2016、电子表格软件 Excel 2016、电子演示文稿软件 PowerPoint 2016、计算机网络基础、计算机信息安全、计算机多媒体技术等内容。

本书可作为应用型本科院校、中高等职业技术院校，以及各类计算机教育培训机构的专用教材，也可供广大初、中级电脑爱好者自学使用。

图书在版编目（CIP）数据

计算机应用基础 ： Win10+Office 2016 / 高云辉，袁明锋，何雄伟主编. —哈尔滨 ： 哈尔滨工程大学出版社，2021.1（2023.8 重印）

ISBN 978-7-5661-2911-6

I. ①计… II. ①高… ②袁… ③何… III. ①Windows 操作系统－教材②办公自动化－应用软件－教材 IV. ①TP316.7②TP317.1

中国版本图书馆 CIP 数据核字(2021)第 016730 号

责任编辑 张 曦
封面设计 赵俊红

出版发行 哈尔滨工程大学出版社
社　　址 哈尔滨市南岗区南通大街 145 号
邮政编码 150001
发行电话 0451-82519328
传　　真 0451-82519699
经　　销 新华书店
印　　刷 唐山唐文印刷有限公司
开　　本 787 mm×1 092 mm 1/16
印　　张 17
字　　数 435 千字
版　　次 2021 年 1 月第 1 版
印　　次 2023 年 8 月第 2 次印刷
定　　价 49.80 元
http：//www.hrbeupress.com
E-mail：heupress@hrbeu.edu.cn

前　言

现代计算机技术的快速发展以及社会的不断进步，使得人们的工作、学习和生活越来越离不开计算机了。特别是还在学校学习的学生，如果不掌握一定的计算机知识和操作技能，就很难有效地获取、整理、发布与自己专业或工作相关的信息。

本书是为计算机基础教学而编写的教材。为了帮助教师更好地组织教学，帮助广大学生更好地掌握计算机基础知识，我们特组织专家和一些一线骨干教师编写了本书。本书具有以下几个特点：

（1）全面、系统地介绍了计算机基础知识、Windows 10 操作系统基础、文字编辑软件 Word 2016、电子表格软件 Excel 2016、电子演示文稿软件 PowerPoint 2016、计算机网络基础、计算机信息安全、计算机多媒体技术等内容。

（2）内容翔实，采用的是由浅入深、图文并茂的方式进行讲解。

（3）通过全新的写作手法和写作思路，使读者通过本书的学习能够快速掌握计算机的基本操作，真正成为电脑行家里手。

（4）以实用出发点，以培养读者的实践和实际应用能力为目标，并通过通俗易懂的文字和手把手的教学方式讲解计算机基础知识中的要点、难点，使读者不仅能掌握这些基本知识，还能掌握实际的应用技能。

本书由高云辉（黑河学院计算机系）、袁明锋（重庆轻工职业学院）和何雄伟（惠州卫生职业技术学院）担任主编，由黄宇靖（惠州卫生职业技术学院）、陈光奇（郓城县高级技工学校）、代安华（重庆轻工职业学院）、周娅兰（重庆轻工职业学院）和张国全（山东省济南育贤中学）担任副主编。本书的相关资料可扫封底微信二维码或登录 www.bjzzwh.com 获得。

本书可作为应用型本科院校、中高等职业技术院校，以及各类计算机教育培训机构的专用教材，也可供广大初、中级电脑爱好者自学使用。

由于水平有限，书中存在的疏漏和不当之处，敬请各位专家及读者不吝赐教。

编　者

前 言

[illegible]

编 者

目　录

第 1 章　计算机基础知识

【本章概览】

21 世纪，人们进入了信息化的时代，计算机不仅在科研、教育、生产等领域得到广泛的应用，在日常的学习、生活中都成为不可或缺的工具。

了解计算机的基础知识，掌握计算机的日常使用与维护，不仅仅是专业技术人员必备的技能，同时也是信息时代中现代职场对每一位计算机应用者提出的基本要求。

【本章目标】

- 了解计算机的诞生、发展阶段及其发展趋势。
- 掌握计算机的特点、分类和应用领域。
- 了解微机的种类、主要性能指标。
- 掌握微机的组成、微机的硬件组成和主要参数。
- 掌握计算机系统是由硬件和软件两部分组成，并掌握计算机的基本工作原理。

1.1　计算机的基本知识

随着电子技术的不断发展和计算机的广泛应用，计算机的发展可谓是日新月异。计算机从诞生到现在短短的几十年时间，其发展和对人类生产、生活的作用已经超越了人类历史几千年来的任意一项技术。计算机已经成为一门单独的学科，且又被细化为更多研究领域和方向。在应用方面计算机更是深入到了日常工作、生活中的每一方面。正确地了解计算机对使用计算机有很重要的作用。

1.1.1　计算机的诞生

1946 年，世界上第一台数字式电子计算机 ENIAC 诞生于美国的宾夕法尼亚大学，全称是“数字积分计算机”（the electronic numerical integrator and calculator），如图 1-1 所示。ENIAC 占地 170 平方米，重 30 余吨，耗资 40 多万美元，每秒可进行 5000 次加法运算。从 1946 年 2 月交付使用，到 1955 年 10 月最后切断电源，ENIAC 服役了 9 年时间。

图 1-1　第一台电子计算机 ENIAC

1.1.2　计算机发展阶段

自第一代计算机诞生至今的 70 多年里，计算机的制造技术和使用方法发生了翻天覆地的变化。不论是运算速度、存储容量，还是元件制造工艺和系统结构等都有了惊人的发展和提高。根据计算机所采用的电子元件的不同，计算机的发展历程可划分为以下 4 个阶段。

1. 第一代计算机（1946 年—1957 年）

第一代计算机是电子管计算机，其基本元是电子管。其运算速度为千次到几万次每秒。计算机程序设计语言还处于最低阶段，用一串 0 和 1 表示的机器语言进行编程，直到 20 世纪 50 年代才出现汇编语言。由于尚无操作系统出现，因此操作机器困难。

第一代计算机体积庞大、造价高、速度低、存储容量小、可靠性差、不易掌握，主要应用于军事和科学研究领域。

2. 第二代计算机（1958 年—1964 年）

第二代计算机是晶体管计算机，以晶体管为主要元件。运算速度从万次每秒提高到几十万次每秒。与此同时，计算机软件也有了较大的发展，出现了监控程序并发展为后来的操作系统，高级语言 Basic、Fortran 被推出，使编写程序的工作变得更为方便并实现了程序兼容。

与第一代计算机相比，晶体管计算机体积小、成本低、质量轻、速度高、功能强、可靠性较高。使用范围也从单一的科学计算扩展到数据处理和事务管理等其他领域。

3. 第三代计算机（1965 年—1971 年）

第三代计算机的主要元件是小规模集成电路和中规模集成电路。所谓集成电路是用特殊的工艺将完整的电子线路做在一个硅片上，通常只有四分之一邮票大小。与第二代中使用的晶体管电路相比，集成电路计算机的体积、质量都进一步减小，运算速度、逻辑运算功能和可靠性都进一步提高。另外，软件在这一时期形成了产业。操作系统在规模和功能上发展很快，开始出现了结构化、模块化的程序设计思想，以及结构化的程序设计语言 Pascal。第三代计算机主要应用于科学计算、企业管理、自动控制、辅助设计和辅助制造等领域。

4. 第四代计算机（1971 年至今）

第四代计算机的主要元件是大规模集成电路和超大规模集成电路。随着集成电路技术的不断发展，20 世纪 70 年代出现了可容纳数千至几十万个晶体管的大规模和超大规模集成电路。这使得计算机的制造者们把计算机的核心部件甚至整个计算机都做在一个硅片上，从而使计算机的体积、质量都进一步减小。计算速度可达几百万次至上亿次每秒。操作系统向虚拟操作系统发展，数据管理系统不断完善和提高，程序语言进一步发展和改进，软件行业发展为新兴的高科技产业。计算机的应用领域不断向社会各个方面渗透，如办公自动化、数据库管理、图形识别、专家系统等，并且进入了家庭。

1.1.3　计算机的发展趋势

随着科技的进步，各种计算机技术、网络技术的飞速发展，计算机的发展已经进入一个快速而又崭新的时代，计算机已经从功能单一、体积较大发展到了功能复杂、体积微小、资源网络化等。计算机的未来充满了变数，性能的大幅度提高是不可置疑的，而实现性能的飞跃却有多种途径。不过性能的大幅提升并不是计算机发展的唯一路线，计算机的发展还应当变得越来越人性化，同时也要注重环保等问题。

计算机从出现至今，经历了机器语言，程序语言，简单操作系统和 Linux、Macos、BSD、Windows 等现代操作系统四代，运行速度也得到了极大的提升。第四代计算机的运算速度已经达到几十亿次每秒。计算机也由原来的仅供军事科研使用发展到人人拥有。计算机强大的应用功能产生了巨大的市场需要，未来计算机性能应向着巨型化、微型化、网络化、人工智能化、多媒体化和技术化的方向发展。

1. 巨型化

巨型化是指为了适应尖端科学技术的需要，发展高速度、大存储容量和功能强大的超级计算机。此外计算机的功能更加多元化。

2. 微型化

随着微型处理器（CPU）的出现，计算机中开始使用微型处理器，使计算机体积缩小了，成本降低了，变成了现在旁边使用的微机。另一方面，软件行业的飞速发展提高了计算机内部操作系统的便捷度，计算机外部设备也趋于完善。计算机理论和技术上的不断完善促使微机很快渗透到全社会的各个行业和部门中，并成为人们生活和学习的必须品。40 多年来，计算机体积不断的缩小，台式电脑、笔记本电脑、掌上电脑、平板电脑体积逐步微型化，为人们提供便捷的服务。因此，未来计算机仍会不断趋于微型化，体积将越来越小。

3. 网络化

互联网将世界各地的计算机联在一起，从此进入了互联网时代。计算机网络化彻底改变了人类世界，人们通过互联网进行沟通、交流（QQ、微博等），教育资源共享（文献查阅、远程教育等）、信息查阅共享（百度、谷歌）等，特别是无线网络的出现，极大地提高了人们使用网络的便捷性，未来计算机将会进一步向网络化方面发展。

4. 人工智能化

计算机人工智能化是未来发展的必然趋势。现代计算机具有强大的功能和运行速度，但与人脑相比，其智能化和逻辑能力仍有待提高。人类不断在探索如何让计算机更好地反应人类思维，使计算机能够具有人类的逻辑思维判断能力，可以通过思考与人类沟通交流，抛弃以往的依靠通过编码程序来运行联保计算机的方法，直接对计算机发出指令。

5. 多媒体化

传统的计算机处理的信息主要是字符和数字。事实上，人们更习惯的是图片、文字、音像等多种形式的多媒体信息。多媒体技术可以集图形、图像、音频、视频、文字为一体，使信息处理的对象和内容更加接近真实世界。

6. 技术结合

计算机微型处理器（CPU）以晶体管为基本元件，随着处理器的不断完善和更新换代的速度加快，计算机结构和元件也会发生很大的变化。光电技术、量子技术和生物技术的发展，对新型计算机的发展具有极大的推动作用。

20 世纪 80 年代以来 ALU 和控制单元（二者合成中央处理器，即 CPU）逐渐被整合到一块集成电路上，称作微处理器。这类计算机的工作模式十分直观：在一个时钟周期内，计算机先从存储器中获取指令和数据，然后执行指令，存储数据，再获取下一条指令。这个过程被反复执行，直至得到一个终止指令。由控制器解释，运算器执行的指令集是一个精心定义的数目十分有限的简单指令集合。

1.1.4 计算机的特点

计算机开始主要用于数值计算，但随着计算机技术的迅猛发展，其应用范围不断扩大，广泛地应用于自动控制、信息处理、智能模拟等各个领域。计算机能处理包括数字、文字、表格、图形、图像等信息。计算机之所以具有如此强大的功能，主要是因为它有以下几方面的特点。

1. 运算速度快

运算速度是衡量计算机性能的重要指标之一，衡量计算机处理速度的尺度一般是计算机一秒钟时间内所能执行加法运算的次数。计算机的运算部件采用的是电子器件，其运算速度远非其他计算工具所能比拟，其高速运算能力可以应用在天气预报和地质勘探等需要进行大量运算的科技中。

2. 存储容量大

计算机的存储器可以把原始数据、中间结果、运算指令等存储起来，以备随时调用。存储器不但能够存储大量的信息，而且能够快速准确地存入或取出这些信息。计算机的应用使得从浩如烟海的文献、资料、数据中查找信息并且处理这些信息成为容易的事情。

3. 工作自动化

计算机内部的操作运算是根据人们预先编制的程序自动控制执行的。只要把包含一连串指令的处理程序输入计算机，计算机便会依次取出指令，逐条执行，完成各种规定的操作，直到得出结果为止。

4. 运算精度高

由于计算机内部采用二进制数进行运算，使数值计算非常精确。一般计算机可以有十几位以上的有效数字，如利用计算机可以计算出精确到小数点后 200 万位的 π 值。计算机的高精度性使它运用于航空航天、核物理等方面的数值计算中，而且从机器和算法的设计，在理论上可以保证达到所要求的计算精确度。

5. 可靠性高、通用性强

由于采用了大规模和超大规模集成电路，现在的计算机具有非常高的可靠性。现代计算机不仅可以用于数值计算，还可以用于数据处理、工业控制、辅助设计、辅助制造和办公自动化等，具有很强的通用性。

6. 具有逻辑判断能力

逻辑运算与逻辑判断是计算机基本的也是重要的功能。计算机的逻辑判断能力，能实现计算机工作的自动化，并赋予计算机某些智能处理能力，从而奠定了计算机作为一种智能工具的基础。

1.1.5 计算机的分类

根据计算机分类的演变过程和近期可能的发展趋势，国外通常把计算机分为 6 大类。

1. 超级计算机或称巨型机

超级计算机通常是指最大、最快、最贵的计算机。例如目前世界上运行最快的超级计算机速度为 1704 亿次浮点运算每秒。生产巨型机的公司有美国的 Cray 公司、TMC 公司，日本的富士通公司、日立公司等。我国研制的银河机也属于巨型机，银河 1 号为亿次机，银河 2 号为十亿次机。

2. 小超级机（或称小巨型机）

小超级机又称桌上型超级电脑，它使巨型机缩小成个人机的大小，或使个人机具有超级电脑的性能。典型产品有美国 Convex 公司的 C-1，C-2，C-3 等；Alliant 公司的 FX 系列等。

3. 大型主机

大型主机包括通常所说的大、中型计算机。这是在微机出现之前最主要的计算模式，即把大型主机放在计算中心的玻璃机房中，用户要上机就必须去计算中心的端上工作。大型主机经历了批处理阶段、分时处理阶段，进入了分散处理与集中管理的阶段。IBM 公司一直在大型主机市场处于霸主地位，DEC 公司、富士通公司、日立公司、NEC 公司也生产大型主机。

不过随着微机与网络的迅速发展，大型主机正在走下坡路。许多计算中心的大机器正在被高档微机群取代。

4. 小型机

由于大型主机价格高，操作复杂，只有大企业、大单位才能买得起。在集成电路推动下，20世纪60年代DEC公司推出一系列小型机，如PDP-11系列、VAX-11系列。HP有1000、3000系列等。小型机通常用于部门计算。同样它也受到高档微机的挑战。

5. 工作站

工作站与高档微机之间的界限并不十分明确，而且高性能工作站正接近小型机甚至低端主机。工作站有着明显的特征：使用大屏幕、高分辨率的显示器；有大容量的内外存储器，而且大都具有网络功能。它们的用途也比较特殊，例如用于计算机辅助设计、图像处理、软件工程以及大型控制中心。

6. 个人计算机（或称微机）

这是目前发展最快的领域。根据它所使用的微处理器芯片的不同而分为若干类型：首先是使用Intel芯片的386、486以及奔腾等IBM PC及其兼容机；其次是使用IPM-Apple-Motorola联合研制的PowerPC芯片的机器，苹果公司的Macintosh已有使用这种芯片的机器；再次，DEC公司推出使用它自己的Alpha芯片的机器。

1.1.6 计算机的应用领域

根据工作方式的不同，计算机的应用大致可以分为以下几个方面。

1. 数据处理

数据处理就是利用计算机来加工、管理和操作各种形式的数据资料，一般总是以某种管理为目的。如人力资源部门用计算机来建立和管理人事档案，财务部门用计算机来进行票据处理、账目处理和结算，等等。

2. 数值计算

在科学研究和工程设计中，存在着大量烦琐、复杂的数值计算问题，解决这样的问题经常是人力所无法胜任的。高速度、高精度、计算复杂的数学问题正是电子计算机的特长。

3. 过程控制

过程控制就是用计算机对连续工作的控制对象实行自动控制，要求计算机能及时搜集检测信号，通过计算处理发出调节信号，对控制对象进行自动调节。过程控制应用中的计算机对输入信息的处理结果的输出总是实时进行的。实时控制在工业生产自动化、军事等方面应用十分广泛。如导弹的发射和制导过程中，总是不停地测试当时的飞行参数，快速地计算和处理，不断地发出控制信号控制导弹的飞行状态，直至到达指定的目标为止。

4. 计算机辅助系统

计算机辅助系统主要包括计算机辅助设计、计算机辅助制造、计算机辅助测试、计算机辅助教学等，是计算机的另一个非常重要应用领域。

计算机辅助设计（computer aided design，CAD）就是利用计算机来进行产品的设计。这种技术已广泛地应用于机械、船舶、飞机、大规模集成电路板图等方面的设计工作中。利用 CAD 技术可以提高设计质量，缩短设计周期，提高设计自动化水平。

计算机辅助制造（computer aided manufacturing，CAM）是利用计算机进行生产设备的控制操作和管理，它能提高产品质量、降低生产成本、缩短生产周期，并有利于改善生产人员的工作条件。

计算机辅助测试（computer aided testing，CAT）是利用计算机来辅助进行复杂而大量的测试工作。

计算机辅助教学（computer aided instruction，CAI）是现代教学手段的体现，它利用计算机帮助学生进行学习，将教学内容加以科学的组织，并编制好教学程序，使学生能通过人机交互自如地从提供的材料中学到所需要的知识并接受考核。

5. 人工智能

人工智能是计算机在模拟人类的某些智能方面的应用，利用计算机可以进行图像和物体的识别，模拟人类的学习过程和探索过程。如根据频谱分析的原理，利用计算机对人的声音进行分解、合成，使机器能辨识各种语音，或合成并发出类似人的声音。还有利用计算机来识别各类图像，甚至人的指纹等。

6. 机器翻译

1947 年，美国数学家、工程师沃伦·韦弗与英国物理学家、工程师安德鲁·布思提出了以计算机进行翻译（简称“机译”）的设想，机器翻译从此步入历史舞台，并走过了一条曲折而漫长的发展道路。机译被列为 21 世纪世界十大科技难题之一。与此同时，机译技术也拥有巨大的应用需求。

机译消除了不同文字和语言间的隔阂，堪称高科技造福人类之举。但机译的译文质量长期以来一直是个问题，离理想目标仍相差甚远。中国数学家、语言学家周海中教授认为，在人类尚未明了大脑是如何进行语言的模糊识别和逻辑判断的情况下，机译要想达到“信、达、雅”的程度是不可能的。这一观点恐怕道出了制约译文质量的瓶颈所在。

7. 多媒体应用

随着电子技术特别是通信和计算机技术的发展，人们已经有能力把文本、音频、视频、动画、图形和图像等各种媒体综合起来，构成一种全新的概念——“多媒体”。在医疗、教育、商业、银行、保险、行政管理、军事、工业、广播和出版等领域中，多媒体的应用发展很快。

8. 计算机网络

计算机网络是由一些独立的和具备信息交换能力的计算机互联构成，以实现资源共享的系统。计算机在网络方面的应用使人类之间的交流跨越了时间和空间障碍。计算机网络已成为人类建立信息社会的物质基础，它给日常工作带来极大的方便和快捷，如在全国范围内的银行信用卡的使用，火车和飞机票系统的使用等。现在，可以在全球最大的互联网络——Internet上浏览网站、检索信息、收发电子邮件、阅读书报、玩网络游戏、选购商品、参与众多问题的讨论、实现远程医疗服务等。

1.2 微机的基本知识

以微处理器为核心，再配上半导体存储器、输入/输出接口电路、系统总线及其他支持逻辑电路组成的计算机称为微机。

1.2.1 微机的种类

随着微机的广泛应用和技术的发展，微机也从单一的台式机发展为台式机、笔记本、一体机、平板电脑以及掌上电脑（PDA）等多种形式。

1. 台式机（Desktop）

微机的主机、显示器等设备一般都是相对独立的，需要放置在电脑桌或者专门的工作台上，如图1-2所示，因此命名为台式机，也称桌面机，是工作中最常见的微机。相对于笔记本电脑，台式机体积、质量较大，但同等价位下，台式机的性能要优于笔记本电脑，而且具有良好的散热性能，扩展性强。

2. 一体机

一体机的主机包括中央处理器（center processing unit，CPU）、主板等与显示器集成在一起，看起来像是由一台显示器、一个电脑键盘和一个鼠标组成的电脑，如图1-3所示。随着无线技术的发展，电脑一体机的键盘、鼠标与显示器可实现无线连接，机器只有一根电源线。这就解决了一直为人诟病的台式机线缆多而杂的问题。

图1-2　台式机

图1-3　一体机

3. 笔记本电脑（Notebook）

笔记本电脑也称手提电脑或膝上型电脑，是一种小型、便于携带的个人电脑，通常重 1～3 kg。笔记本电脑使用的软件与台式机相同，如图 1-4 所示。

4. 掌上电脑（PDA）

掌上电脑是一种运行在嵌入式操作系统之上的、小巧轻便、易带的手持式计算设备。它无论在体积、功能和硬件配备方面都比笔记本电脑更简单轻便。在掌上电脑基础上加上手机功能，就成了智能手机（smartphone）。智能手机来近年发展迅猛，在我国进入了普及阶段，如图 1-5 所示。

图 1-4　笔记本电脑

图 1-5　智能手机

5. 平板电脑

平板电脑（tablet personal computer，简称 Tablet PC），是一种小型、方便携带的个人电脑，以触摸屏作为基本的输入设备。它除了几乎拥有笔记本电脑的所有功能外，还支持手写输入。移动性和便携性更胜一筹，平板电脑就是一款无须翻盖、没有键盘、小到足以放入女士手袋却功能完整的 PC,如图 1-6 所示。

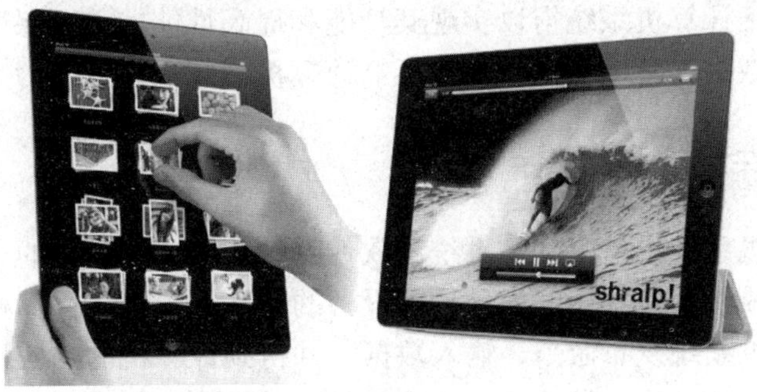

图 1-6　平板电脑

1.2.2　微机的主要性能指标

计算机的技术指标影响着它的功能和性能，而计算机的功能和性能又是由其系统结构、硬件组成、指令系统、软件配置等多种因素所决定的。全面评价一台计算机的性能，要综合考虑多种指标。在选购计算机时，除性能外还要考虑其价格，即其能价比。而且用途不同的计算机，其侧重也会不同。下面介绍微机主要的技术指标。

1. 字长

字长决定了微处理器内部寄存器、运算器、数据总线等的位数。字长是设计计算机时规定的，作为存储、传送、处理操作的信息单位。字长不仅标志着计算精度，也反映了计算机的处理能力。一般情况下，字长位数越多，其计算精度就越高，处理能力也更强。常见的计算机字长有 8 位、16 位、32 位、64 位等。当前微机最流行的字长是 32 位和 64 位。

2. 存储容量

一般以字节为单位来计算存储容量，主要是指内存储器的容量。内存储器容量越大，能容纳的数据和程序量就越多，处理能力就越强。目前，微机的内存容量一般有 128 MB、256 MB、512 MB 或更高。通常，机器的档次越高，其内存容量也就越大。当前的计算机由于其结构灵活，所以其存储器容量大都是可以扩展的。

3. 运算速度

计算机执行不同的操作所需要的时间不同，通常衡量计算机运算速度的指标是每秒钟能执行基本指令的操作次数，每秒百万次记作 MIPS。现在微机的主频，即微处理器时钟频率，在很大程度上决定了计算机的运行速度，一般主频越高，其运算速度就越快。以微机为例，当前主频就有超过 1GHz 甚至更高的。

4. 外部设备

这是指结构上允许配置的外部设备的最大数量和种类，实际数量和品种由用户根据需要选定。这关系到计算机对信息输入/输出的支持能力。

5. 软件配置

软件的配置一般独立于机器，但系统的功能和性能在很大程度上又受到软件的影响。丰富的软件系统是保证计算机系统得以实现其功能和提高性能的重要保证，如配置先进的操作系统，选用完善的数据库管理软件，都将影响计算机系统的整体能力。

1.2.3 微微机硬件组成和主要参数

一个完整的微机系统也是由硬件系统和软件系统两大部分组成的。

硬件系统是组成计算机系统的各种物理设备的总称，提供了计算机工作的物质基础。人们通过硬件向计算机系统发布命令、输入数据，并得到计算机的响应，计算机内部也必须通过硬件来完成数据存储、计算及传输等各项任务。

从原理上讲，硬件系统是由 CPU、内存储器、外存储器和输入/输出设备构成的一个完整的计算机系统。构成微机的关键是如何把这些部件有机地连接起来，微机多采用总线结构，如图 1-7 所示。

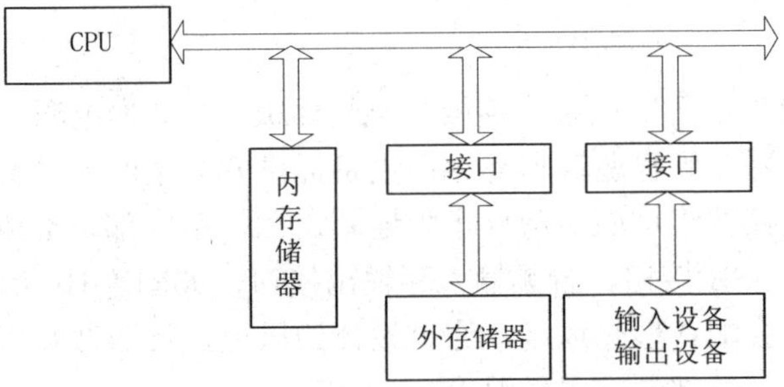

图 1-7　微机系统的硬件组成

软件内容丰富、种类繁多，和前一章所介绍的一样，也分为系统软件和应用软件两类。事实上，用户面对的是经过若干层软件"包装"的计算机，如图 1-8 所示。

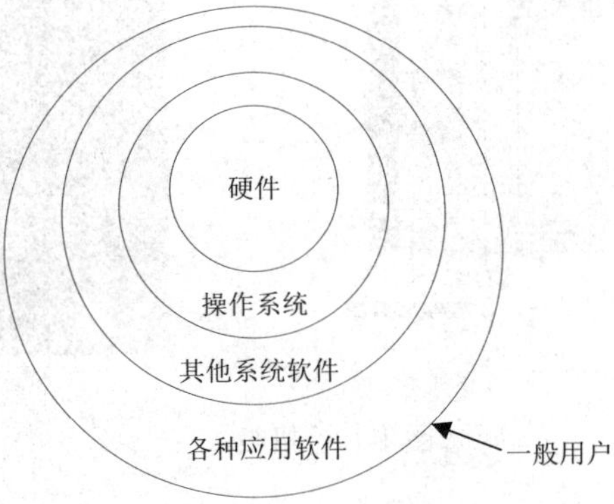

图 1-8　微机系统层次结构图

外观上看，一台典型的微机由主机、显示器、键盘、鼠标等部分组成，如图 1-9 所示。

图 1-9　台式微机基本配置

主机是微机的"主体"，其中包括 CPU、主板、电源、内存、硬盘、光驱和各种适配器板卡。键盘和鼠标是微机最基本的输入设备，显示器是微机最基本的输出设备。微机系统还可以配备各种外围设备（简称外设），这些外设主要是输入设备或输出设备。

1. 机箱

机箱是微机主机的“房子”，由金属钢板和塑料面板制成，为电源、主板、各种扩展板卡、软盘驱动器、光盘驱动器、硬盘驱动器等存储设备提供安装空间，并通过机箱内支架、各种螺丝或卡子、夹子等连接件将这些零部件牢固地固定在机箱内部，形成一台主机。在机箱的前面板提供主机开关、USB 接口、音频输入和输出接口，如图 1-10 所示。

另外，机箱一般都会配备散热风扇，通过设计的风道，形成散热气流，提供良好的风冷散热效果来降低机箱内部各部件的工作温度。

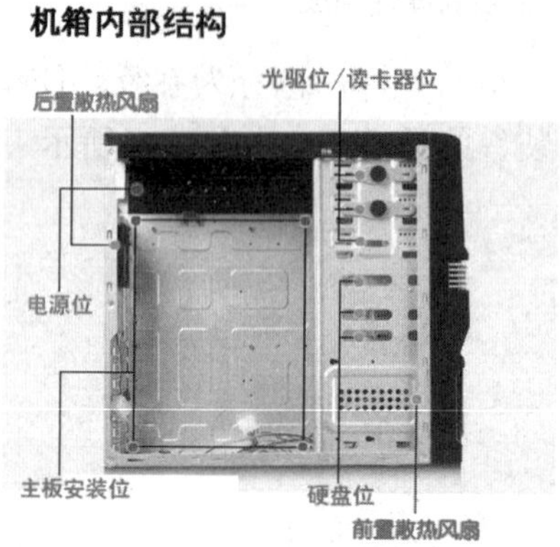

图 1-10 机箱

2. 电源

电源是微机的供电设备，它的作用是将 220 V 交流电转换为微机中使用的±12 V、±5 V 以及 3.3 V直流电。其性能的好坏直接影响到其他设备工作的稳定性，进而会影响整机的稳定性，如图 1-11 所示。

图 1-11 电源

随着多核 CPU 的迅速发展、普及以及硬件的快速更新及性能升级，电源的功率要求也越来越高。目前为 PC 配电源时，入门级的微机也应该提升到 350 W 以上，更高端的微机所需要的电源应在 450 W 以上。

3. 主板

主板又称母版，安装在主机箱内，是微机最基本的部件，如图 1-12 所示。主板上可以安装 CPU、内存条、显卡、声卡、网卡，而且主板上集成有 BIOS 芯片、南北桥芯片组、数据线、电源插槽以及对主机内外的各种接口等。它把微机的各个部件紧密连接在一起，各个部件通过主板进行数据传输。也就是说，主板是微机内部设备通信的“交通枢纽”，是各个部件的“工作平台”，它工作的稳定性影响着整机工作的稳定性。

主板的架构多样，必须同所选用的 CPU 的架构相同或兼容。另外，主板上采用的芯片组决定了主板的综合性能。主板的性能中应以稳定性为重。

4. CPU

CPU 是计算机的大脑，其品质的高低直接决定了微机的性能，可以用来判断微机的档次，如图 1-13 所示。它是计算机系统的核心，包括运算器和处理器两部分。计算机所发生的全部动作都受 CPU 的控制。

其中，运算器主要完成各种算术运算和逻辑运算，是对信息加工和处理的部件，由进行运算的运算器件和用来暂时寄存数据的寄存器、累加器等组成。控制器是对计算机发布命令的“决策机构”，用来协调和指挥整个计算机系统的操作。

图 1-12　主板

图 1-13　CPU

（1）核心数量：CPU 分为有单核和多核。所谓多核 CPU 就是在一个 CPU 中集成了多个运算核心。核心数量越多，CPU 的运算能力越强大，但最终性能并不是按照核心数量倍数增加。当前主流 CPU 为多核心 CPU，常见的有双核、3 核和 4 核。

（2）主频：主频也叫时钟频率，当前主流微机的主频单位是吉赫兹（GHz），用来表示 CPU 的运算、处理数据的速度。

（3）处理器位数：CPU 在单位时间内能一次处理的二进制数的位数叫字长，有 32 位和 64 位，早期 CPU 为 32 位，当前的主流 CPU 多为 64 位。64 位 CPU 可以进行更大范围的整数运算，可以支持更大的内存。

（4）CPU 缓存（cache memory）容量：在现代处理器中，按大小增加和速度递减的顺序，高速缓存存储器分为三个部分：L1，L2 和 L3 高速缓存。L3 高速缓存是最大也是最慢的（第三代 Ryzen CPU 具有高达 64MB 的大型 L3 高速缓存）高速缓存级别。L2 和 L1 比 L3 小得多，并且速度更快，并且每个内核都分开。

5. 内存

微机中的内存主要是指内存条，如图 1-14 所示。其存储特点是读写数据速度快，可与 CPU 配合，但存储的信息一旦断电就全部丢失。同样存储容量下成本比外存储器成本高。

（1）存储容量：存储器的容量单位有位（Bit）、字节（Byte，简写为 B）、千字节（KB）、兆字节（MB）、吉字节（GB）和太字节（TB）。

计算机中的信息都是以 bit 为单位存储的。一个位就代表一个 0 或 1，Bit 是最小的存储单位。8 个 Bit 组成一个 Byte，一个 Byte 可存放一个 8 位的二进制数或一个英文字符的编码，两个字节存放一个汉字编码。

存储容量的换算关系是

1 KB=1024 B　1 MB=1024 KB　1 GB=1024 MB　1 TB=1024 GB

（2）传输类型：主要分为 DDR、DDR2、DDR3。DDR2 的数据传输位宽由 DDR 的 2 bit 变为 4 bit，在同等核心频率下，DDR2 的实际工作频率是 DDR 的两倍。DDR3 内存提升数据传输位宽变为 8bit，为 DDR2 的两倍。

（3）频率：指内存条在工作频率和数据传输位宽基础上的等效频率，它代表了内存条读写速度的快慢，单位为 MHz。DDR 常见的是 200、266、333、400，DDR2 常见的是 400、533、667、800，DDR3 常见的是 800、1066、1333、1600。

6. 硬盘

硬盘属于外部存储器，是微机的主要数据存储设备，如图 1-15 所示。其存储特点是：以磁介质保存信息，停电信息不会丢失。相对内存，读写数据速度较慢，通常存储容量很大。

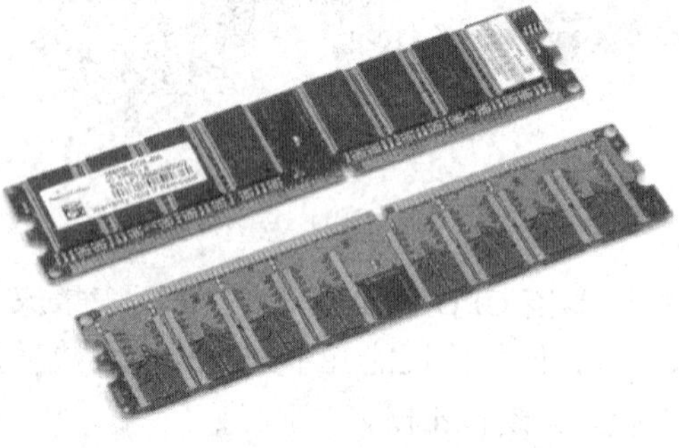

图 1-14　内存条

图 1-15　硬盘

（1）存储容量：微机的硬盘存储容量都较大。

（2）转速：转速代表了硬盘的读写速度。一般常见的硬盘转速为 7 200 转/秒、10 000 转/秒和 15 000 转/秒，转速越高，读写速度越快。

7. 输入设备

（1）键盘（keyboard）。键盘是操作者在使用 PC 机过程中接触最频繁的一种外部设备，如图 1-16 所示。用户编写的计算机程序、程序运行过程中所需要的数据以及各种操作命令等都是由键盘输入的。

目前，微机上常用的键盘有 101 键、102 键、104 键几种。键盘上主要按键有两大类：

①字符键：包括数字、英文字母、标点符号、空格等。

②控制键：包括一些特殊控制键（如删除已输入的字符等）、功能键等。主键盘区键位的排列与标准英文打字机一样。上面的【F1】～【F12】是 12 个功能键，其功能是由软件或用户定义的。右边副键盘区有数字键、光标控制键、加减乘除键和屏幕编辑键等。

（2）鼠标（mouse）。鼠标现在也已经成为微机上普遍配置的输入设备。从外形上看，鼠标是一个可以握在手掌中的小盒子，通过一条缆线与计算机连接，就像老鼠拖着一条长尾巴，如图 1-17 所示。

较早鼠标是机械式的，随着科学技术的发展，出现了光电鼠标。现在多数鼠标都采用 SP/2 或 USB 接口。目前出现的无线鼠标，不需要电缆来传输数据，而是在鼠标中内置发射器，将数据传输到接收器上，再由接收器传给计算机。通常鼠标总是与键盘同时使用的。

对鼠标的基本操作有点击、移动和拖拽。有的鼠标左右键之间还有一个滑轮（称为中间按钮），主要是在浏览多页文档或网页时使用。

除了鼠标以外，还可以见到许多形式不同但功能类似的输入设备。例如，便携式计算机上的触摸板（或者叫作“跟踪板”，其技术名为 Glide Point），即手指在触摸板上移动，触摸板下方的传感器将手指移动转换为显示器上光标指示器的位置。其使用方法与鼠标大体相同。

图 1-16　键盘

图 1-17　鼠标

（3）其他设备。输入设备还有摄像头、扫描仪、数码相机、数码摄像机等设备，如图 1-18 所示。

图 1-18　图像输入设备

8. 输出设备

（1）显示器。显示器又称为监视器（Monitor），如图 1-19 所示。显示器是微机最基本，也是必配的输出设备。微机系统中使用的阴极射线管显示器简称 CRT。通常，显示器还必须配显示适配器（显卡），共同构成微机的显示系统，用于控制显示屏幕上字符与图形的输出。

图 1-19　显示器

显示器与显卡必须匹配。目前，一般微机上配置的主要显卡有 MDA、CGA、EGA、VGA 等，如表 2-2 所示。

表 2-2　显示器的显示模式和标准

分辨率	模式	标准	模式
720×350	MDA	单色显示适配器（Monochrome display Adapter）	文本
320×200	CGA	彩色图形适配器（Color Graphics Adapter）	文本/图形
640×350	EGA	增强型图形适配器（Enhanced Graphics Adapter）	文本/图形
640×480	VGA	视频图形阵列（Video Graphics Array）	
800×600	SVGA	超级 VGA（Super VGA）	
1024×768	XGA	扩展图形阵列（eXtend Graphics Array）	图形模式
1280×1024	UVGA	超级 VGA（Ultra VGA）	
1600×1200	—	无	

显示器分为 CRT（阴极射线管显示器）和平板显示器两大类，平板显示器从技术上又分为液晶显示器（LCD）、发光二极管显示器（LED）。其作用是把微机处理完的结果显示出来，是微机必不可缺的输出设备。

（2）打印机。打印机将输出信息以字符、图形、表格等形式印刷在纸上，是重要的输出设备之一。如图 1-20 所示。目前，常用的打印机有针式打印机、喷墨打印机、激光打印机三种，各自发挥其优点，满足用户的不同需求。针式打印机可与复印纸结合一次打印多页，但其缺点是只能打印单色且打印速度很慢，通常用来打印一式多联的票据。激光打印机的打印速度最快，打印效果最佳，但是所用耗材太贵，尤其是彩色激光打印机的使用成本很高。喷墨打印机的打印速度介于激光打印机和针式打印机之间，打印质量较好，耗材成本较低，通常考虑成本，需要彩色打印的场合多用喷墨打印机。

针式打印机

喷墨打印机

激光打印机

图 1-20　打印机

9. 其他外部设备

随着计算机系统功能的不断扩大，所连接的外部设备也越来越多，外部设备的种类也越来越多。目前，不少设备上同时集成了输入、输出两种功能，如调制解调器、光盘刻录机等。

（1）显卡：显卡在工作时与显示器配合输出图形、文字。显卡的作用是将计算机系统所需要的显示信息进行转换驱动，并向显示器提供行扫描信号，控制显示器的正确显示，是连接显示器和个人微机主板的重要元件，是“人机对话”的重要设备之一，如图 1-21 所示。随着 3D 技术普及，计算机对显卡的要求越来越高，显卡在 2D 显卡的基础上发展为 3D 显卡。

GPU 的类型：高性能的独立显卡拥有独立的运算器， GPU 是显卡的“心脏”，也就相当于 CPU 在微机中的作用，它决定了该显卡的档次和大部分性能，同时也是 2D 显卡和 3D 显卡的区别依据。

显存容量：是显卡上本地显存的容量数，这是选择显卡的关键参数之一。显存容量的大小决定着显存临时存储数据的能力，在一定程度上也会影响显卡的性能。主流显卡的显存容量从 512 MB 到几 G。

（2）声卡。声卡将微机中二进制形式的声音转换成模拟音频信号送到音箱上发出声音，如图 1-22 所示。

图 1-21　显卡

图 1-22　声卡

（3）网卡。网卡是用来建立局网并连接到 Internet 的重要设备之一，如图 1-23 所示。在整合型主板中常把显卡、声卡、网卡部分或全部以芯片的形式集成在主板上。 通常，独立板卡的性能要比集成板卡的性能高。尤其是独立显卡的性能与集成显卡性能的差距是非常大的。

（4）调制解调器。英文名为“modem”，俗称“猫”，如图 1-24 所示，是通过电话线上网时必不可少的设备之一。其作用是将微机上处理的数字信号转换成电话线传输的模拟信号。

图 1-23　网卡

图 1-24　Modem

（5）光驱。光驱全称为光盘驱动器，是用来读写光盘内容的设备。随着光盘作为存储介质的广泛应用，光驱在台式机和笔记本上几乎成为标准配置。目前，光驱可分为CD-ROM驱动器、DVD 光驱（DVD-ROM）、康宝（COMBO）和 DVD刻录机等。

1.3　计算机系统的组成

计算机的广泛应用对人们的学习、生活和工作方式产生了巨大的影响，它既是一门科学，也是一种科学工具。学习必要的计算机知识，掌握一定的计算机操作技能，是现代人的知识结构中不可或缺的组成部分。

1.3.1　计算机系统的基本组成

一个完整的计算机系统包括硬件系统和软件系统两个部分。计算机通过执行程序而运行，计算机工作时硬件和软件协同工作，二者缺一不可。

硬件是指各种物理装置，包括计算机系统中的控制器、运算器、内存储器、I/O 设备以及外存储器等。它是计算机系统的物质基础。

软件是相对于硬件而言的。从狭义的角度上讲，软件是指计算机运行所需的各种程序；而从广义的角度上讲，软件还包括手册、说明书和有关的资料。软件系统看重解决如何管理和使用机器的问题。没有硬件，谈不上应用计算机；但光有硬件而没有软件，计算机也不能工作。硬件和软件是相辅相成的，只有配上软件的计算机才成为完整的计算机系统。计算机系统的基本组成如图 1-25 所示。

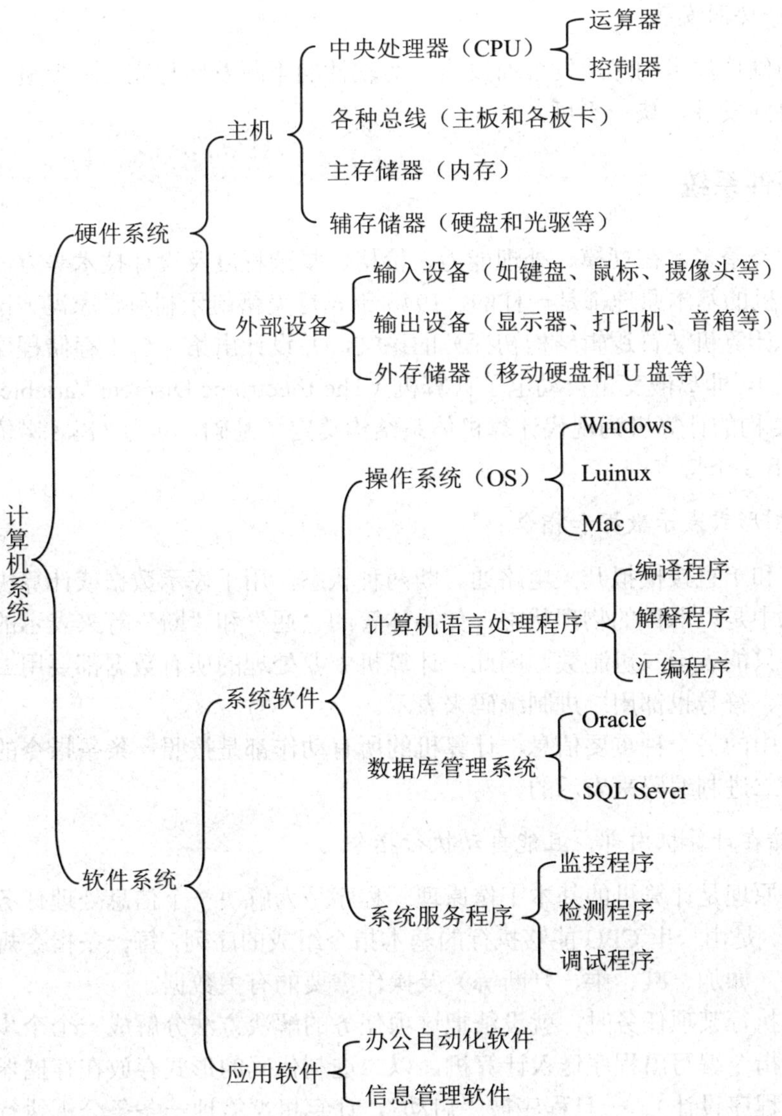

图 1-25　计算机系统的基本组成

硬件系统和软件系统是一个完整的计算机系统互相依存的两大部分。它们的关系主要体现在以下几个方面。

1. 硬件和软件互相依存

硬件是软件赖以工作的物质基础，软件的正常工作是硬件发挥作用的唯一途径。计算机系统必须配备完善的软件系统才能正常工作，才能充分发挥其硬件的各种功能。

2. 硬件和软件无严格界限

随着计算机技术的发展，在许多情况下，计算机的某些功能既可以由硬件来实现，也可以由软件来实现。因此，硬件与软件在一定意义上没有绝对严格的界限。

3. 硬件和软件协同发展

计算机软件随硬件技术的迅速发展而发展，而软件的不断发展与完善又促进了硬件的更新，两者密切地协同发展，缺一不可。

1.3.2 计算机硬件系统

虽然计算机种类繁多，在规模、处理能力、价格、复杂程度及设计技术等方面有很大的差别，但各种计算机的基本原理都是一样的。1946 年 6 月美籍匈牙利科学家冯•诺依曼教授发表了名为《电子计算机装置逻辑结构初探》的论文，并设计出第一台“存储程序”计算机 EDVAC（埃德瓦克），即离散变量自动电子计算机（The Electronic Discrete Variable Automatic Computer）。这种结构的计算机为现代计算机体系结构奠定了基础，称为“冯•诺依曼体系结构”。其主要有以下 3 个特点。

1. 采用二进制形式表示数据和指令

采用二进制 0 和 1 直接模拟开关电路通、断两种状态，用于表示数据或计算机指令。

数据在计算机中是以器件的物理状态，如晶体管的“通”和“断”等来表示的，这种具有两种状态的器件只能表示二进制数。因此，计算机中要处理的所有数据都要用二进制数来表示，所有的文字、符号也都用二进制编码来表示。

指令是计算机中的另一种重要信息，计算机的所有动作都是按照一条条指令的规定来进行的。指令也是用二进制编码来表示的。

2. 把指令存储在计算机内部，且能自动执行指令

存储程序控制原理是计算机的基本工作原理。程序是为解决一个信息处理任务而预先编制的工作执行方案，是由一串 CPU 能够执行的基本指令组成的序列，每一条指令规定了计算机应进行什么操作（如加、减、乘、判断等）及操作需要的有关数据。

当要求计算机执行某项任务时，就设法把这项任务的解决方法分解成一个个步骤。再用计算机能够执行的指令编写出程序送入计算机，以二进制代码的形式存放在存储器中（习惯上把这一过程叫作程序设计）。一旦程序被“启动”，计算机严格地一条条分析执行程序中的指令，便可以逐步地自动完成这项任务。

程序存储最主要的优点是使计算机变成了一种自动执行的机器。一旦程序被存入计算机被启动，计算机就可以独立地工作，以电子的速度一条条地执行指令。虽然每一条指令能够完成的工作很简单，但通过成千上万条指令的执行，计算机就能够完成非常复杂、意义重大的工作。

3. 计算机硬件具有五大组成部件

计算机由运算器、控制器、存储器、输入设备和输出设备五大部件组成，每一部件分别按要求执行特定的基本功能，如图 1-26 所示。

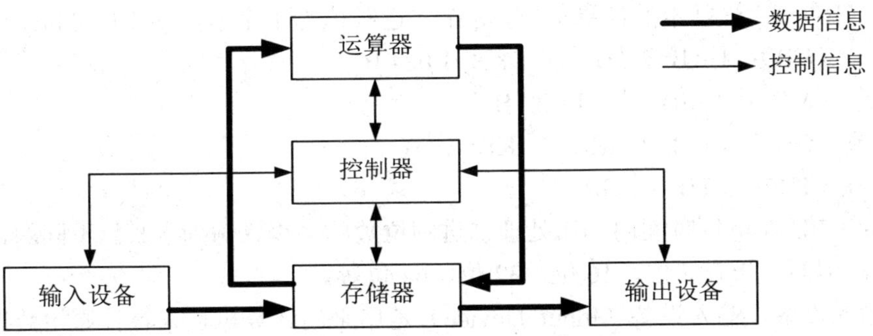

图 1-26　冯·诺依曼计算机结构示意图

（1）运算器。运算器又称算术逻辑单元（Arithmetical and Logical Unit）。运算器的主要任务是执行各种算术运算和逻辑运算。运算器的主要功能是对数据进行各种运算。这些运算除了加、减、乘、除等基本的算术运算之外，还包括能进行逻辑判断的逻辑处理能力，即“与”“或”“非”这样的基本逻辑运算以及数据的比较、移位等操作。

（2）控制器。控制器（Control Unit）是整个计算机系统的控制中心，协调指挥计算机各部件工作的元件。它的基本任务就是根据种类指纹的需要，综合有关的逻辑条件与时间条件产生相应的微命令。它一般由指令寄存器、状态寄存器、指令译码器、时序电路和控制电路组成。

通常把运算器与控制器合称为中央处理单元。工业生产中总是采用最先进的超大规模集成电路技术来制造中央处理单元，即 CPU 芯片。它是计算机的核心部件。它的性能主要是工作速度和计算精度，对机器的整体性能有全面的影响。

（3）存储器。存储器（Memory Unit）分为内存储器（简称内存或主存）、外存储器（简称外存或辅存）。其主要功能是存储程序和各种数据信息，并能在计算机运行过程中高速、自动地完成程序或数据的存取。

存储器是具有“记忆”功能的设备，它用具有两种稳定状态的物理器件来存储信息，这些器件也称为记忆元件。记忆元件的两种稳定状态分别表示为“0”和“1”。日常使用的十进制数必须转换成等值的二进制数才能存入存储器中。计算机中处理的各种字符，例如英文字母、运算符号等，也要转换成二进制代码才能存储和操作。

计算机采用按地址访问的方式到存储器中存数据和取数据。即在计算机程序中，每当需要访问数据时，要向存储器送去一个地址指出数据的位置，同时发出一个“存放”命令（伴以待存放的数据），或者发出一个“取出”命令。

计算机在计算之前，程序和数据通过输入设备送入存储器。计算机开始工作之后，存储器还要为其他部件提供信息，也要保存中间结果和最终结果。因此，存储器的存数和取数速度是计算机系统的一个非常重要的性能指标。

衡量存储器性能的另一个重要指标是存储容量，用来反映存储器所能容纳信息的多少。正如描述质量需要用质量单位来衡量，描述长度需要用长度单位来衡量一样，描述存储器的容量也需要用信息单位来衡量。衡量存储容量的信息单位有以下几种。

①（bit）：最小的信息单位。二进制的一个“0”或一个“1”为 1 位。

②字节（Byte）：最基本的信息单位，8 个二进制位为 1 字节，即 1 B=8 bit。

③千字节（KB）：1 KB=2^{10} B，即 1 KB=1 024 B

④兆字节（MB）：1 MB=2^{10} KB=2^{20} B

⑤吉字节（GB）：1 GB=2^{10} MB=2^{20} KB=2^{30} B

⑥太字节（TB）：1 TB=2^{10} GB

⑦字长：CPU 在单位时间内一次处理二进制位数的多少，称为字长。不同的计算机字长是不同的，常用的字长有 8 位、16 位、32 位、64 位等。

（4）输入设备。输入设备（Input Device）是用来向计算机输入各种原始数据和程序的设备。它把各种形式的信息（如数字、文字、图像等）转换为数字形式的“编码”，即计算机能够识别的用“1”和“0”表示的二进制代码（实际上是电信号），并把它们“输入”到计算机内存储起来。键盘是必备的输入设备，常用的输入设备还有鼠标、扫描仪、图形输入板、视频摄像机等。

（5）输出设备。输出设备（Output Device）是从计算机输出各类数据的设备。它把计算机加工处理的结果（仍然是数字形式的编码）变换为人或其他设备所能接收和识别的信息形式，如文字、数字、图形、声音等。常用的输出设备有显示器、打印机、绘图仪等。通常把输入设备和输出设备合称为 I/O（输入/输出）设备。

1.3.3 计算机软件系统

计算机软件通常分为应用软件和系统软件两大类。

1. 应用软件

应用软件指专门为解决某个应用领域内具体问题而编制的软件（或实用程序），如工资管理、仓库管理等程序。应用软件，特别是各种专用软件包也经常是由软件厂商提供的。目前，在微机上常见的应用软件有如下几类。

（1）办公自动化软件。用于日常办公的各种软件，如 Word、Excel、PowerPoint 等。

（2）信息管理软件。用于输入、存储、修改、检索各种信息。如工资管理软件、人力资源管理软件、仓库管理软件、计划管理软件等。这种软件发展到一定水平后，可以将各个单项软件连接起来，构成一个完整的、高效的管理信息系统。

（3）计算机辅助设计软件。用于高效地绘制、修改工程图纸，进行常规的设计计算，帮助用户寻求较优的设计方案。常用的有 AutoCAD 等软件。

（4）实时控制软件。用于随时收集生产装置、飞行器等的运行状态信息，并以此为根据按预定的方案实施自动或半自动控制，从而安全、准确地完成任务或实现预定目标。

从总体上来说，无论是系统软件还是应用软件，都朝着外延进一步“傻瓜化”，内涵进一步“智能化”的方向发展。即软件本身越来越复杂，功能越来越强，但用户的使用越来越简单，操作越来越方便。

2. 系统软件

具有代表性的系统软件有操作系统、语言处理系统、数据库管理系统和网络管理软件。

（1）操作系统。操作系统（Operating System，OS）是最基本的系统软件，是使计算机系统本身能有效工作的必备软件。操作系统的任务是：管理计算机硬件资源，并且管理其上的信息资源（程序和数据），此外还要支持计算机上各种硬软件之间的运行和相互通信。它在计算机系统中占有特殊、重要的地位。

操作系统是由许多程序组成的。其中有的管理磁盘，有的管理输入/输出设备，有的管理 CPU、内存，等等。当计算机配置了操作系统后，用户不再直接对计算机硬件进行操作，而是利用操作系统所提供的命令和其他方面的服务去操作计算机。因此，操作系统是用户操作和使用计算机的强有力的工具，或者说是用户与计算机之间的接口。

（2）语言处理系统。计算机在执行程序时，首先要将存储在存储器中的程序指令逐条地取出来，并经过译码后向计算机的各部件发出控制信号，使其执行规定的操作。计算机的控制装置能够直接识别的指令是用机器语言编写的，而用机器语言编写一个程序并不是一件容易的事。

实际上，绝大多数用户都使用某种程序设计语言，如 Visual Basic、C++、Delphi 等来编写程序。但是用这些语言编写的程序 CPU 是不认识的，必须要经过翻译变成机器指令后才能被计算机执行。负责这种翻译的程序称为编译程序或解释程序。要在计算机上执行由某种程序设计语言编写的程序，就必须配置有该种语言的语言处理系统。

（3）数据库管理系统。数据处理是当前计算机应用的一个重要领域。计算机的效率主要是指数据处理的效率。有组织地、动态地存储大量的数据信息，而且又要使用户能方便、高效地使用这些数据信息，是数据库管理系统的主要功能。应用较多的数据库管理系统有 Oracle、Informix、Sybase、SQL Server、Access 等。

（4）网络管理软件。网络管理软件主要是指网络通信协议及网络操作系统。其主要功能是支持终端与计算机、计算机与计算机以及计算机与网络之间的通信，提供各种网络管理服务，实现资源共享，并保障计算机网络的畅通无阻和安全使用。

3. 程序设计语言

在使用计算机解决问题时，必须使用某种“语言”来和计算机进行交流。也就是说，利用某种计算机语言提供的命令来编制程序，并把程序存储在计算机的存储器中，然后在这个程序的控制下运行计算机，达到解决问题的目的。用于编写计算机可执行程序的语言称为程序设计语言，程序设计语言按其发展的顺序可分为机器语言、汇编语言和高级语言。

（1）机器语言。能被计算机直接理解和执行的指令称为机器指令，它在形式上是由“0”和“1”构成的一串二进制代码。每种计算机都有自己的一套机器指令，机器指令的集合就是机器语言。

机器语言与人所习惯的语言，如自然语言、数学语言等差别很大，难学、难记、难读，因此很难用来开发实用的计算机程序。

（2）汇编语言。汇编语言（Assembly Language）亦称为符号语言，是面向机器的程序设计语言。在汇编语言中，用助记符（Memoni）代替操作码，用地址符号（Symbol）或标号（Label）代替地址码。这样用符号代替机器语言的二进制码，就把机器语言变成了汇编语言。

使用汇编语言编写的程序，机器不能直接识别，要由一种程序将汇编语言翻译成机器语言，这种起翻译作用的程序叫作汇编程序。汇编程序是系统软件中的语言处理系统软件，把汇编语言翻译成机器语言的过程称为汇编。

（3）高级语言。高级语言主要是相对于汇编语言而言的，它并不是特指某一种具体的语言，而是包括了很多编程语言，如目前流行的 C#、Java、vb.net、C、C++、Visual FoxPro、Delphi 等。这些语言的语法、命令格式都各不相同。

高级语言具有学习容易、使用方便、通用性强、移植性好等特点，便于各类人员学习和应用。例如，使用 Visual FoxPro 语言，如果想得到 $6\sqrt{1-x}$ 的计算结果，编写和执行语句

? 6*sqrt（1-x）

即可。

汇编语言和高级语言程序（称为源程序）都必须经过相应的翻译程序翻译成由机器指令表示的程序（称为目标程序），然后才能由计算机来执行。这种翻译通常有两种方法：

①编译方式：将高级语言源程序输入计算机后，调用编译程序（事先设计的专用于翻译的程序）将其整体翻译成机器指令表示的目标程序，然后执行目标程序，得到计算结果，如图 1-27 所示。

②解释方式：在高级语言源程序输入计算机后，启动解释程序，翻译一句源程序，执行一句，直到程序执行完为止，如图 1-28 所示。

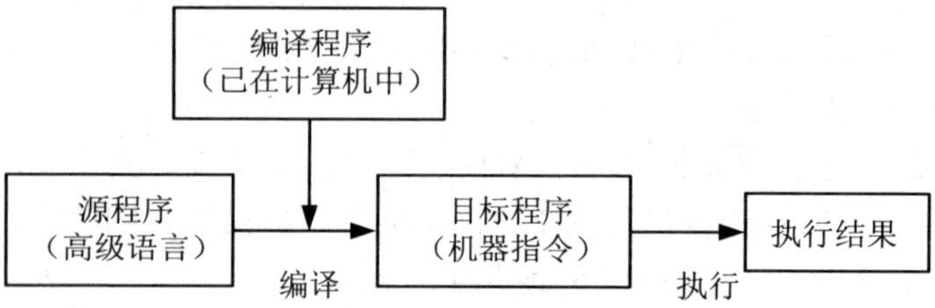

图 1-27　高级语言的编译方式图

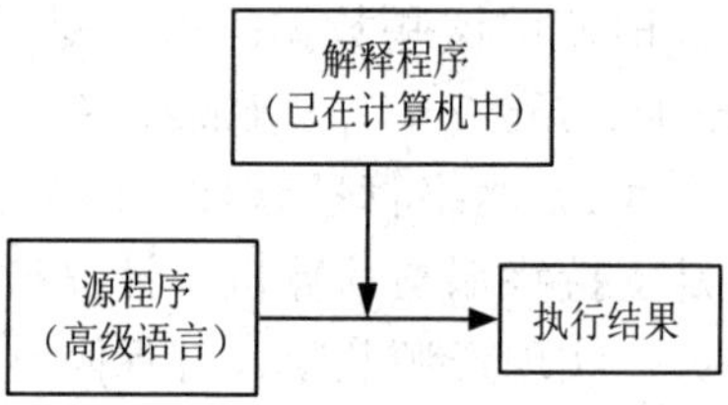

图 1-28　高级语言的解释方式

1.3.4　计算机的基本工作原理

计算机的基本工作原理很简单，其任务就是执行指令，其工作过程是由所存储并执行的程序控制的。在计算机工作前，先将待执行的程序装入计算机的内存储器，启动计算机工作后，控制器逐条地从内存中取出指令，分析其操作性质，然后按一定顺序发出指定操作所需的控制命令，直至该条指令执行完毕。指令执行过程如图 1-29 所示。

一条指令执行的全过程，可以分为三个阶段：取出指令、分析指令、执行指令。其实现过程如下。

（1）计算机启动工作后，首先将待执行程序在内存中的起始地址送入程序计数器 PC。

（2）控制器根据 PC 中的地址，从存储器中取出指令，送入指令寄存器 IR。

（3）IR 中的操作码部分经指令译码器 ID 译码，将识别出的操作性质送入操作命令产生部件。

（4）由操作命令产生部件按一定顺序发出一系列控制命令信号，送到各有关部件，使各部件完成指令所规定的操作。

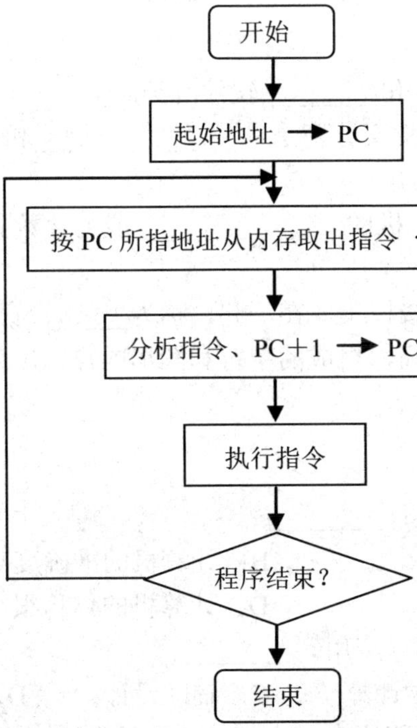

图 1-29　指令执行流程图

在完成上述操作过程中，当 PC 送出指令地址到内存取出指令后，PC 内容自动加 1，随即准备好下一条指令在内存的单元地址。这样，待前一条指令执行完毕后，再从 PC 中送出的就是下一条指令在内存中的存放地址，按这一地址取出的必定是下一条指令，这就又开始了下一条指令的执行过程。计算机就是这样逐条、自动地取出指令、分析指令、执行指令。按这一循环执行过程运转，直到所执行程序段的全部指令执行完毕。

如遇“转移指令”要实现程序分支时，在转移指令代码中指定程序欲转移地址，则在该条指令的执行阶段，会将转移地址送入 PC。因而当开始下一次取指令阶段时，PC 给出的是转移地址，按此地址再去内存取出指令，就完成了程序的转移。

本章小结

本章主要讲述了计算机基本知识、微机基本知识和计算机系统的组成。通过本章的学习，读者应该了解计算机的诞生、发展阶段及其发展趋势；掌握计算机的特点、分类和应用领域；了解微机的种类、主要性能指标；掌握微机的组成、微机硬件组成和主要参数；掌握计算机系统是由硬件系统和软件系统两部分组成，并掌握计算机的基本工作原理。

习题 1

一、填空题

1．软件系统分为________软件和________软件两类。

2．ROM、RAM、UPS 的中文意义分别是_______、_______和_______。

3．计算机能直接访问的存储器是_______。

4．地址总线的位数决定了计算机的______________能力，数据总线的宽度决定了计算的__________。

5．存储器、CPU 和输入/输出接口集成在一起，称为_______计算机。

6．对显示器而言，_______越高，组成的字符和图形的点密度越高，显示的画面就越清晰。所以分辨率越高，其性能越好。

二、选择题

1．以下哪个不是计算机的特点：________

A．计算机的运算速度快　　B．计算机的准确度高

C．计算机的存储容量巨大　　D．计算机的体积很小

2．办公自动化属于计算机的哪项应用？________

A．数据处理　　B．科学计算　　C．辅助设计　　D．人工智能

3．下面有关计算机操作系统的叙述中，________是正确的。

A．操作系统是计算机的操作规范

B．操作系统是使计算机便于操作的硬件

C．操作系统是便于操作的计算机系统

D．操作系统是管理系统资源的软件

4．下面有关计算机的叙述中，_______是正确的。

A．计算机的主机包括 CPU、内存储器和硬盘三部分

B．计算机程序必须装载到内存中才能执行

C．计算机必须具有硬盘才能工作

D．计算机键盘上字母键的排列方式是随机的

5．CPU 中的_______可存放少量数据。

A．存储器　　B．辅助存储器　　C．寄存器　　D．只读存储器

6．内存储器的基本存储单位是_______。

A．比特　　B．字节　　C．字　　D．字符

7．内存储器中的每个存储单元都被赋予一个唯一的序号，称为_______。

A．序号　　B．下标　　C．编号　　D．地址

8．显示器的_______越高，显示的图像越清晰。

A．对比度　　B．亮度　　C．对比度和亮度　D．分辨率

9．激光打印机是_______式打印机。

A．页　B．字符式　C．行　D．针

10．完整的计算机系统是由________组成的。

A．主机和外设系统　B．硬件和软件系统

C．冯·诺依曼和非冯·诺依曼系统　D．Windows 系统和 UNIX 系统

11．内存储器的基本存储单位是________。

A．比特　B．字节　C．字　D．字符

12．存储器中的每个存储单元都被赋予一个唯一的序号，称为________。

A．序号　B．下标　C．编号　D．地址

三、判断题

1．计算机内存的基本存储单位是比特。（　　）

2．数据库管理系统属于应用软件的范畴。（　　）

3．CGA、EGA、VGA、SVGA 表示的是主机的类型。（　　）

4．外存上的信息可直接进入 CPU 被处理。（　　）

5．操作系统只负责管理内存储器，而不管理外存储器。（　　）

6．显示器的分辨率不但取决于显示器，也取决于配套的显示器适配器。（　　）

7．数据总线的宽度决定了在内存和 CPU 之间数据交换的效率。（　　）

8．硬件和软件是一个完整的计算机系统互相依存的两大部分。（　　）

9．通常把控制器与运算器合称为 CPU，即中央处理器。（　　）

四、思考题

1．计算机系统由哪两部分组成？

2．计算机硬件由哪五部分组成？

3．微机的主要技术指标有哪些？

4．衡量 CPU 性能的主要技术指标有哪些？

5．RAM 和 ROM 的功能是什么?比较它们的特点与不同之处？

6．总线有哪些标准？按总线上传输信息类型可以将总线分为哪几种？

第 2 章　Windows 10 操作系统及其应用

【本章概览】

Windows 10 是美国微软公司研发的新一代跨平台及设备应用的操作系统，正式版已于 2015 年 7 月 29 日发布。微软将 Windows 10 作为统一品牌名，覆盖所有品类和尺寸大小的 Windows 设备，包括台式机、笔记本、平板和手机等。

【本章目标】

- 了解键盘及鼠标的使用；
- 掌握 Windows 10 常用术语和系统配置要求。
- 掌握如何使用“开始”菜单、如何搜索资料与网页、如何使用任务栏和多任务操作。
- 掌握文件的浏览、搜索、排序和筛选，掌握文件和文件夹的基本操作。
- 掌握如何设置文件与文件夹属性、如何设置文件夹选项。
- 了解如何设置桌面背景、系统主题色、系统声音。
- 了解如何设置字体、如何更改日期和时间。

2.1　Windows 10 基本知识

Windows 10 是由微软公司开发的最新一代的操作系统，该系统旨在让人们的日常电脑操作更加简单和快捷，为人们提供高效、易行的工作环境。不同于微软之前的预发行操作系统，Windows 10 大幅减少了开发阶段。自 2014 年 10 月 1 日开始公测，Windows 10 经历了 Technical Preview（技术预览版）以及 Insider Preview（内测者预览版）两个开发阶段。在按照微软官方的计划进行新特性的开发以外，微软不断地根据参与公测的会员所反映的问题进行修复与改进。

Windows 10 贯彻了“移动为先，云为先”的设计思路，一云多屏，多个平台共用一个 Windows 应用商店，应用统一更新和购买，是跨平台最广的操作系统。

2.1.1　键盘及鼠标的使用

Windows 系统以及各种程序呈现给用户的基本界面都是窗口，几乎所有操作都是在各种各样的窗口中完成的。如果操作时需要询问用户某些信息，还会显示出某种对话框来与用户交互传递信息。操作可以用键盘，也可以用鼠标来完成。

在 Windows 操作中，键盘不但可以输入文字，还可以进行窗口、菜单等各项操作。但使用鼠标能够更简易、快速地对窗口、菜单等进行操作，从而充分利用 Windows 的特点。

1. 组合键

键盘操作 Windows 常用到组合键。在 Windows 中，主要有以下几类组合键：

（1）【键名 1+键名 2】

例：【Ctrl+Space】。表示按住“键名 1”不放，再按一下“键名 2”。例如，按住【Ctrl】键不放，再按一下【Space】键。

（2）【键名 1，键名 2】

例：【Alt，A】。表示先按下“键名 1”释放后，再按下“键名 2”。例如，先按下【Alt】键，释放后，再按一下【A】键。

（3）【键名 1+键名 2+键名 3】

例：【Ctrl+Alt+Del】。表示同时按住“键名 1”和“键名 2”不放，再按一下“键名 3”，例如，同时按住【Ctrl 】键和【Alt】键不放，再按一下【Del】键。

2. 鼠标的操作

在 Windows 操作中，鼠标的操作主要有以下几种方法：

- **单击（Click）**：将鼠标箭头（光标）移到一个对象上，敲击鼠标左键，然后释放。这种操作用得最多。以后如不特别指明，单击即指点击鼠标左键。
- **双击（Double click）**：将鼠标箭头移到一个对象上，快速连续地两次点击鼠标左键，然后释放。以后如不特别指明，双击即指双击鼠标左键。
- **右单击（Click）**：将鼠标箭头移到一个对象上，点击鼠标右键，然后释放。右单击一般是调用该对象的快捷菜单，提供操作该对象的常用命令。
- **拖放（拖到后放开）**：将鼠标箭头移到一个对象上，按住鼠标左键；然后移动鼠标箭头直到适当的位置再释放，该对象就从原来位置移到了当前位置。
- **右拖放（与右键配合拖放）**：将鼠标箭头移到一个对象上，按住鼠标右键；然后移动鼠标箭头直到适当的位置再释放，该对象就从原来位置移到了当前位置。

3. 鼠标指针光标

鼠标指针光标指示鼠标的位置，使用鼠标时，指针光标能够变换形状而指示不同的含义。常见光标形状参见“控制面板”中“鼠标属性”窗口的“指针”标签，其意义如下：

- **普通选定指针**：指针光标为这种形状时，可以选定对象，进行单击、双击或拖动操作。
- **帮助选定指针?**：指针光标为这种形状时，可以单击对象，获得帮助信息。
- **后台工作指针**：其形状为一个箭头和一个沙漏，表示前台应用程序正在进行读写操作，不能进行选定操作，而后台应用程序可以进行选定操作。
- **忙状态指针**：其形状为一个沙漏，此时不能进行选定操作。
- **精确选定指针十**：通常用于绘画操作的精确定位，如在“画图”程序中画图。
- **文本编辑指针I**：其形状为一个竖线，用于文本编辑，称为插入点。
- **垂直改变大小指针↕**：用于改变窗口的垂直方向距离。

- **水平改变大小指针** ↔：用于改变窗口的水平方向距离。
- **改变对角线大小指针**↘或↗：用于改变窗口的对角线大小。
- **移动指针**✥：用于移动窗口或对话框的位置。
- **禁止指针**⊘：表示禁止用户的操作。

4. 选定和选择操作

在 Windows 中，选定和选择操作是两种不同的操作方法。

- **选定**（Select）：选定一个项目通常是给该项目做标记，使之突出（高亮度）显示；或者用一个虚线框表示，以区别于其他项目。一个选定操作不能产生一个动作，只用于做标记。
- **选择**（Choose）：选择一个项目导致一个动作。例如，选择菜单中的一个命令则将执行一个功能。在对话框中选择一个按钮之后，执行该按钮的功能。一般来说，要先选定一个项目，然后再选择此项目。

2.1.2 Windows 10 常用术语

1. 应用程序

应用程序是指为了完成某项或某几项特定任务而被开发运行于操作系统之上的计算机程序。应用程序与应用软件的概念不同，但常常因为概念相似而被混淆。软件指程序与其相关文档或其他从属物的集合。一般视程序为软件的一个组成部分。

2. 文件

文件是以单个名称在计算机上存储的信息集合。文件可以是文本文档、图片、程序等。文件通常具有三四个字母的文件扩展名，用于指示文件类别（例如，图片文件常常以 JPEG 格式保存，并且文件扩展名为 .jpg）。

3. 文件夹（目录）

文件夹可以存储文件或其他文件夹的地方，是用来协助人们管理计算机文件的，每一个文件夹对应一块磁盘空间，它提供了指向对应空间的地址，并且没有扩展名。

4. 库

“库”相当于以前的“我的文档”，但相对于“我的文档”又有重大改进。以前系统中的“我的文档”只能算是用于文件分类存储的文件夹；而 Windows 的库却可以收集存储在多个位置中的文件，这是一个细微但重要的差异。库实际上不是文件夹，不存储项目，它监视包含项目的文件夹，并允许以不同的方式访问和排列这些项目。

5. 路径

用户在磁盘上寻找文件时，所历经的文件夹线路叫作路径。路径分为绝对路径和相对路径。绝对路径：从根文件夹开始的路径，以“\”开始。相对路径：从当前文件夹开始的路径。

6. 图标

图标是具有明确指代含义的计算机图形。它源自于生活中的各种图形标识，是计算机应用图形化的重要组成部分。它可以表示程序、磁盘驱动器、文件、文件夹或其他项目的图片。

7. 快捷方式

快捷方式是 Windows 提供的一种快速启动程序、打开文件或文件夹的方法。它是应用程序的快速链接。

8. 快捷菜单

快捷菜单显示与特定项目相关的一列命令的菜单，即鼠标右击时出现的那个菜单，所以也叫作右键菜单。 要显示快捷菜单，用鼠标右键单击某一项目或按下【Shift+F10】组合键。

9. 快捷键

快捷键又叫作快速键或热键，指通过某些特定的按键、按键顺序或按键组合来完成一个操作，很多快捷键往往与【Ctrl】键、【Shift】键、【Alt】键、【Fn】键以及 Windows 平台下的【Windows】键和 Mac 机上的【Meta】键等配合使用。利用快捷键可以代替鼠标做一些工作，可以利用键盘快捷键打开、关闭和导航“开始”菜单、桌面、菜单、对话框以及网页。

2.1.3　Windows 10 系统配置要求

Windows 10 对系统配置要求不是特别高，因为 Windows 10 是针对大多数平台进行设计的操作系统，对高中低档配置都有兼顾。Windows 10 对系统的最低配置要求如表 2-1 所示。

表 2-1　Windows 10 对系统的最低配置要求

CPU	1 GHz（支持 PAE、NX 和 SSE2）或 SoC
内存	1 GB RAM（32 位）或 2 GB RAM（64 位）
硬盘	16 GB（32 位）或 20 GB（64 位）
显卡	DirectX 9 或更高版本（包含 WDDM 1.0 驱动程序）
分辨率	若要访问 Windows 应用商店并下载和运行程序，需要有效的 Internet 链接，以及至少 1 024×768 的屏幕分辨率。若要拖动程序，需要至少 1366×768 的屏幕分辨率
其他	若要使用触控，需要支持多点触控的平板电脑或显示器

2.2　Windows 10 基本操作

2.2.1　使用“开始”菜单

单击桌面左下方的“开始”按钮⊞或按键盘上的 Windows 徽标键，即可打开 Windows 10 “开始”菜单，如图 2-1 所示。

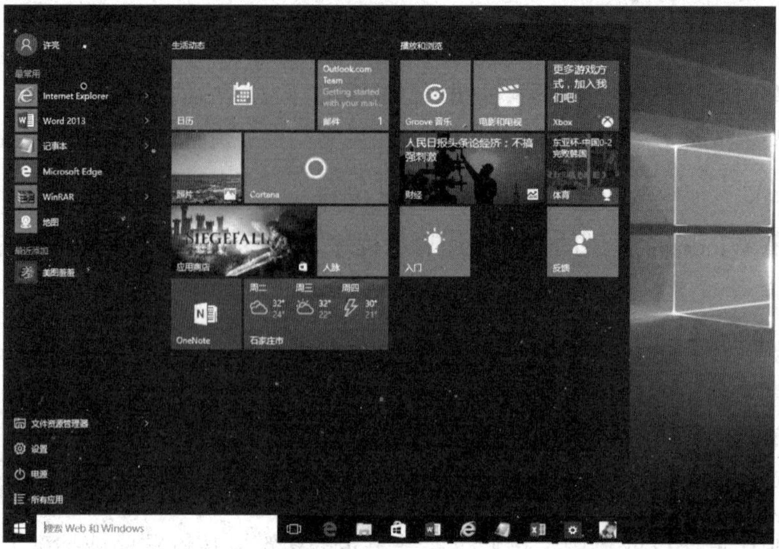

图 2-1　“开始”菜单

在“开始”菜单左侧是全新但又熟悉的设计，可以轻松跳转到系统中的不同位置，如“文件资源管理器”“设置”等。在左侧上方为“最常用”列表，其中列出了用户每天使用的应用程序。如果含有来自应用商店的应用，那么可以在“最近添加”下找到它。

单击“文件资源管理器”右侧的“显示跳转列表”按钮，在弹出的列表中可以查看最近访问的位置。单击这些位置右侧的“固定到此列表”按钮，可以将其固定在文件资源管理器中，如图 2-2 所示。

单击“最常用”列表中的程序右侧的“显示跳转列表”按钮，在弹出的列表中可以选择打开最近使用的文件，同样可以根据需要将文件固定到列表，如图 2-3 所示。

图 2-2　将文件固定在文件资源管理器中

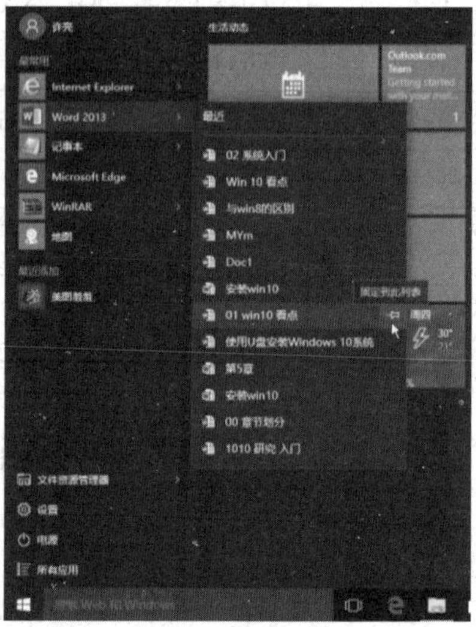

图 2-3　将文件固定到列表

1. 设置“开始”菜单

用户可通过设置来指定“开始”菜单上显示的项目，具体操作方法如下。

Step01 单击“个性化”按钮。打开“开始”菜单，选择“设置”选项，或直接按【Windows+I】组合键，打开“设置”窗口，单击“个性化”按钮，如图 2-4 所示。

Step02 设置显示项目。在打开窗口的左侧选择“开始”选项，在右侧可以设置哪些项目显示在“开始”菜单上或设置全屏幕“开始”菜单，单击相应的开关按钮即可。单击“选择哪些文件夹显示在‘开始’屏幕上”超链接，如图 2-5 所示。

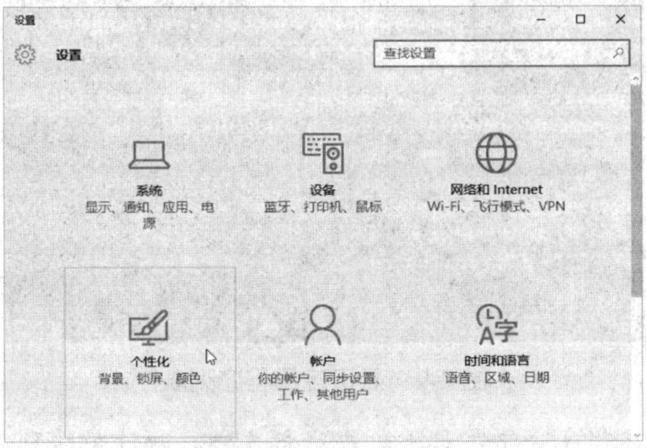

图 2-4　“设置”窗口

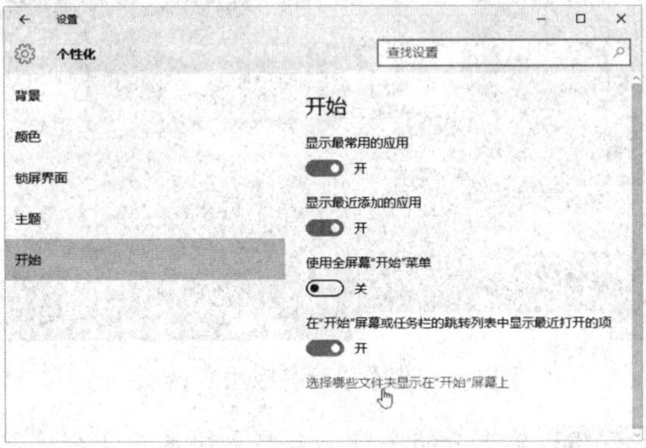

图 2-5　设置显示项目

Step03 设置显示文件夹。在打开的窗口中设置要显示在“开始”菜单中的文件夹（默认包括“文件资源管理器”和“设置”），单击相应的开关按钮即可，在此设置“网络”和“个人文件夹”为“开”，如图 2-6 所示。

Step04 查看设置效果。打开“开始”菜单，即可在下方看到“网络”和“个人文件夹”文件夹，如图 2-7 所示。

图 2-6　设置显示文件夹

图 2-7　查看设置效果

2. 查找应用程序

Windows 10 全新的“开始”菜单比以前的旧系统更有条理，还在所有应用列表中增加了首字母索引功能，可以更加快速地查找到电脑中的应用程序，具体操作方法如下。

Step 01 选择“所有应用”选项。打开“开始”菜单，在左上方即可找到用户最常用的程序。若要查看所有应用和程序列表，可在下方选择“所有应用”选项，如图 2-8 所示。

Step 02 显示应用程序列表。此时即可弹出所有应用程序列表，并按字母对应用进行分组和排序。拖动滚动条即可查找所需的程序，如图 2-9 所示。

图 2-8　选择“所有应用”选项

图 2-9　显示应用程序列表

Step 03 单击分组字母。若要更快地查找程序，可在程序分组字母上单击鼠标左键，快速跳转到列表的指定位置，如图 2-10 所示。

Step 04 单击拼音“N”按钮。弹出首字母检索界面，若要查找“闹钟和时钟”程序，可单击拼音“N”（取汉字拼音的首字母）按钮，如图 2-11 所示。

图 2-10　单击分组字母

图 2-11　单击“拼音 N”按钮

Step 05 选择程序。此时即可在应用列表上方显示以拼音 N 开头的程序，选择“闹钟与时钟”程序，如图 2-12 所示。

Step 06 设置启动程序。弹出“闹钟和时钟”窗口，设置闹钟与时钟程序为“开”，如图 2-13 所示。

图 2-12　选择程序

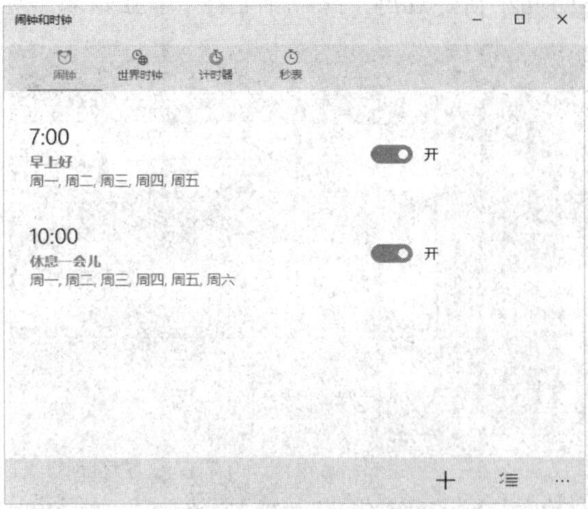

图 2-13　设置启动程序

Step 07 自动搜索程序。在应用程序列表中若一时找不到所需的程序，可以通过搜索快速启动。打开“开始”菜单后直接输入程序名称，即可自动搜索程序，如图 2-14 所示。

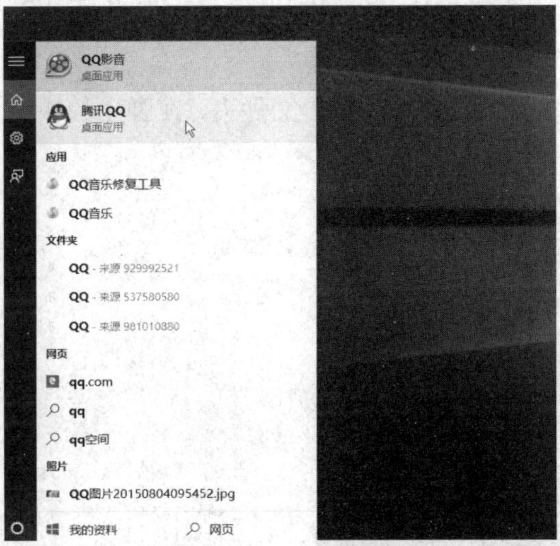

图 2-14　自动搜索程序

3. 将应用固定到“开始”菜单

在“开始”菜单的右侧为磁贴区域，用户可以将应用或文件夹固定在磁贴区中，以快速访问或查看实时更新，有以下三种方法。

方法 1：通过命令固定应用

Step 01 选择“固定到‘开始’屏幕”命令。打开“所有应用”列表，找到要固定到“开始”菜单的应用（如“专业钢琴”）并右击，在弹出的快捷菜单中选择“固定到‘开始’屏幕”命令，如图 2-15 所示。

Step 02 固定应用。此时即可将“专业钢琴”应用固定到“开始”菜单中，如图 2-16 所示。

图 2-15　选择“固定到‘开始’屏幕”命令

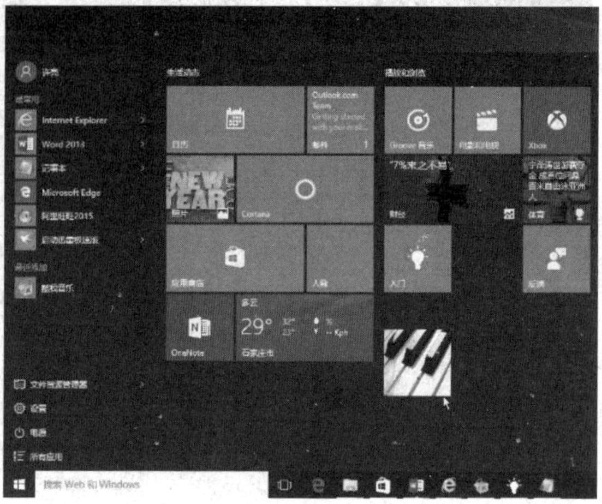

图 2-16　固定应用

方法 2：通过拖动固定应用

要固定应用到“开始”菜单，还可以将该应用直接拖至磁贴区中，如图 2-17 所示。

方法 3：固定文件夹

要将文件夹固定到“开始”菜单，可右击文件夹，在弹出的快捷菜单中选择“固定到‘开始’屏幕”命令，如图 2-18 所示。

图 2-17　通过拖动固定应用

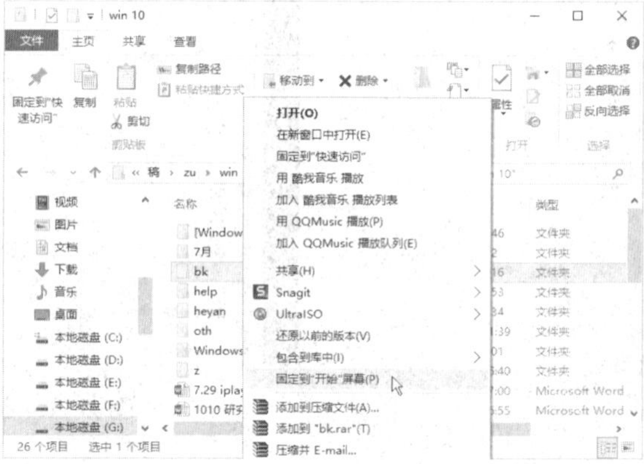

图 2-18　固定文件夹

4. 整理磁贴

当“开始”菜单中的磁贴过多过乱时可以对其进行整理，其中包括删除磁贴，调整磁贴大小，移动磁贴，以及创建磁贴组等，具体操作方法如下。

Step 01 删除磁贴。若要删除磁贴，只需右击它，然后在弹出的快捷菜单中选择“从‘开始’屏幕取消固定”命令即可，如图 2-19 所示。

Step 02 创建分组。若要创建磁贴组，可将磁贴拖至空白区域，当出现灰色栏时松开磁贴，如图 2-20 所示。

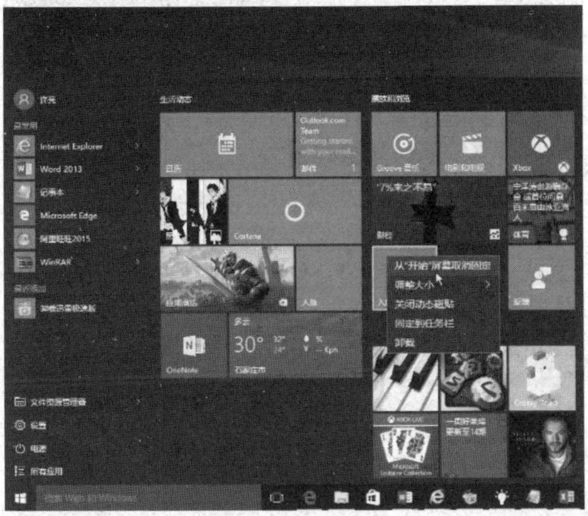

图 2-19　删除磁贴

图 2-20　创建分组

Step 03 单击磁贴组名称。此时即可创建一个新的磁贴组，用同样的方法将另一个磁贴移至该组中。若要对磁贴组进行命名，可将鼠标指针置于磁贴组上方的“命名组”上单击鼠标左键，如图 2-21 所示。

Step 04 重命名磁贴组。此时即可进入名称编辑状态，输入名称后按【Enter】键确认即可，如图 2-22 所示。

图 2-21　单击磁贴组名称

图 2-22　重命名磁贴组

Step 05 选择磁贴大小选项。若要更改磁贴大小，可右击磁贴，在弹出的快捷菜单中选择“调整大小”命令，然后在其子菜单中选择所需的大小选项，在此选择“宽”，如图 2-23 所示。

Step 06 更改磁贴大小。此时即可更改所选磁贴的大小，原本磁贴中的动态更新由文字变为了图片+文字，如图 2-24 所示。

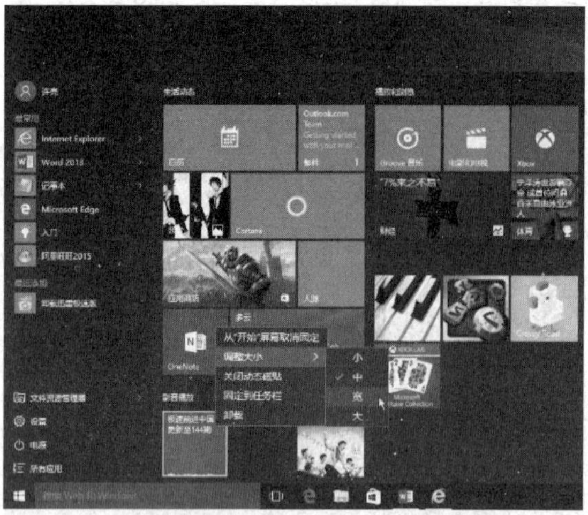

图 2-23　选择磁贴大小选项

图 2-24　更改磁贴大小

Step 07 关闭磁贴动态更新。若要关闭磁贴动态更新，可右击磁贴，在弹出的快捷菜单中选择“关闭动态磁贴”命令，如图 2-25 所示。

Step 08 移动磁贴组。对于磁贴组，可以整体移动其位置，按住并拖动磁贴组标题至指定位置，松开鼠标即可，如图 2-26 所示。

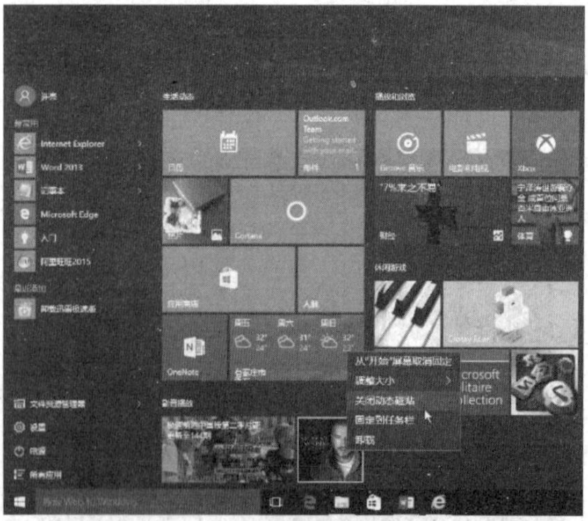

图 2-25　关闭磁贴动态更新

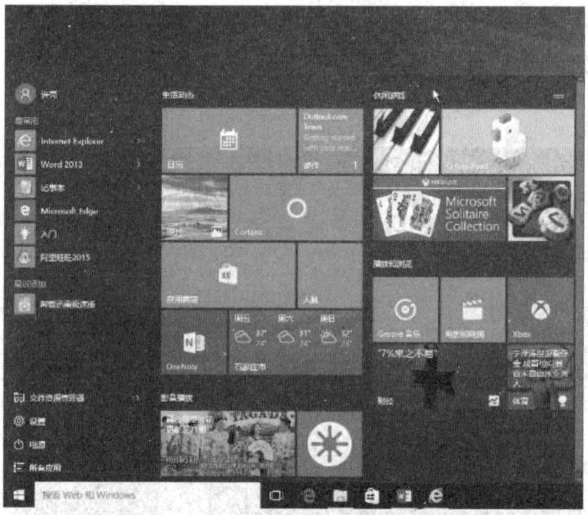

图 2-26　移动磁贴组

2.2.2　搜索资料与网页

用户可以通过任务栏的搜索框在电脑和网络上查找帮助、应用、文件、设置及所需的网页等内容。下面将详细介绍如何在 Windows 10 系统中搜索资料与网页。

1. 搜索本地资料

通过任务栏的搜索框可以在电脑上查找帮助、应用、文件及设置，如搜索任务栏设置，具体操作方法如下。

Step 01 单击“我的资料”按钮。在“开始”按钮右侧的搜索框中输入搜索内容，在此输入“任务栏”，开始自动搜索并显示搜索结果。如果搜索结果中没有所需的设置，可在下方单击“我的资料”按钮，如图 2-27 所示。

Step 02 选择显示类别。在打开界面中显示所有的搜索结果。若只显示某类结果，可单击“显示”下拉按钮，在弹出的下拉列表中选择所需的类别，在此选择“设置”，如图 2-28 所示。

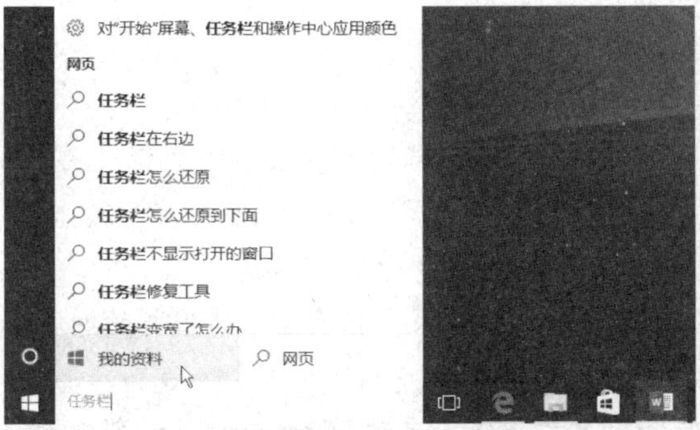

图 2-27　单击“我的资料”按钮

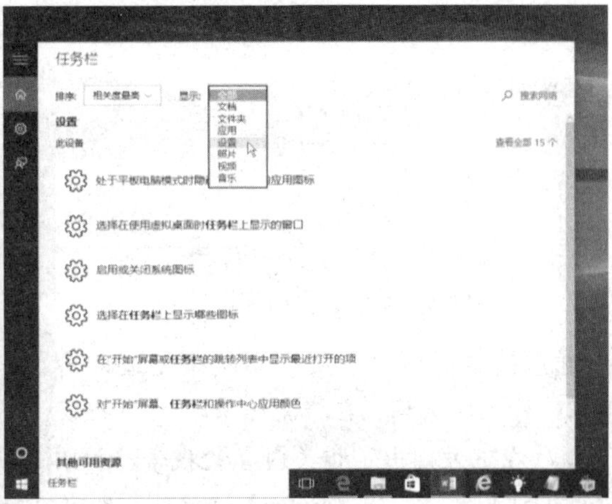

图 2-28　选择显示类别

Step 03 查看显示结果。此时即可只显示搜索到的有关任务栏设置的结果，单击下方的序号进行翻页。另外，也可单击“查看全部 15 个”超链接，在一个界面中显示所有结果，如图 2-29 所示。

Step 04 选择设置项目。在打开的界面中选择所需的设置项目，如图 2-30 所示。

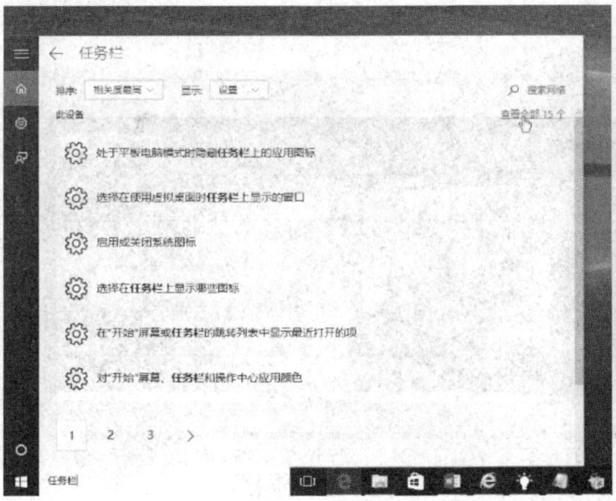

图 2-29　查看显示结果

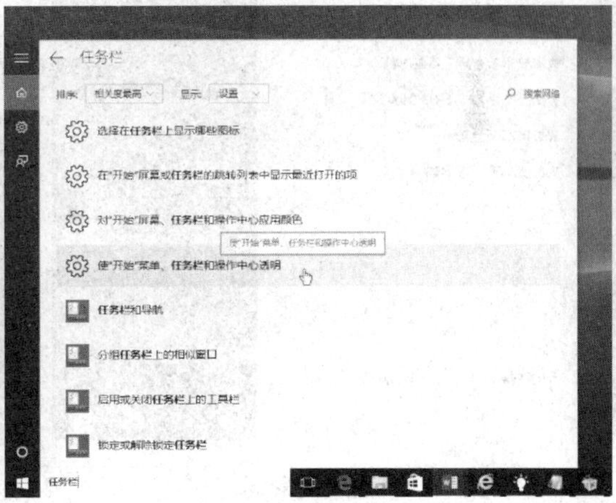

图 2-30　选择设置项目

Step 05 进入设置界面。弹出“设置”窗口，并自动跳转到所选项目上，如图 2-31 所示。

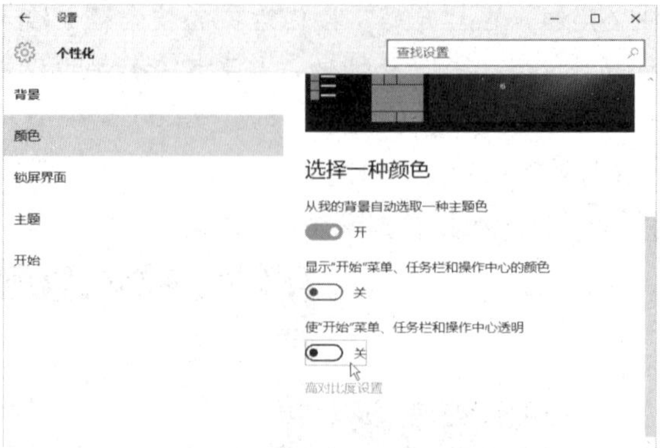

图 2-31　进入设置界面

2. 搜索网页

通过搜索框可以直接搜索网络上的内容，具体操作方法如下。

Step 01 输入搜索词。在搜索框中输入“光影”，即可显示出搜索结果。在最上方为推荐的网页，在下方列出了相关内容的搜索，如图 2-32 所示。

Step 02 打开网页。按【Enter】键确认，即可直接选择最上方一项，启动 Microsoft Edge 浏览器，打开相应的页面，如图 2-33 所示。

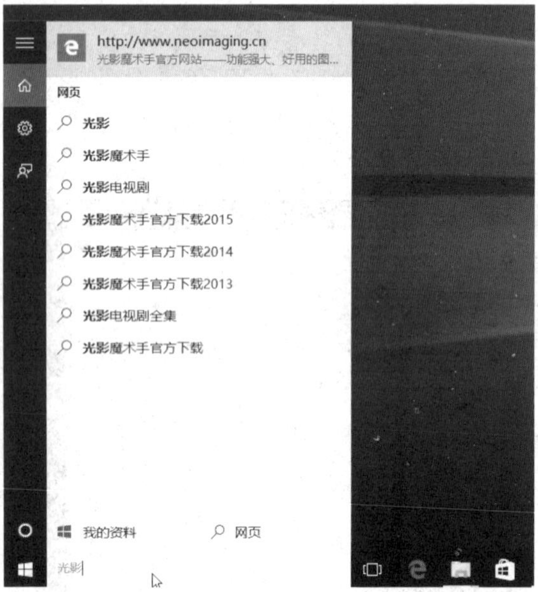

图 2-32　输入搜索词

图 2-33　打开网页

Step 03 选择其他搜索项目。按【↑】或者【↓】方向键，可以选择其他搜索项目，如图 2-34 所示。

Step 04 使用必应搜索。选择某个搜索项后按【Enter】键确认，即可打开 Microsoft Edge 浏览器，并使用必应搜索引擎进行搜索，如图 2-35 所示。

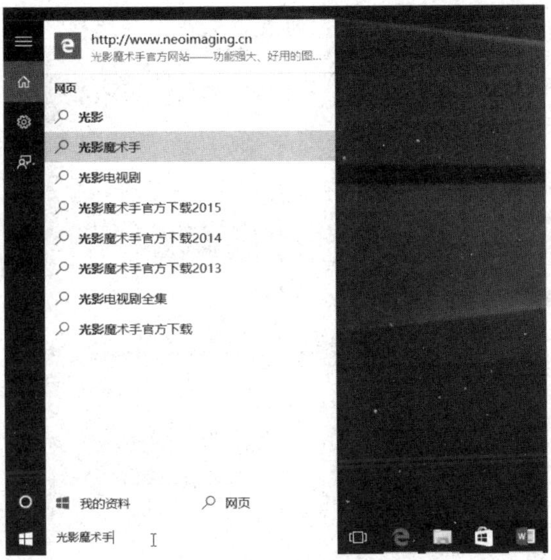

图 2-34　选择其他搜索项目

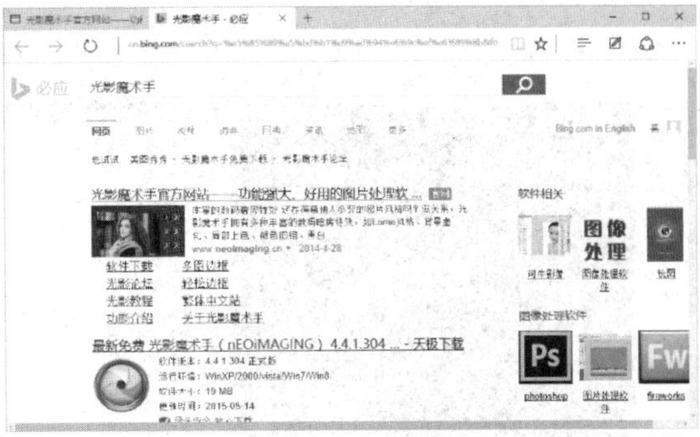

图 2-35　使用必应搜索

2.2.3　使用任务栏

Windows 10 系统的任务栏位于窗口底部，由“开始”按钮和搜索框、语言栏、通知区域等组成。中间空白的区域用于显示正在运行的应用程序和打开的窗口。下面将详细介绍任务栏的常用操作。

1．更改任务栏的位置

任务栏默认位于桌面底部，用户可以根据使用需要更改其位置，如将任务栏移至桌面顶部，具体操作方法如下。

Step 01 取消锁定任务栏。在任务栏的空白位置右击，在弹出的快捷菜单中取消选择“锁定任务栏”选项，如图 2-36 所示。

Step 02 移动任务栏位置。在任务栏上按住鼠标左键并向上拖动，即可将任务栏移至桌面顶部，如图 2-37 所示。

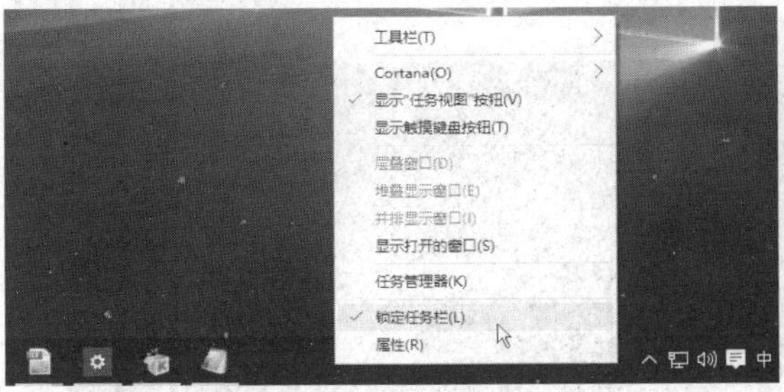

图 2-36　取消锁定任务栏

图 2-37　移动任务栏位置

Step 03 选择“属性”命令。右击任务栏的空白位置，在弹出的快捷菜单中选择“属性”命令，如图 2-38 所示。

Step 04 选择任务栏位置。弹出对话框，在“任务栏在屏幕上的位置”列表中选择位置选项，然后单击“确定”按钮，即可移动任务栏位置，如图 2-39 所示。

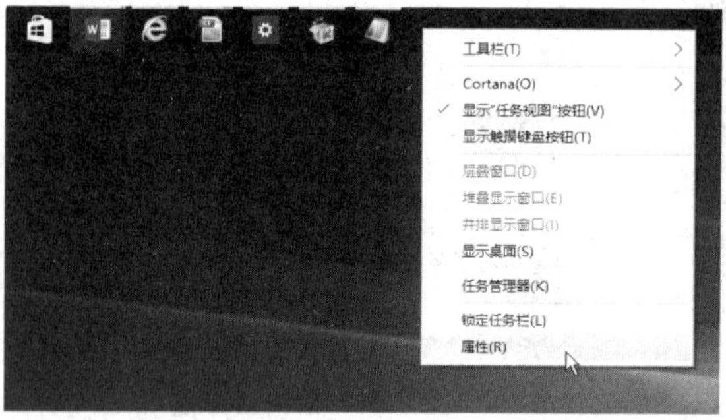

图 2-38　选择“属性”命令

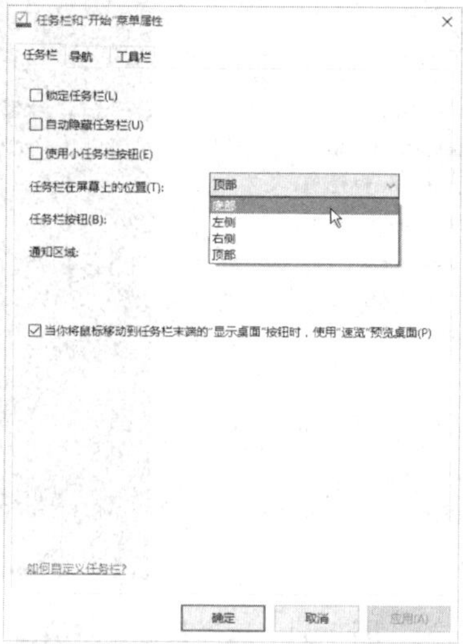

图 2-39　选择任务栏位置

2. 自动隐藏任务栏

任务栏在桌面中占据了一定的空间位置，用户可以根据需要设置任务栏自动隐藏，在需要时才显示出来，具体操作方法如下。

Step 01 设置自动隐藏任务栏。打开“任务栏和‘开始’菜单属性”对话框，在“任务栏”选项卡下选中“自动隐藏任务栏”复选框，然后单击“确定”按钮，如图 2-40 所示。

Step 02 查看隐藏任务栏效果。此时即可设置自动隐藏任务栏，如图 2-41 所示。当鼠标指针指向任务栏位置时，任务栏将自动显示出来。

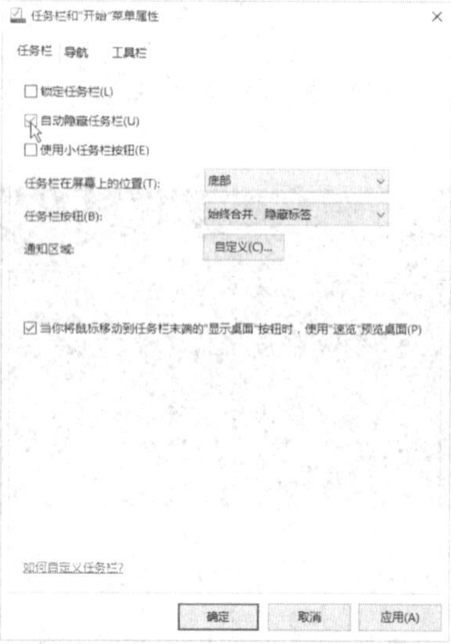

图 2-40　设置自动隐藏任务栏

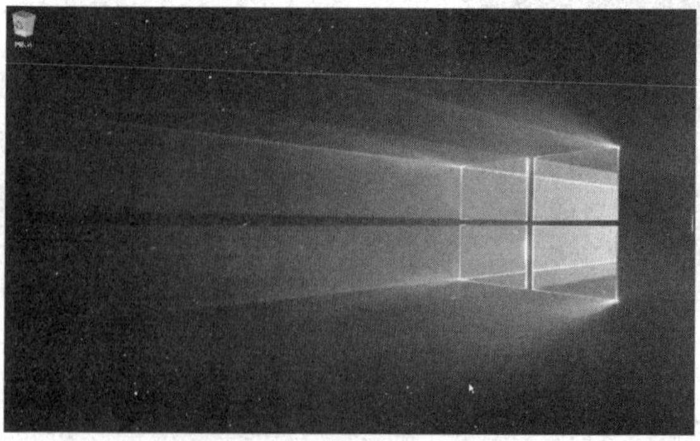

图 2-41　查看隐藏任务栏效果

3. 固定程序到任务栏

用户可以将应用程序固定到任务栏上，以快速启动它。下面以将“腾讯QQ”程序固定到任务栏为例进行介绍，方法如下。

方法 1：通过搜索框搜索后固定

Step 01 选择“固定到任务栏”命令。使用搜索框搜索 QQ，找到应用程序后右击，选择“固定到任务栏”命令，如图 2-42 所示。

Step 02 固定程序到任务栏。此时即可将程序图标固定到任务栏上，如图 2-43 所示。

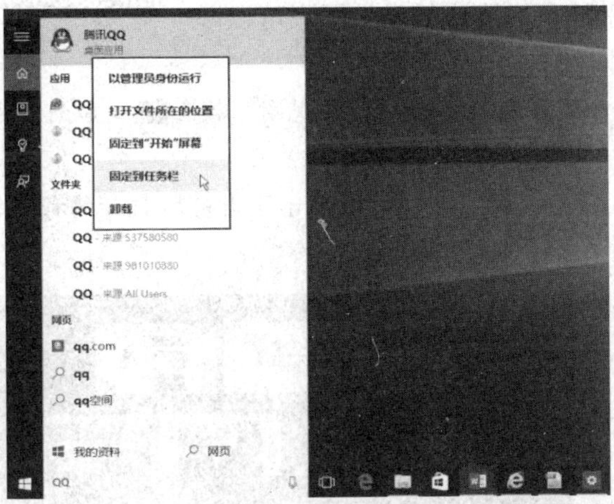

图 2-42 选择“固定到任务栏”命令

图 2-43 固定程序到任务栏

方法 2：先启动程序后再固定

也可先启动程序，然后在任务栏右击其图标，在弹出的快捷菜单中选择“将此程序固定到任务栏”命令，如图 2-44 所示。

要将程序图标从任务栏中取消固定，可右击图标，在弹出的快捷菜单中选择“从任务栏取消固定此程序”命令即可，如图 2-45 所示。

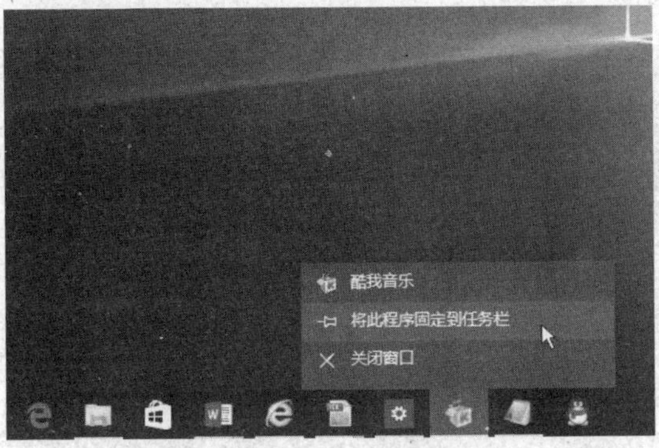

图 2-44 选择“将此程序固定到任务栏”命令

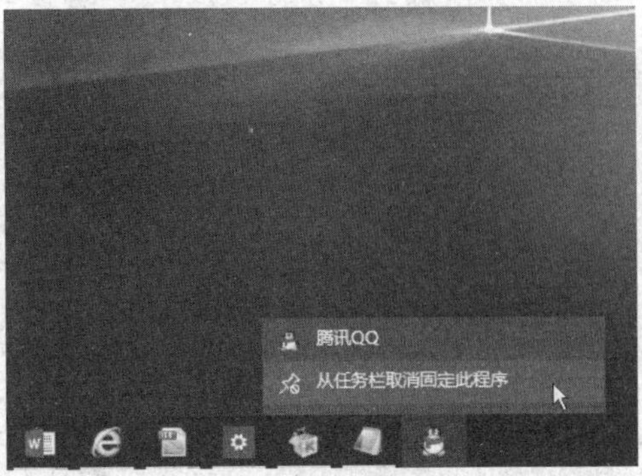

图 2-45 选择“从任务栏取消固定此程序”命令

2.2.4 多任务操作

多任务操作可帮助用户更快地完成工作，如当电脑上运行了大量的程序，屏幕越来越拥挤时，可以创建虚拟桌面来获得更多的空间，并将需要的工作项添加进来。当需要一次性打开多个程序时，可以将这些程序分别安排在屏幕的不同位置。

1. 创建多个桌面

如果用户经常需要开启大量的程序窗口进行排列，而又没有多显示器配置时，Windows 10 的虚拟桌面可以使杂乱无章的桌面变得整洁。用户可以添加桌面环境，将程序窗口移至新的桌面，具体操作方法如下。

Step 01 单击“任务视图”按钮。在任务栏搜索框右侧，单击“任务视图”按钮，如图 2-46 所示。

Step 02 单击“新建桌面”按钮。此时即可进入任务视图界面，其中显示了当前所打开的程序缩略图，单击右下方的“新建桌面”按钮，如图 2-47 所示。

图 2-46 单击“任务视图”按钮

图 2-47 单击“新建桌面”按钮

Step 03 新建“桌面 2”。此时即可创建一个新的空白“桌面 2”，如图 2-48 所示。

Step 04 拖动程序图标。将鼠标指针置于“桌面 1”上，要将程序移至“桌面 2”中，只需拖动程序图标到下方的“桌面 2”窗口中即可，如图 2-49 所示。

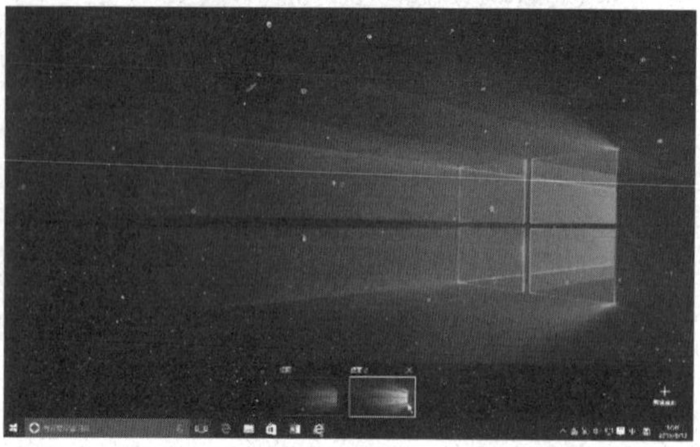

图 2-48 新建“桌面 2”

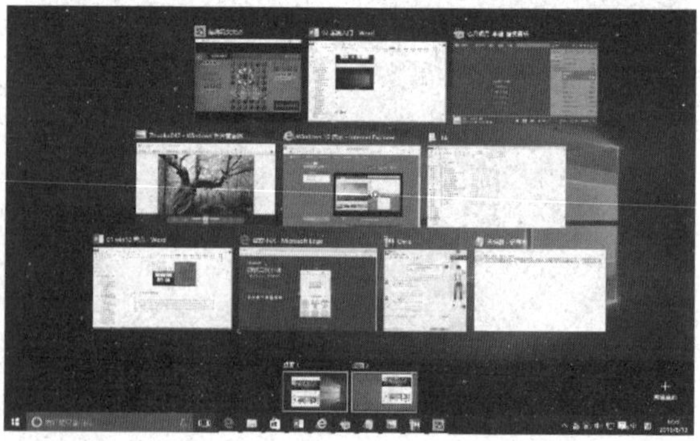

图 2-49 拖动程序图标

Step 05 进入“桌面 2”。用同样的方法将其他所需程序图标拖至“桌面 2”，在任务视图下单击“桌面 2”图标即可进入“桌面 2”，查看其中的程序，如图 2-50 所示。

Step06 删除虚拟桌面。若要删除创建的虚拟桌面，可单击“任务视图”按钮，然后单击“桌面 2”右上方的“关闭”按钮，此时“桌面 2”中的程序图标将全部回到系统桌面，如图 2-51 所示。

图 2-50　进入“桌面 2”

图 2-51　删除虚拟桌面

2. 跨多窗口工作

在日常电脑操作中，我们经常会打开多个程序，并在它们之间不停地进行切换，以完成不同的任务。Windows 10 系统中改进的窗口贴靠功能可以帮助用户轻松组织窗口，只需将程序窗口向桌面的边角拖动即可快速完成窗口贴靠，系统还会提示用户如何使用已打开的应用填充窗口空白部分。跨多窗口工作的具体操作方法如下。

Step01 拖动程序窗口。将应用程序窗口向屏幕左边缘拖动，当出现窗口贴靠的虚框时松开鼠标，如图 2-52 所示。

Step02 贴靠到屏幕左侧。此时即可将程序窗口贴靠到屏幕左侧，占据一半的桌面空间。在右侧空白的屏幕空间会显示出其他打开应用窗口的缩略图，单击所需的程序缩略图，如图 2-53 所示。

图 2-52　拖动程序窗口

图 2-53　贴靠到屏幕左侧

Step03 贴靠到屏幕右侧。此时所选程序窗口即可贴靠到桌面的右侧，如图 2-54 所示。若不想在屏幕右侧贴靠程序窗口，可单击空白位置以取消贴靠提示。

Step 04 贴靠到屏幕右上方。要将程序窗口贴靠到屏幕的左上、左下、右上或右下四个方向，可将程序窗口拖至屏幕的边角，如将右侧程序窗口拖至屏幕右上角，即可将其贴靠在右上方。此时在下方出现新的贴靠提示，选择要贴靠的程序窗口，如图 2-55 所示。

图 2-54　贴靠到屏幕右侧

图 2-55　贴靠到屏幕右上方

Step 05 贴靠到屏幕右下方。此时即可将所选程序窗口贴靠到屏幕右下方，效果如图 2-56 所示。

Step 06 贴靠到屏幕左上方。当然，可以根据需要用同样的方法将程序窗口贴靠到屏幕的左上方和左下方，如图 2-57 所示。若要使程序窗口最大化，可将程序窗口向屏幕上边缘拖动。

图 2-56　贴靠到屏幕右下方

图 2-57　贴靠到屏幕左上方

3. 设置多任务

对多任务进行设置，可以使多桌面工作或跨多窗口工作更加适合自己，如在跨多窗口操作环境下禁止自动调整窗口大小，在多桌面操作环境下显示所有的打开的任务，具体操作方法如下。

Step 01 选择“多任务设置”选项。按【Windows+I】组合键，打开“设置”窗口。在搜索框中输入“多任务”，然后按【Enter】键进行搜索，在搜索结果列表中选择“多任务设置”选项，如图 2-58 所示。

Step 02 设置对齐选项。在右侧“对齐”选项下可对跨多窗口工作进行设置，如打开或关闭窗口自动排列，自动调整窗口大小，显示能够在其旁边对齐的内容等，如图 2-59 所示。

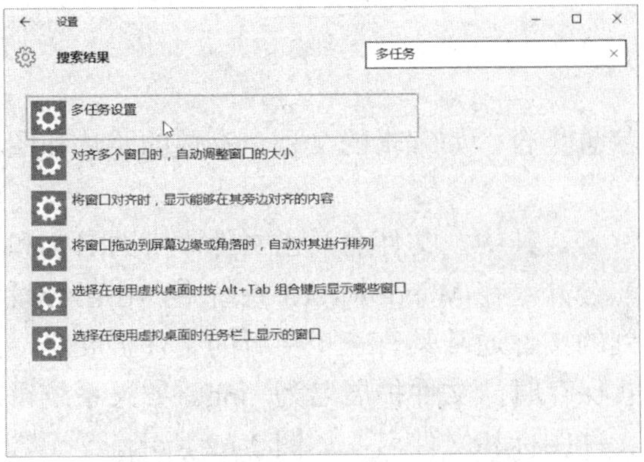

图 2-58　选择“多任务设置”选项

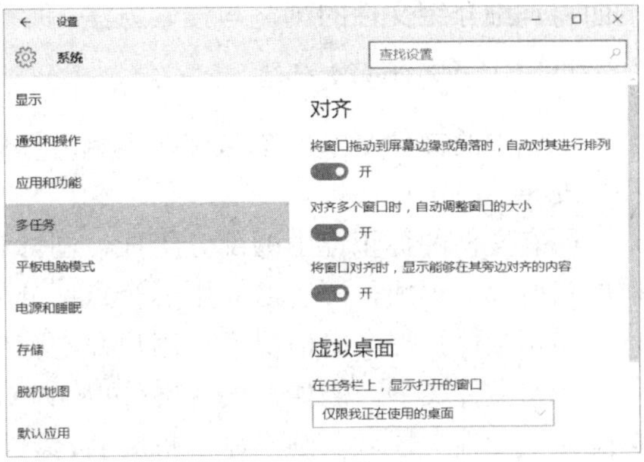

图 2-59　设置对齐选项

Step 03 设置虚拟桌面。在“虚拟桌面”选项下可对虚拟多桌面进行设置，如在任务栏上显示打开的窗口是仅限正在使用的桌面还是所有桌面，在此选择“所有桌面”选项，如图 2-60 所示。

Step 04 查看虚拟桌面效果。此时，在多桌面下任务栏上显示的程序图标是一样的，选择不同的程序将转至相应的桌面，如图 2-61 所示。同样，可根据需要设置按【Alt+Tab】组合键显示“打开的窗口”选项。

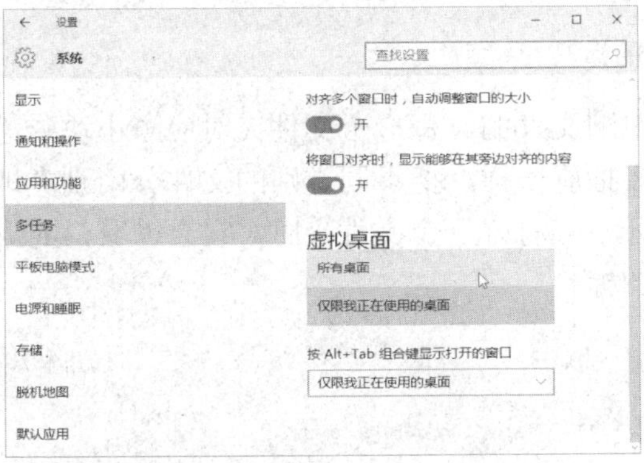

图 2-60　设置虚拟桌面

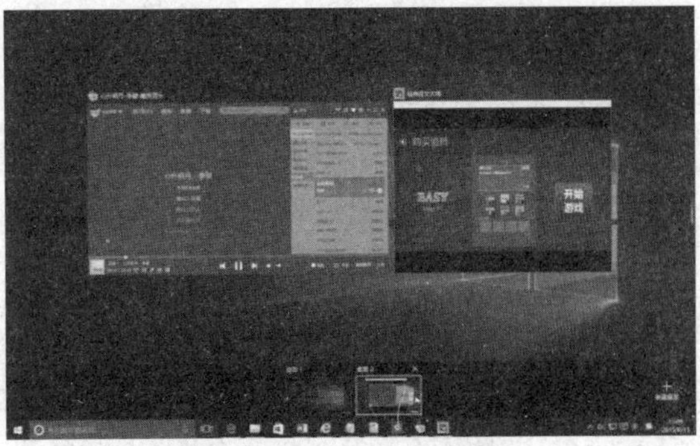

图 2-61　查看虚拟桌面效果

2.3　Windows 10 文件资源管理器

系统中的数据几乎全部是由文件组成的，而文件又通常是通过文件夹来分门别类地进行管理，所以文件和文件夹在操作系统中扮演着非常重要的角色。在 Windows 10 系统中，可以使用文件资源管理器来管理用户的文件。本章将详细介绍如何浏览与搜索文件、文件与文件夹的基本操作、设置文件与文件夹属性，以及设置文件夹选项等知识。

2.3.1　浏览与搜索文件

电脑中的资源都是以文件的形式保存的，在管理电脑资源的过程中需要随时查看文件，下面将详细介绍文件的浏览与搜索方法。

1. 认识文件和文件夹

电脑中的文件是以单个名称在电脑上存储的信息集合，如编辑的文档、存放的照片和图片、安装的应用程序等。

所有文件的标识都由两部分组成：图标和文件名。其中，文件名又由文件本身的名字和扩展名两部分组成，两者之间用一个点（分隔符）分开。在 Windows 10 系统中，在已经设置了显示文件扩展名的情况下，用户在电脑中看到的文件通常具有三个字母的文件扩展名，用于指示文件类型。例如，图片文件以 JPEG 格式保存时，文件扩展名为 .jpg。如果系统设置隐藏了文件扩展名，则不显示扩展名，只显示文件图标和文件名，如图 2-62 所示。

图 2-62 文件的标识

文件夹是用来分类存放文件，协助人们管理电脑文件的，每一个文件夹对应一小块磁盘空间。它就像日常用于存储档案的档案柜中的众多抽屉一样，把不同类别的文件分门别类地存放在文件夹中，以便查找和使用，如图 2-63 所示。当打开一个文件夹时，它会以窗口的形式显示在桌面上；关闭文件夹时，则会变成一个图标。

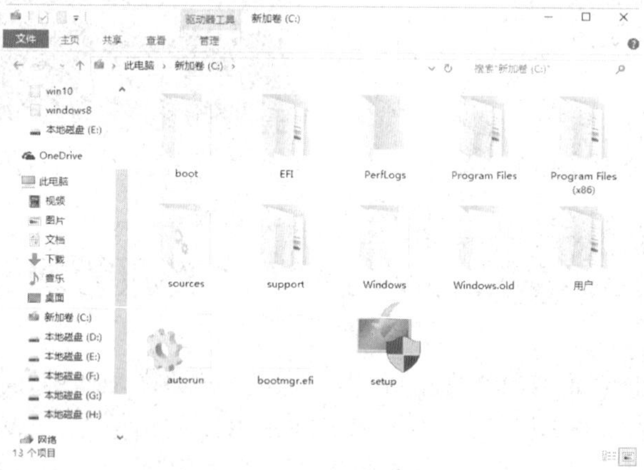

图 2-63 文件夹

文件夹一般由图标和名称两部分组成。一个文件夹中不仅可以装入一个或多个文件，还可以装入一个或多个子文件夹，而这些子文件夹中又可以装一个或多个文件或子文件夹。

2. 使用导航窗格浏览所有文件

在文件资源管理器中可以快速浏览最近访问的文件，使用导航窗格可以浏览所有文件，具体操作方法如下。

按【Windows+E】组合键打开文件资源管理器，将自动打开“快速访问”窗口，从中可以快速打开用户最常用的文件夹和最近使用的文件夹，如图 2-64 所示。

在文件资源管理器左侧为导航窗格，从上到下依次为“快速访问”、OneDrive、“此电脑”（包括用户文件夹、各磁盘、可移动磁盘）、“库”和“网络”。单击各导航项目左侧的折叠按钮 ›，可以依次展开各级目录，如图 2-65 所示。

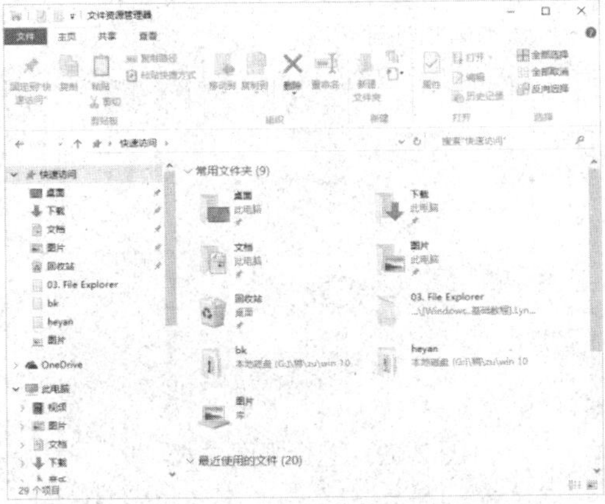

图 2-64　打开最常用的文件夹和最近使用的文件夹

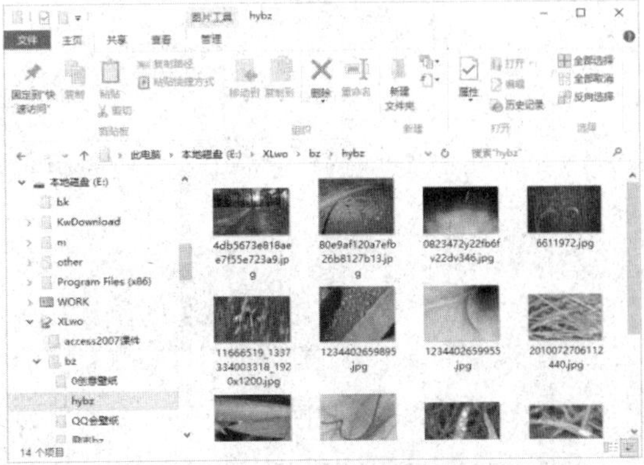

图 2-65　展开各级目录

若要浏览上一级目录中的其他文件夹，可在地址栏中单击上一级目录右侧的 › 按钮，在弹出的列表中选择文件夹即可，如图 2-66 所示。当然，也可浏览更上一级目录下的文件夹，如图 2-67 所示。

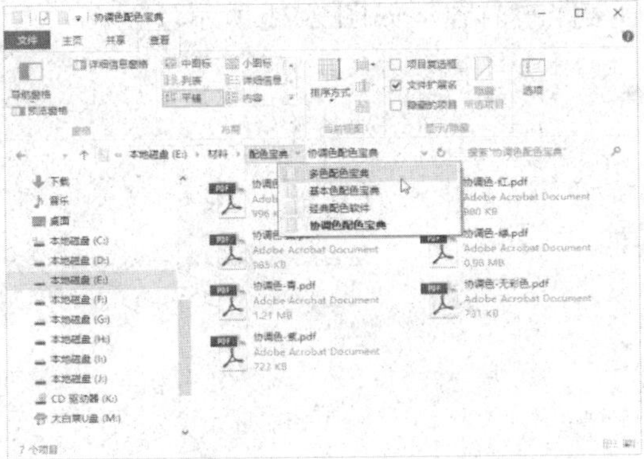

图 2-66　在弹出的列表中选择文件夹

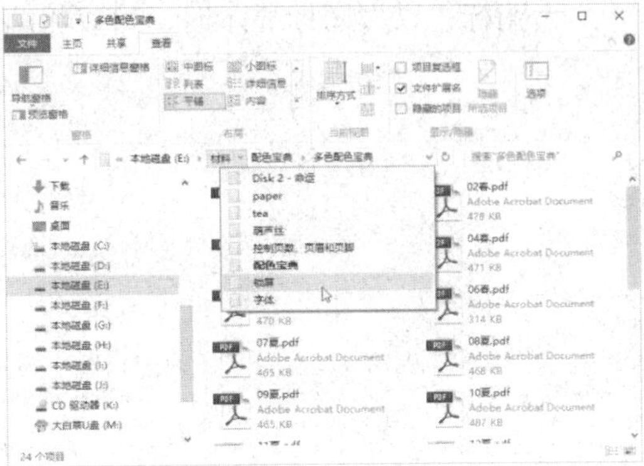

图 2-67　浏览更上一级目录下的文件夹

3. 更改窗口视图方式

当打开一个文件夹时，为了能更清楚、快捷地了解其中包含的内容，可以根据需要选择文件的视图方式。文件和文件夹的视图方式是指在文件资源管理器中图标的显示方式，用户可以按照以下方法来更改文件的视图方式。

方法 1：单击视图按钮

在文件资源管理器窗口中选择“查看”选项卡，在“布局”组中单击“更多”按钮，可以看到所有的视图方式，如图 2-68 所示。此外，在窗口右下方同样包含两个快捷视图按钮：“详细信息”和“大图标”按钮。

方法 2：使用右键快捷命令

若要更改文件的视图方式，还可在窗口空白处右击，在弹出的快捷菜单中选择“查看”命令，在其子菜单中选择视图方式，如图 2-69 所示。

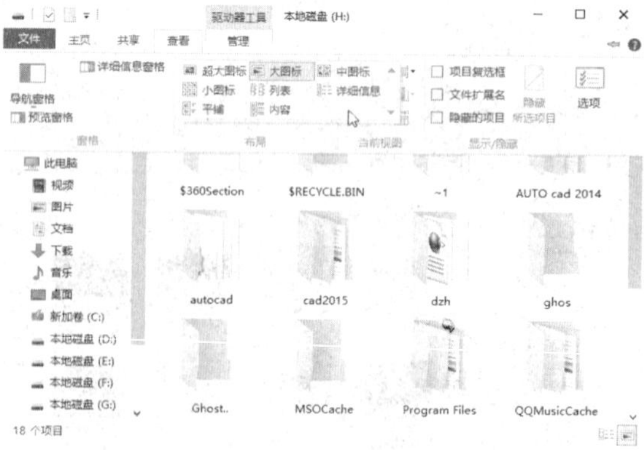

图 2-68　视图方式

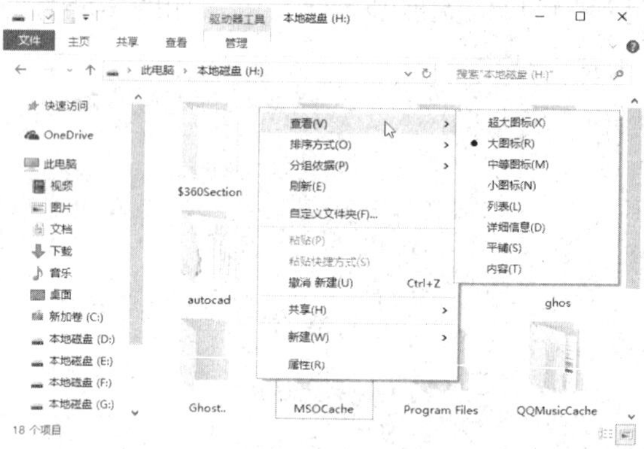

图 2-69　选择视图方式

方法 3：使用快捷操作

在按住【Ctrl】键的同时滚动鼠标滚轮，可以快速更改文件的视图方式。各种视图方式的作用如下。

➢ **超大图标**：以超大图标显示时，方便浏览文件内容，尤其对于图片，可以浏览其缩略图，如图 2-70 所示。

➢ **大图标**：以大图标显示时，可以粗略查看文件的内容，如图 2-71 所示。

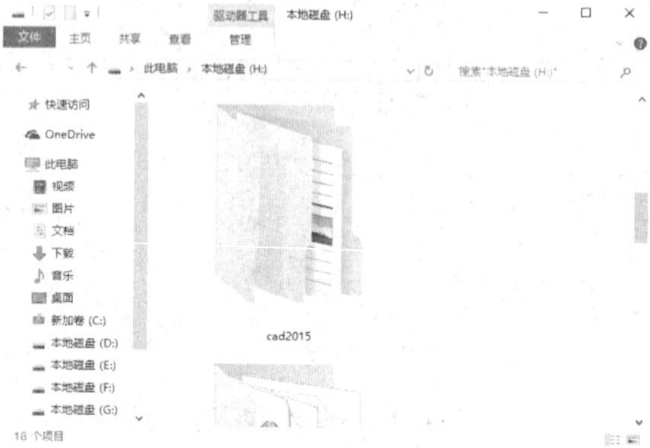

图 2-70　超大图标

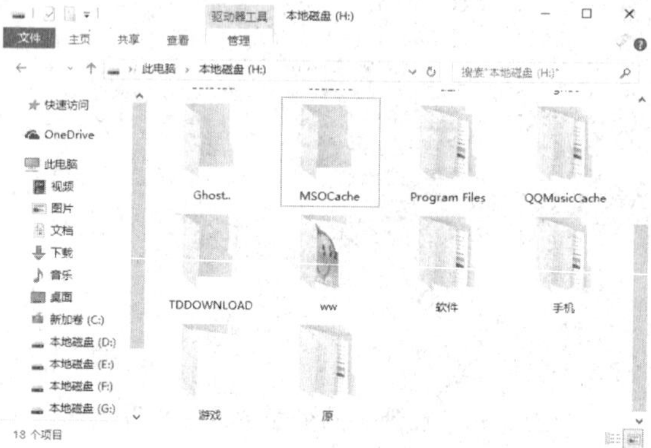

图 2-71　大图标

➢ **中等图标**：以中等图标显示时，可以在窗口中更多地显示文件，如图 2-72 所示。

➢ **小图标**：以小图标显示时，不显示文件缩略图，只显示文件类型的图标，如图 2-73 所示。

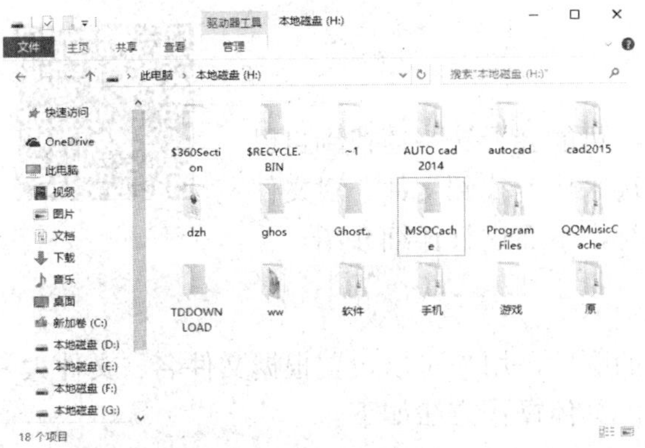

图 2-72　中等图标

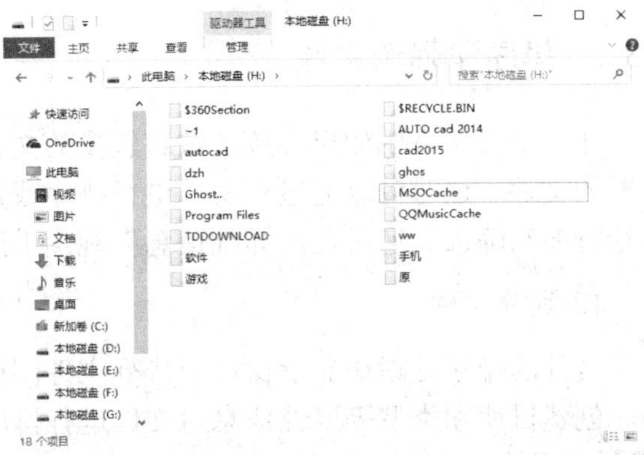

图 2-73　小图标

➢ **列表**：文件以列表的形式进行排列时，适合文件较多时查看，如图 2-74 所示。
➢ **详细信息**：以详细信息显示时，可查看文件的各种信息，如创建日期、类型等，在详细信息视图下单击“名称”“类型”等标签还可快速将文件排序，如图 2-75 所示。

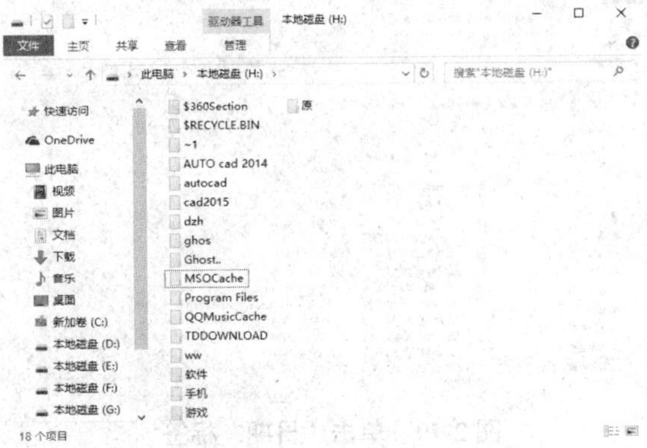

图 2-74　列表

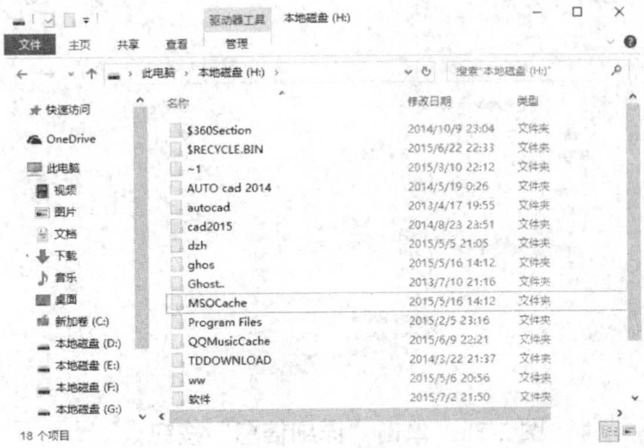

图 2-75　详细信息

➢ **平铺**：在平铺显示时，以 Windows 默认的标准来查看文件，这样可以了解文件的名称与类型，如图 2-76 所示。
➢ **内容**：以内容显示时，将显示文件名称、修改日期等，如图 2-77 所示。

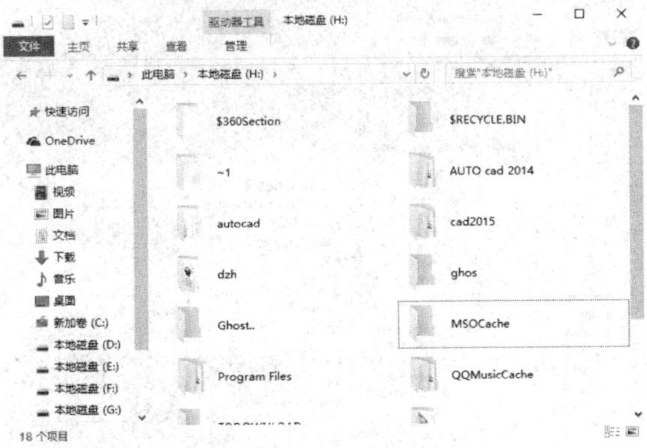

图 2-76　平铺

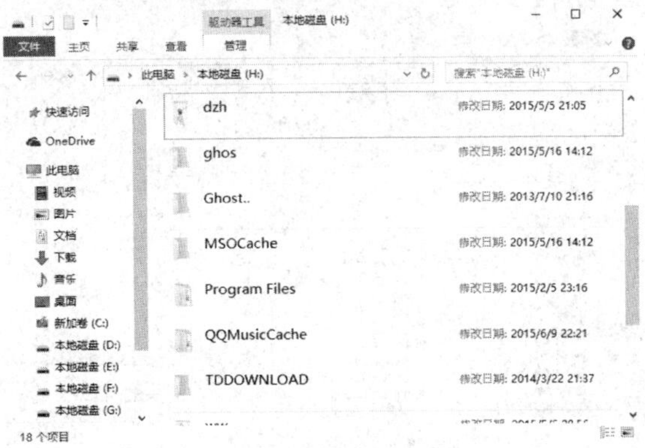

图 2-77　内容

2.3.2 排序和筛选文件

在一个文件夹中如果存放了数目较多的文件，可能会无法快速找到自己需要的文件，这时可以通过对文件进行排序或筛选来快速找到文件。对文件进行排序和筛选，通常在“详细信息”视图中进行，下面进行详细介绍。

1. 排序文件

文件的排序是指在显示窗口中排列文件图标的顺序，用户可以设置根据文件名、文件大小、创建日期和类型等属性信息对文件进行排序，具体操作方法如下。

Step 01 单击“详细信息”按钮。打开要进行文件排序的文件夹，在窗口右下方单击“详细信息”按钮，切换到“详细信息”视图中，如图 2-78 所示。

Step 02 单击“日期”标签。要按照文件修改日期进行排序，可单击“日期”标签，此时将按照从新到旧的顺序排列文件和文件夹，如图 2-79 所示。

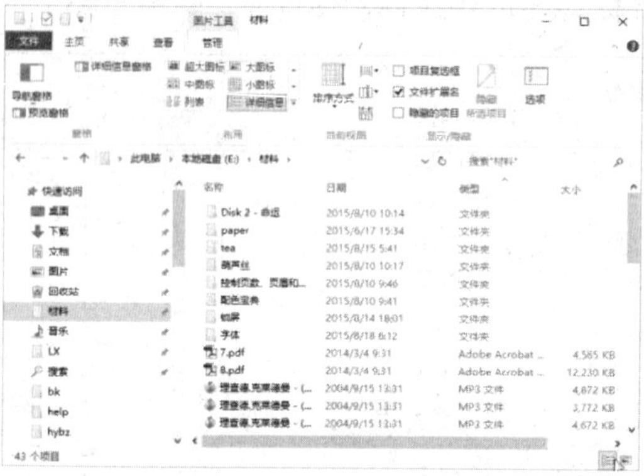

图 2-78　单击“详细信息”按钮

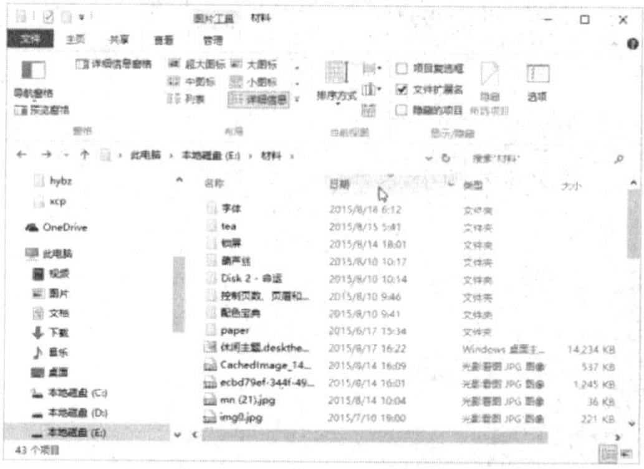

图 2-79　单击“日期”标签

Step 03 按日期排序文件。再次单击“日期”标签，则按照从旧到新的顺序排列文件和文件夹，如图 2-80 所示。同样，单击其他标签按钮，可按名称、类型、大小等进行排序。

Step 04 选择“分辨率”命令。若要增加排序方式，可右击标签栏，在弹出的快捷菜单中选择“分辨率”命令，如图 2-81 所示。

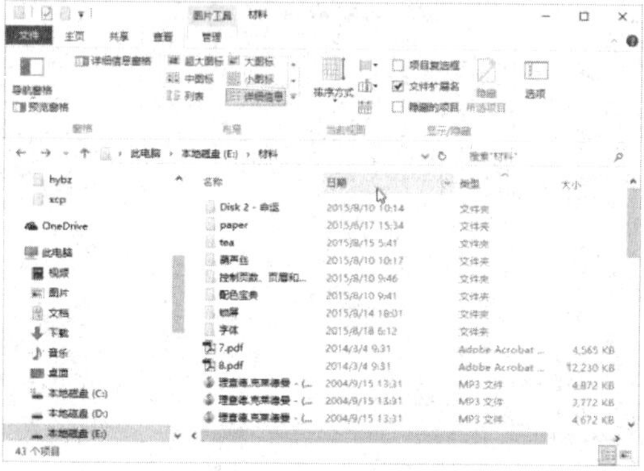

图 2-80　按日期排序文件

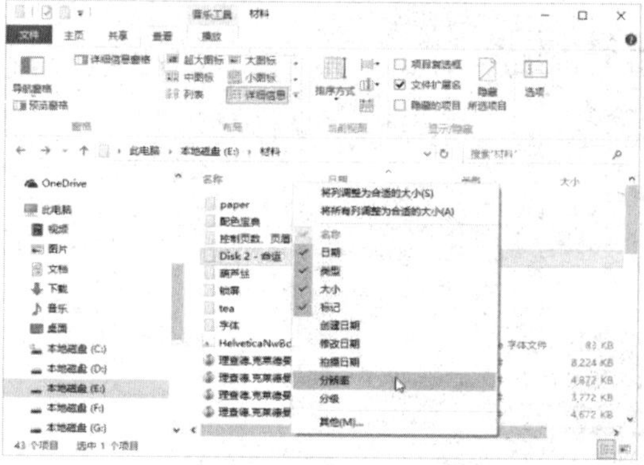

图 2-81　选择“分辨率”命令

Step 05 按分辨率排序。此时即可增加“分辨率”标签，单击该标签可将图片文件按分辨率进行排列，如图 2-82 所示。

Step 06 增加排序方式。若要增加更多的排序方式，可右击标签栏，选择“其他”命令，弹出“选择详细信息”对话框，选择所需的排序方式，再单击“确定”按钮即可，如图 2-83 所示。

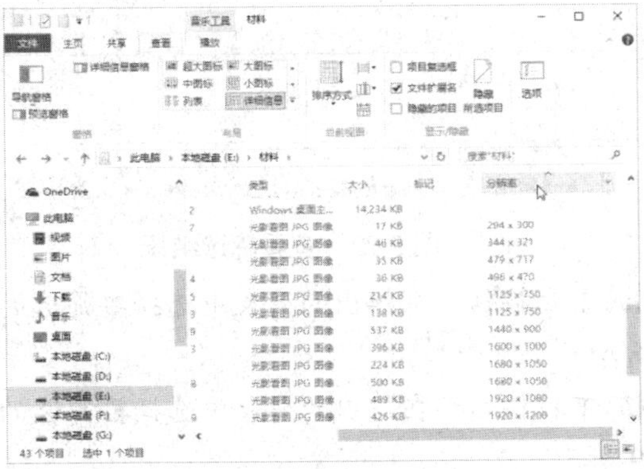

图 2-82　按分辨率排序

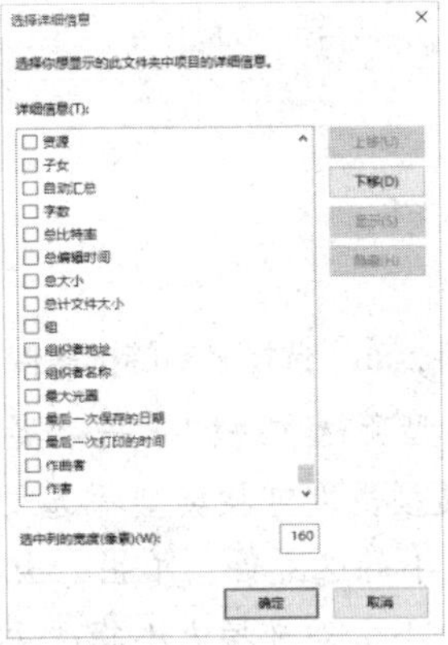

图 2-83　增加排序方式

在其他视图方式下，可以通过右键快捷菜单将文件排序，具体操作方法如下。

Step 01 选择排序方式。切换到“中图标”视图方式，右击窗口的空白位置，在弹出的快捷菜单中选择“排序方式”|“类型”命令，如图 2-84 所示。

Step 02 查看排序效果。此时即可按类型对文件进行排序，效果如图 2-85 所示。

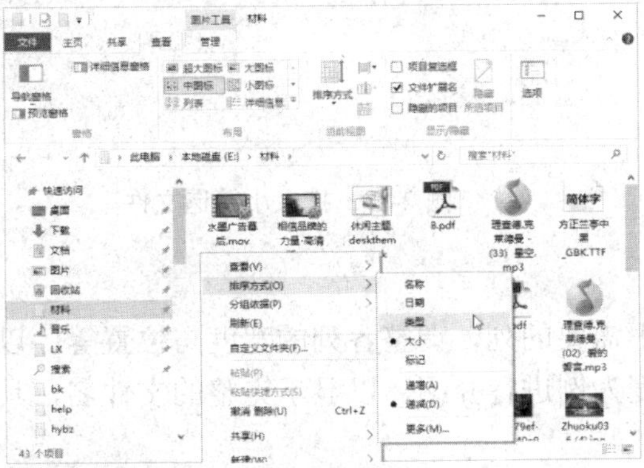

图 2-84　选择排序方式

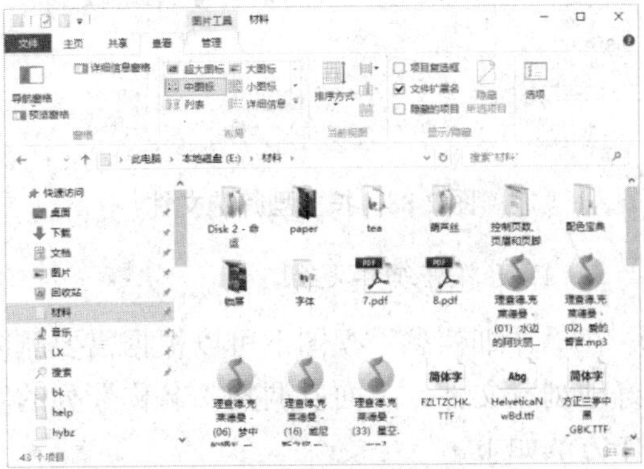

图 2-85　查看排序效果

2. 筛选文件

如果目录中的文件过多，可以通过筛选文件使文件夹中只显示指定的文件，如只显示指定类型的文件、只显示指定区间大小的文件，具体操作方法如下。

Step 01 选择名称筛选条件。单击“名称”标签右侧的下拉按钮，在弹出的列表中选择要显示的文件名称，如“0-9”，如图 2-86 所示。

Step 02 查看筛选结果。此时在文件夹中即可筛选出文件名首字母为“0-9”数字区间的文件，如图 2-87 所示。

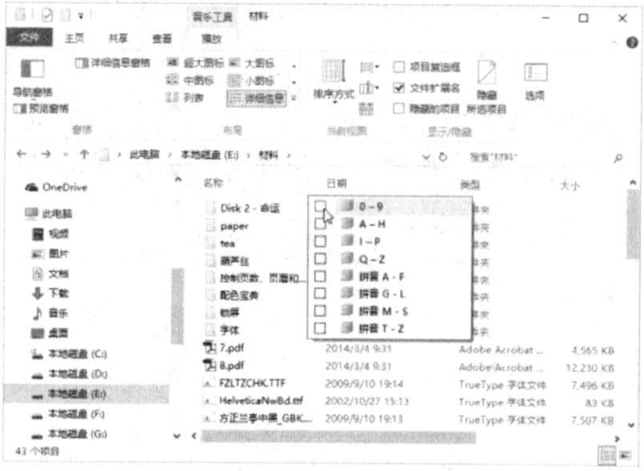

图 2-86　选择名称筛选条件

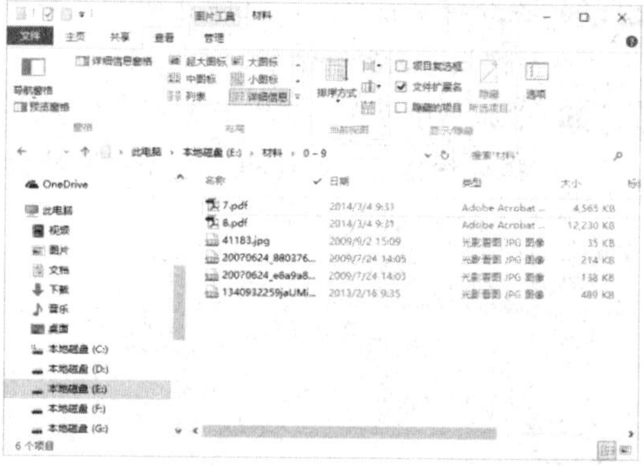

图 2-87　查看筛选结果

Step 03 按类型筛选文件。单击“类型”标签右侧的下拉按钮，在弹出的列表中选择要筛选的文件类型，即可按类型筛选文件，如图 2-88 所示。

Step 04 按大小筛选文件。单击“大小”标签右侧的下拉按钮，在弹出的列表中选择要筛选的文件大小，即可按大小筛选文件，如图 2-89 所示。

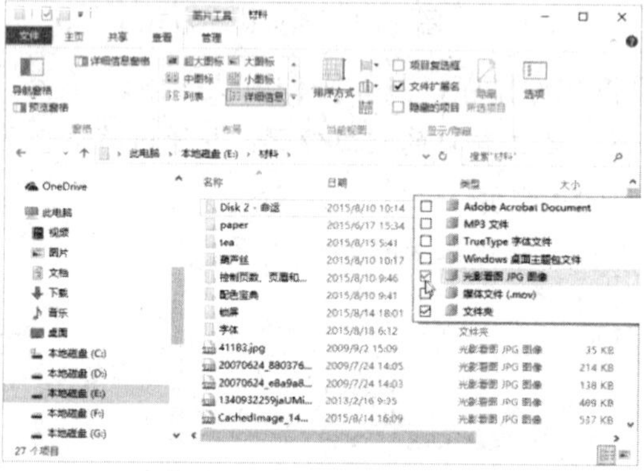

图 2-88　按类型筛选文件

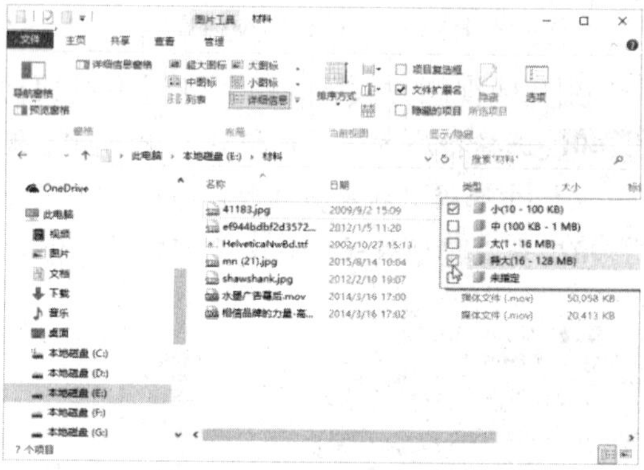

图 2-89　按大小筛选文件

3. 自定义详细信息列

在“详细信息”视图下可以根据需要删除不需要的列，调整各列的宽度与位置等，以便更好地浏览文件。下面以调整“名称”列的宽度为例进行介绍，以显示完整的文件名，具体操作方法如下。

Step 01 将列调整为合适的文本。右击“名称”标签，在弹出的快捷菜单中选择“将列调整为合适的文本”命令，如图 2-90 所示。

Step 02 查看自动调整效果。此时即可自动调整名称列的宽度，完整地显示出文件名称，如图 2-91 所示。

Step 03 将所有列调整为合适的大小。若要将文件夹各列都调整为合适的大小，可右击列标签，选择“将所有列调整为合适的大小”命令，或在“查看”选项卡下单击“将所有列调整为合适的大小”按钮，如图 2-92 所示。

Step 04 调整列位置。若要调整列的位置，只需拖动列标签到合适的位置即可，如拖动“类型”标签到“日期”的左侧，如图 2-93 所示。

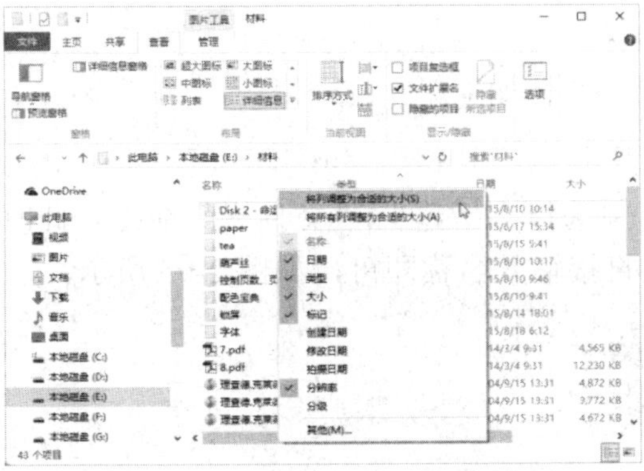

图 2-90　将列调整为合适的文本

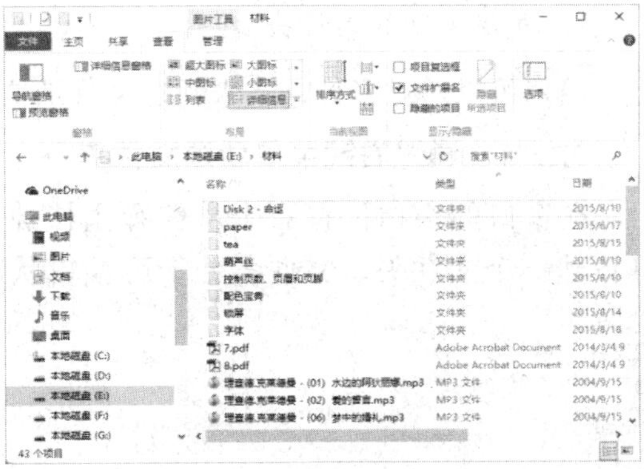

图 2-91　查看自动调整效果

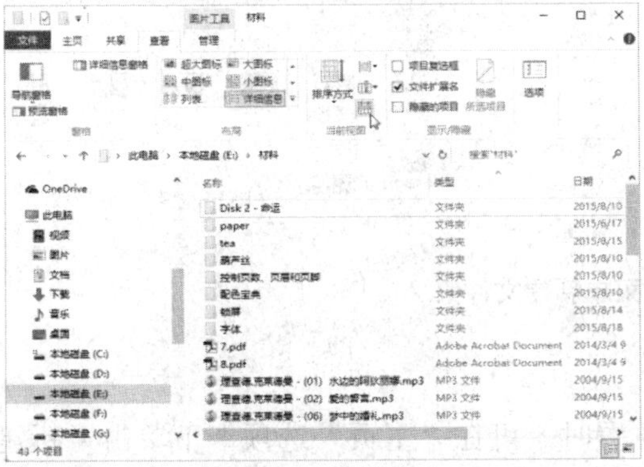

图 2-92　将所有列调整为合适的大小

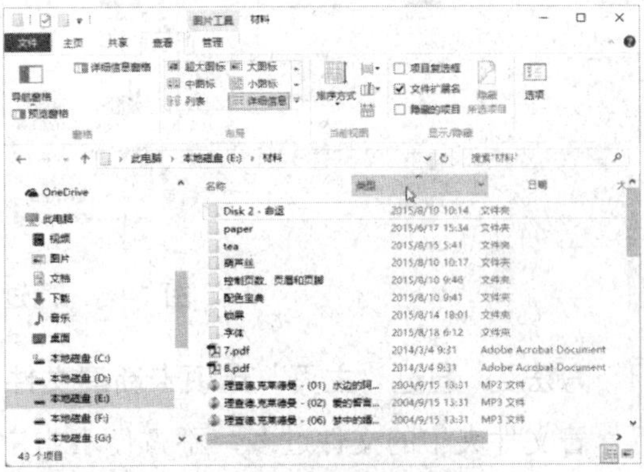

图 2-93　调整列位置

Step 05 删除列。若要删除某详细信息列，可右击列标签，在弹出的快捷菜单中取消选择所要删除的列即可，如图 2-94 所示。

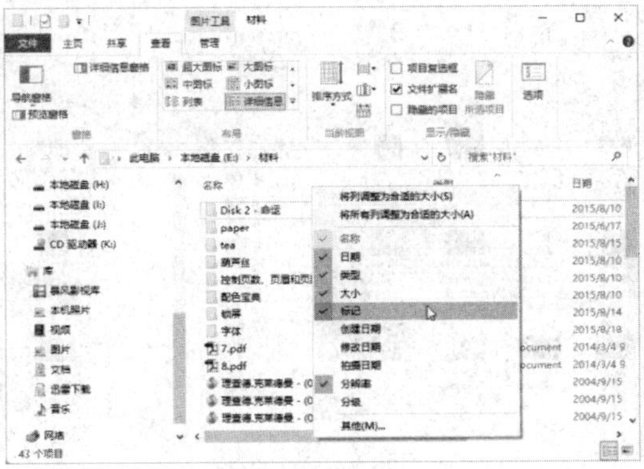

图 2-94　删除列

2.3.3　文件与文件夹的管理操作

文件与文件夹的管理操作主要包括文件及文件夹的新建、选择、复制、移动、删除和重命名等。通过执行这些管理操作可以使电脑中的文件和文件夹井然有序。

1. 新建文件和文件夹

用户可以通过多种方式来新建文件或文件夹，具体如下。

方法 1：通过右键菜单新建文件夹

在窗口的空白位置右击，在弹出快捷菜单中选择“新建”|“文件夹”命令，此时即可新建一个文件夹，文件名处于可编辑状态，直接输入名称即可，如图 2-95 所示。

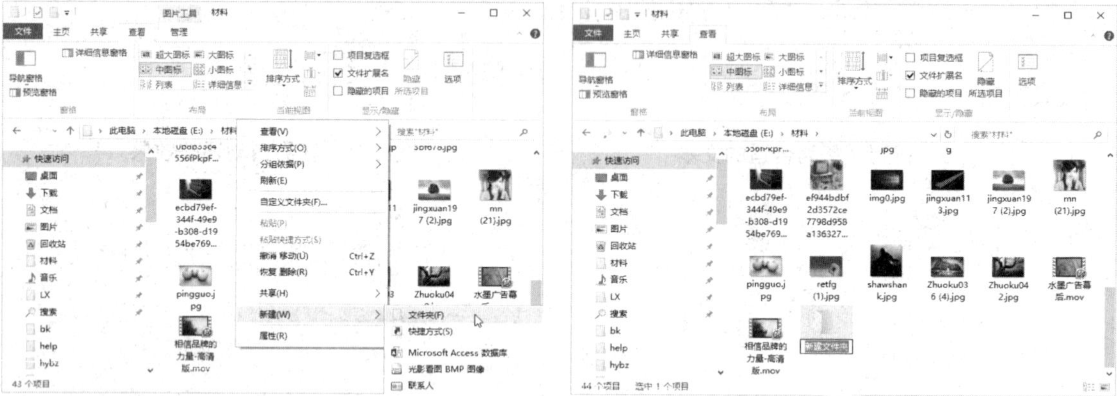

图 2-95　通过右键菜单新建文件夹

方法 2：通过“主页”选项卡新建文件夹

若文件夹中的文件过多，不方便右击空白位置时，可在“主页”选项卡下单击“新建文件夹”按钮来新建文件夹，如图 2-96（a）所示。若要新建某种类型的文件，如新建 Word 文件，可单击“新建项目”下拉按钮，在弹出的列表中选择文件类型，如图 2-96（b）所示。

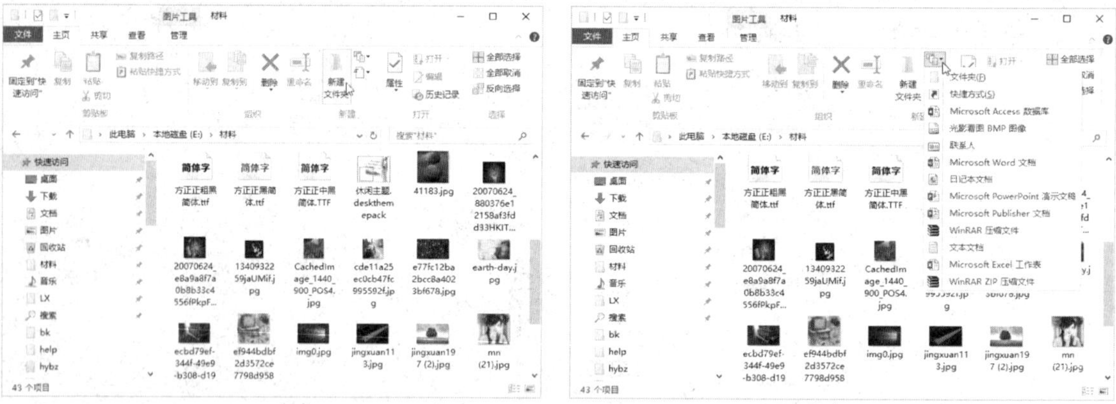

（a）　　　　　　　　　　（b）

图 2-96　通过“主页”选项卡新建文件夹

方法 3：通过快速访问工具栏新建文件夹

在文件资源管理器窗口中，若当前没有在“主页”选项卡下，此时要新建文件夹可单击窗口左上方快速访问工具栏中的“新建文件夹”按钮，如图 2-97（a)。若在快速访问工具栏中找不到“新建文件夹”按钮，可单击右侧的“自定义快速访问工具栏”下拉按钮，在弹出的列表中选中“新建文件夹”选项即可，如图 2-97（b）所示。

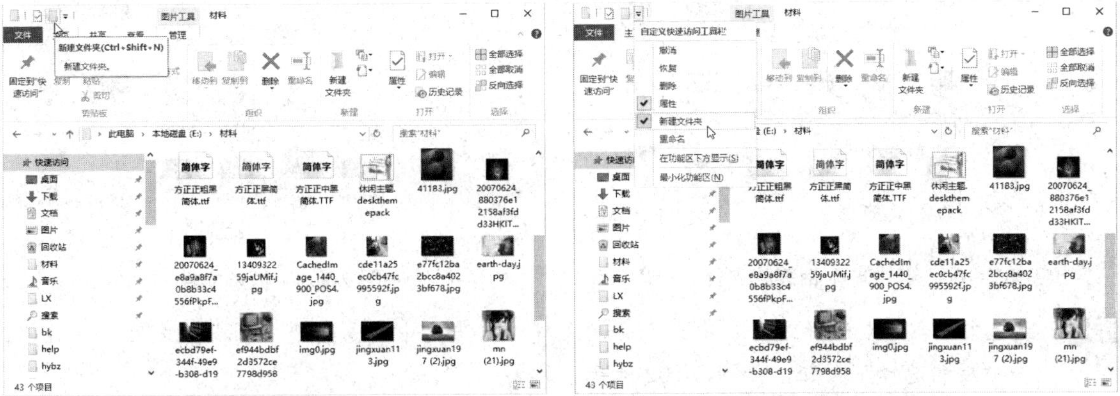

（a）　　　　（b）

图 2-97　通过快速访问工具栏新建文件夹

方法 4：通过快捷键新建文件夹

在文件资源管理器窗口中按【Ctrl+Shift+N】组合键，即可快速创建一个新的文件夹。

2. 多种选择文件的方式

要对文件或文件夹进行复制、移动等管理操作，需要先将其选中。用户可以选择一个、多个或者一组不相邻的文件或文件夹，具体操作方法如下。

Step 01 选中单个文件。单击单个文件或文件夹即可将其选中，被选中的文件或文件夹上显示蓝色的阴影，如图 2-98 所示。

Step 02 选中多个不相邻的文件。选中第一个文件，然后按住【Ctrl】键，依次单击其他文件，即可选中多个不相邻的文件，如图 2-99 所示。

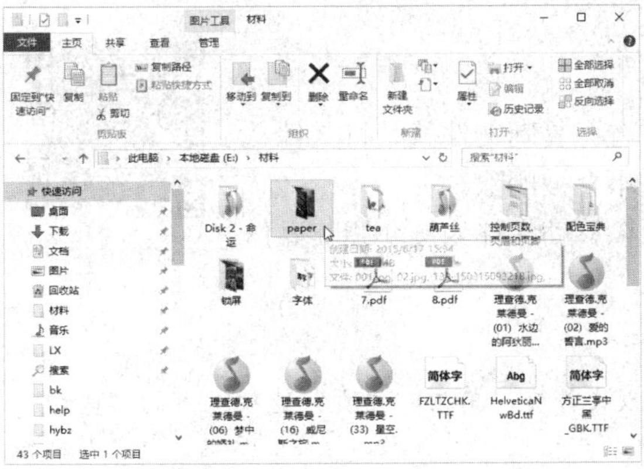

图 2-98　选中单个文件

图 2-99　选中多个不相邻的文件

Step 03 选中多个相邻的文件。选中第一个文件，按住【Shift】键的同时单击要选中的最后一个文件，即可选中多个相邻的文件，如图 2-100 所示。

Step 04 框选文件。在窗口空白位置按住鼠标左键并拖动，即可框选多个文件，如图 2-101 所示。

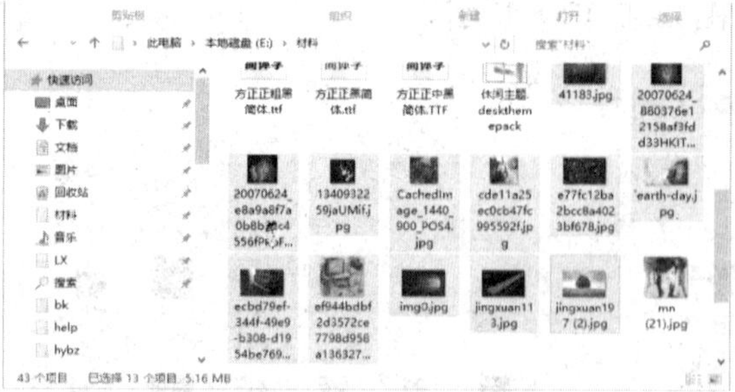

图 2-100　选中多个相邻的文件

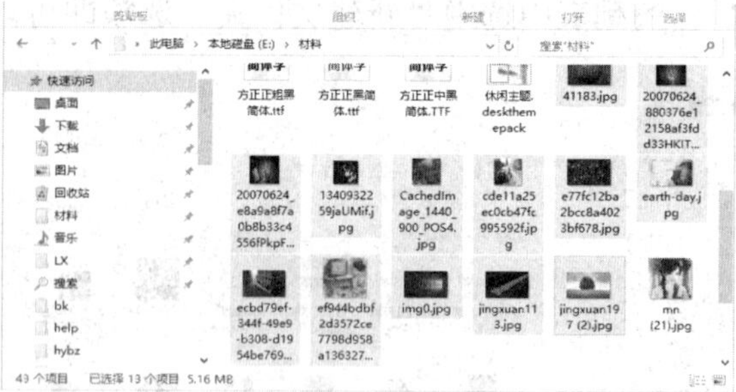

图 2-101　框选文件

Step 05 反选文件。若要选择文件夹中大部分的文件，可先选中不需要选中的少数文件，然后单击“反向选择”按钮，如图 2-102 所示。

Step 06 选中全部文件。选择“主页”选项卡，单击“全部选择”按钮或按【Ctrl+A】组合键，即可选中全部文件，如图 2-103 所示。

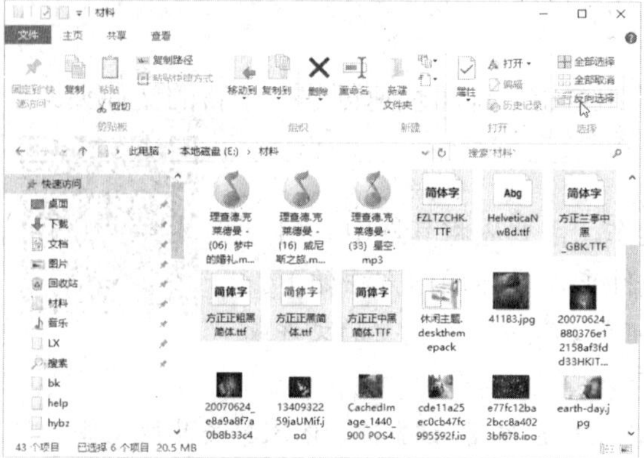

图 2-102　反选文件

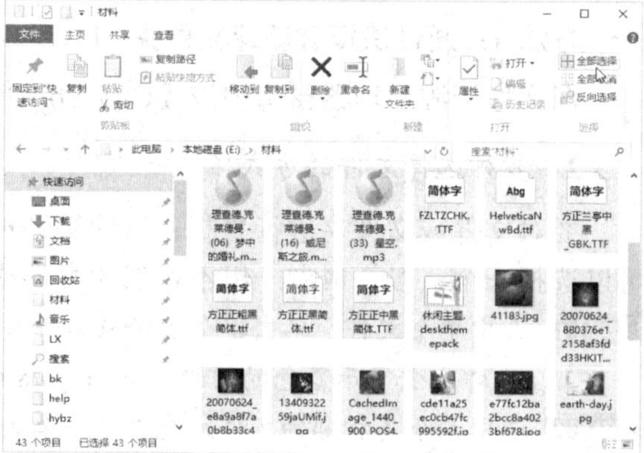

图 2-103　选中全部文件

3. 移动和复制文件

移动文件就是将文件从当前位置移至其他位置；复制文件就是将文件从当前位置拷贝一份到其他位置，当前位置的文件不会被删除。

移动文件和复制文件的操作方法类似，下面以移动文件为例介绍其操作方法。

方法 1：通过功能按钮移动文件

Step 01 单击“剪切”按钮。选择需要移动的文件或文件夹，单击“主页”选项卡下的“剪切”按钮，如图 2-104 所示。

Step 02 查看剪切效果。此时可以看到被剪切后的文件夹颜色变淡，如图 2-105 所示。

Step 03 单击“粘贴”按钮。打开目标文件夹，在“主页”选项卡下单击“粘贴”按钮，如图 2-106 所示。

Step 04 查看移动效果。此时可以看到文件夹已经移至目标文件夹中，如图 2-107 所示。

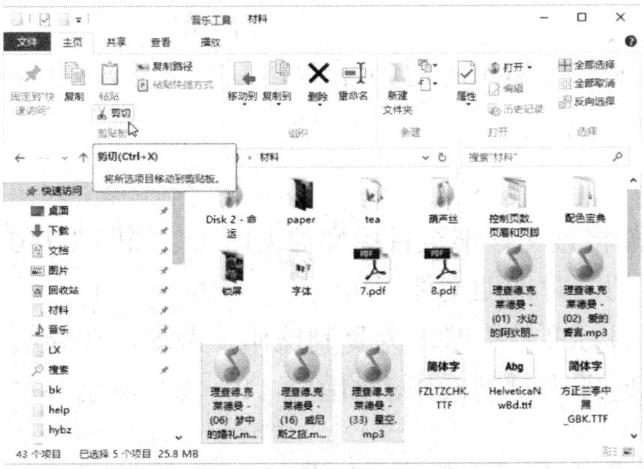

图 2-104　单击“剪切”按钮

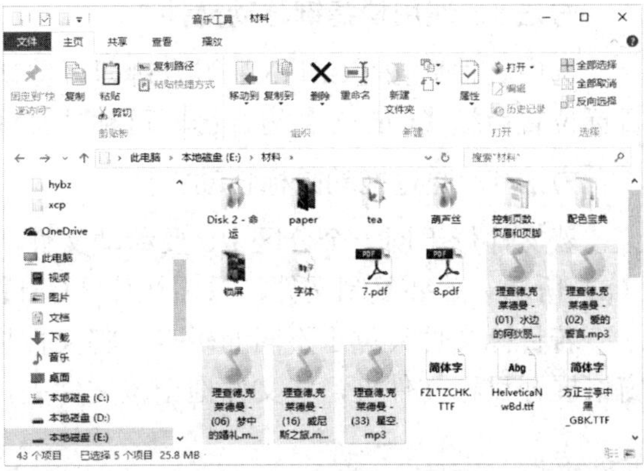

图 2-105　查看剪切效果

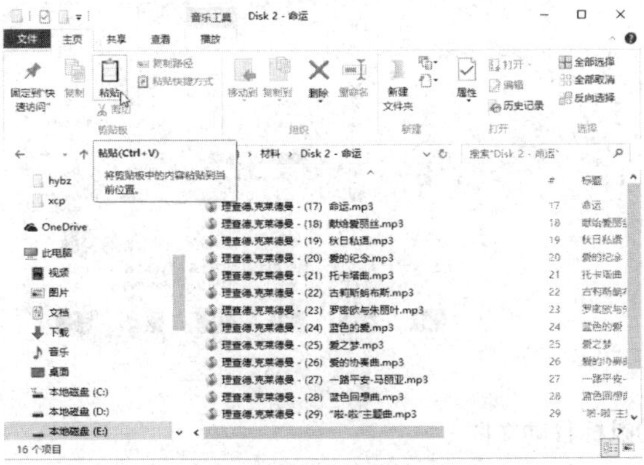

图 2-106　单击“粘贴”按钮

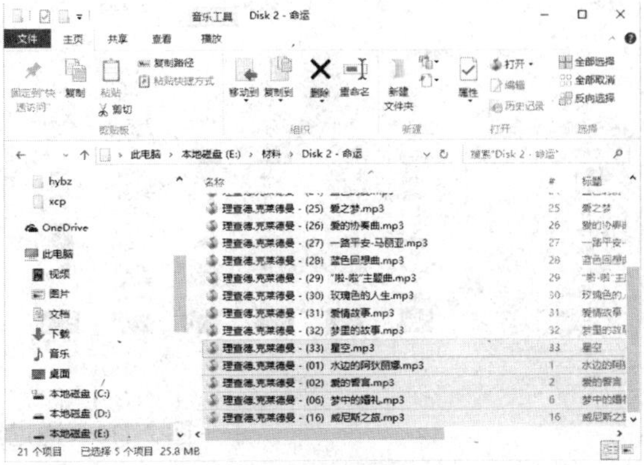

图 2-107　查看移动效果

方法 2：通过右键快捷菜单移动文件

Step 01 选择“剪切”命令。选择需要移动的文件并右击，在弹出的快捷菜单中选择“剪切”命令，如图 2-108 所示。

Step 01 选择“粘贴”命令。打开目标位置并右击空白位置，在弹出的快捷菜单中选择“粘贴”命令，如图 2-109 所示。

图 2-108　选择“剪切”命令

图 2-109　选择“粘贴”命令

方法 3：使用快捷键移动文件

选中文件后按【Ctrl+X】组合键即可剪切文件（按【Ctrl+C】组合键可复制文件），打开目标位置后按【Ctrl+V】组合键即可粘贴文件。

方法 4：通过拖动鼠标移动文件

若文件位于同一个分区中，要移动文件，只需将该文件拖至目标文件夹即可，如图 2-110（a）所示。若要复制文件，只需按住【Ctrl】键的同时拖动文件即可。

若目标文件夹位于不同的磁盘，将文件拖至目标文件夹时即为复制操作。例如，在导航窗格展开目标文件夹，将文件拖至该文件夹，此时即为复制操作，如图 2-110（b）所示。

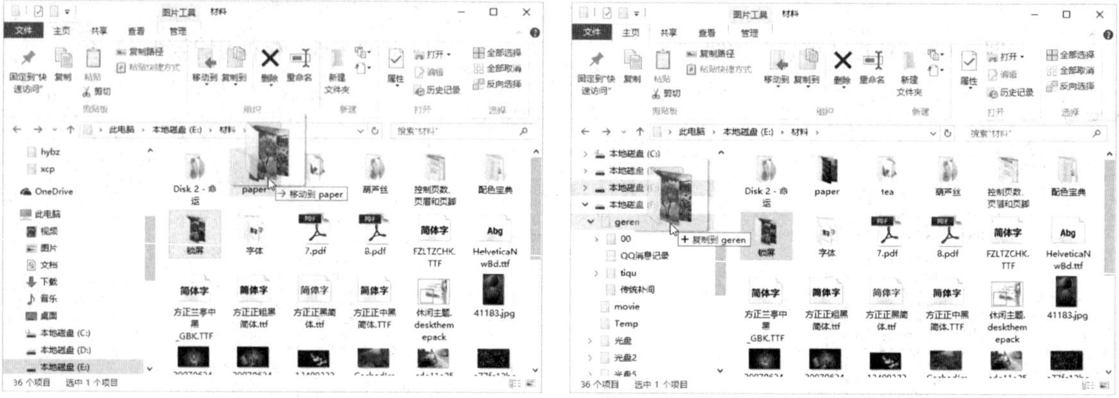

（a）　　　　　　　　　　　　（b）

图 2-110　通过拖动鼠标移动文件

方法 5：将文件移到常用位置

通过“移到”功能可以将文件快速移到“快速访问”中的常用位置，这样就省去了打开目标文件夹的操作，方法为：选中要移动的文件，在“主页”选项卡下“组织”组中单击“移到”下拉按钮，在弹出的列表中选择所需的位置，如图 2-111（a）所示。打开目标位置，即可查看移动文件，如图 2-111（b）所示。用同样的方法单击“复制到”按钮，可将文件复制到常用位置。

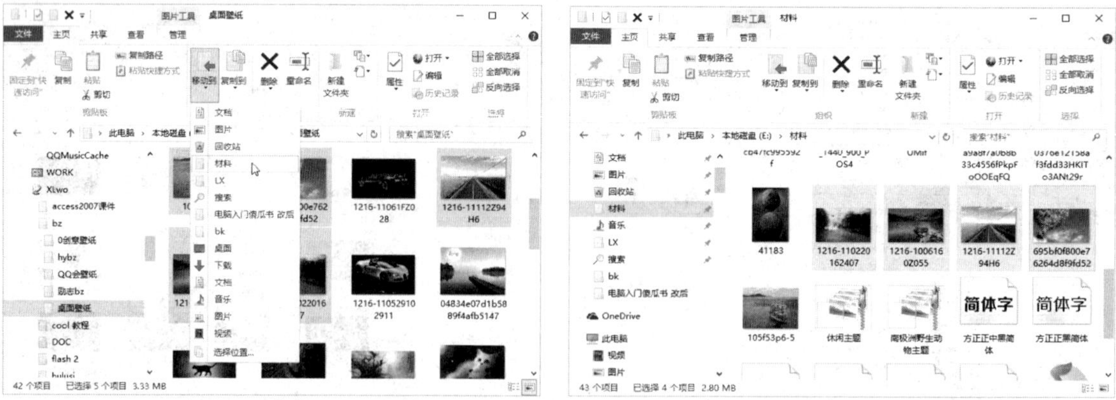

（a）　　　　　　　　　　　　（b）

图 2-111　将文件移到常用位置

4. 重命名文件

要更改文件夹的名称，就需要进行重命名操作，有以下多种方法。

方法 1：单击文件名重命名文件

选中要重命名的文件，然后单击该文件名，如图 2-112（a）所示，即可进入文件名编辑状态，输入新名称即可，如图 2-112（b）所示。

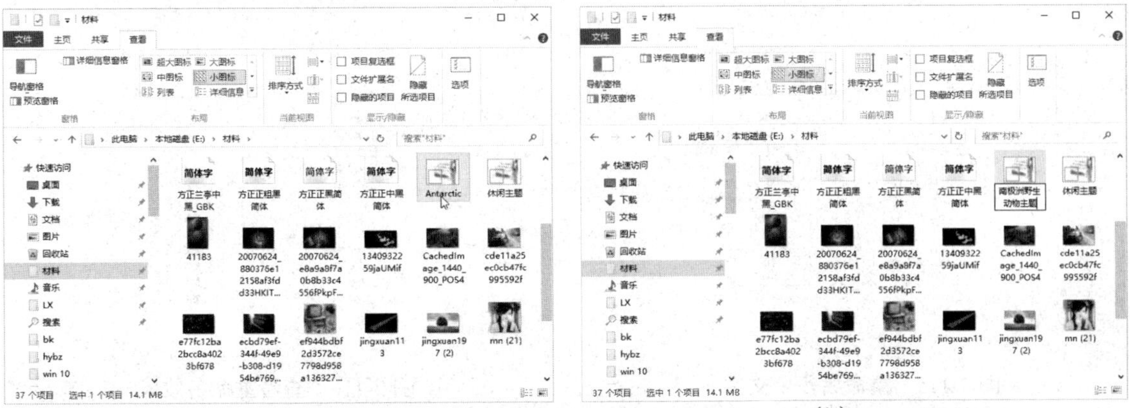

（a）　　　　　　　　　　　　　　　　（b）

图 2-112　单击文件名重命名文件

方法 2：使用右键快捷菜单重命名文件

右击要重命名的文件，在弹出的快捷菜单中选择“重命名”命令，如图 2-113 所示。

方法 3：单击功能按钮重命名文件

选中要重命名的文件，选择“主页”选项卡，在“组织”组中单击“重命名”按钮，如图 2-114 所示。

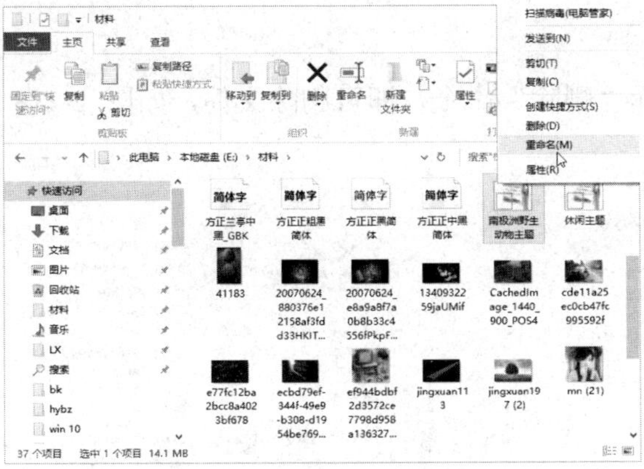

图 2-113　使用右键快捷菜单重命名文件

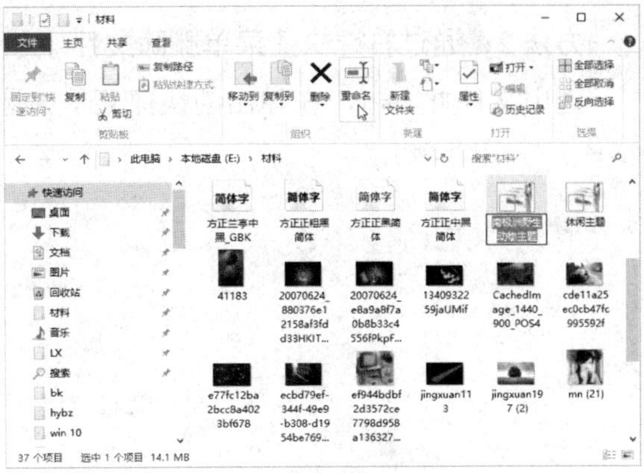

图 2-114　单击功能按钮重命名文件

方法 4：使用快捷键重命名文件

选中要重命名的文件，然后按【F2】键，即可进入名称可编辑状态。

方法 5：重命名多个文件

要使多个文件拥有相同的名称前缀，同时重命名多个文件，具体操作方法如下。

Step 01 重命名多个文件。选中要重命名的多个文件后按【F2】键，进入名称可编辑状态，输入新名称，如图 2-115 所示。

Step 01 查看重命名效果，按【Enter】键确认，即可重命名所选的文件，如图 2-116 所示。

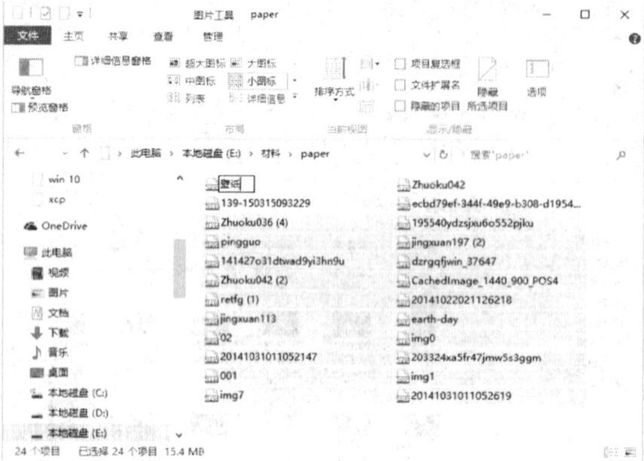

图 2-115　重命名多个文件

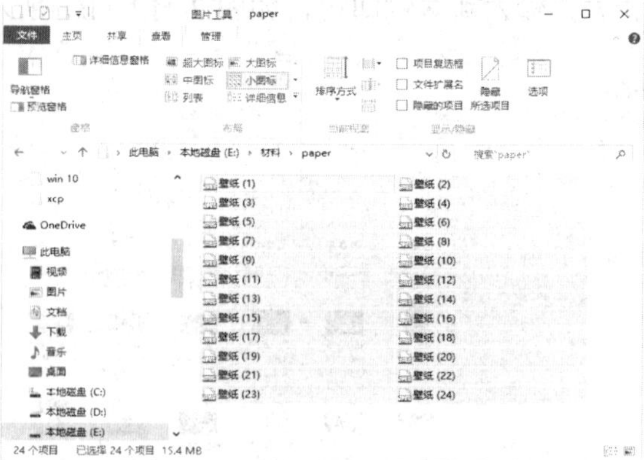

图 2-116　查看重命名效果

5. 删除和还原文件

对于不需要的文件或文件夹，可以将其删除，以节省磁盘空间。若要恢复删除的文件，只需将其还原即可。

（1）删除文件。用户可以通过多种方法删除文件，分别如下。

方法 1：单击“删除”按钮删除文件

选中要删除的文件，在“主页”选项卡下“组织”组中单击“删除”按钮，如图 2-117 所示。

方法 2：通过右键快捷菜单删除文件

选中文件并右击，在弹出的快捷菜单中选择“删除”命令，即可删除文件，如图 2-118 所示。

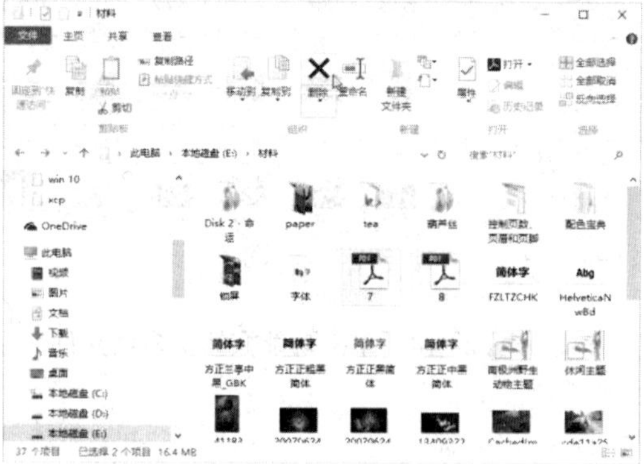

图 2-117　单击“删除”按钮删除文件

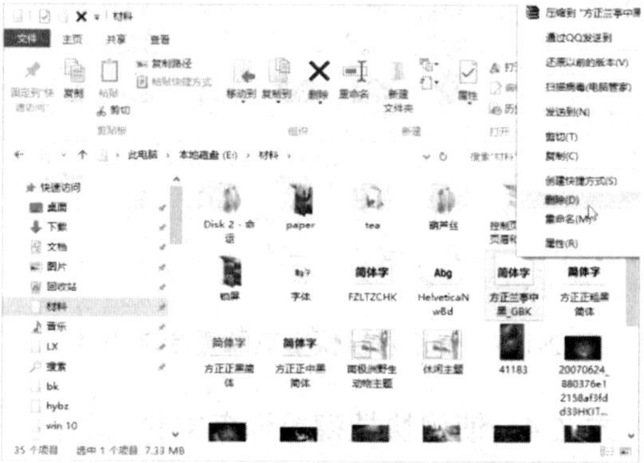

图 2-118　通过右键快捷菜单删除文件

方法 3：通过快速访问工具栏删除文件

在窗口左上方单击“自定义快速访问工具栏”下拉按钮，在弹出的列表中选择“删除”选项，如图 2-119（a）所示。此时即可在快速访问工具栏中添加“删除”按钮，选中文件后单击“删除”按钮，即可删除文件，如图 2-119（b）所示。

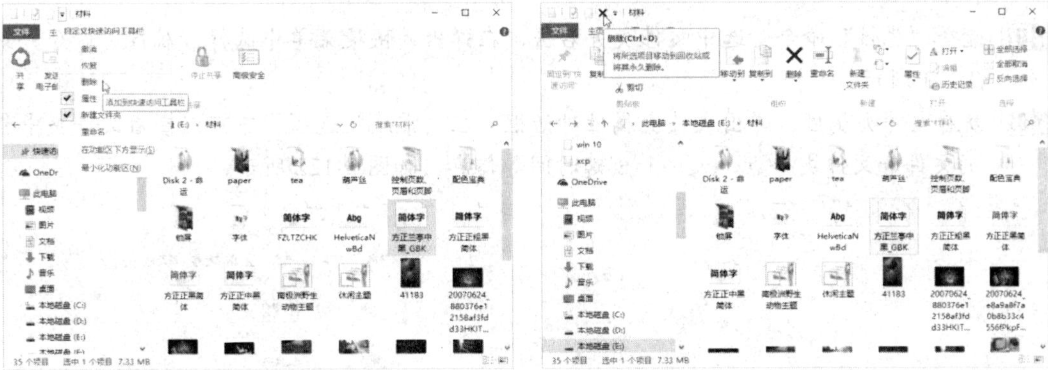

（a）　　　　（b）

图 2-119　通过快速访问工具栏删除文件

方法 4：通过快捷键删除文件

选中文件后直接按【Delete】或【Ctrl+D】组合键，即可删除文件。

（2）还原文件。删除文件后，系统会将其移至“回收站”中。要想找回删除的文件，可在“快速访问”中选择“回收站”选项，打开“回收站”窗口，选中要还原的文件并右击，在弹出的快捷菜单中选择“还原”命令即可还原文件，如图 2-120 所示。

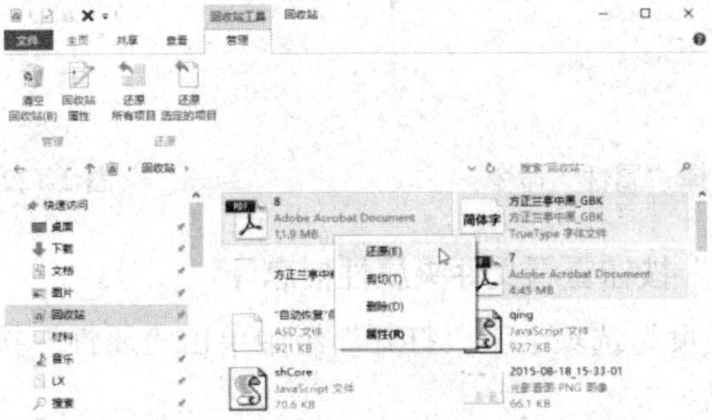

图 2-120　通过快捷键删除文件

2.3.4　设置文件与文件夹属性

文件与文件夹的属性包括文件的名称、大小、创建时间、显示的图标、共享设置，以及文件加密等。用户可以根据需要来设置文件与文件夹的属性，或者进行安全性设置，以确保自己的文件不被他人随意查看或修改。

1. 查看文件夹属性

通过查看文件夹属性可以了解其中包含的文件个数，下面以查看文件夹属性为例介绍查看文件属性的通用方法。

方法 1：使用右键菜单查看

Step 01 选择“属性”命令。选中文件夹并右击，在弹出的快捷菜单中选择“属性”命令，如图 2-121 所示。

Step 02 查看文件夹属性。弹出文件夹属性对话框，在“常规”选项卡下可以查看文件夹中包含的文件和文件夹个数、大小和创建时间等信息，如图 2-122 所示。

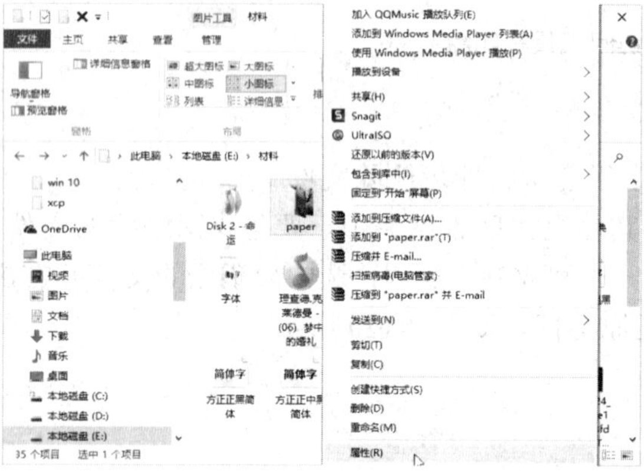

图 2-121　选择“属性”命令

图 2-122　查看文件夹属性

方法 2：单击“属性”按钮查看文件夹属性信息

选中文件夹，在“主页”选项卡下“打开”组中单击“属性”按钮，如图 2-123 所示，即可查看文件夹属性信息。

方法 3：使用快速访问工具栏查看文件夹属性信息

选中文件夹，在窗口左上方的快速访问工具栏中单击“属性”按钮，如图 2-124 所示，即可查看文件夹属性信息。

方法 4：使用快捷键查看文件夹属性信息

选中文件夹后按【Alt+Enter】组合键，即可查看文件夹属性。

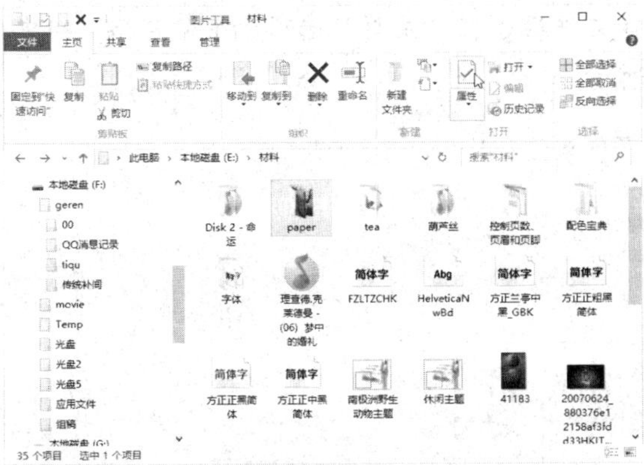

图 2-123　单击“属性”按钮查看文件夹属性信息

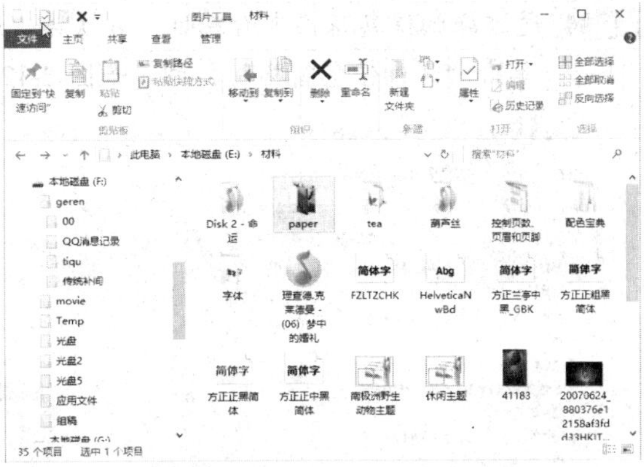

图 2-124　使用快速访问工具栏查看文件夹属性信息

2. 查看文件“详细信息”属性

文件属性比文件夹属性多出了“详细信息”，其中包含了多种个人信息。不同类型的文件，其属性信息也有所不同，下面以音乐文件为例，介绍如何查看文件详细信息，具体操作方法如下。

Step 01 选中文件。选中要查看属性信息的文件，在此选择一个 MP3 音乐文件，如图 2-125 所示。

Step 02 查看文件常规属性。弹出文件属性对话框，在“常规”选项卡下可以查看文件的大小、创建时间等信息，如图 2-126 所示。

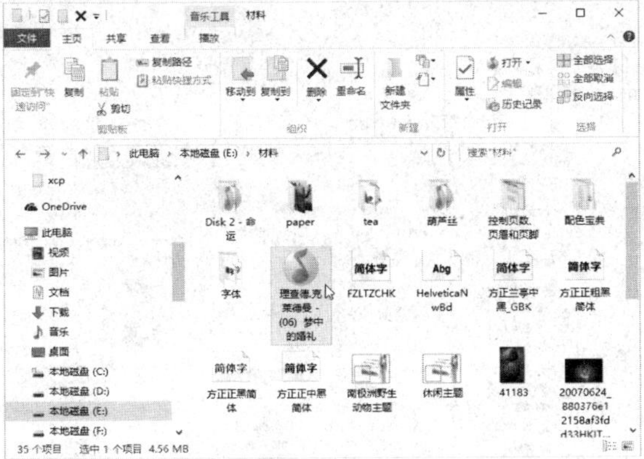

图 2-125　选中文件

图 2-126　查看文件常规属性

Step 03 查看文件详细信息属性。选择“详细信息”选项卡，可以查看音乐文件中所包含的说明、媒体、音频、来源、发布者等属性信息，如图 2-127 所示。

Step 04 通过详细信息窗格查看属性。方法为：选择文件后，在“主页”选项卡下“窗格”组中单击“详细信息窗格”按钮，如图 2-128 所示。

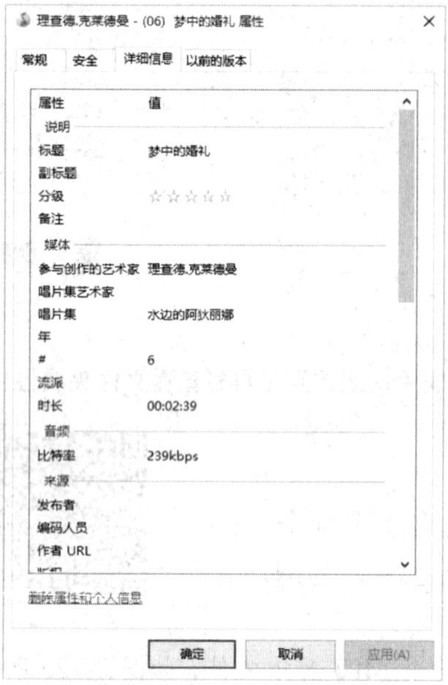

图 2-127　查看文件详细信息属性

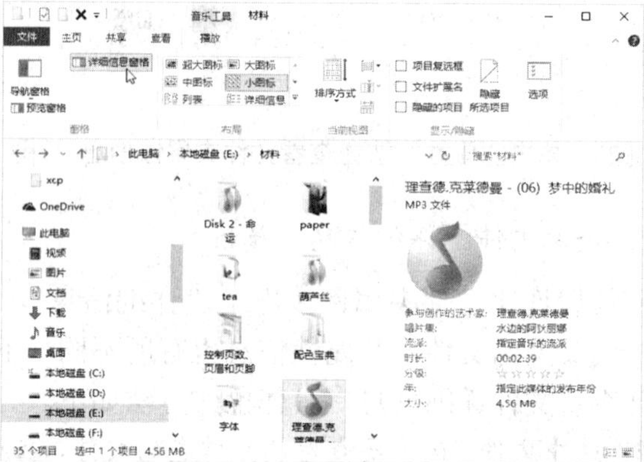

图 2-128　通过详细信息窗格查看属性

3. 更改文件属性

用户可以根据需要更改文件的详细信息，如更改音乐文件的“唱片集”“流派”等属性，具体操作方法如下。

Step 01 单击属性文本框。选中文件并打开详细信息窗格，单击要更改的属性文本框，如图 2-129 所示。

Step 02 编辑属性信息。进入属性信息编辑状态，输入所需的文本，然后单击“保存”按钮即可，如图 2-130 所示。

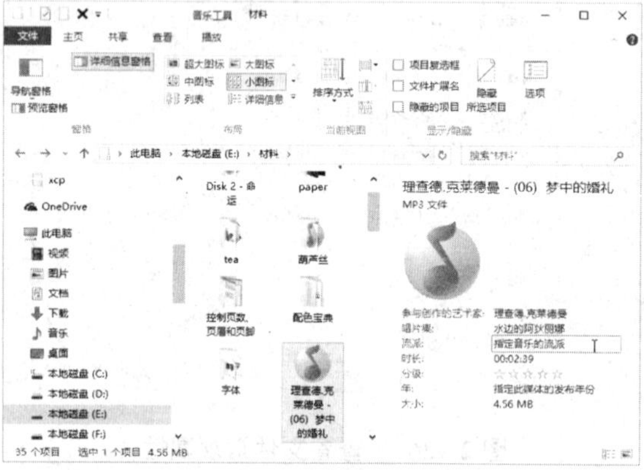

图 2-129　单击属性文本框

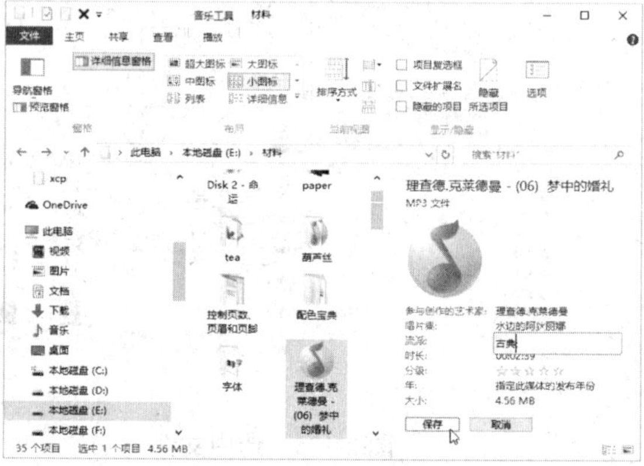

图 2-130　编辑属性信息

Step 03 在文件属性对话框中编辑详细信息。还可打开文件属性对话框，在“详细信息”选项卡下修改属性信息，然后单击“确定”按钮，如图 2-131 所示。

Step 04 选择“删除属性”选项。可以根据需要将文件中可编辑的详细信息删除：选中文件，在“主页”选项卡下单击“属性”下拉按钮，在弹出的列表中选择“删除属性”选项，如图 2-132 所示。

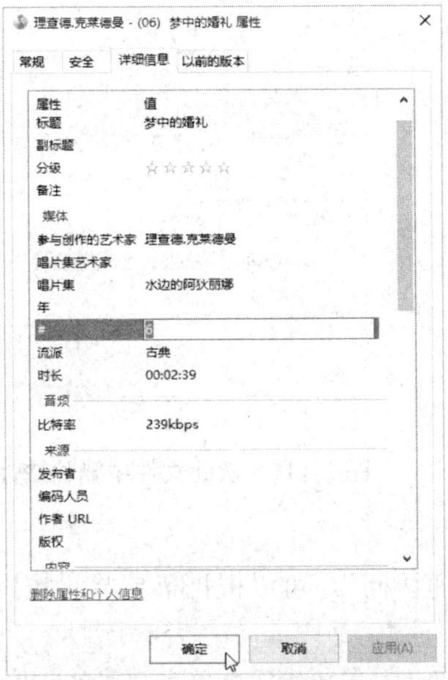

图 2-131　在文件属性对话框中编辑详细信息

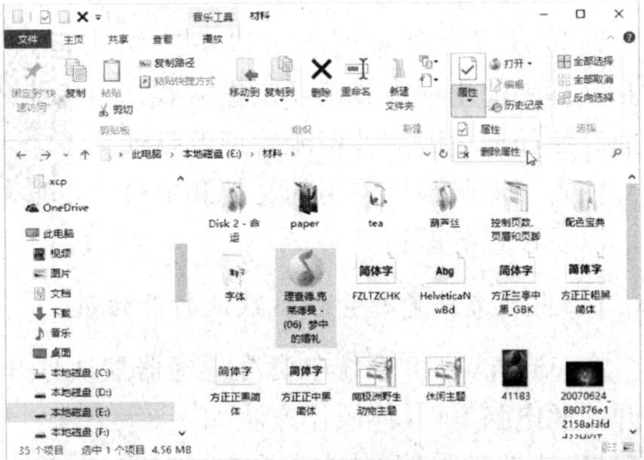

图 2-132　选择“删除属性”选项

Step 05 设置创建不包含任何可删除属性的副本。弹出“删除属性”对话框，选中“创建不包含任何可删除属性的副本”单选按钮，然后单击“确定”按钮，如图 2-133 所示。

Step 06 查看副本文件属性信息。此时即可在原位置创建一个所选文件的副本，在详细信息窗格中可以看到该副本文件不包含属性信息，如图 2-134 所示。

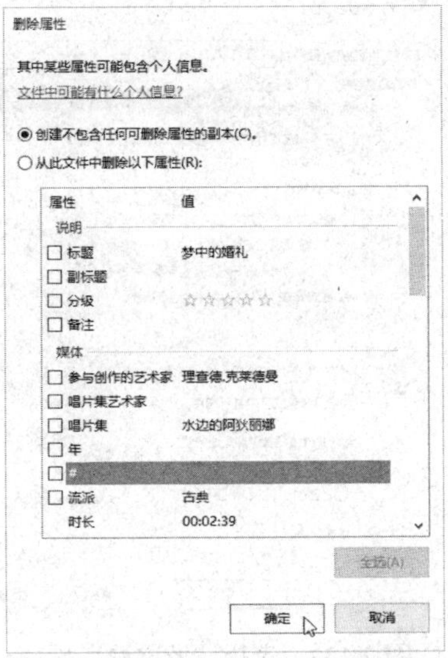

图 2-133　设置创建不包含任何可删除属性的副本

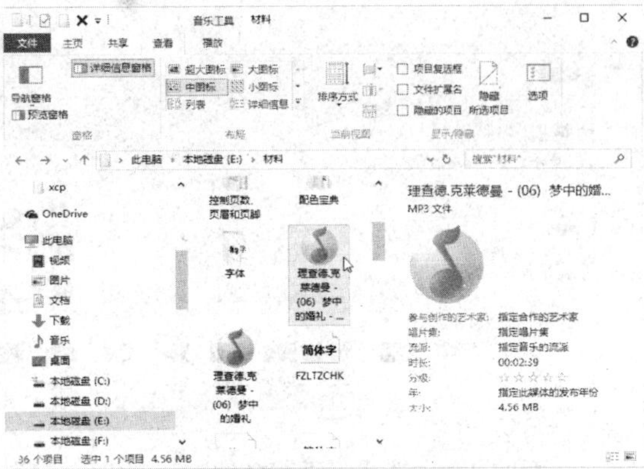

图 2-134　查看副本文件属性信息

Step 07 从此文件中删除属性。若要直接删除所选文件的属性信息，可以在“删除属性”对话框中选中“从此文件中删除以下属性”单选按钮，然后在属性列表中选中要删除的信息或单击“全选”按钮选中全部信息，单击“确定”按钮即可，如图 2-135 所示。

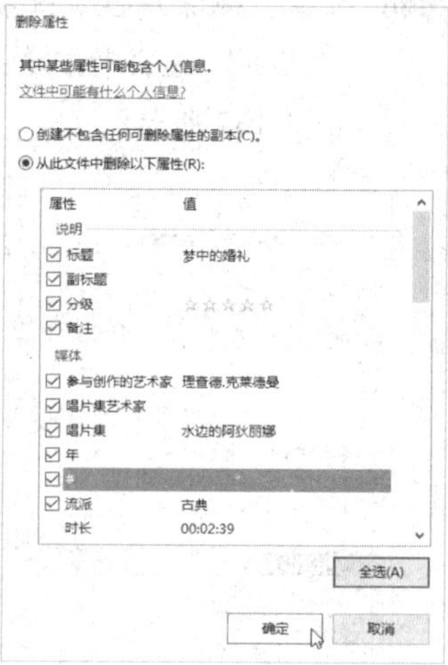

图 2-135　从此文件中删除属性

2.3.5　设置文件夹选项

通过设置文件夹选项可以更改文件和文件夹的出现方式以及工作方式。下面介绍如何更改文件资源管理器默认打开位置，清除最近使用的文件和文件夹，以及设置导航窗格。

1．更改文件资源管理器默认打开位置

在 Windows 10 系统中资源管理器默认打开的是“快速访问”，可以根据需要将设置默认打开“此电脑”，具体操作方法如下。

Step 01 选择“更改文件夹和搜索”选项。打开文件资源管理器，在功能区中单击“文件”按钮，在弹出的列表中选择“更改文件夹和搜索”选项，如图 2-136 所示。

Step 02 选择“此电脑”选项。弹出“文件夹选项”对话框，选择“常规”选项卡，在“打开文件资源管理器时打开”下拉列表中选择“此电脑”选项，然后单击“确定”按钮，如图 2-137 所示。

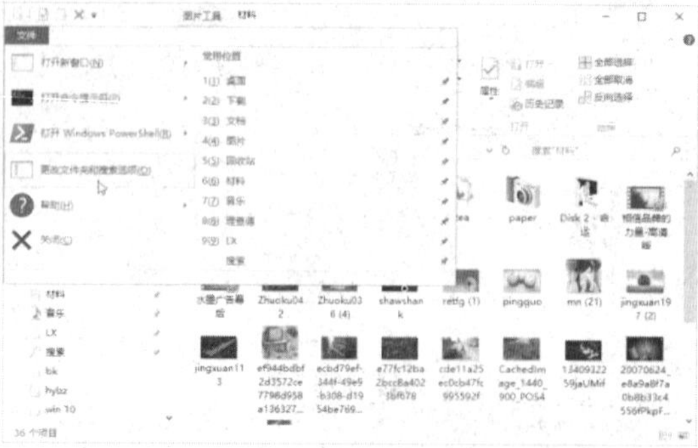

图 2-136　选择“更改文件夹和搜索”选项

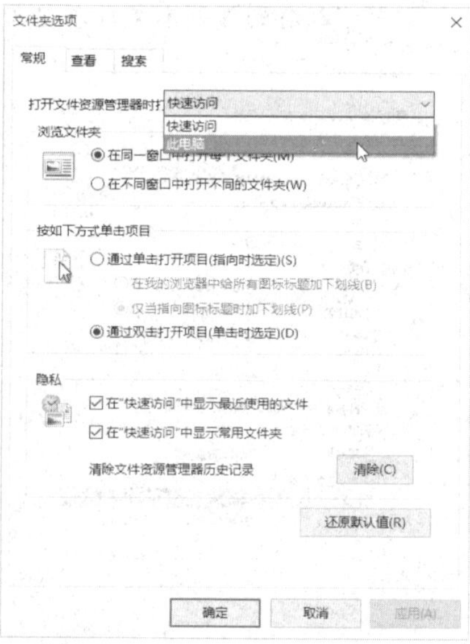

图 2-137　选择“此电脑”选项

Step 03 查看打开效果。按【Windows+E】组合键，打开文件资源管理器，此时将自动打开“此电脑”窗口，而不是“快速访问”窗口，如图 2-138 所示。

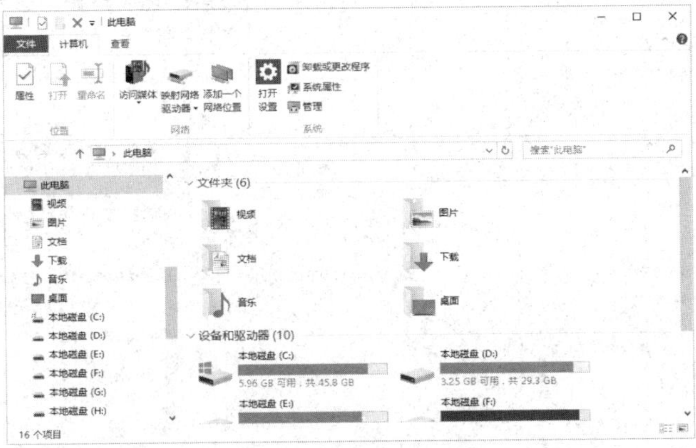

图 2-138　查看打开效果

2. 清除最近使用的文件和文件夹

在“快速访问”窗口中默认会显示用户最近访问过的文件或文件夹，如果觉得此项设置有泄漏个人隐私的风险，可以清除最近访问的文件记录，具体操作方法如下。

Step 01 清除常用文件夹。在“快速访问”窗口的“常用文件夹”区域选中要删除的文件夹并右击，在弹出的快捷菜单中选择“从‘快速访问’中删除”命令，如图 2-139 所示。

Step 02 清除最近使用的文件。在“最近使用的文件”区域选中要删除的文件并右击，在弹出的快捷菜单中选择“从‘快速访问’中删除”命令，如图 2-140 所示。

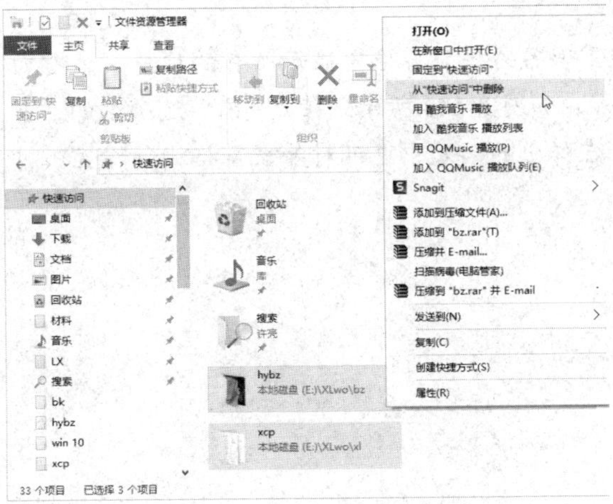

图 2-139　清除常用文件夹

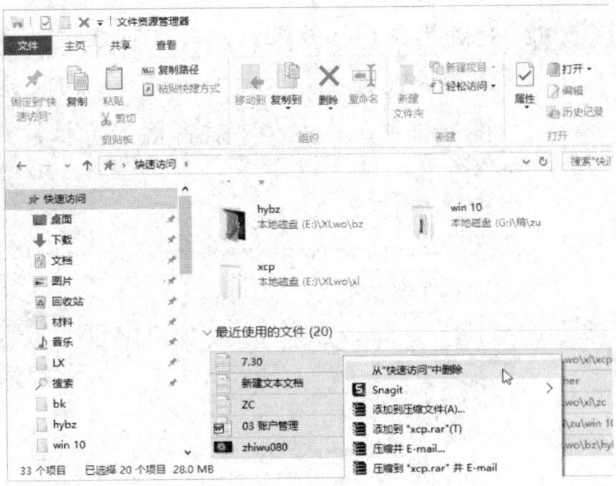

图 2-140　清除最近使用的文件

Step 03 清除所有访问记录。打开“文件夹选项”对话框，选择“常规”选项卡，在“隐私”选项区中单击“清除”按钮，即可清除所有最近使用的文件和文件夹，如图 2-141 所示。

Step 04 禁止显示最近使用的文件和文件夹。若要使系统不再显示最近使用的文件或文件夹，可以取消选择“隐私”选项区中的两个复选框，设置完成后单击“确定”按钮，如图 2-142 所示。

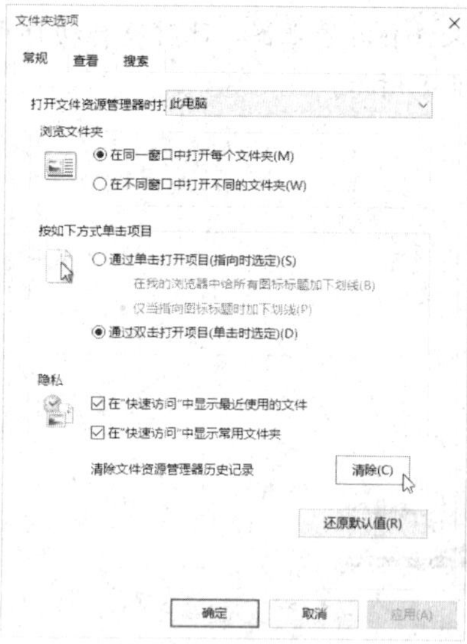

图 2-141　清除所有访问记录

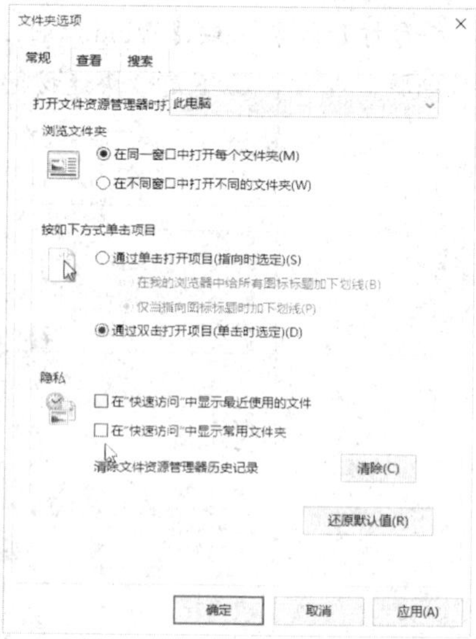

图 2-142　禁止显示最近使用的文件和文件夹

3. 设置导航窗格

通过文件资源管理器左侧的导航窗格可以快速浏览电脑中的所有文件，但在其中并没有用户文件夹、回收站、控制面板等项目，可以根据需要让导航窗格显示所有项目，具体操作方法如下。

Step 01 选中“显示所有文件夹”复选框。打开“文件夹选项”对话框，选择“查看”选项卡，在“高级设置”列表的“导航窗格”选项区中选中“显示所有文件夹”复选框，然后单击“确定”按钮，如图 2-143 所示。

Step 02 查看导航窗格效果。此时即可在文件资源管理器的导航窗格中显示所有的项目，如增加了用户文件夹、“控制面板”“回收站”等，如图 2-144 所示。在“查看”选项卡的“窗格”组中，单击“导航窗格”下拉按钮，在弹出的列表中也可对导航窗格进行设置。

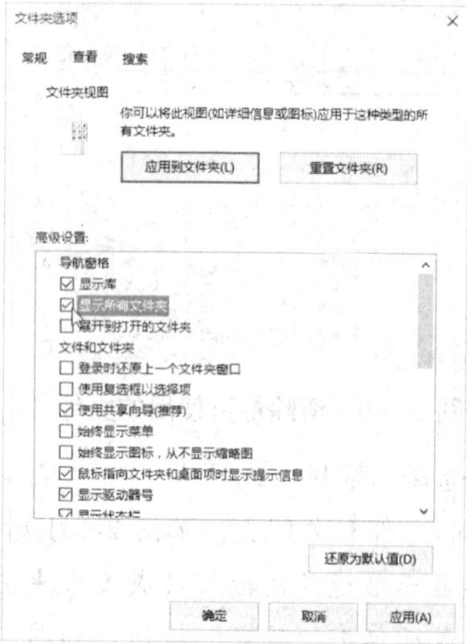

图 2-143　选中“显示所有文件夹”复选框

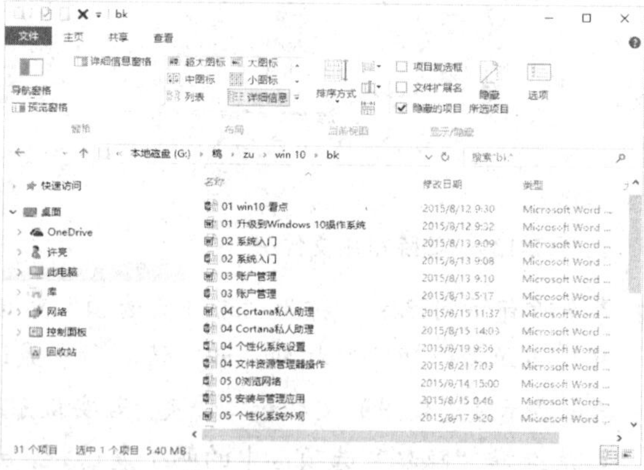

图 2-144　查看导航窗格效果

2.4　Windows 10 系统设置

Windows 10 系统不仅延续了 Windows 家族的传统设置，而且带来了更多的全新体验。用户可以根据自己的使用习惯对 Windows 10 系统的外观进行个性化设置，从而在视觉上带来不一样的体验；对 Windows 10 系统的基本应用进行设置，使系统更加符合自己的使用习惯，从而提高工作效率。

2.4.1　设置桌面背景

设置桌面背景的方法非常简单，只需一个命令即可实现桌面背景的更改。在 Windows 10 系统中可以通过两个命令来设置桌面背景，下面将分别进行介绍。

1. 使用快捷命令设置桌面背景

若要将图片设置为桌面背景，可以通过右键快捷命令来实现，具体操作方法如下。

Step 01 选择“设置为桌面背景”命令。右击要设置为桌面背景的图片，在弹出的快捷菜单中选择“设置为桌面背景”命令，如图 2-145 所示。

Step 02 查看背景效果。按【Windows+D】组合键，或单击任务栏最右侧的“显示桌面”按钮返回桌面，查看背景效果，如图 2-146 所示。

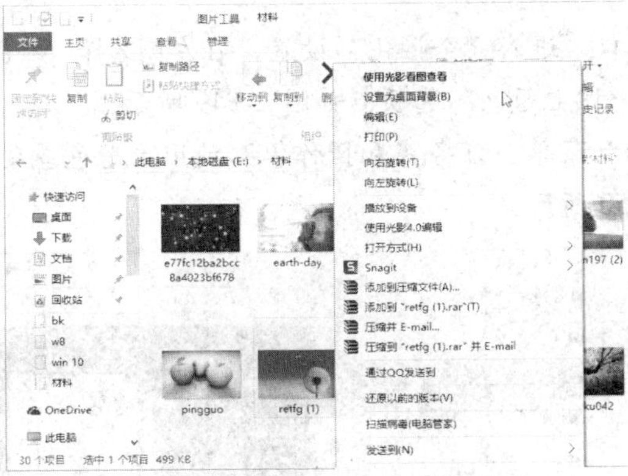

图 2-145　选择“设置为桌面背景”命令

图 2-146　查看背景效果

2. 使用文件资源管理器设置桌面背景

在 Windows 10 系统中，可以使用文件资源管理器来管理电脑文件。使用它设置桌面背景的具体操作方法如下。

Step 01 单击“设置为背景”按钮。选中要设置为背景的图片，在文件资源管理器的功能区中选择“管理”选项卡，然后单击“设置为背景”按钮，如图 2-147 所示。

Step 02 查看背景效果。此时即可将所选图片设置为桌面背景，效果如图 2-148 所示。

图 2-147　单击“设置为背景”按钮

图 2-148　查看背景效果

2.4.2　设置系统主题色

1. 从桌面背景选取主题色

设置从背景选取主题色后，系统将从用户设置的桌面壁纸中自动选取合适的颜色作为系统主题色，当桌面背景更换后系统要颜色也将随之更换。设置从背景选取主题色的具体操作方法如下。

Step 01 设置从背景选取主题色。打开“设置”窗口，进入“个性化”设置，在左侧选择“颜色”选项，在右侧开启“从我的背景自动选取一种主题色”选项，如图 2-149 所示。

Step 02 设置颜色。开启下方两个选项，使“开始”菜单、任务栏和操作中心使用主题色或变得半透明，在上方可以预览效果，如图 2-150 所示。

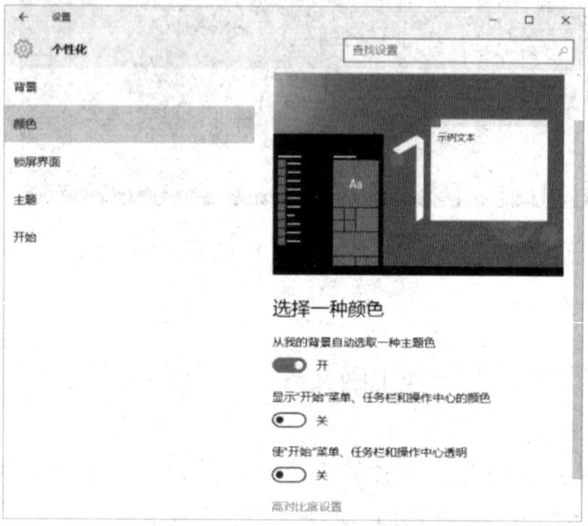

图 2-149　设置从背景选取主题色

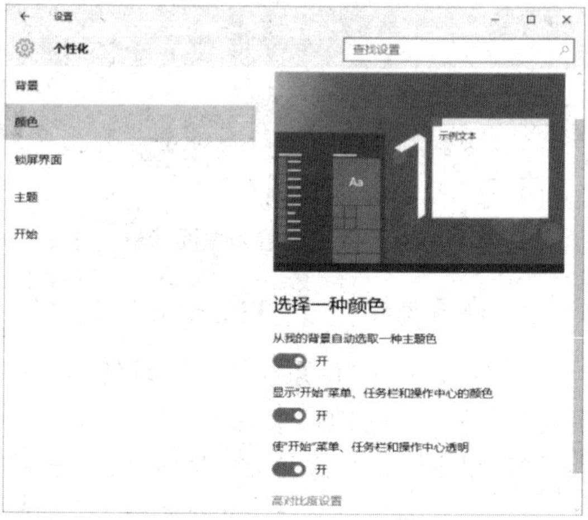

图 2-150　设置颜色

Step 03 查看颜色效果。设置完成后，查看设置的颜色效果，如图 2-151 所示。

Step 04 查看颜色效果。更换一张背景图片，此时“开始”菜单、任务栏和操作中心的颜色也随之更换，效果如图 2-152 所示。

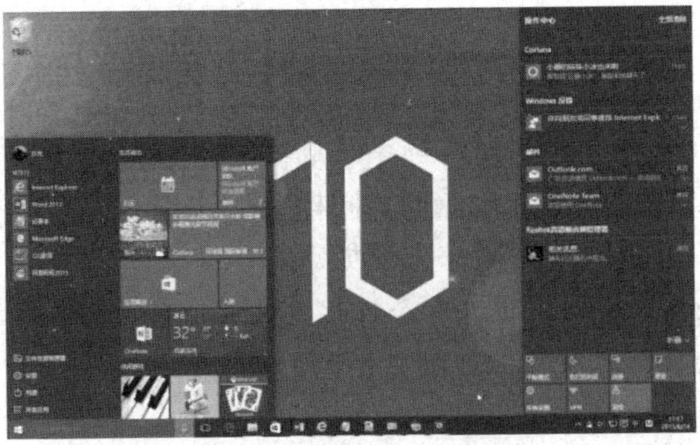

图 2-151　查看颜色效果

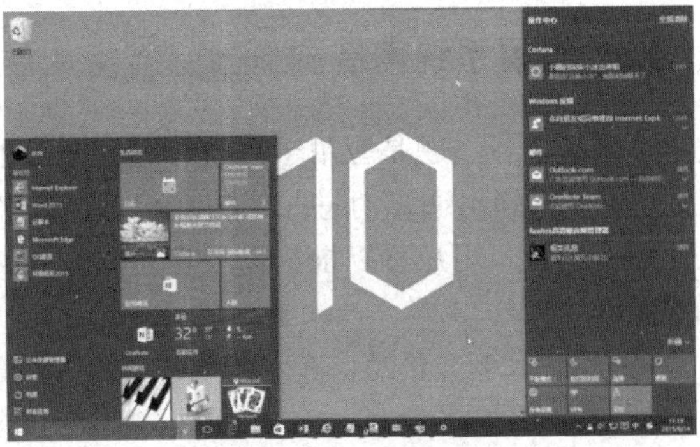

图 2-152　查看颜色效果

2. 自定义主题色

如果不喜欢从桌面背景提取的主题色，还可以自定义主题色，从而实现个性化颜色设置，具体操作方法如下。

Step 01 选择颜色。在“颜色”设置窗口中关闭“从我的背景自动选取一种主题色”选项，此时将弹出系统推荐的颜色列表，选择自己喜欢的颜色，如图 2-153 所示。

Step 02 查看颜色效果。打开“开始”菜单和操作中心，查看颜色效果，如图 2-154 所示。

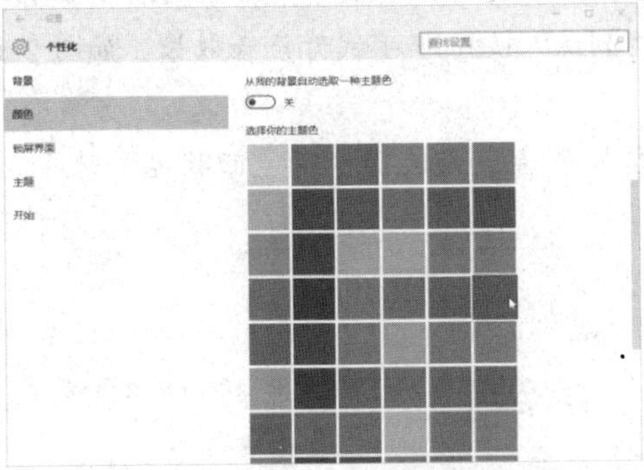

图 2-153　选择颜色

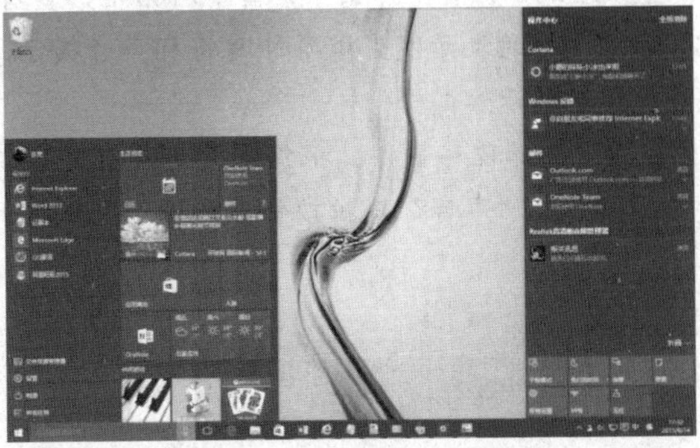

图 2-154　查看颜色效果

Step 03 执行颜色命令。若要自己调色，可以按【Windows+R】组合键，弹出“运行”对话框，输入 control color 命令，并按【Enter】键确认，如图 2-155 所示。

Step 04 自定义颜色。弹出“颜色和外观”窗口，选择所需的颜色并调节其浓度，展开“颜色混合器”选项，调节色调、饱和度和亮度，如图 2-156 所示。打开“开始”菜单和操作中心，查看颜色效果。

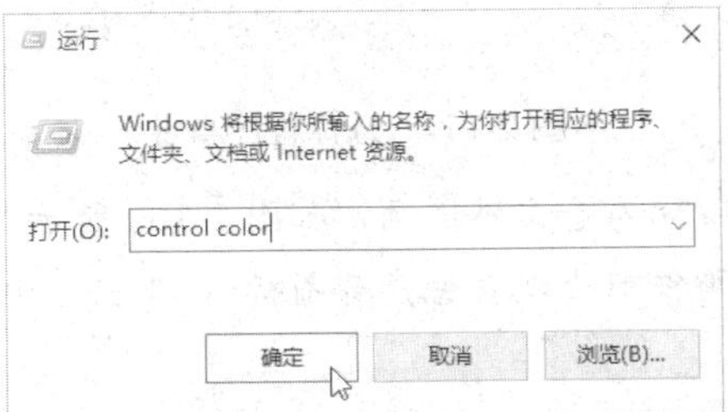

图 2-155　执行颜色命令

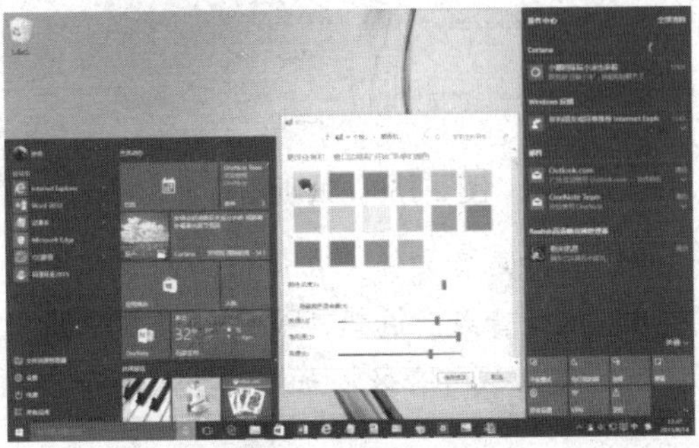

图 2-156　自定义颜色

2.4.3 设置系统声音

系统声音主题是应用于系统和程序事件的一组声音，例如，当系统通知到达时，将弹出通知消息并伴随提示音；当将USB设备插入电脑时，同样会听到提示音。用户可以根据需要自定义系统声音主题，具体操作方法如下。

Step 01 单击“高级声音设置”超链接。打开“设置”窗口，进入“个性化”设置，在左侧选择“主题”选项，在右侧单击“高级声音设置”超链接，如图2-157所示。

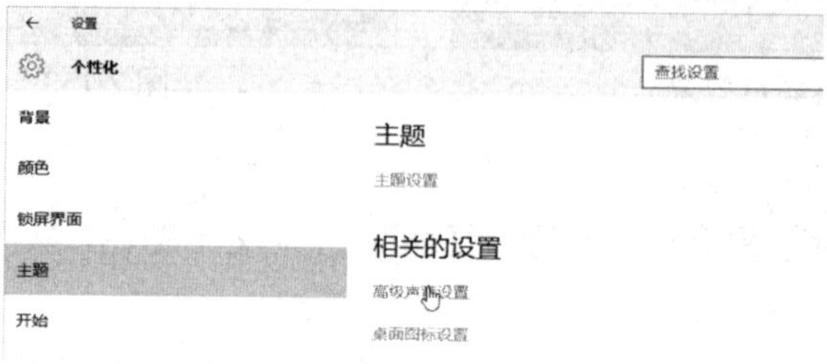

图2-157 单击“高级声音设置”超链接

Step 02 试听声音。弹出“声音”对话框，查看当前的声音方案，在“程序事件”列表中带有◁图标的表示发生该事件时将有声音提示，单击“测试”按钮即可试听声音效果，如图2-158所示。

Step 03 选择程序事件。根据需要为没有声音的事件添加声音，如选择“清空回收站”选项，单击“声音”下拉按钮，如图2-159所示。

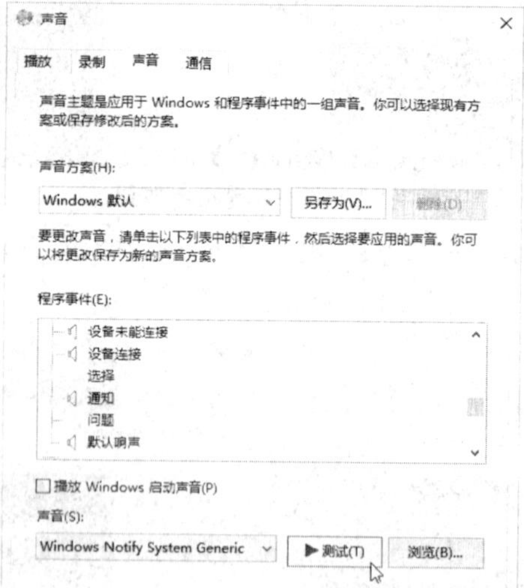

图2-158 试听声音

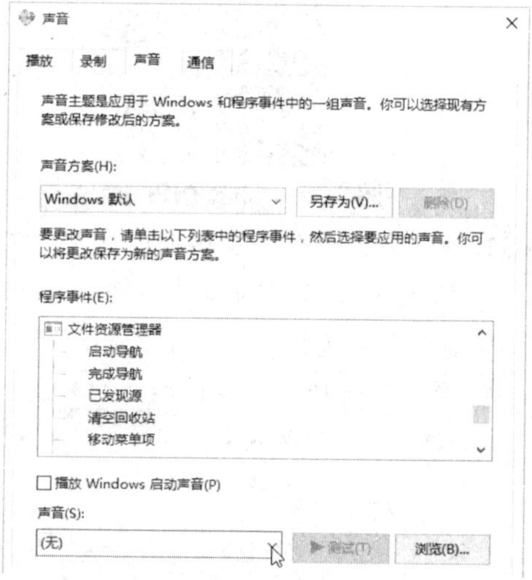

图2-159 选择程序事件

Step 04 选择声音文件。在弹出的列表框中选择系统自带的声音文件选项，如图2-160所示。

Step 05 试听音效。选择声音文件后在“清空回收站”事件前出现黄色声音图标◁，单击“测试”按钮试听音效，如图2-161所示。

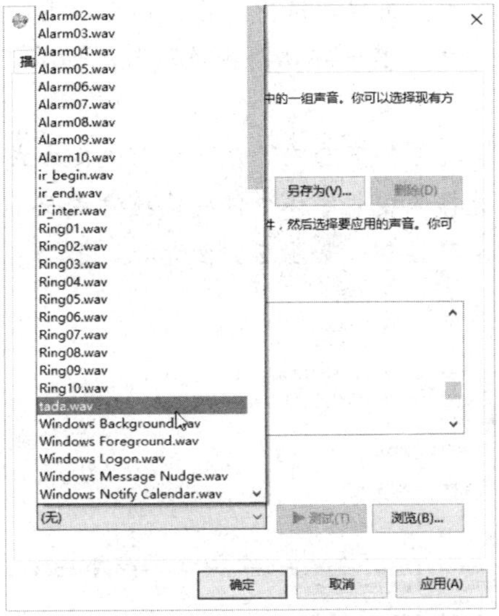

图 2-160　选择声音文件

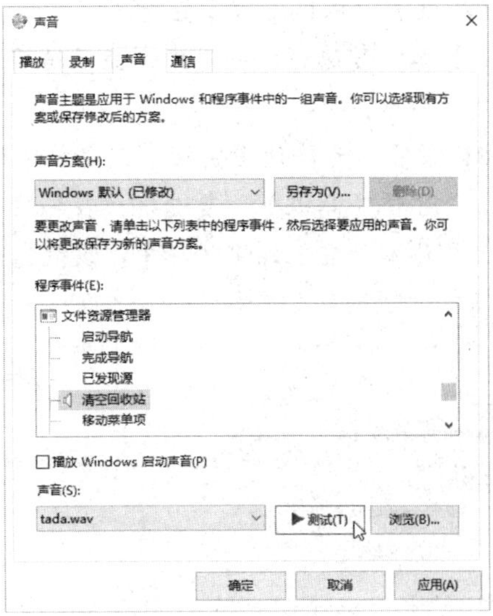

图 2-161　试听音效

2.4.4　设置字体

设置字体主要是指选择可以出现在程序中的字体，以及希望在电脑上安装字体的方式，具体操作方法如下。

Step 01 选择“字体”选项。在搜索框中输入“字体”，在搜索列表中选择“字体”选项，如图 2-162 所示。

Step 02 单击“字体设置”超链接。弹出“字体”窗口，在左侧单击“字体设置”超链接，如图 2-163 所示。

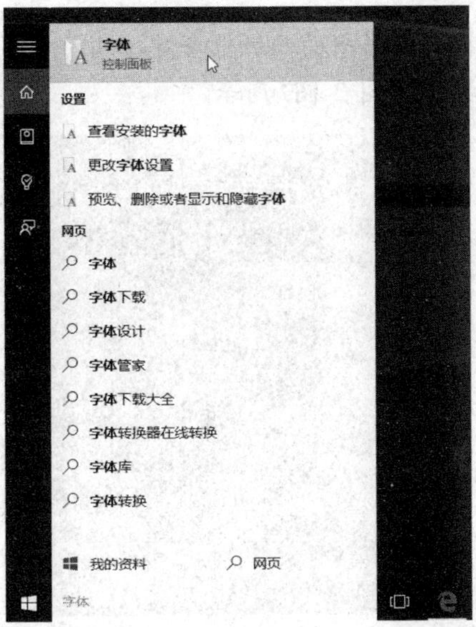

图 2-162　选择“字体”选项

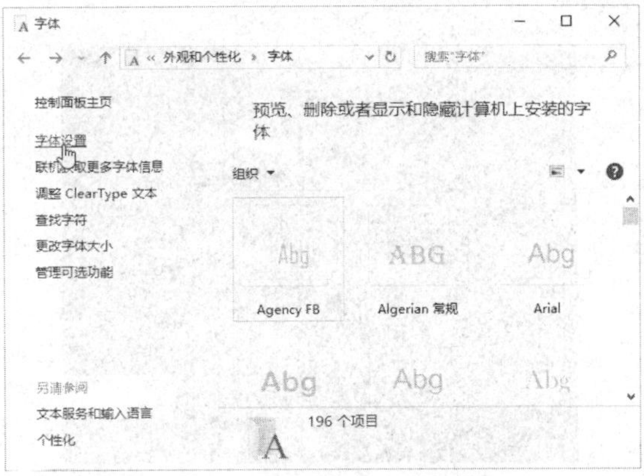

图 2-163　单击“字体设置”超链接

Step 03 设置“根据语言设置隐藏字体”。弹出“字体设置”窗口，选中“根据语言设置隐藏字体”复选框，程序中只显示适用于语言设置的字体，其他字体将会被隐藏，如图 2-164 所示。

Step 04 设置“允许使用快捷方式安装字体”。在“安装设置”下选中“允许使用快捷方式安装字体（高级）”复选框，在安装新字体时可以选择只安装字体文件的快捷方式而不将字体本身安装到字体库中，设置完毕后单击“确定”按钮，如图 2-165 所示。

图 2-164　设置“根据语言设置隐藏字体”

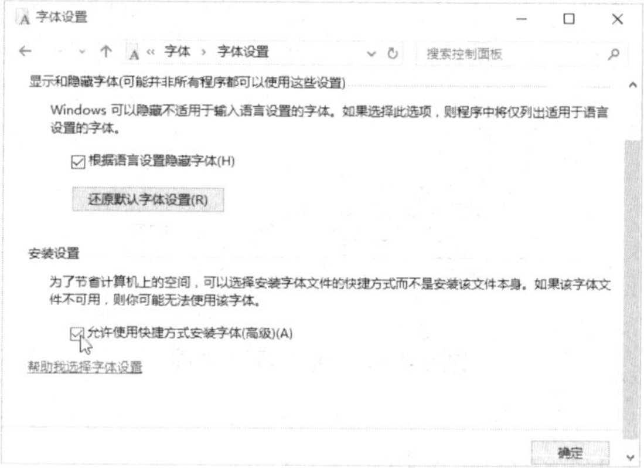

图 2-165　设置“允许使用快捷方式安装字体”

2.4.5　更改日期和时间

默认情况下，系统显示的日期和时间会自动与互联网上的时间进行同步，它取决于系统所在的时区。也可根据需要手动设置日期和时间，具体操作方法如下。

Step 01 查看星期。将鼠标指针置于任务栏右侧的时间上，就会显示出带星期的长时间，如图 2-166 所示。

Step 02 单击“日期和时间设置”超链接。单击时间图标，在弹出的面板中查看详细的时间和日历，然后单击下方的“日期和时间设置”超链接，如图 2-167 所示。

图 2-166　查看星期

图 2-167　单击“日期和时间设置”超链接

Step 03 单击“更改”按钮。弹出“日期和时间”设置窗口，关闭“自动设置时间”选项，然后单击“更改”按钮，如图 2-168 所示。

Step 04 更改日期和时间。弹出“更改日期和时间”对话框，选择所需的日期和时间，然后单击“更改”按钮，如图 2-169 所示。

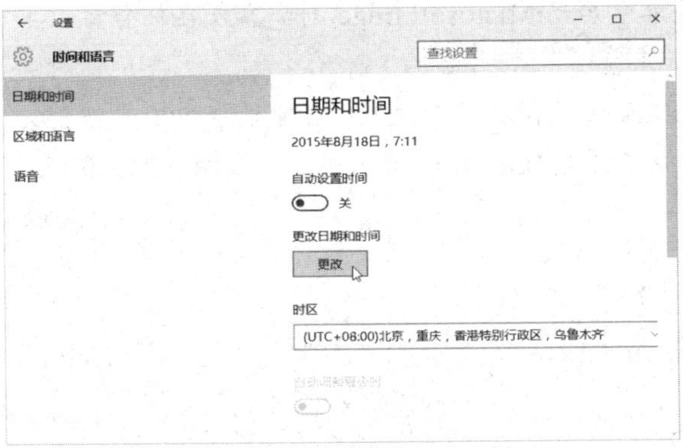

图 2-168　单击“更改”按钮

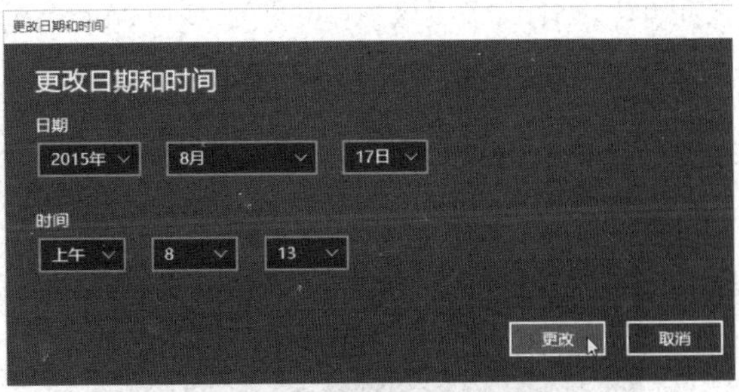

图 2-169　更改日期和时间

Step 05 查看设置效果。返回“日期和时间”设置窗口，可以看到当前的日期和时间已发生变化，如图 2-170 所示。

Step 06 自动设置时间。要将日期和时间与网络上的时间同步，只需打开“自动设置时间”选项，并选择正确的“时区”选项即可，如图 2-171 所示。

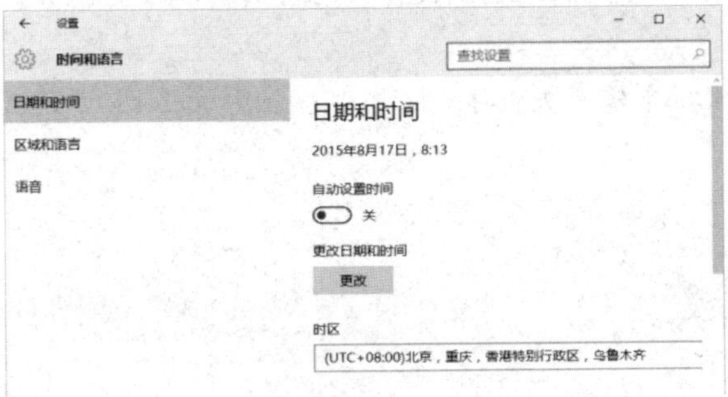

图 2-170　查看设置效果

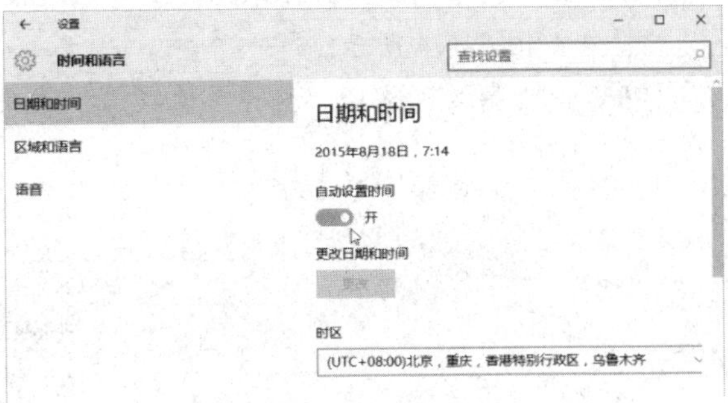

图 2-171　自动设置时间

2.5　使用 Microsoft Edge 浏览器

在 Windows 10 系统中，使用全新的 Microsoft Edge 浏览器替代了“服役”几十年的 IE 浏览器。Microsoft Edge 为浏览网页带来了全新的体验，用户可以直接在网页上编写或键入注释并与他人分享，专心阅读在线文章，保存喜爱的文章留待日后阅读，在浏览网页时还可以随时询问 Cortana，以获取符合实情实景的贴切解释。

2.5.1 搜索网页和图片

在 Microsoft Edge 浏览器中使用地址栏即可实现快速搜索，下面将介绍如何使用 Microsoft Edge 浏览器搜索网页和图片，具体操作方法如下。

Step 01 单击 Microsoft Edge 图标。从“开始”菜单中启动 Microsoft Edge 浏览器或在任务栏上单击 Microsoft Edge 图标，如图 2-172 所示。

Step 02 选择搜索建议。此时即可启动 Microsoft Edge 浏览器并打开主页，在地址栏中输入搜索文字，弹出搜索建议，选择所需的选项，即可使用 Bing 在线搜索网页，如图 2-173 所示。

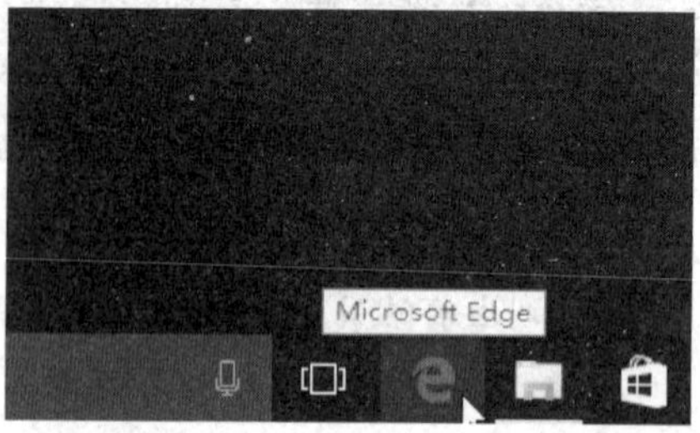

图 2-172 单击 Microsoft Edge 图标

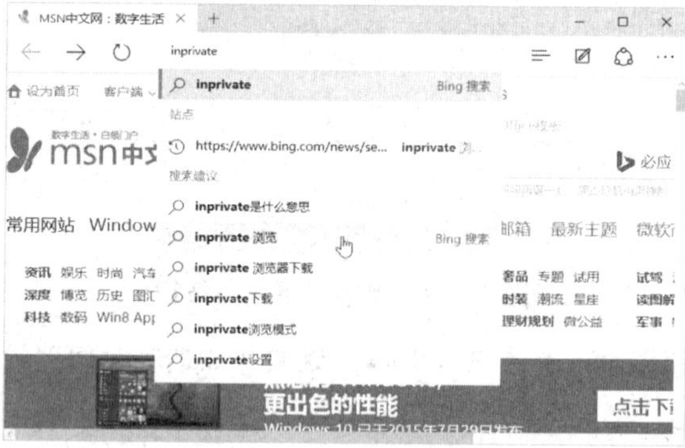

图 2-173 选择搜索建议

Step 03 显示搜索列表。在打开的页面中显示搜索列表，单击所需的超链接即可打开相应的网页，如图 2-174 所示。

Step 04 搜索图片。选择“图片”选项卡，在搜索框中输入关键字，即可搜索图片，如图 2-175 所示。

图 2-174 显示搜索列表

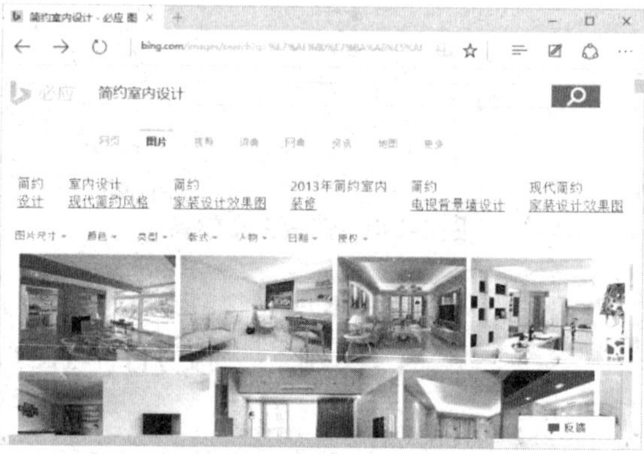

图 2-175 搜索图片

Step 05 单击图片。向下拖动滚动条浏览更多图片，将鼠标指针置于图片上即可预览较大的图。若要查看图片，则单击图片，如图 2-176 所示。

Step 06 查看图片。此时在打开的窗口中即可查看图片，图片大小随窗口大小而改变。要查看源图片大小，可在图片上单击鼠标左键，如图 2-177 所示。查看图片时，单击按钮可返回搜索界面。

图 2-176　单击图片

图 2-177　查看图片

Step 07 选择“保存图片”命令。在打开的页面中即可查看图片的实际大小效果。要将图片保存到电脑中，可右击图片，然后在弹出的快捷菜单中选择“保存图片”命令，如图 2-178 所示。

Step 08 设置保存选项。弹出“另存为”对话框，选择保存位置，输入文件名，然后单击“保存”按钮即可，如图 2-179 所示。

图 2-178　选择“保存图片”命令

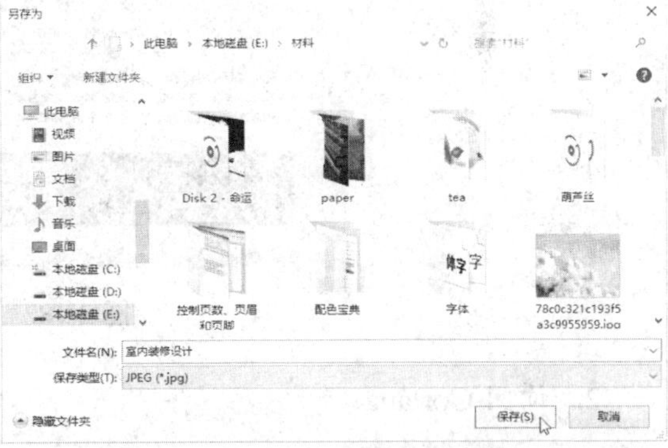

图 2-179　设置保存选项

2.5.2　使用 Cortana 协助搜索

Microsoft Edge 浏览器整合了 Cortana 语音助手，以实现非常多的功能，如快速查看菜谱、查看天气状况、股票信息、使用 Bing 快速搜索等。下面将介绍如何在 Microsoft Edge 浏览器中使用 Cortana。

1. 启用 Cortana 协助搜索

默认情况下，Microsoft Edge 浏览器的 Cortana 搜索为开启状态，若没有启动则可以手动将其打开，具体操作方法如下。

Step 01 选择“设置”选项。单击浏览器右上方的“更多操作”按钮⋯，在弹出的列表中选择“设置”选项，如图 2-180 所示。

Step 02 单击“查看高级设置”按钮。打开“设置”窗格，在下方单击“查看高级设置”按钮，如图 2-181 所示。

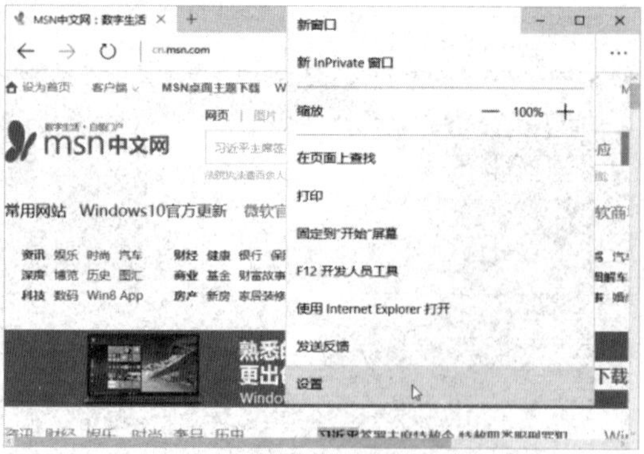

图 2-180　选择“设置”选项

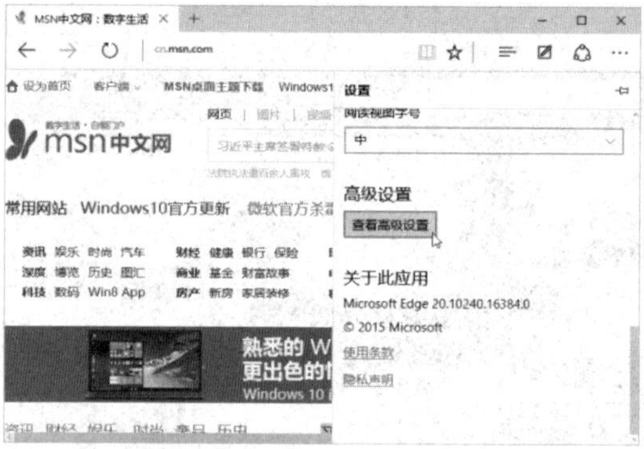

图 2-181　单击“查看高级设置”按钮

Step 03 启用 Cortana。打开“高级设置”窗格，开启“让 Cortana 在 Microsoft Edge 中协助我”选项，如图 2-182 所示。

图 2-182　启用 Cortana

2. 询问 Cortana

在浏览网页时，当遇到不懂的或感兴趣的地方，使用鼠标右键即可快速让 Cortana 为自己进行解答，具体操作方法如下。

Step 01 选择“询问 Cortana”命令。打开网页，选中要搜索的文本并右击，在弹出的快捷菜单中选择“询问 Cortana”命令，如图 2-183 所示。

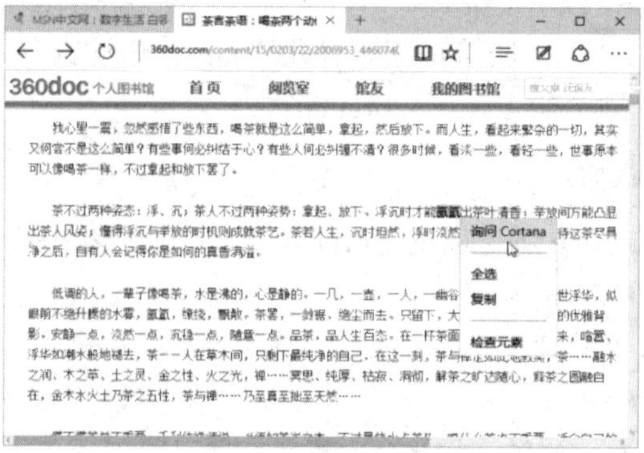

图 2-183　选择“询问 Cortana”命令

Step 02 查看搜索结果。此时即可在窗口右侧弹出搜索窗格，查看搜索结果，单击右上方的-□按钮，如图 2-184 所示。

Step 03 继续搜索。此时即可将 Cortana 窗格固定到页面中，采用同样的方法继续进行搜索，如图 2-185 所示。

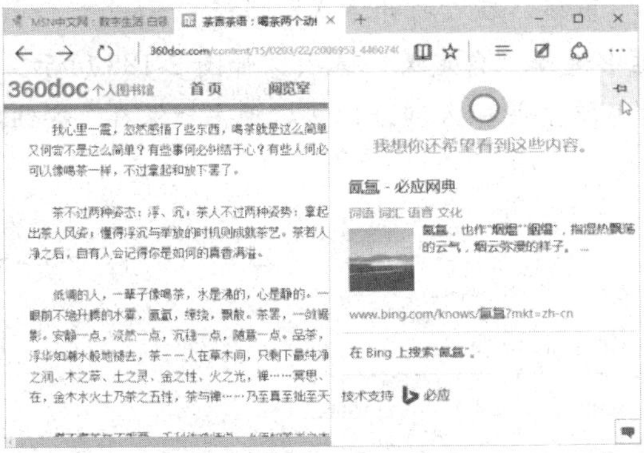

图 2-184　查看搜索结果

图 2-185　继续搜索

2.5.3　浏览器个性化设置

学会了如何使用 Microsoft Edge 浏览器后，用户还可根据需要对其进行个性化设置，如更改主题颜色，更改默认打开页面，设置浏览器主页，管理保存的密码，清除浏览数据等。

1. 更改主题颜色

Microsoft Edge 浏览器包含“明”“暗”两个主题，默认主题为“明”，用户可以根据需要更改当前主题，具体操作方法如下。

Step 01 选择“暗”选项。打开浏览器“设置”窗格，在“选择主题”下拉列表中选择“暗”选项，如图 2-186 所示。

Step 02 更改为“暗”主题。此时即可更改浏览器主题为“暗”主题，除了网页本身外，浏览器的其他界面变为黑色背景，效果如图 2-187 所示。

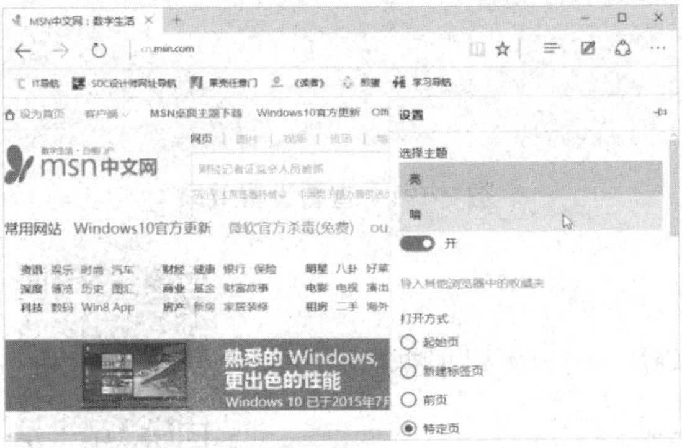

图 2-186　选择“暗”选项

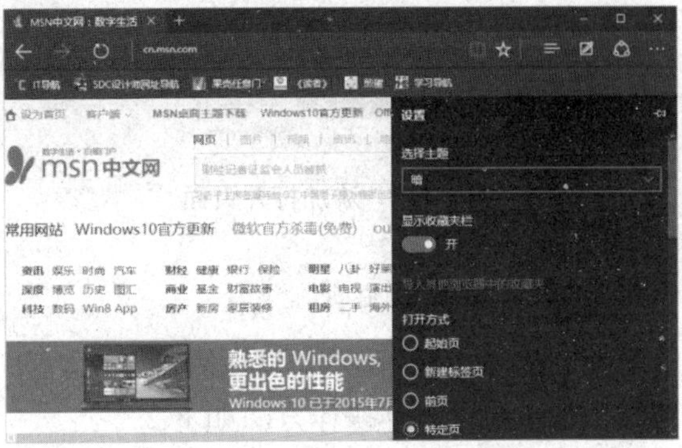

图 2-187　更改为“暗”主题

2. 设置浏览器默认打开页面

默认情况下，启动 Microsoft Edge 浏览器将打开 MSN 中文网网站，用户可以根据需要更改浏览器的默认打开页面，具体操作方法如下。

Step 01 选择“自定义”选项。打开浏览器“设置”窗格，在“打开方式”下选中“特定页”单选按钮，在其下拉列表框中选择“自定义”选项，如图 2-188 所示。

Step 02 输入网址。此时将出现文本框，在文本框内单击并输入网址，然后单击“保存”按钮，如图 2-189 所示。

图 2-188　选择“自定义”选项

图 2-189　输入网址

Step 03 添加打开页面。继续在下方的文本框中输入网址，然后单击“添加”按钮+，增加一个打开页面，如图 2-190 所示。

Step 04 查看设置效果。关闭 Microsoft Edge 浏览器，然后重新启动，就会打开指定的页面，如图 2-191 所示。

图 2-190　添加打开页面

图 2-191　查看设置效果

3. 设置浏览器主页

Microsoft Edge 浏览器默认隐藏了“主页”按钮，用户可以根据需要为浏览器添加主页，具体操作方法如下。

Step 01 单击“查看高级设置”按钮。打开浏览器“设置”窗格，在下方单击“查看高级设置”按钮，如图 2-192 所示。

Step 02 设置主页。打开“高级设置”窗格，启用“显示主页按钮”选项，然后在下方文本框中输入主页地址，单击“保存”按钮，如图 2-193 所示。

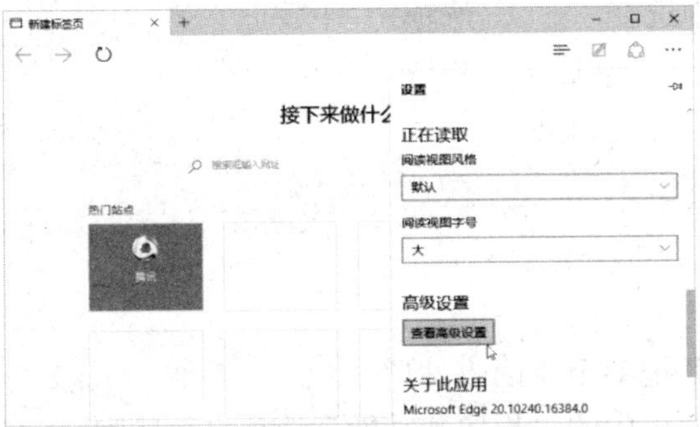

图 2-192　单击“查看高级设置”按钮

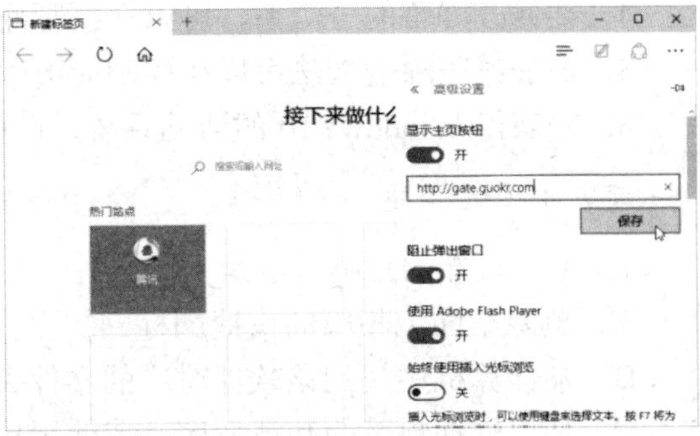

图 2-193　设置主页

Step 03 查看主页按钮。此时即可在 Microsoft Edge 浏览器上方的工具栏中显示“主页”按钮，单击该按钮即可打开指定的网页，如图 2-194 所示。

图 2-194　查看主页按钮

本章小结

本章主要讲述了 Windows 10 基本知识、Windows 10 基本操作、Windows 10 文件资源管理器、Windows 10 系统设置。通过本章的学习，读者应了解键盘及鼠标的使用；掌握 Windows 10 常用术语和系统配置要求；掌握如何使用“开始”菜单、如何搜索资料与网页、如何使用任务栏和多任务操作；掌握文件的浏览、搜索、排序和筛选，掌握文件和文件夹的基本操作；掌握如何设置文件与文件夹属性、如何设置文件夹选项；了解如何设置桌面背景、系统主题色、系统声音；了解如何设置字体、如何更改日期和时间。

习题 2

一、填空题

1. 根据个人习惯的不同，鼠标左右键功能可以互换，控制面板中的_______选项可以实现该功能。

2．选择窗口中所有的文件及文件夹，可以使用_______快捷键。

3．在窗口中选择多个不连续的对象，需要在选择的同时按住_______键。

4．要修改屏幕的分辨率，可以在控制面板中选择_______选项。

5．添加或删除输入法可以在控制面板中的_______选项中实现。

6．想获得 Windows 10 的帮助系统，可以按_______键。

二、单项选择题

1．删除软件的正确方法是_______。

A．删除桌面上相应的快捷图标

B．从计算机中找到该软件对应的文件夹，并拖动至“回收站”

C．使用软件自带的卸载程序，或使用控制面板中的“程序和功能”选项进行删除

D．从计算机中找到该软件对应的文件夹，按【Shift+Delete】键

2．下列方法中，不能关闭窗口的是_______。

A．在任务栏上对相应窗口单击鼠标右键，在弹出的快捷菜单中选择“关闭窗口”命令

B．使用快捷键【CTRL+F4】

C．在标题栏左侧双击

D．单击标题栏右侧的按钮

3．关于屏幕分辨率说法错误的是_______。

A．屏幕分辨率越大，图像就越清晰，显示的文字也越大

B．可以通过在桌面空白处单击鼠标右键，在弹出的快捷菜单中选择“屏幕分辨率”命令来设置屏幕的分辨率

C．可以通过在桌面空白处单击鼠标右键，在弹出的快捷菜单中选择“个性化”命令来设置屏幕的分辨率

D．可以通过控制面板中的“显示”命令来设置屏幕的分辨率

4．打开命令窗口的方法的正确方法是_______。

A．单击“开始”按钮，在搜索栏中输入 cmd 并按【Enter】键

B．单击“开始”→“所有程序”→“附件”→“命令提示符”

C．按住【Shift】键，并在桌面的空白处或对文件夹单击鼠标右键，在弹出的快捷菜单中选择“在此处打开命令窗口”

D．以上方法均可

5．关于任务栏说法正确的是_______。

A．它的大小和位置都可调　　B．它的大小不可调，位置可调

C．它的大小可调，位置不可调　　D．它的大小和位置都不可调

6．当一个文件被误删除时，最好的办法是_______。

A．通过回收站来还原文件　　B．通过备份来还原文件

C．执行一次系统还原　　D．通过第三方工具软件还原

7．以下哪一项是控制面板中的“家长控制”无法实现的功能_______。

A．时间限制　　B．游戏分级　　C．删除文件　　D．阻止使用特定程序

8．关于日期和时间，说法错误的是_______。

A．可以修改时间和日期，甚至是时区

B．可以通过与 Internet 时间同步来获得准确的时间

C．一台计算机上可以显示多个地区的时间

D．必须通过控制面板才能设置日期和时间

9．关于最大化窗口，操作错误的是_______。

A．单击标题栏右侧的“最大化”按钮

B．对标题栏中间位置双击

C．在任务栏上对相应窗口双击

D．将窗口拖动至屏幕的顶端

10．关于对话框，说法错误的是_______。

A．对话框位置可以调整

B．对话框的大小可以调整

C．在菜单中选择带有“…”的命令，会弹出对话框

D．单击“确定”“取消”或者都可以关闭对话框

三、判断题

1．通过在开始菜单中拖动控制面板至任务栏，可以将控制面板锁定在任务栏中。（　　）

2．在复制文件或文件夹时，如果先用【Ctrl+C】，那么第二步必须用【Ctrl+V】。（　　）

3．修改桌面主题最便捷的方法是进入控制面板，选择其中的“个性化”。（　　）

4．如果要对 C 盘创建系统映像，那么映像文件必须放在另一个物理磁盘上，而不能放在同一个物理磁盘的不同逻辑分区上。（　　）

5．Windows 10 的桌面背景可以自动切换，切换时间最短 10 秒，最长 1 天，但必须是 Windows 10 系统自带的图片，用户无法选择。（　　）

6．快捷键【ALT+F4】是用来关闭被激活窗口的，也可以用于关机。（　　）

7．打开与关闭中文输入法的快捷键是【Ctrl+Shift】，多种输入法之间进行切换的快捷键是【Ctrl+Space】。（　　）

8．要想获得准确的时间，可以将计算机时间与 Internet 时间同步。（　　）

四、简答题

1．操作系统的作用是什么？有何特点？

2．试述利用 Window 10 的控制面板添加打印机的步骤。

第 3 章　文字编辑软件 Word 2016

【本章概览】

Word 是目前应用非常广泛的文字处理软件，它可以帮助用户轻松、快捷地创建各种精美文档。本章将主要讲述 Word 2016 基本知识、Word 2016 文档基本操作、编辑文本、Word 2016 文档格式设置、美化与设置文档页面等。

【本章目标】

- 熟悉 Word 2016 工作窗口、自定义功能区的方法。
- 掌握新建、保存、打开与关闭文档的方法，掌握撤销、恢复与重复操作的方法。
- 掌握选择、复制、剪切、删除查找与替换文本的方法。
- 掌握设置文本和段落格式的方法，了解如何添加项目符号和变化。
- 了解如何插入与编辑图、使用形状和文本框、SmartArt 图形。
- 掌握如何设置文档页面格式，如何添加目录与脚注。

3.1　Word 2016 基本知识

Office 2016 中各个组件的工作窗口基本相似，只要熟悉其中一个组件的工作窗口，再了解其他组件就会非常容易了。下面将以 Word 2016 的工作窗口为例进行详细介绍。

3.1.1　Word 2016 工作窗口

在使用软件之前，首先应熟悉它的工作窗口，了解各部分的功能，这样操作起来才会更加快捷。启动 Word 2016 程序，即可打开 Word 2016 的工作窗口，如图 3-1 所示。

1. 标题栏

标题栏位于 Word 2016 工作窗口的最上方，由文档名称、“功能区显示选项”按钮、“最小化”按钮、“最大化/向下还原”按钮和“关闭”按钮组成。单击不同的按钮，可以对功能区和文档窗口的大小进行相应的调整操作。

2. 快速访问工具栏

在 Word 2016 中，快速访问工具栏位于工作窗口的左上角，其中包括“新建”“保存”和“撤销”等常用命令按钮。单击其中的某个按钮，即可执行相应的操作。用户还可以根据需要自定义快速访问工具栏中的按钮及其排列顺序。

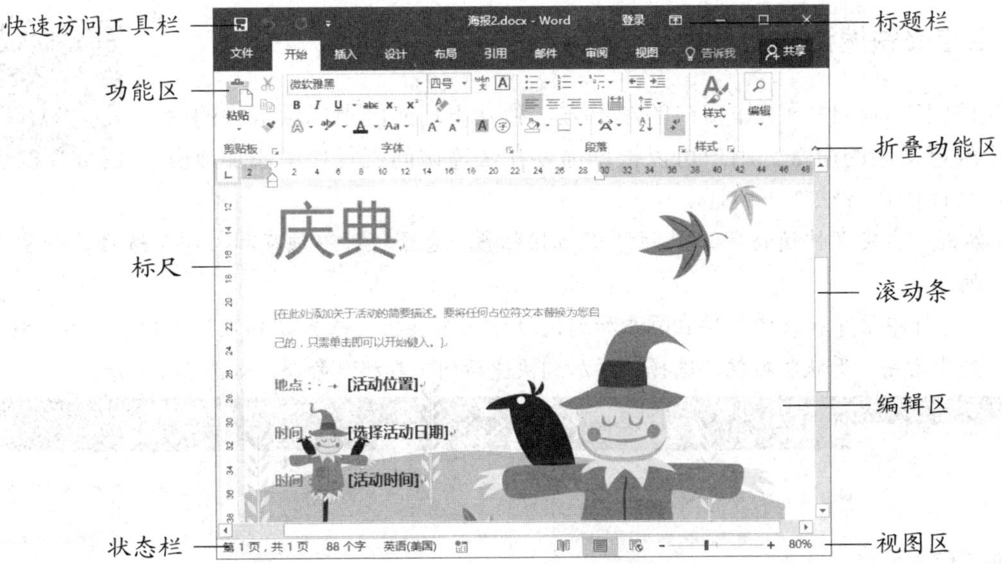

图 3-1　Word 2016 工作窗口

3. 功能区

功能区包括 4 个基本组成部分，具体内容如下所述。

- **选项卡：**位于功能区顶部，每个选项卡都代表着在特定程序中执行的一组核心任务。
- **组：**显示在选项卡上，是相关命令的集合。组将用户所需执行的某种类型任务的一组命令直观地汇集在一起，便于用户使用。
- **命令：**按组来排列，命令可以是按钮、菜单或可供输入信息的文本框。
- **“请告诉我”文本框：**位于选项卡的右侧，从中搜索内容可以快速获取帮助。

4. 编辑区

编辑区也称工作区，位于窗口中央，是用于进行文字输入、文本和图片编辑的工作区域。通过选择不同的视图方式可以改变基本工作区对各项编辑显示的方式，系统默认显示的是页面视图。

5. 标尺

标尺分为水平标尺和垂直标尺两种，分别位于文档编辑区的上方和左侧。标尺上有数字、刻度和各种标记。无论是排版，还是制表和定位，标尺都起着非常重要的作用。

6. 滚动条

滚动条是窗口右侧和下方用于移动窗口显示区的长条。当页面内容较多或太宽时，会自动显示滚动条。拖动滚动条中的滑块或单击滚动条两端调节按钮，可滚动显示文档中的内容。

7. 状态栏和视图区

状态栏位于工作窗口底端的左半部分，用于显示当前 Word 文档的相关信息，如当前文档的页码、总页数、字数，以及当前光标在文档中的位置等。状态栏的右侧为视图栏，其中包括视图按钮组、调节页面显示比例滑块和当前显示比例按钮等。

3.1.2　自定义快速访问工具栏

快速访问工具栏位于工作窗口的左上方，独立于功能区上选项卡中的命令，用于放置常用的命令。用户可以根据需要在快速访问工具栏中添加或删除命令，具体操作方法如下所述。

Step 01 单击“自定义快速访问工具栏”下拉按钮，选择“打印预览和打印”选项，如图 3-2 所示。

Step 02 将“打印预览和打印”按钮添加到快速访问工具栏。选择“插入”选项卡，在“插图”组中右击“形状”按钮，选择“添加到快速访问工具栏”命令，如图 3-3 所示。

图 3-2　添加命令

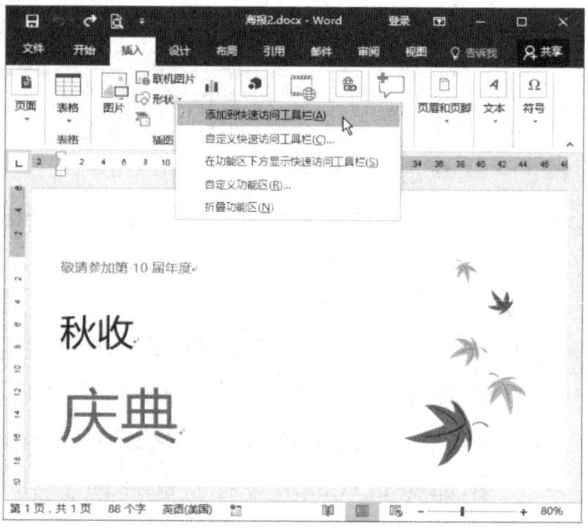

图 3-3　删除命令

Step 03 将“绘制形状”按钮添加到快速访问工具栏。在快速访问工具栏中右击“绘制形状”按钮，选择“从快速访问工具栏删除”命令，即可删除该命令，如图 3-4 所示。

Step 04 利用快捷键可以快速调用快速访问工具栏中的命令，按住【Alt】键可以显示相应的快捷键，如图 3-5 所示。

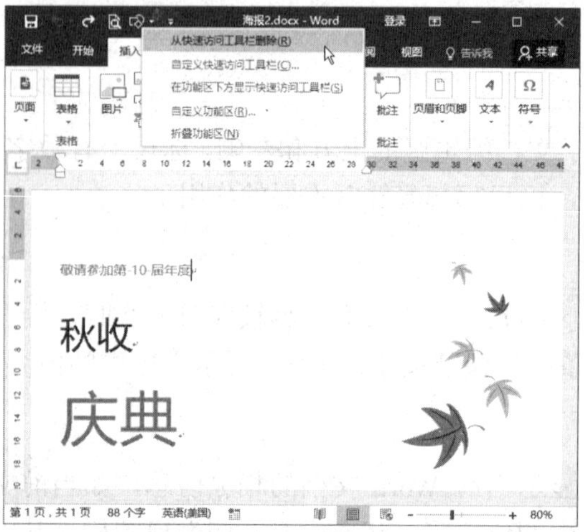

图 3-4　删除命令

图 3-5　利用快捷键调用命令

Step 05 在“自定义快速访问工具栏”下拉列表中选择“其他命令”选项，将弹出“Word 选项”对话框，选择命令选项，单击“上移”按钮▲或“下移”按钮▼，可以调整命令按钮在快速访问工具栏中的排列顺序，如图 3-6 所示。

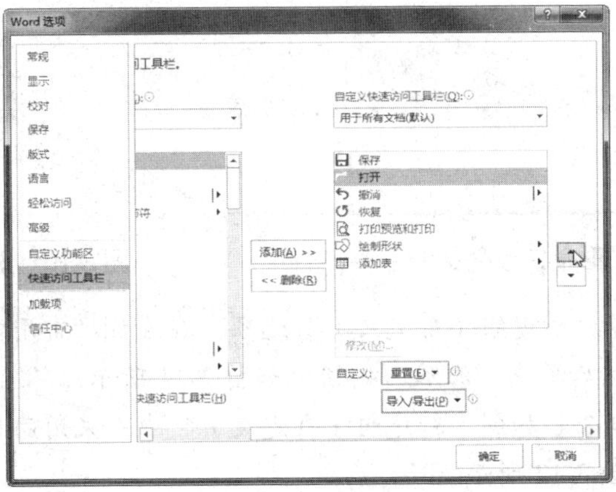

图 3-6　调整命令按钮排序

3.1.3　自定义功能区

通过对功能区进行个性化设置，可以使其按照用户需要的方式排列选项卡或命令。用户可以添加或隐藏功能区中的命令，还可在功能区中添加自定义组并向组内添加命令，具体操作方法如下所述。

Step 01 在功能区中右击选项卡，选择“自定义功能区”命令，如图 3-7 所示。

Step 02 弹出“Word 选项”对话框，在“主选项卡”列表中选择“开始”选项并右击，选择“添加新选项卡”命令，如图 3-8 所示。

图 3-7　自定义功能区

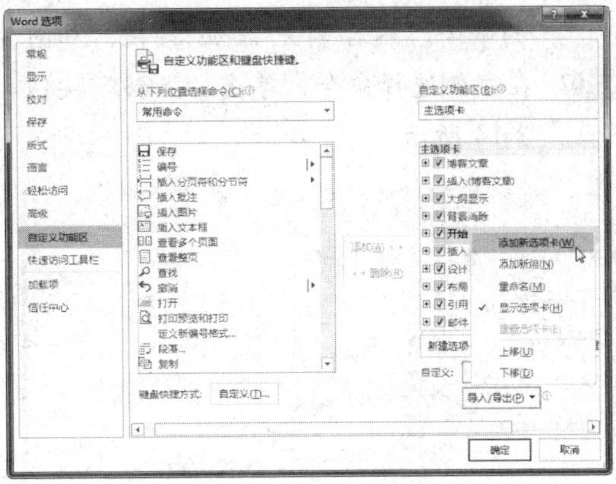

图 3-8　添加新选项卡

Step 03 在“开始”选项卡下添加“新建选项卡（自定义）”选项。右击“新建选项卡（自定义）”选项，选择“重命名”命令，如图 3-9 所示。

弹出“重命名”对话框，输入名称，如“常用”，然后单击“确定”按钮，如图 3-10 所示。

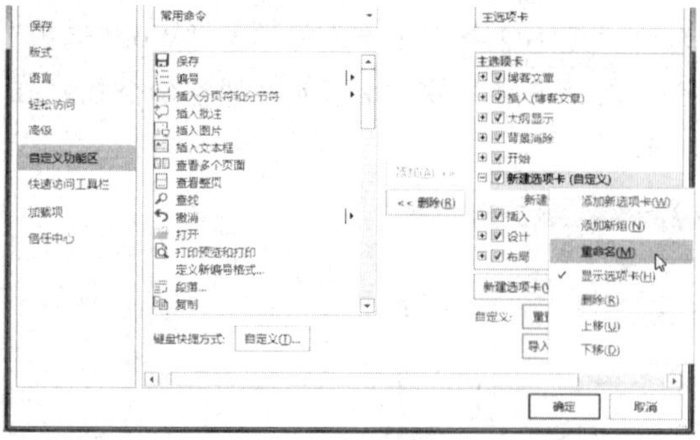

图 3-9　选择“重命名”命令

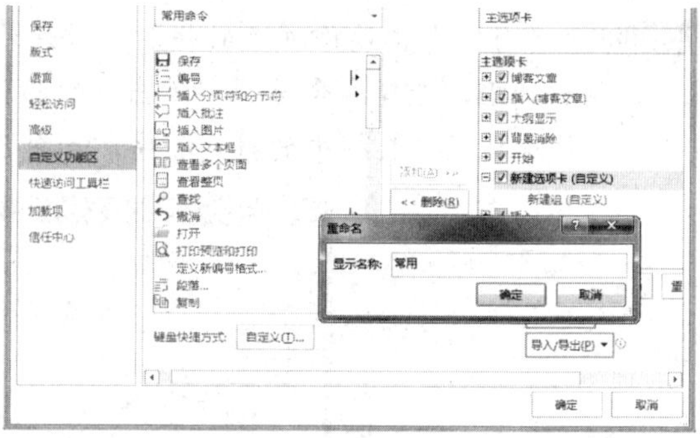

图 3-10　重命名选项卡

Step04 在该选项卡下选择“新建组（自定义）”选项，在左侧“常用命令”列表框中选择“插入图片”命令，然后单击“添加”按钮，如图 3-11 所示。

Step05 将“插入图片”命令添加到“新建组（自定义）”中。采用同样的方法，继续为该组添加其他命令，如图 3-12 所示。

图 3-11　添加“插入图片”命令

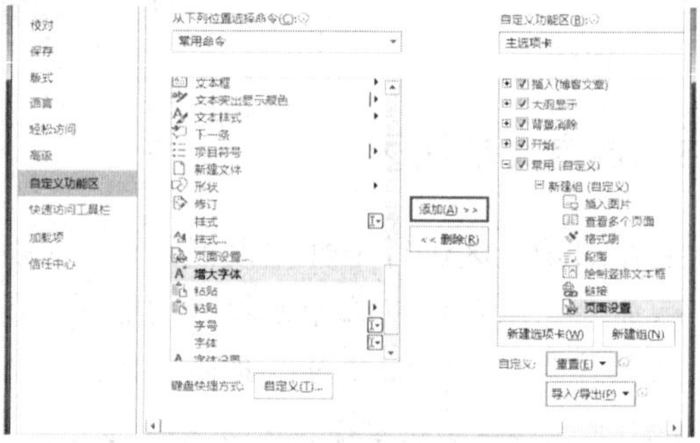

图 3-12　添加其他命令

Step06 在“从下列位置选择命令”下列列表框中选择“不在功能区中的命令”选项，选择所需的命令，然后单击“添加”按钮，如图 3-13 所示。

Step07 在右侧选择命令，单击“上移”按钮▲或“下移”按钮▼，即可调整其排列顺序，如图 3-14 所示。

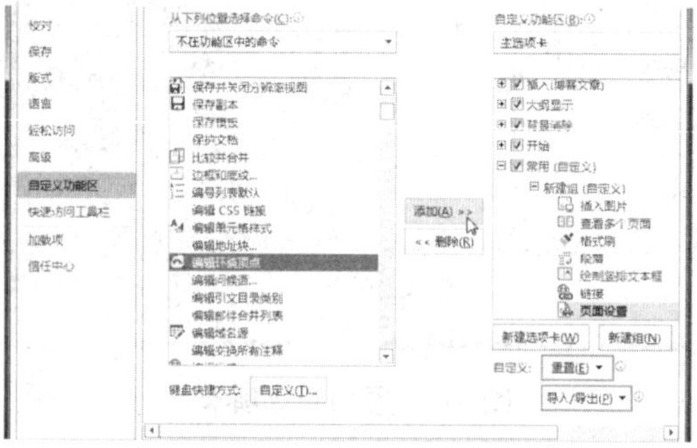

图 3-13　添加不常用的命令

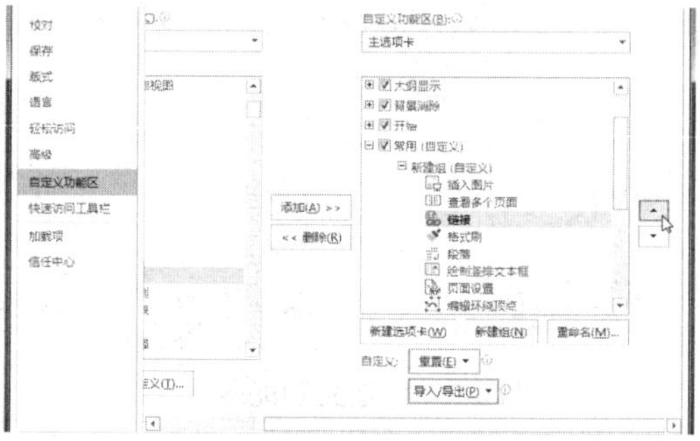

图 3-14　调整命令排序

Step08 右击某个命令，选择“删除”命令，即可将其删除，完成设置后单击“确定”按钮，如图 3-15 所示。

Step09 在功能区中可以看到创建的选项卡及其中添加的命令，如图 3-16 所示。

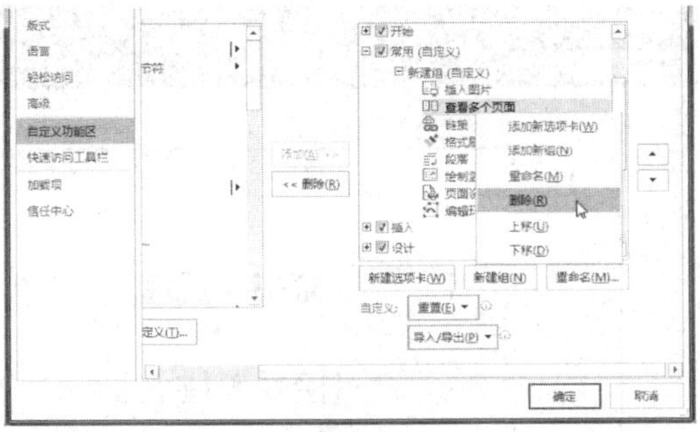

图 3-15 删除命令

图 3-16 查看自定义功能区效果

3.2 Word 2016 文档基本操作

在学习 Word 2016 的使用方法之前，首先要掌握 Word 2016 文档的基本操作，如新建与保存文档，打开与关闭文档，切换视图方式，以及撤销、恢复与重复操作等。

3.2.1 新建与保存文档

在 Word 2016 中可以新建空白文档，也可以联机搜索模板，新建带有格式和内容的文档。新建文档后，若要在电脑中生成该文件，还需将其保存到电脑中，然后再进行内容的编辑，具体操作方法如下所述。

Step01 在功能区中选择“文件”选项卡，在左侧选择“新建”选项，选择搜索模板的类型，如单击“业务”超链接，如图 3-17 所示。

Step02 在右侧“分类”列表中选择“教育”选项，在模板列表中选择所需的模板，如“荣誉证书”模板，如图 3-18 所示。

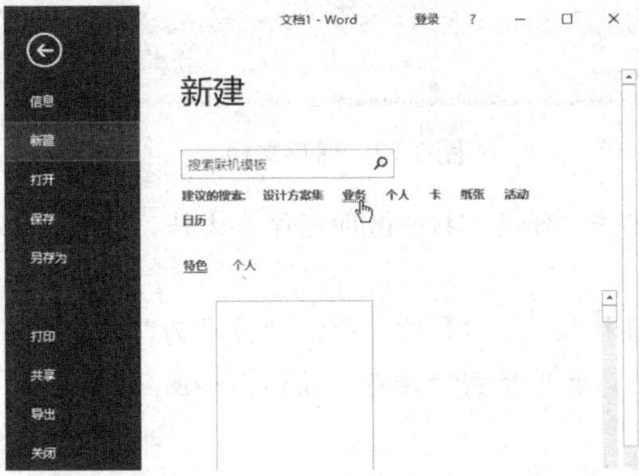

图 3-17 搜索模板

图 3-18 选择模板分类

Step 03 弹出该模板的说明和预览界面，确认要使用该模板，单击“创建”按钮，如图 3-19 所示。

Step 04 开始下载所选模板文件，下载完成后会自动创建一个基于该模板的 Word 文档。在快速访问工具栏中单击“保存”按钮，如图 3-20 所示。

图 3-19　预览模板

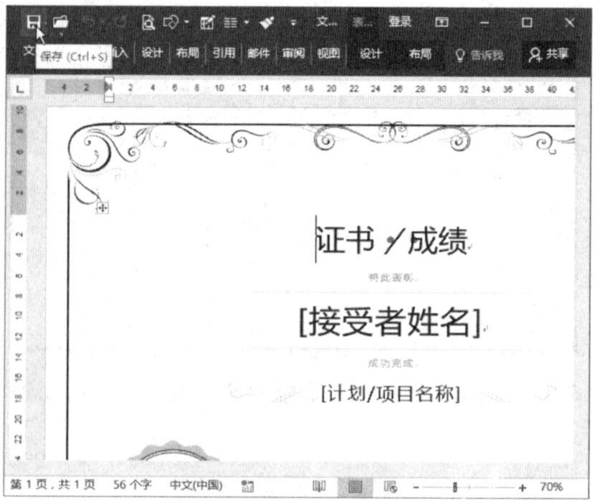

图 3-20　创建模板文档

Step 05 打开“另存为”窗口，在右侧可以选择最近访问的文件夹作为保存位置。若要保存到其他位置，则单击“浏览”按钮，如图 3-21 所示。

Step 06 弹出“另存为”对话框，选择保存位置，输入文件名，然后单击“保存”按钮，如图 3-22 所示。

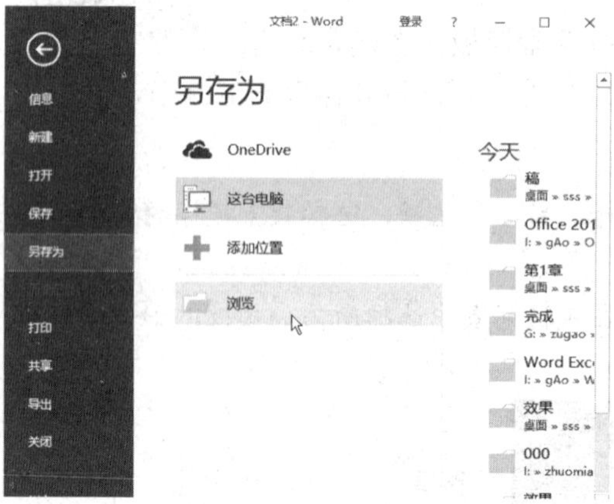

图 3-21　单击“浏览”按钮

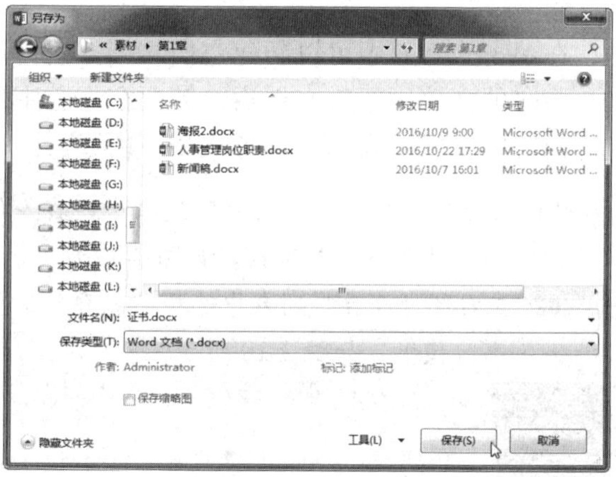

图 3-22　保存文档

Step 07 对文档进行编辑后，按【Ctrl+S】组合键或单击“保存”按钮即可保存文档，如图 3-23 所示。

Step 08 要将文档另存一份或保存为其他格式，可直接按【F12】键，弹出“另存为”对话框，在“保存类型”下拉列表中选择需要的类型，然后单击“保存”按钮，如图 3-24 所示。

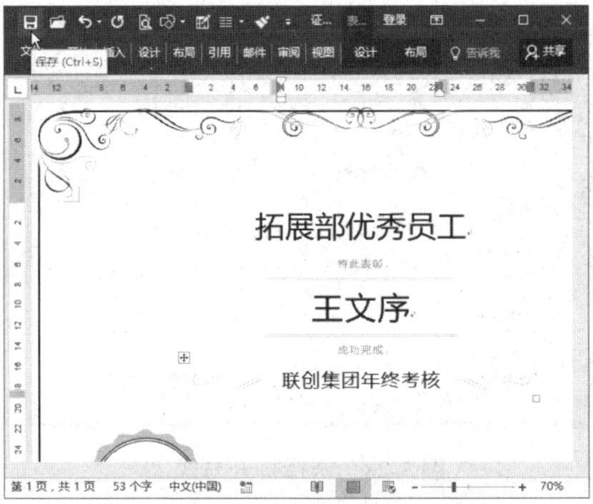

图 3-23　单击“保存”按钮

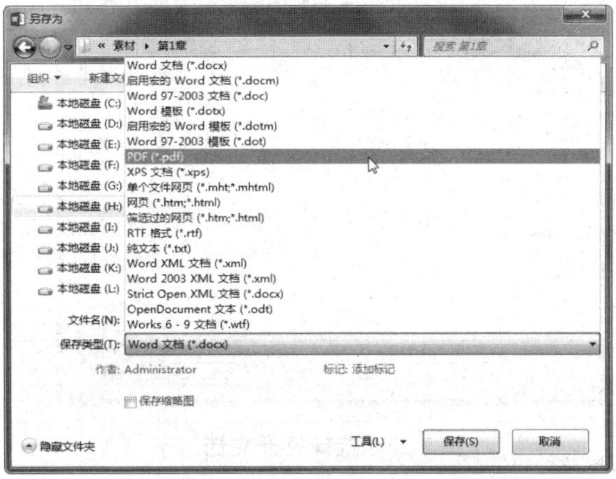

图 3-24　选择保存类型

3.2.2　打开文档

对于电脑中已经存在的 Word 文档，直接双击该文档即可使用 Word 2016 程序将其打开，也可在“文件”选项卡下快速打开最近使用的文档，具体操作方法如下所述。

Step 01 选择“文件”选项卡，在左侧选择“打开”命令，选择“最近”选项，在右侧列表中选择要打开的文档即可将其打开，如图 3-25 所示。

Step 02 选择“这台电脑”选项，在右侧选择一个最近使用的位置，单击↑按钮可返回到上一级目录，单击“浏览”按钮，如图 3-26 所示。

图 3-25　打开最近文档

图 3-26　单击“浏览”按钮

Step 03 弹出“打开”对话框，选择要打开的文档，然后单击“打开”按钮，即可将其打开，如图 3-27 所示。

Step 04 单击“打开”按钮右侧的下拉按钮，还可以只读、副本或打开并修复方式打开文档，如图 3-28 所示。

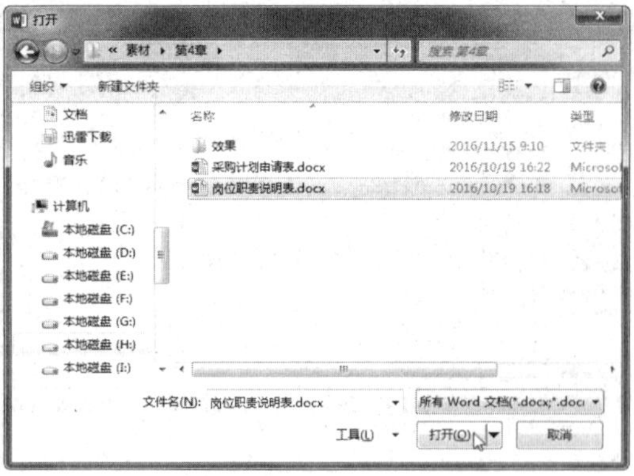

图 3-27　选择打开文档

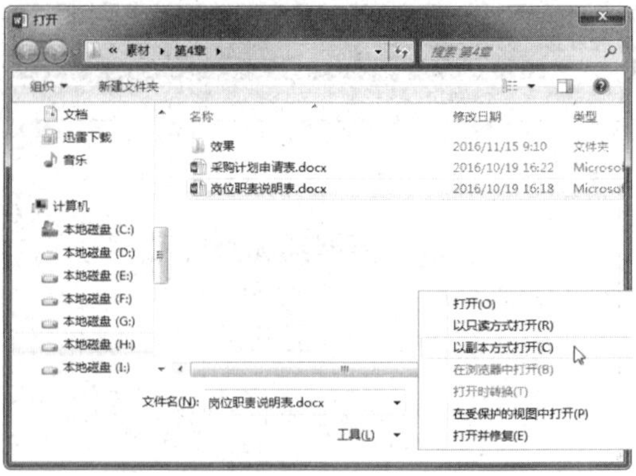

图 3-28　选择打开方式

3.2.3　关闭文档

关闭 Word 文档有多种方法，按【Ctrl+W】组合键，可以关闭当前正在编辑的 Word 文档。若文档没有进行保存，将弹出提示信息框，提示是否要保存文档，如图 3-29 所示。要关闭所有打开的 Word 文档，可在任务栏中右击 Word 2016 图标，选择“关闭所有窗口”命令，如图 3-30 所示。

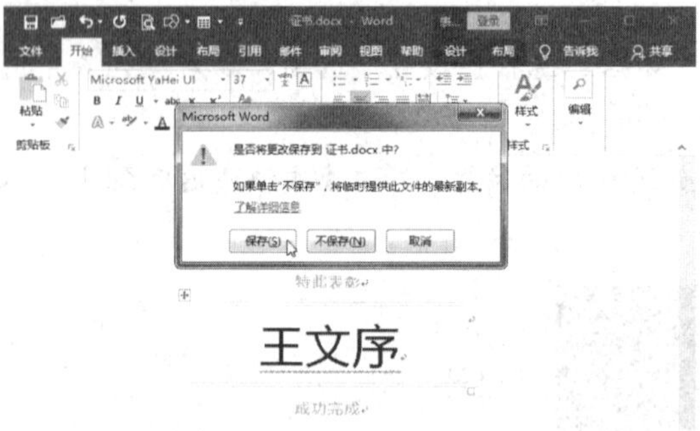

图 3-29　关闭文档

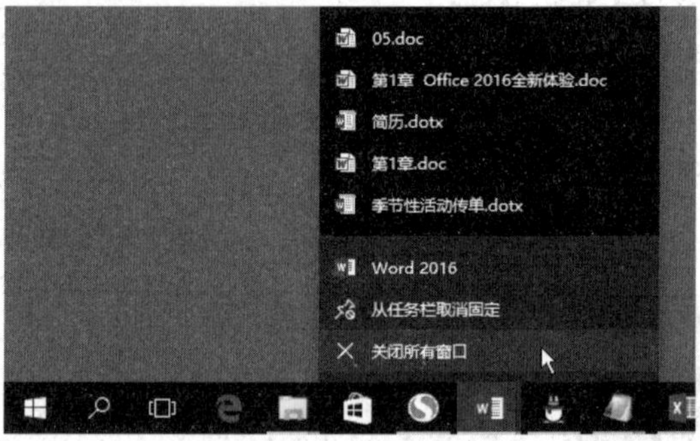

图 3-30　关闭所有文档

3.2.4　切换文档视图

在 Word 2016 中，使用不同的视图模式可以很方便地进行不同类型的编辑操作。Word 2016 提供了页面视图、大纲视图、阅读版式视图、草稿视图与 Web 版式视图五种视图模式，下面将分别对其进行简要介绍。

1．页面视图

页面视图是默认和最常用的视图模式，其最大的特点是“所见即所得”。文档排版的效果即为打印的效果，因此可显示元素都会显示在实际位置。若要更改视图方式，可以选择“视图”选项卡，在“视图”组中单击相应的按钮即可，如图 3-31 所示。

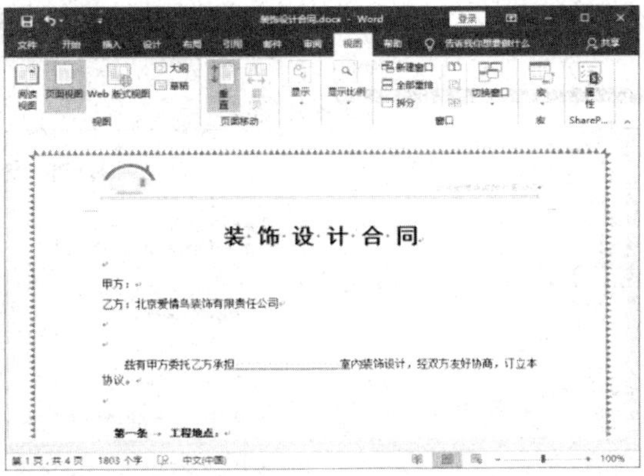
装饰设计合同.docx - Word
装 饰 设 计 合 同
甲方：
乙方：北京爱情鸟装饰有限责任公司
兹有甲方委托乙方承担＿＿＿＿＿＿室内装饰设计，经双方友好协商，订立本协议。
第一条　工程地点：

图 3-31　页面视图

2. 大纲视图

顾名思义，大纲视图是专门用于编辑文档结构的。在大纲视图下，可以方便地查看与修改文档结构，在“显示级别”下拉列表中选择“3 级”选项，如图 3-32 所示，此时在大纲视图中仅显示 3 级级别的文档标题结构，如图 3-33 所示。若要退出大纲视图，可单击状态栏中的“普通视图”按钮▤。

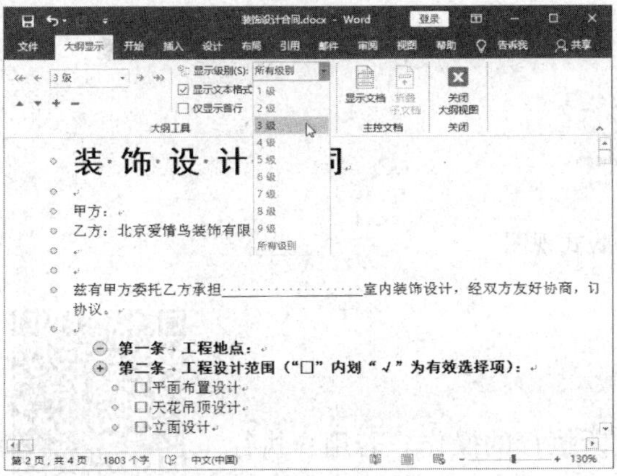
装饰设计合同.docx - Word
显示级别(S): 所有级别
显示文本格式
仅显示首行
关闭大纲视图
甲方：
乙方：北京爱情鸟装饰有限
兹有甲方委托乙方承担＿＿＿＿室内装饰设计，经双方友好协商，订协议。
第一条　工程地点：
第二条　工程设计范围（“□”内划“√”为有效选择项）：
□平面布置设计
□天花吊顶设计
□立面设计

图 3-32　大纲视图

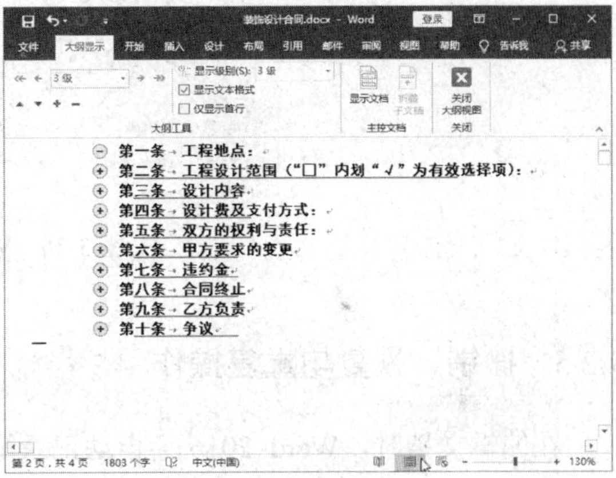
装饰设计合同.docx - Word
显示级别(S): 3 级
关闭大纲视图
第一条　工程地点：
第二条　工程设计范围（“□”内划“√”为有效选择项）：
第三条　设计内容
第四条　设计费及支付方式：
第五条　双方的权利与责任：
第六条　甲方要求的变更
第七条　违约金
第八条　合同终止
第九条　乙方负责
第十条　争议

图 3-33　显示文档标题

3. 阅读版式视图

阅读版式视图是为了方便阅读文档而设立的视图模式，用户可以像阅读电子书籍一样阅读文档，还可以更改页面颜色，但无法对文档内容进行修改，如图 3-34 所示。

4. 草稿视图

草稿视图主要用于编辑正文文本，即录入与编辑工作，如图 3-35 所示。一些美化和排版的操作在草稿视图下则不方便操作，如设置页眉/页脚、页边距等。

5. Web 版式视图

Web 版式视图是保存文档为网页格式时建议使用的视图模式，如图 3-36 所示。将文档保存为网页时，此视图下的效果与发布到网上的效果是一致的。

图 3-34　阅读版式视图

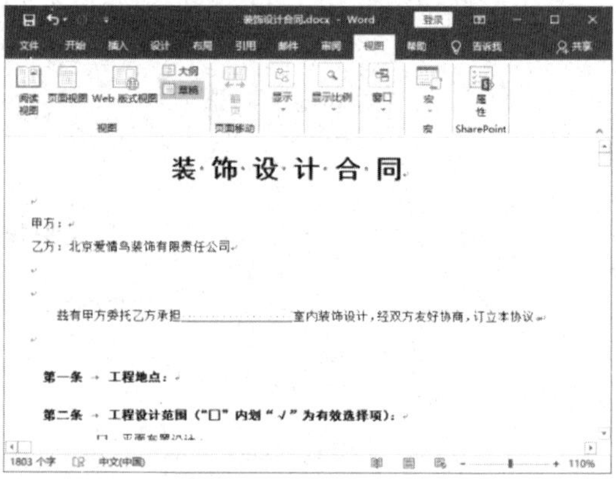

图 3-35　草稿视图

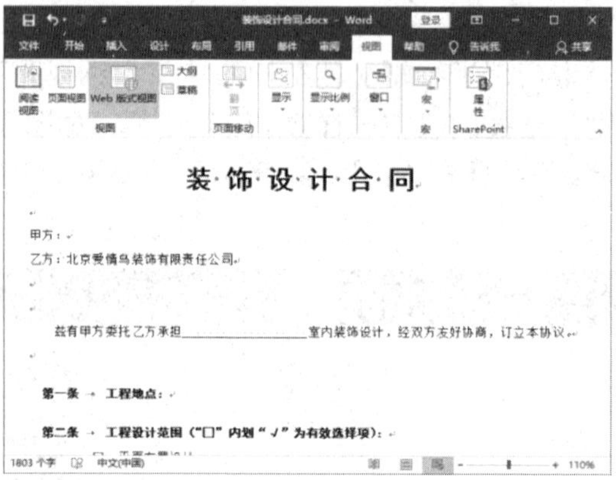

图 3-36　Web 版式视图

3.2.5　撤销、恢复与重复操作

在编辑文档时，Word 2016 会自动记录最近所执行的操作。若用户执行了错误操作，可以利用这种存储动作的功能重复或撤销刚执行的操作，还可将撤销的操作进行恢复，具体操作方法如下所述。

Step 01 打开“素材文件\第 3 章\财务管理制度.docx”，选择文本，在“字体”中单击“删除线”按钮，为文本添加删除线，如图 3-37 所示。

Step 02 选择文本，在快速访问工具栏中单击“重复”按钮或按【F4】键，即可重复上一步操作。采用同样的方法，继续为其他文本添加删除线，如图 3-38 所示。

Step 03 在快速访问工具栏中单击“撤销”按钮或按【Ctrl+Z】组合键，可以撤销上一步操作。单击“撤销”按钮右侧的下拉按钮，在弹出的下拉列表中可选择撤销到哪一步，如图 3-39 所示。

Step 04 撤销操作后，“重复”按钮变为“恢复”按钮，单击该按钮或按【Ctrl+Y】组合键，可以恢复撤销的操作，如图 3-40 所示。

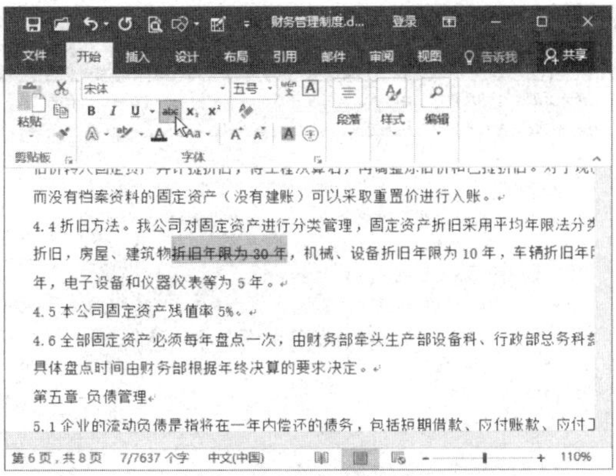

图 3-37　添加删除线

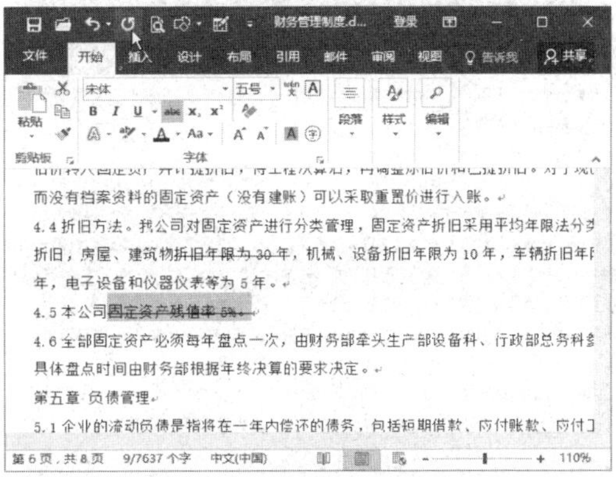

图 3-38　重复操作

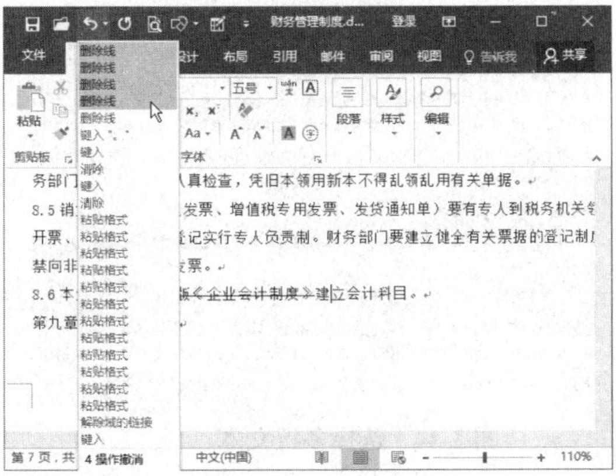

图 3-39　撤销操作

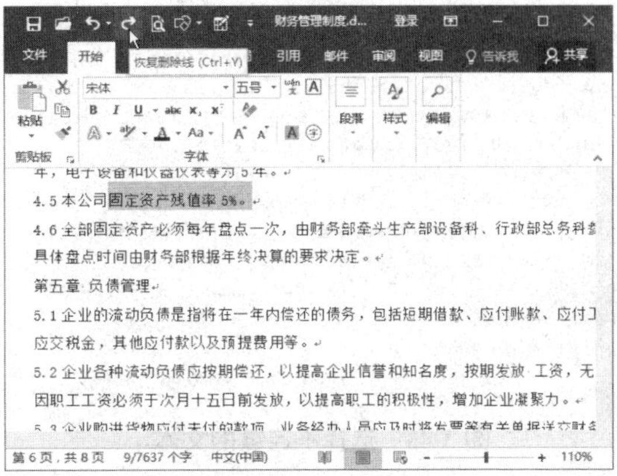

图 3-40　恢复操作

3.3　编辑文本

下面将详细介绍如何在 Word 2016 中编辑文本，其中包括选择文本，复制文本，删除文本和剪切文本，查找与替换文本，以及自动替换文本等。

3.3.1　选择文本

在对文本进行操作时，应先将其选中，在 Word 2016 中可以采用多种方法选择文档中不同的文本，具体操作方法如下所述。

Step 01 将光标定位在文本起始位置，按住【Shift】键，单击要选择文本的末尾位置，或直接拖动鼠标，即可选择连续的文本，如图 3-41 所示。

Step 02 按住【Alt】键的同时拖动鼠标，即可选择连续的文本块，如图 3-42 所示。

Step 03 选择文本，然后按住【Ctrl】键，继续拖动鼠标选择其他文本，即可选择不连续的文本，如图 3-43 所示。

Step 04 将鼠标指针移至某行的左端，当指针变为⇗形状时单击鼠标左键，即可选择对应的整行文本，单击并拖动鼠标可以选择多行文本，如图 3-44 所示。

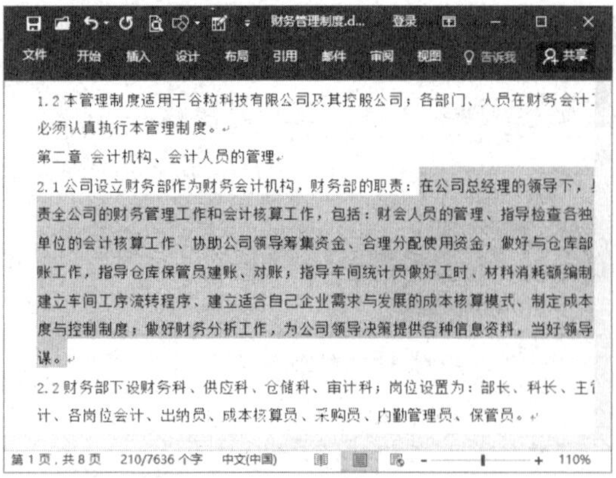
财务管理制度.d...
登录
文件
开始
插入
设计
布局
引用
邮件
审阅
视图
告诉我
共享
1.2 本管理制度适用于谷粒科技有限公司及其控股公司；各部门、人员在财务会计
必须认真执行本管理制度。
第二章 会计机构、会计人员的管理
2.1 公司设立财务部作为财务会计机构，财务部的职责：在公司总经理的领导下，
责全公司的财务管理工作和会计核算工作，包括：财会人员的管理、指导检查各独
单位的会计核算工作、协助公司领导筹集资金、合理分配使用资金；做好与仓库部
账工作，指导仓库保管员建账、对账；指导车间统计员做好工时、材料消耗额编制
建立车间工序流转程序、建立适合自己企业需求与发展的成本核算模式、制定成本
度与控制制度；做好财务分析工作，为公司领导决策提供各种信息资料，当好领导
谋。
2.2 财务部下设财务科、供应科、仓储科、审计科；岗位设置为：部长、科长、主
计、各岗位会计、出纳员、成本核算员、采购员、内勤管理员、保管员。
第 1 页，共 8 页
210/7636 个字
中文(中国)
110%

图 3-41　选择连续的文本

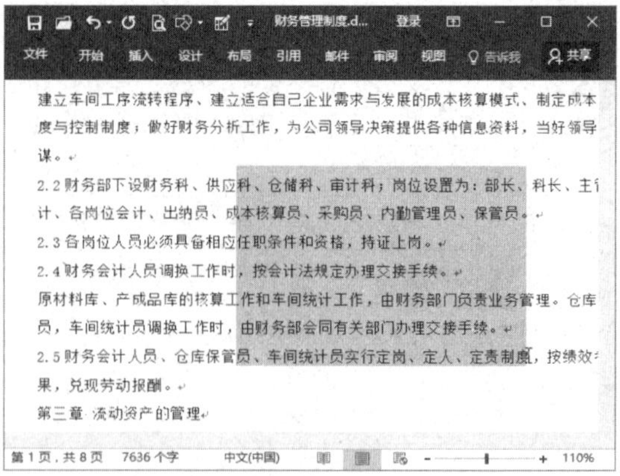
财务管理制度.d...
登录
文件
开始
插入
设计
布局
引用
邮件
审阅
视图
告诉我
共享
建立车间工序流转程序、建立适合自己企业需求与发展的成本核算模式、制定成本
度与控制制度；做好财务分析工作，为公司领导决策提供各种信息资料，当好领导
谋。
2.2 财务部下设财务科、供应科、仓储科、审计科；岗位设置为：部长、科长、主
计、各岗位会计、出纳员、成本核算员、采购员、内勤管理员、保管员。
2.3 各岗位人员必须具备相应任职条件和资格，持证上岗。
2.4 财务会计人员调换工作时，按会计法规定办理交接手续。
原材料库、产成品库的核算工作和车间统计工作，由财务部门负责业务管理。仓库
员，车间统计员调换工作时，由财务部会同有关部门办理交接手续。
2.5 财务会计人员、仓库保管员、车间统计员实行定岗、定人、定责制度，按绩效
果，兑现劳动报酬。
第三章 流动资产的管理
第 1 页，共 8 页
7636 个字
中文(中国)
110%

图 3-42　选择连续的文本块

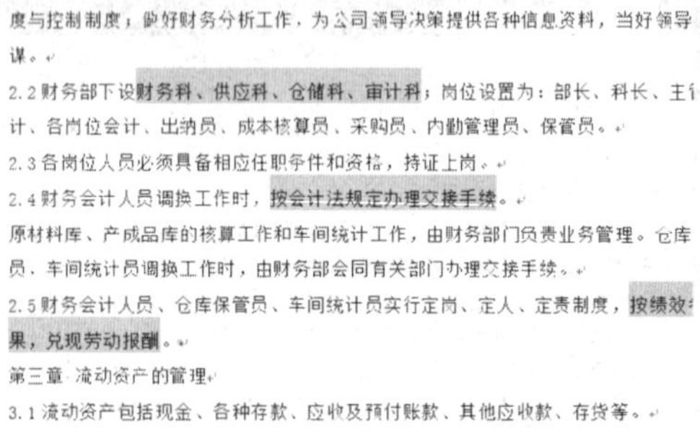
度与控制制度；做好财务分析工作，为公司领导决策提供各种信息资料，当好领导
谋。
2.2 财务部下设财务科、供应科、仓储科、审计科；岗位设置为：部长、科长、主
计、各岗位会计、出纳员、成本核算员、采购员、内勤管理员、保管员。
2.3 各岗位人员必须具备相应任职条件和资格，持证上岗。
2.4 财务会计人员调换工作时，按会计法规定办理交接手续。
原材料库、产成品库的核算工作和车间统计工作，由财务部门负责业务管理。仓库
员，车间统计员调换工作时，由财务部会同有关部门办理交接手续。
2.5 财务会计人员、仓库保管员、车间统计员实行定岗、定人、定责制度，按绩效
果，兑现劳动报酬。
第三章 流动资产的管理
3.1 流动资产包括现金、各种存款、应收及预付账款、其他应收款、存货等。

图 3-43　选择不连续的文本

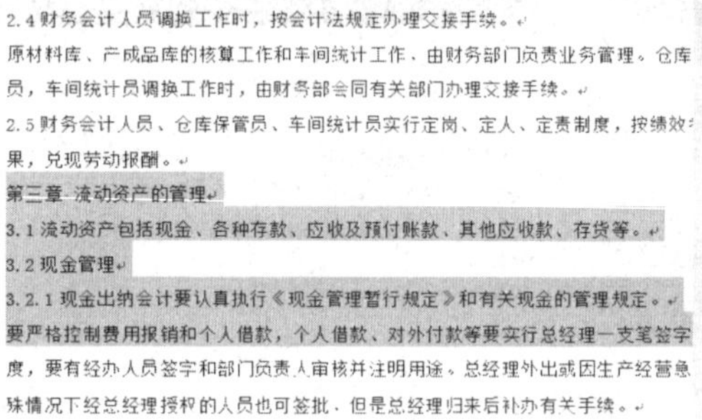
2.4 财务会计人员调换工作时，按会计法规定办理交接手续。
原材料库、产成品库的核算工作和车间统计工作，由财务部门负责业务管理。仓库
员，车间统计员调换工作时，由财务部会同有关部门办理交接手续。
2.5 财务会计人员、仓库保管员、车间统计员实行定岗、定人、定责制度，按绩效
果，兑现劳动报酬。
第三章 流动资产的管理
3.1 流动资产包括现金、各种存款、应收及预付账款、其他应收款、存货等。
3.2 现金管理
3.2.1 现金出纳会计要认真执行《现金管理暂行规定》和有关现金的管理规定。
要严格控制费用报销和个人借款，个人借款、对外付款等要实行总经理一支笔签字
度，要有经办人员签字和部门负责人审核并注明用途。总经理外出或因生产经营急
殊情况下经总经理授权的人员也可签批，但是总经理归来后补办有关手续。

图 3-44　选择多行文本

Step 05 若要选择以句号结尾的完整句子，则按住【Ctrl】键，单击句子内的任意字符，即可选择整句，如图 3-45 所示。

Step 06 在段落中连续 3 次快速单击鼠标左键，即可选择整个段落，如图 3-46 所示。

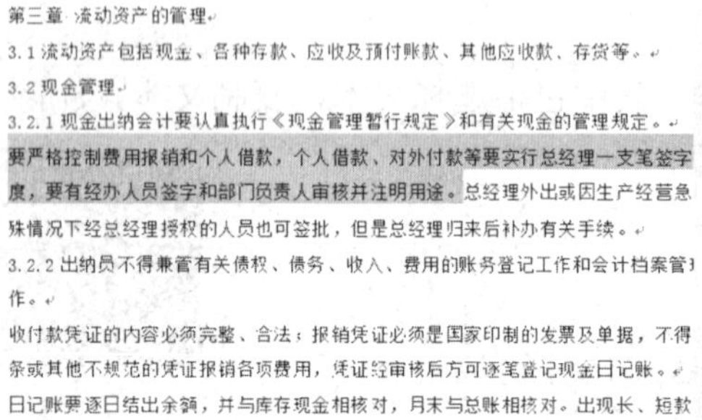
第三章 流动资产的管理
3.1 流动资产包括现金、各种存款、应收及预付账款、其他应收款、存货等。
3.2 现金管理
3.2.1 现金出纳会计要认真执行《现金管理暂行规定》和有关现金的管理规定。
要严格控制费用报销和个人借款，个人借款、对外付款等要实行总经理一支笔签字
度，要有经办人员签字和部门负责人审核并注明用途。总经理外出或因生产经营急
殊情况下经总经理授权的人员也可签批，但是总经理归来后补办有关手续。
3.2.2 出纳员不得兼管有关债权、债务、收入、费用的账务登记工作和会计档案管
作。
收付款凭证的内容必须完整、合法；报销凭证必须是国家印制的发票及单据，不得
条或其他不规范的凭证报销各项费用，凭证经审核后方可逐笔登记现金日记账。
日记账要逐日结出余额，并与库存现金相核对，月末与总账相核对。出现长、短款

图 3-45　选择整句

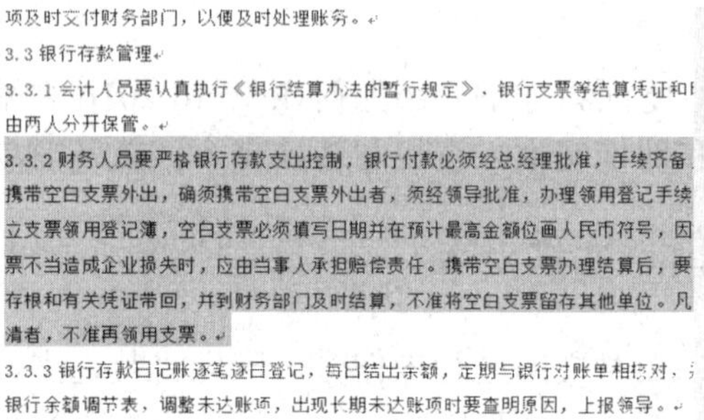
项及时交付财务部门，以便及时处理账务。
3.3 银行存款管理
3.3.1 会计人员要认真执行《银行结算办法的暂行规定》，银行支票等结算凭证和
由两人分开保管。
3.3.2 财务人员要严格银行存款支出控制，银行付款必须经总经理批准，手续齐备
携带空白支票外出，确须携带空白支票外出者，须经领导批准，办理领用登记手续
立支票领用登记簿，空白支票必须填写日期并在预计最高金额位画人民币符号，因
票不当造成企业损失时，应由当事人承担赔偿责任。携带空白支票办理结算后，要
存根和有关凭证带回，并到财务部门及时结算，不准将空白支票留存其他单位。凡
清者，不准再领用支票。
3.3.3 银行存款日记账逐笔逐日登记，每日结出余额，定期与银行对账单相核对，
银行余额调节表，调整未达账项，出现长期未达账项时要查明原因，上报领导。

图 3-46　选择整个段落

Step 07 在词语中双击鼠标左键，即可选择词语。按住【Ctrl】键的同时双击词语，可以继续选择其他词语，如图 3-47 所示。

Step 08 在文档中按【Ctrl+A】组合键，可以全选文本。在“编辑”组单击“选择”下拉按钮，选择“全选”选项，也可全选文本，如图 3-48 所示。

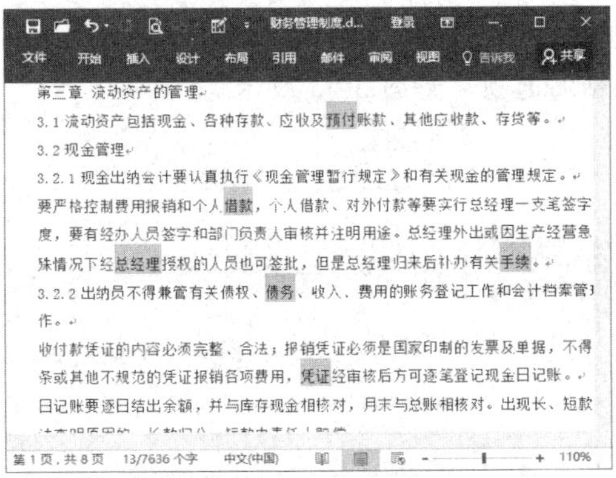
第三章 流动资产的管理
3.1 流动资产包括现金、各种存款、应收及预付账款、其他应收款、存货等。
3.2 现金管理
3.2.1 现金出纳会计要认真执行《现金管理暂行规定》和有关现金的管理规定。
第 1 页，共 8 页　13/7636 个字　中文(中国)　110%

图 3-47　选择词语

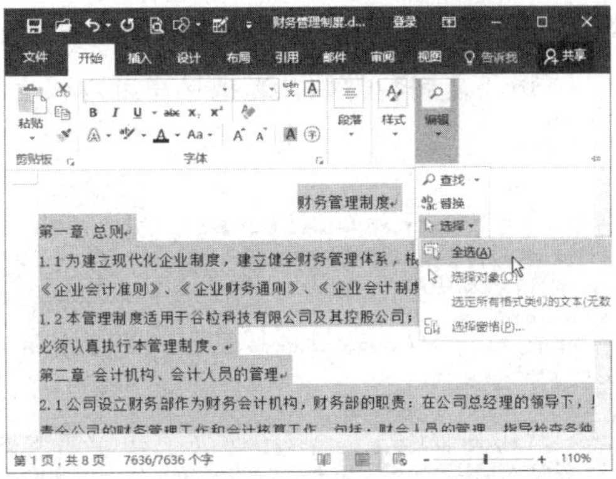
财务管理制度
第一章 总则
第二章 会计机构、会计人员的管理
查找
替换
选择
全选(A)
选择对象(O)
选择窗格(P)...
第 1 页，共 8 页　7636/7636 个字　110%

图 3-48　全选文本

3.3.2　复制、剪切与删除文本

复制文本的目的是对文本进行移动和重复使用。当需要输入重复的文本内容时，可以采用复制文本的方法，从而提高工作效率。剪切文本就是移动文本的位置，先将文本复制到剪贴板中，同时删除原文本，然后将文本粘贴到目标位置。删除文本则是将文档中不需要的文本删除。

1. 复制/剪切文本

复制和剪切文本的操作方法类似，其方法也有多种。

方法 1：单击功能按钮

用户可通过单击功能区中的“复制”和“剪切”按钮来复制或剪切文本，方法如下所述。

Step 01 选择要复制的文本，在“剪贴板”组中单击“复制”按钮，如图 3-49 所示。

Step 02 将光标定位到要粘贴的位置，在“剪贴板”组中单击“粘贴”下拉按钮，选择“保留源格式”选项，如图 3-50 所示。

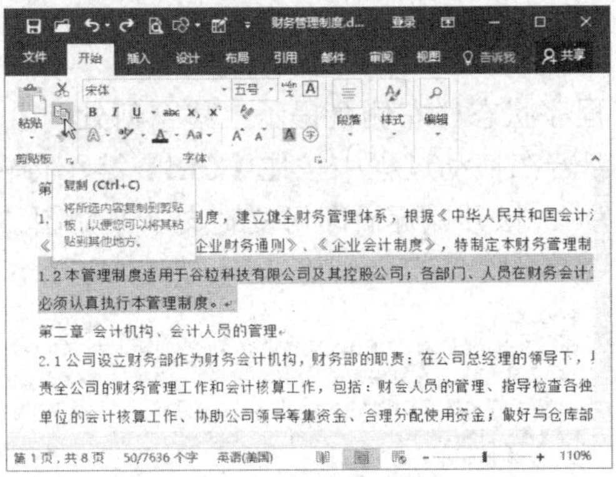
复制 (Ctrl+C)
将所选内容复制到剪贴板，以便您可以将其粘贴到其他地方。
1.2 本管理制度适用于谷粒科技有限公司及其控股公司；各部门、人员在财务会计
必须认真执行本管理制度。
第二章 会计机构、会计人员的管理
第 1 页，共 8 页　50/7636 个字　英语(美国)　110%

图 3-49　单击“复制”按钮

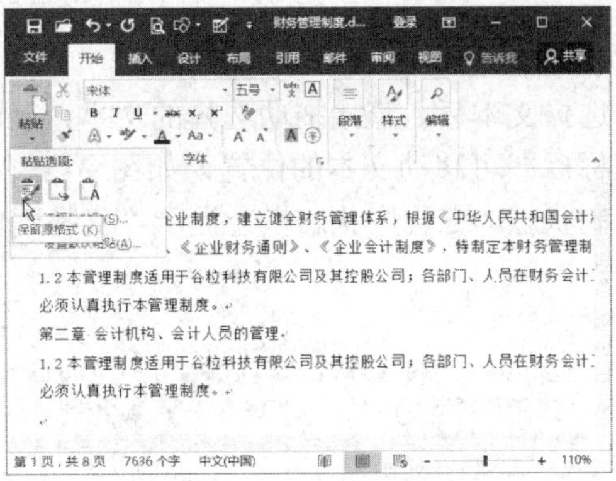
粘贴选项:
保留源格式 (K)
1.2 本管理制度适用于谷粒科技有限公司及其控股公司；各部门、人员在财务会计
必须认真执行本管理制度。
第二章 会计机构、会计人员的管理
第 1 页，共 8 页　7636 个字　中文(中国)　110%

图 3-50　粘贴文本

Step 03 单击文本后的“粘贴选项”下拉按钮 (Ctrl) 或按【Ctrl】键，在弹出的下拉列表中可选择所需的粘贴选项，如图 3-51 所示。

Step 04 在“粘贴选项”列表中选择“设置默认粘贴”选项，弹出“Word 选项”对话框，在“剪切、复制和粘贴”选项区中可以设置默认粘贴选项，如图 3-52 所示。

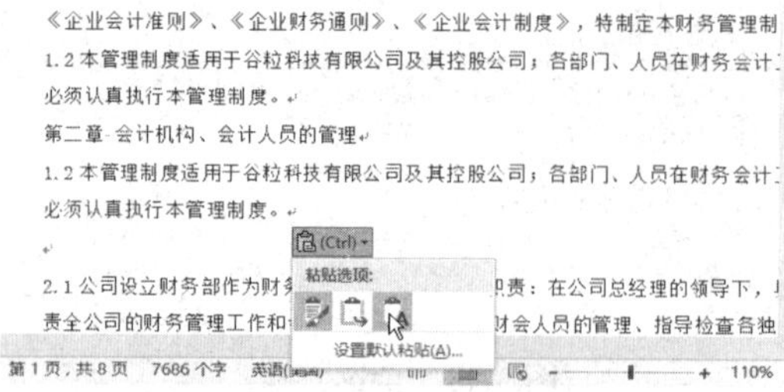
《企业会计准则》、《企业财务通则》、《企业会计制度》，特制定本财务管理制
1.2 本管理制度适用于谷粒科技有限公司及其控股公司；各部门、人员在财务会计
必须认真执行本管理制度。
第二章 会计机构、会计人员的管理
1.2 本管理制度适用于谷粒科技有限公司及其控股公司；各部门、人员在财务会计
必须认真执行本管理制度。
(Ctrl)
粘贴选项:
2.1 公司设立财务部作为财务
职责：在公司总经理的领导下，
责全公司的财务管理工作和
财会人员的管理、指导检查各独
设置默认粘贴(A)...
第 1 页，共 8 页
7686 个字
110%

图 3-51 选择粘贴选项

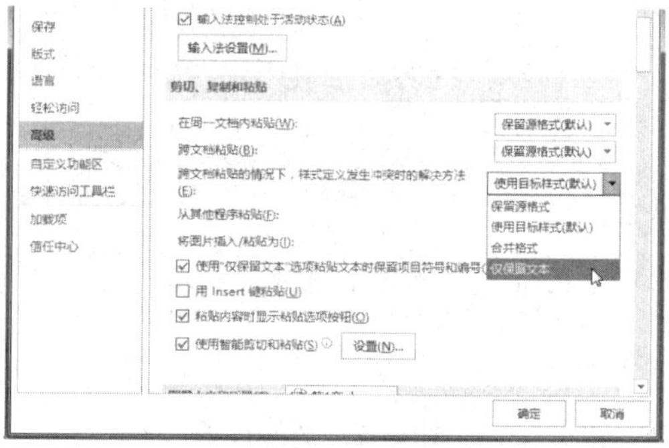
保存
版式
语言
轻松访问
高级
自定义功能区
快速访问工具栏
加载项
信任中心
剪切、复制和粘贴
保留源格式(默认)
使用目标样式(默认)
保留源格式
合并格式
仅保留文本
确定
取消

图 3-52 设置默认粘贴选项

方法 2：使用快捷命令

若当前 Word 功能区中的选项卡没有在“开始”选项卡下，就可以通过快捷命令来复制或剪切文本，方法如下所述。

Step 01 选择要复制的文本并右击，在弹出的快捷菜单中选择“复制”命令，如图 3-53 所示。

Step 02 将光标定位到要粘贴的位置并右击，选择所需的粘贴命令，如图 3-54 所示。

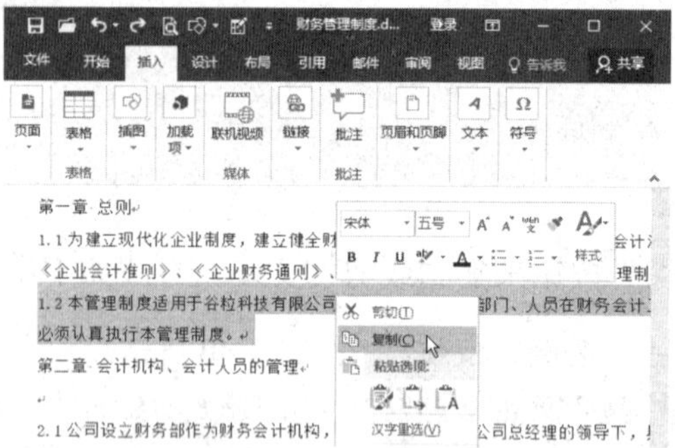
文件
开始
插入
设计
布局
引用
邮件
审阅
视图
共享
第一章 总则
1.1 为建立现代化企业制度，建立健全财
《企业会计准则》、《企业财务通则》、
1.2 本管理制度适用于谷粒科技有限公司
部门、人员在财务会计
必须认真执行本管理制度。
第二章 会计机构、会计人员的管理
剪切(T)
复制(C)
粘贴选项:
汉字重选(V)
2.1 公司设立财务部作为财务会计机构，
公司总经理的领导下，

图 3-53 选择“复制”命令

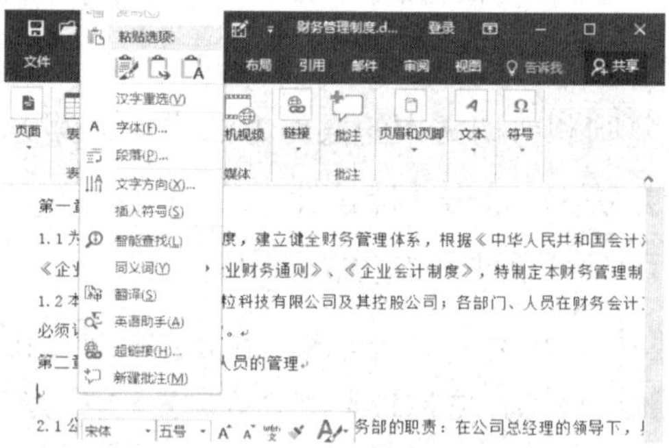
粘贴选项:
汉字重选(V)
字体(F)...
段落(P)...
文字方向(X)...
插入符号(S)
智能查找(L)
同义词(Y)
翻译(S)
英语助手(A)
超链接(H)...
新建批注(M)
度，建立健全财务管理体系，根据《中华人民共和国会计
业财务通则》、《企业会计制度》，特制定本财务管理制
粒科技有限公司及其控股公司；各部门、人员在财务会计
人员的管理。
务部的职责：在公司总经理的领导下，

图 3-54 选择粘贴命令

方法 3：拖动鼠标

选择文本后，直接拖动选择的文本，此时在程序状态栏左侧会提示“移至何处？”，松开鼠标后即可移动文本的位置，如图 3-55 所示。若在拖动过程中按住【Ctrl】键，将转换为复制状态，在程序状态栏会提示“复制到何处？”，松开鼠标后即可复制文本，如图 3-56 所示。

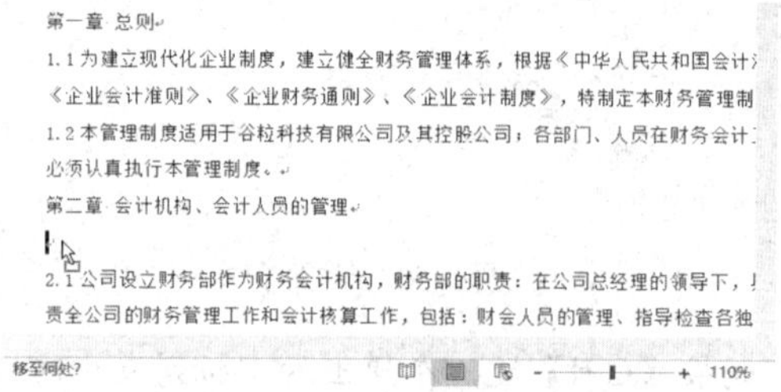
第一章 总则
1.1 为建立现代化企业制度，建立健全财务管理体系，根据《中华人民共和国会计
《企业会计准则》、《企业财务通则》、《企业会计制度》，特制定本财务管理制
1.2 本管理制度适用于谷粒科技有限公司及其控股公司；各部门、人员在财务会计
必须认真执行本管理制度。
第二章 会计机构、会计人员的管理
2.1 公司设立财务部作为财务会计机构，财务部的职责：在公司总经理的领导下，
责全公司的财务管理工作和会计核算工作，包括：财会人员的管理、指导检查各独
移至何处?
110%

图 3-55 拖动文本

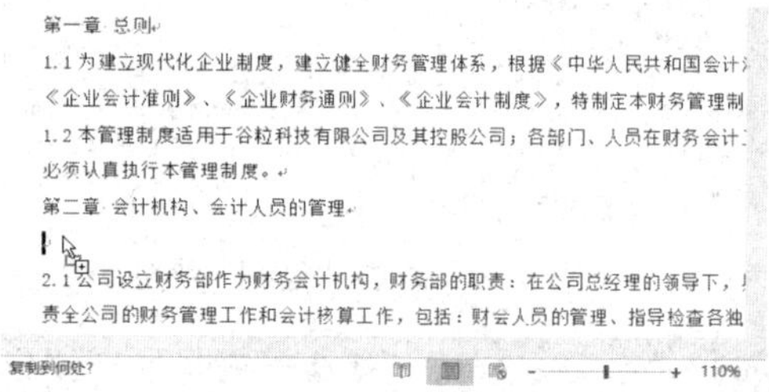
第一章 总则
1.1 为建立现代化企业制度，建立健全财务管理体系，根据《中华人民共和国会计
《企业会计准则》、《企业财务通则》、《企业会计制度》，特制定本财务管理制
1.2 本管理制度适用于谷粒科技有限公司及其控股公司；各部门、人员在财务会计
必须认真执行本管理制度。
第二章 会计机构、会计人员的管理
2.1 公司设立财务部作为财务会计机构，财务部的职责：在公司总经理的领导下，
责全公司的财务管理工作和会计核算工作，包括：财会人员的管理、指导检查各独
复制到何处?
110%

图 3-56 复制文本

方法 4：使用快捷键

使用快捷键复制文本有以下两种方法。

➢　选择文本后按【Ctrl+C】组合键可以复制文本，按【Ctrl+X】组合键可以剪切文本，将光标定位到目标位置，按【Ctrl+V】组合键即可粘贴文本。

➢　选择文本后按【Shift+F2】组合键可以复制文本，按【F2】键可以剪切文本，在要粘贴文本的位置定位光标，然后按【Enter】键进行粘贴。

2. 删除文本

在向文档中输入文本内容时难免会出现错误，此时可以将错误的文本删除，重新进行输入。删除文本有以下两种方法。

方法 1：将光标定位到要删除文本的前面或后面，按【Backspace】或【Delete】键，可以删除光标所在位置前面或后面的文本。

方法 2：选择要删除的文本，然后按【Delete】键将其删除。

3.3.3　查找与替换文本

在文档编辑过程中，若某个词语或句子多次输入错误，就需要在整个文档中修改这些内容。若手动查找工作量会很大，且容易遗漏，此时使用查找和替换功能可以提高工作效率。

1. 查找文本

使用查找功能可以在文档中快速搜索需要的文本，还可将搜索到的文本高亮显示出来，具体操作方法如下所述。

Step 01 在文档中选择要查找的文本，如图 3-57 所示。

Step 02 按【Ctrl+F】组合键打开“导航”窗格，将自动显示搜索结果。在“结果”选项卡下单击搜索结果选项，即可跳转到相应的位置，如图 3-58 所示。

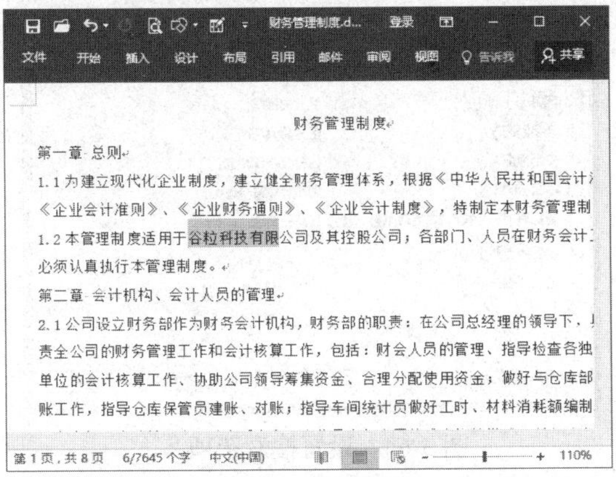

图 3-57　选择文本

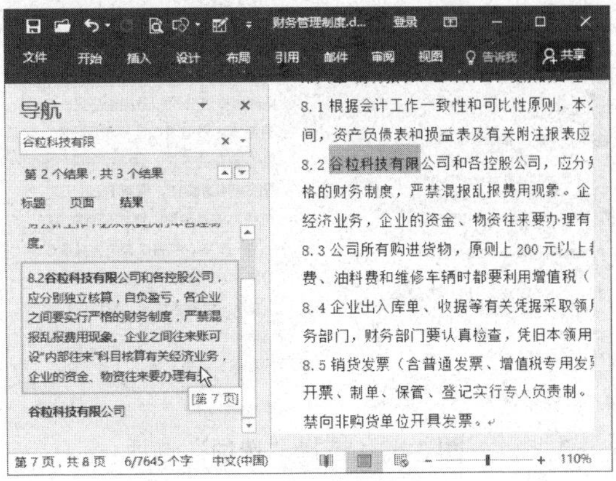

图 3-58　显示搜索结果

Step 03 选择“页面”选项卡，从中可以查看搜索结果所在的页面，如图 3-59 所示。

Step 04 单击搜索框右侧的下拉按钮，选择“高级查找”选项，如图 3-60 所示。

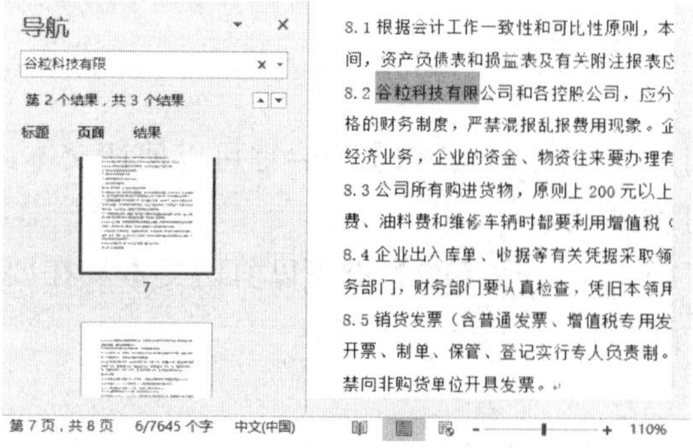

图 3-59 显示搜索页面

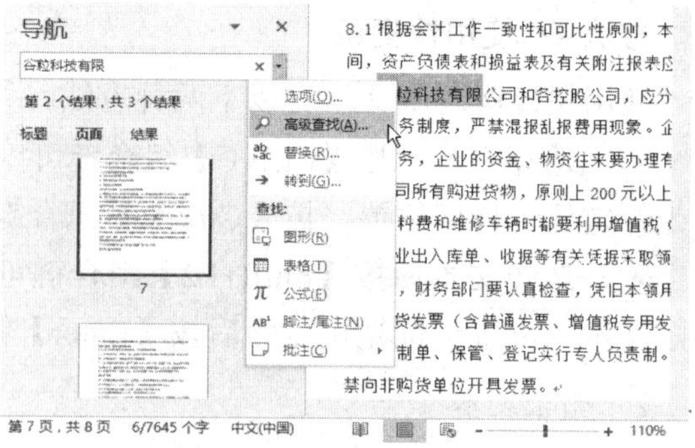

图 3-60 选择“高级查找”选项

Step 05 弹出“查找和替换”对话框，单击“阅读突出显示”下拉按钮，选择“全部突出显示”选项，如图 3-61 所示。

Step 06 文档中搜索的文本会突出显示，如图 3-62 所示。

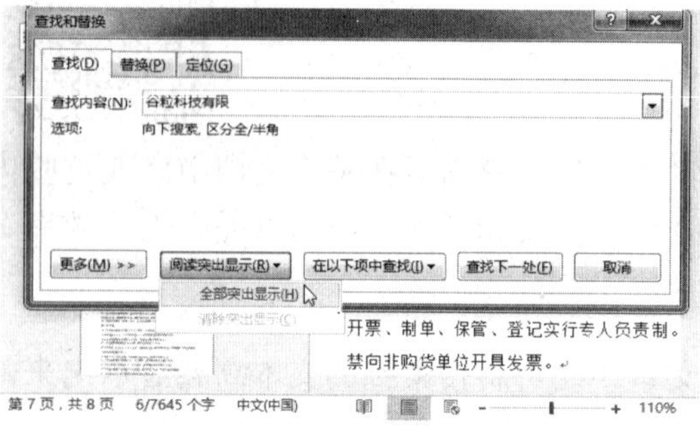

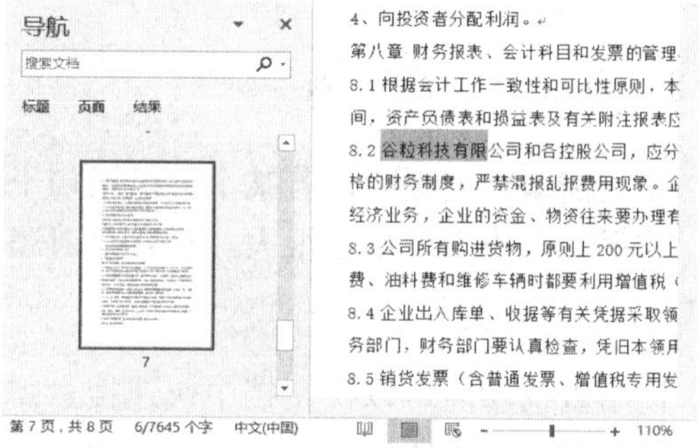

图 3-61 “查找和替换”对话框

图 3-62 突出显示搜索文本

Step 07 在“导航”窗格中单击搜索框右侧的下拉按钮▾，选择“选项”选项，如图 3-63 所示。

Step 08 弹出“‘查找’选项”对话框，可对搜索功能的参数进行设置，如“忽略空格”“区分大小写”“使用通配符”等，然后单击“确定”按钮，如图 3-64 所示。

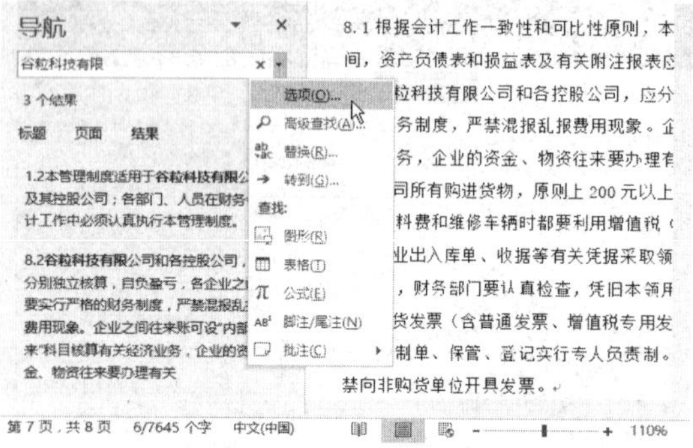

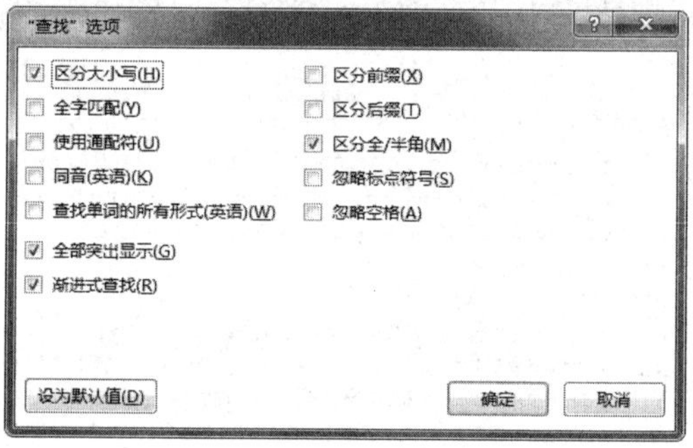

图 3-63 选择“选项”选项

图 3-64 设置搜索选项

2. 替换文本

使用替换功能可以快速、批量地对文档中需要替换的内容进行更改，具体操作方法如下所述。

Step 01 在“导航”窗格中单击搜索框右侧的下拉按钮，选择“替换”选项，如图 3-65 所示。

Step 02 弹出“查找和替换”对话框，在“替换为”下拉列表框中输入要替换成的内容，然后单击“全部替换”按钮，如图 3-66 所示。

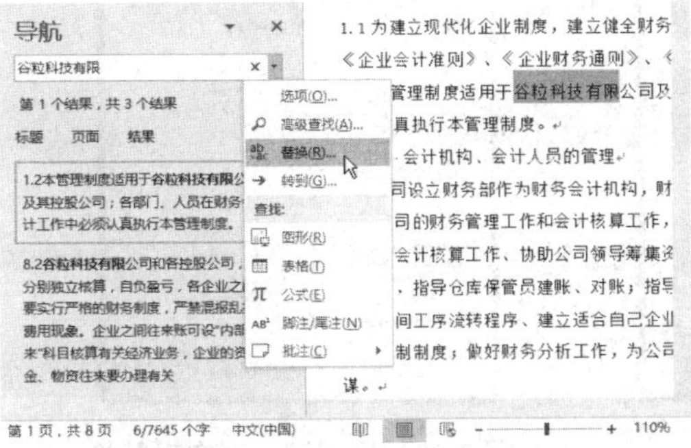

图 3-65　选择“替换”选项

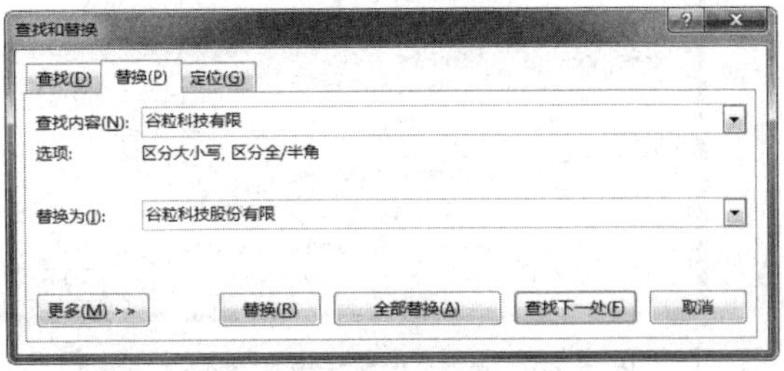

图 3-66　输入替换内容

Step 03 弹出提示信息框，单击“是”按钮，从光标所在位置向下进行全部替换，如图 3-67 所示。

Step 04 弹出提示信息框，提示替换完成，单击“确定”按钮，如图 3-68 所示。

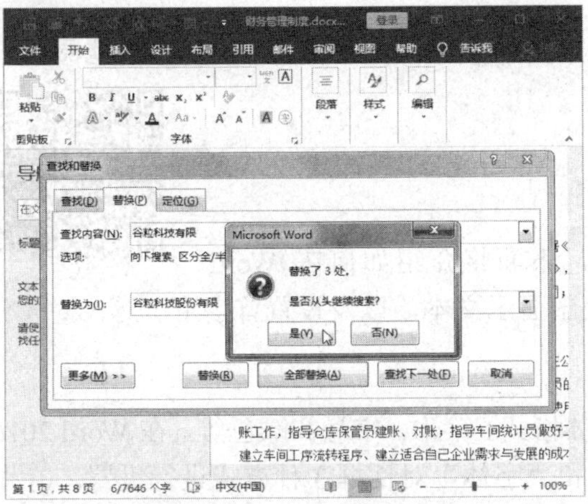

图 3-67　替换提示信息框

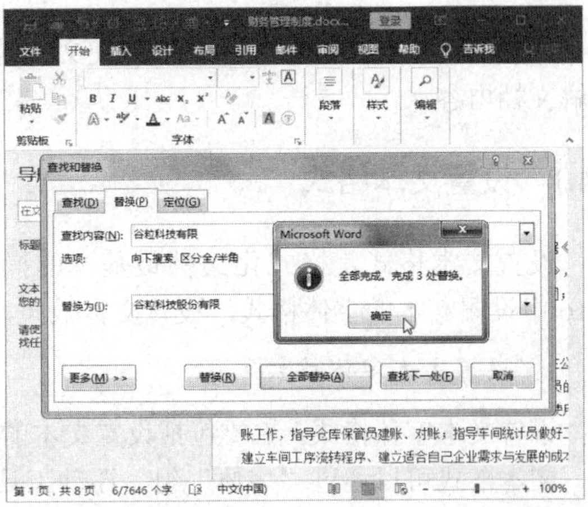

图 3-68　替换完成

3.3.4　设置键入自动替换功能

在文档编辑过程中，若要多次输入某个词语，如专业术语、特殊符号、公司名称等，可以根据需要使用 Word 的自动替换功能，具体操作方法如下所述。

Step 01 打开“Word 选项”对话框，在左侧选择“校对”选项，在右侧单击“自动更正选项”按钮，如图 3-69 所示。

Step 02 弹出“自动更正”对话框，选中“键入时自动替换”复选框，设置“谷粒”替换“谷粒科技股份有限公司”，单击“添加”按钮，然后单击“确定”按钮，如图 3-70 所示。此时，在文档中输入“谷粒”，将自动更正为“谷粒科技股份有限公司”。

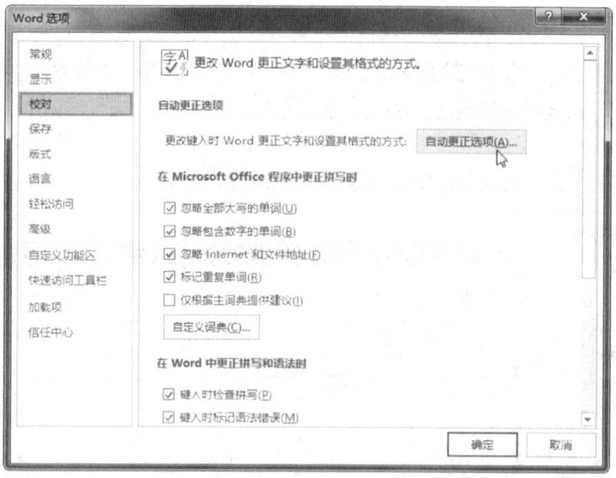

图 3-69　单击“自动更正选项”按钮

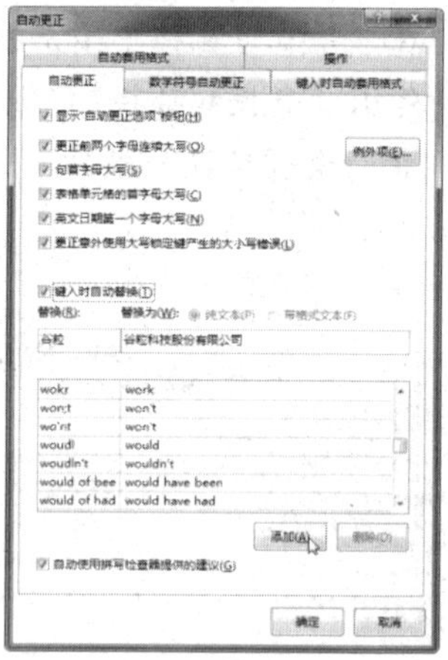

图 3-70　设置键入时自动替换

3.4　Word 2016 文档格式设置

为文档设置必要的格式，不仅可使文档看起来更加美观，还能使读者更加轻松地阅读和理解文档内容。

3.4.1　设置文本格式

设置文本格式是格式化文档最基本的操作，下面将介绍如何在 Word 2016 中设置文本的字体格式，设置文本效果，突出显示文本，以及设置首字下沉等。

1. 设置文本字体格式

设置文本字体格式，主要包括设置文本的字体格式、字形、字号和颜色等。在 Word 2016 中，文本格式可以通过“字体”组、浮动工具栏和“字体”对话框 3 种方式进行设置。

（1）通过“字体”组设置文本格式。选择标题文本，在“开始”选项卡下“字体”组中设置字体为“黑体”，字号为“小二”，如图 3-71 所示。

（2）通过浮动工具栏设置文本格式。选择小标题文本，松开鼠标后将自动显示浮动工具栏，从中设置字体为“黑体”，字号为“小四”，如图 3-72 所示。

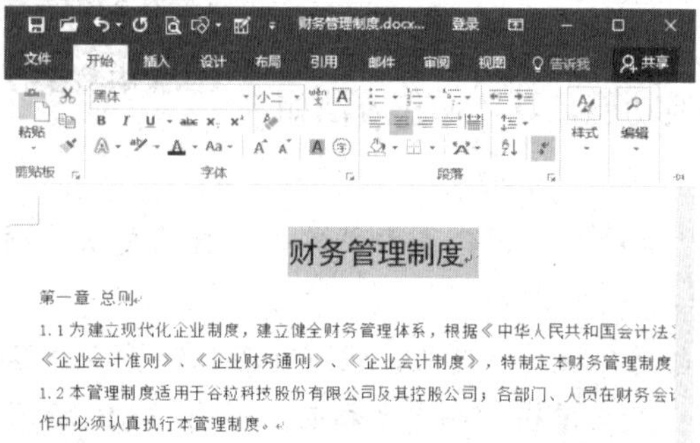

图 3-71　在“字体”组中设置文本格式

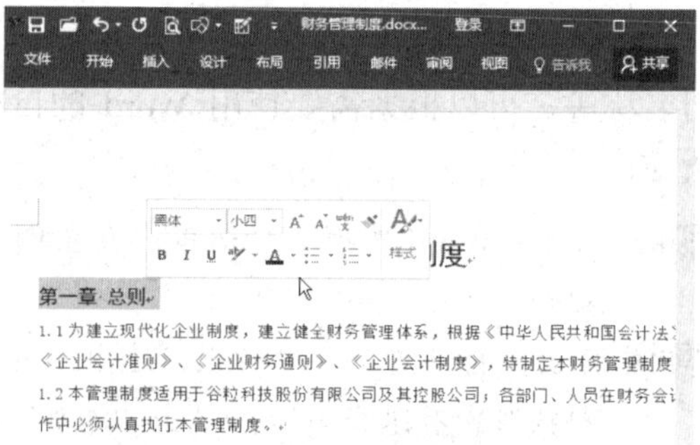

图 3-72　在浮动工具栏中设置文本格式

（3）通过“字体”对话框设置文本格式.若要对文本字体格式进行更加详细的设置，需要在“字体”对话框中进行设置，具体操作方法如下所述。

Step 01 选择标题文本，在“字体”组中单击右下角的扩展按钮，如图 3-73 所示。

Step 02 弹出“字体”对话框，选择“高级”选项卡，在“字符间距”选项区中设置加宽字符间距 1 磅，然后单击“确定”按钮，如图 3-74 所示。

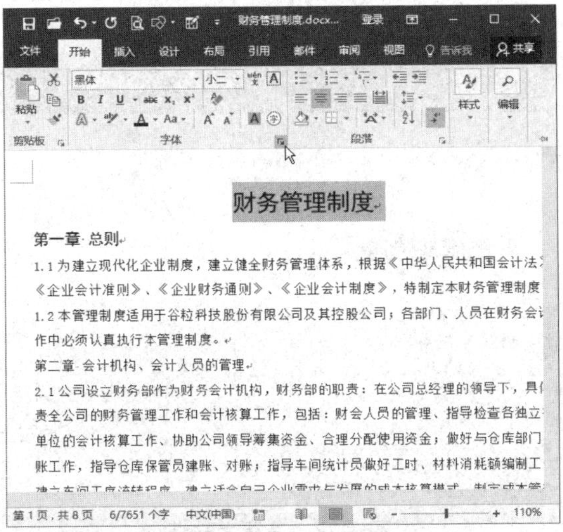

图 3-73　单击“字体”扩展按钮

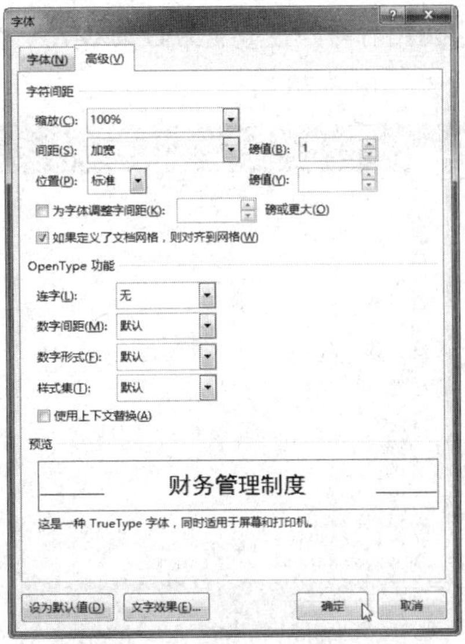

图 3-74　设置字符间距

Step 03 查看加宽字符间距后的文本效果，如图 3-75 所示。

Step 04 按【Ctrl+A】组合键全选文本，按【Ctrl+D】组合键打开“字体”对话框，选择“字体”选项卡，设置“西文字体”为 Times New Roman，然后单击“确定”按钮，如图 3-76 所示。

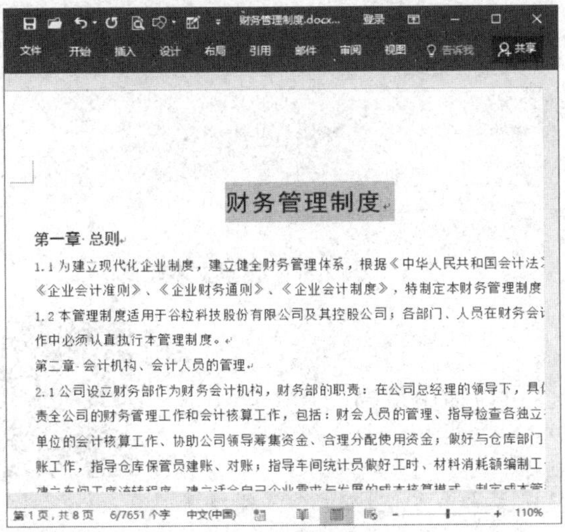

图 3-75　查看字符间距效果

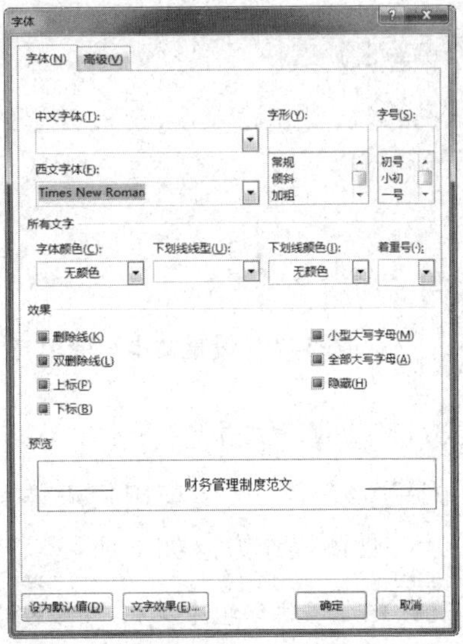

图 3-76　设置西文字体格式

2. 设置文本效果

在 Word 2016 中可以为文本添加边框、阴影、映像或发光效果，还可通过更改填充或轮廓来更改文本的外观，具体操作方法如下所述。

Step 01 选择标题文本，在“字体”组中单击“文本效果和版式”下拉按钮 A ▾，选择“发光”|“发光选项”选项，如图 3-77 所示。

Step 02 打开“设置文本效果格式”窗格，设置“发光”效果的颜色、大小、透明度等参数，如图 3-78 所示。

图 3-77　选择发光选项

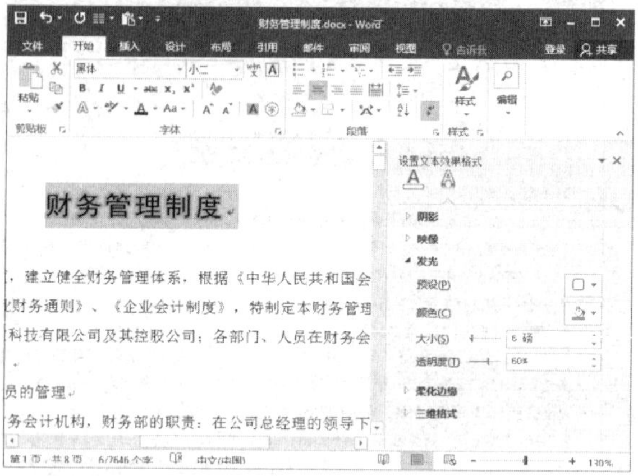

图 3-78　设置发光选项

Step 03 选择“文本填充与轮廓”选项卡 A，选中“渐变填充”单选按钮，设置渐变参数，如图 3-79 所示。

Step 04 在“文本边框”选项下选中“实线”单选按钮，设置线条颜色及宽度，然后按【Ctrl+B】组合键加粗文本，如图 3-80 所示。

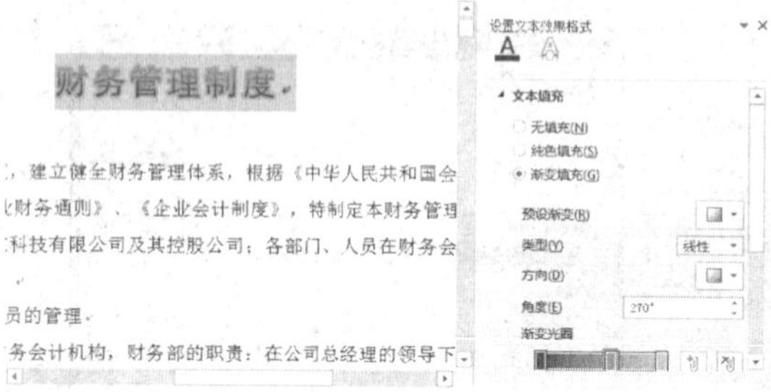

图 3-79　设置文本渐变填充

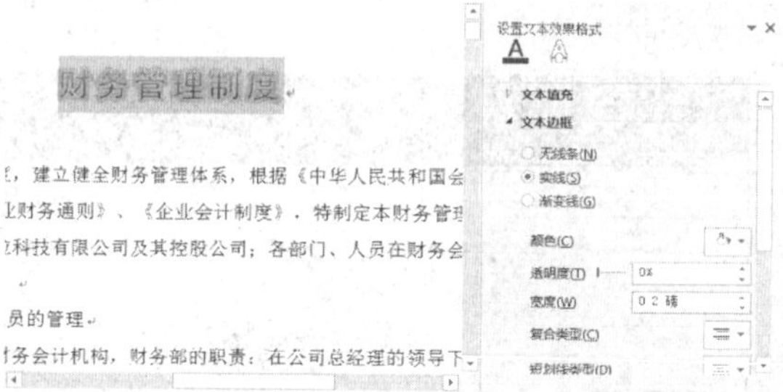

图 3-80　设置文本轮廓

3. 突出显示文本

对于文档中一些需要用户重点关注的文字，可以使用不同的亮色进行突出显示，具体操作方法如下所述。

Step 01 在“字体”组中单击“以不同颜色突出显示文本”下拉按钮，选择所需的颜色，如图 3-81 所示。

Step 02 鼠标指针变为 样式，拖动鼠标选择要突出显示的文本，即可将其突出显示，如图 3-82 所示。

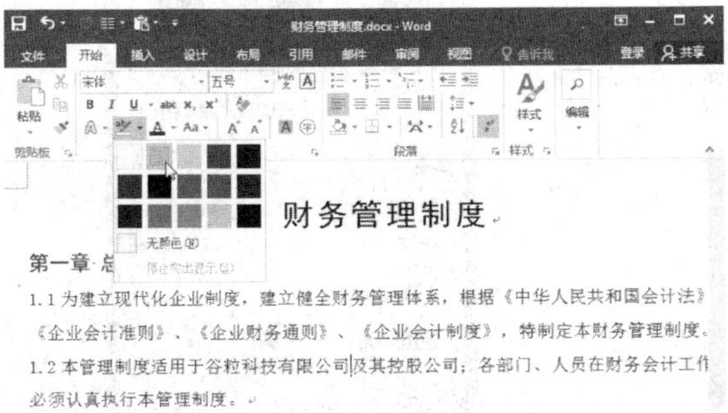
财务管理制度.docx - Word
财务管理制度
第一章 总则
1.1 为建立现代化企业制度，建立健全财务管理体系，根据《中华人民共和国会计法》《企业会计准则》、《企业财务通则》、《企业会计制度》，特制定本财务管理制度。
1.2 本管理制度适用于谷粒科技有限公司及其控股公司；各部门、人员在财务会计工作必须认真执行本管理制度。

图 3-81 选择突出显示颜色

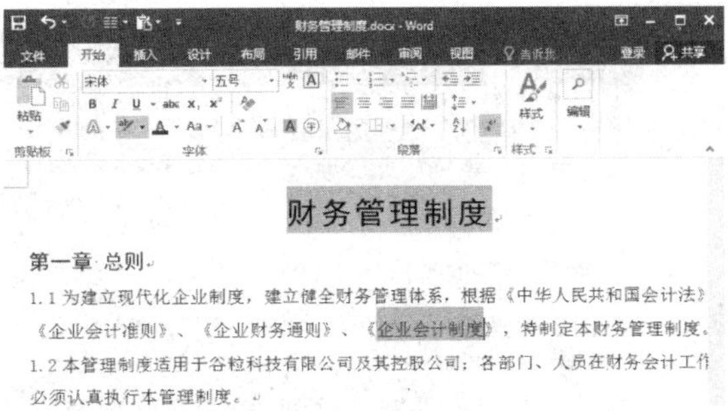
财务管理制度.docx - Word
财务管理制度
第一章 总则
1.1 为建立现代化企业制度，建立健全财务管理体系，根据《中华人民共和国会计法》《企业会计准则》、《企业财务通则》、《企业会计制度》，特制定本财务管理制度。
1.2 本管理制度适用于谷粒科技有限公司及其控股公司；各部门、人员在财务会计工作必须认真执行本管理制度。

图 3-82 突出显示文本

Step 03 使用不同的亮色突出显示其他文本，按【Esc】键可退出突出显示模式，如图 3-83 所示。

Step 04 若要取消文本的突出显示，可选择文本，或按【Ctrl+A】组合键全选文本，然后单击“以不同颜色突出显示文本”下拉按钮 ，选择“无颜色”选项即可，如图 3-84 所示。

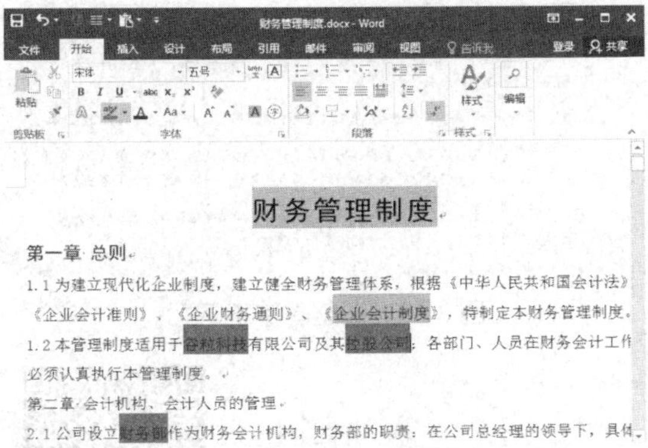
财务管理制度.docx - Word
财务管理制度
第一章 总则
1.1 为建立现代化企业制度，建立健全财务管理体系，根据《中华人民共和国会计法》《企业会计准则》、《企业财务通则》、《企业会计制度》，特制定本财务管理制度。
1.2 本管理制度适用于谷粒科技有限公司及其控股公司；各部门、人员在财务会计工作必须认真执行本管理制度。
第二章 会计机构、会计人员的管理
2.1 公司设立财务部作为财务会计机构，财务部的职责：在公司总经理的领导下，具体

图 3-83 使用不同颜色突显文本

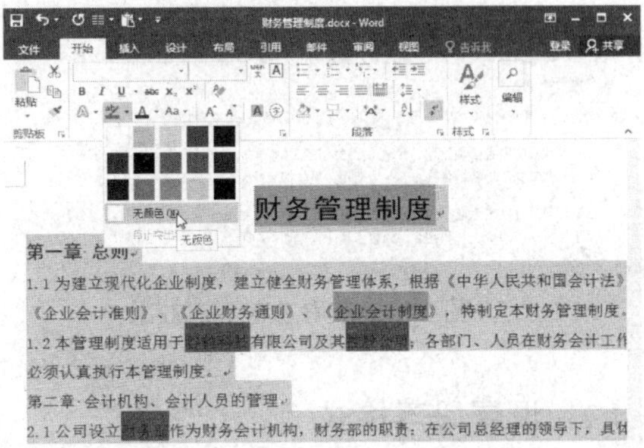
财务管理制度.docx - Word
无颜色
财务管理制度
第一章 总则
1.1 为建立现代化企业制度，建立健全财务管理体系，根据《中华人民共和国会计法》《企业会计准则》、《企业财务通则》、《企业会计制度》，特制定本财务管理制度。
第二章 会计机构、会计人员的管理

图 3-84 取消突出显示文本

4. 设置首字下沉

首字下沉是一种段落装饰效果，通常应用在图书、杂志或报纸的排版中。首字下沉是指段落的第一个字符下沉几行或悬挂，使文档显得更漂亮。设置首字下沉的具体操作方法如下所述。

Step 01 将光标定位到段落中，在“插入”选项卡下的“文本”组中单击“首字下沉”下拉按钮，选择“首字下沉”选项，如图 3-85 所示。

Step 02 弹出“首字下沉”对话框，单击“下沉”图标，设置字体样式、下沉行数及距正文的距离，然后单击“确定”按钮，如图 3-86 所示。

Step 03 查看首字下沉效果，如图 3-87 所示。

Step 04 用户可根据需要拖动下沉文本框调整其位置，或输入多个下沉文字，如图 3-88 所示。

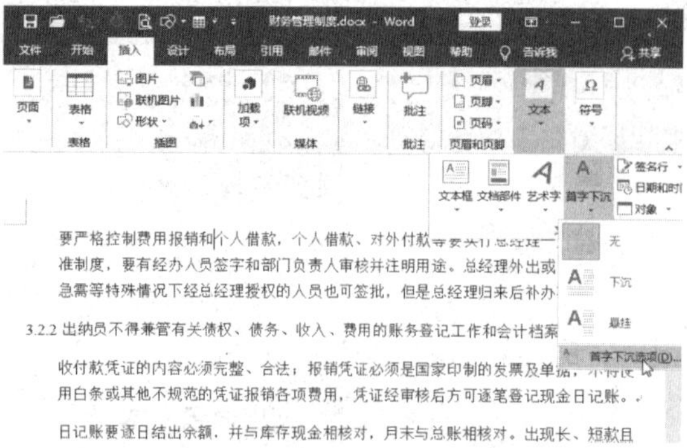

图 3-85　选择“首字下沉选项”

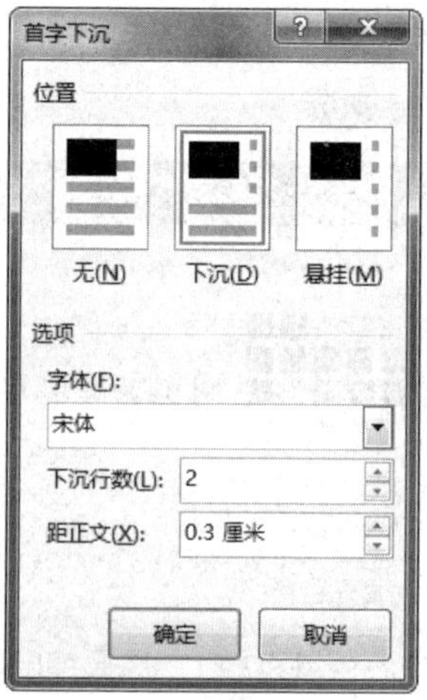

图 3-86　设置首字下沉

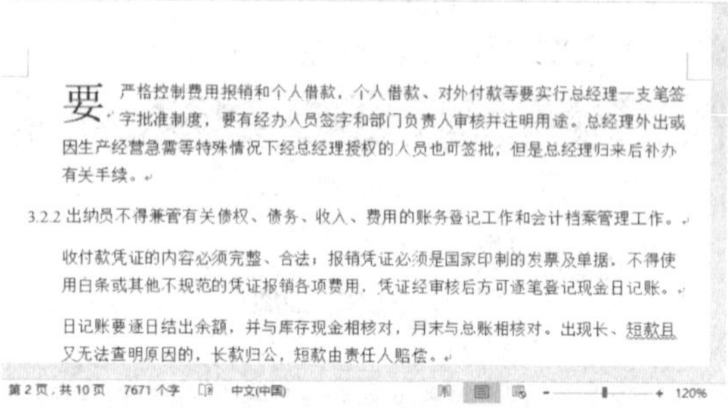

图 3-87　查看首字下沉效果

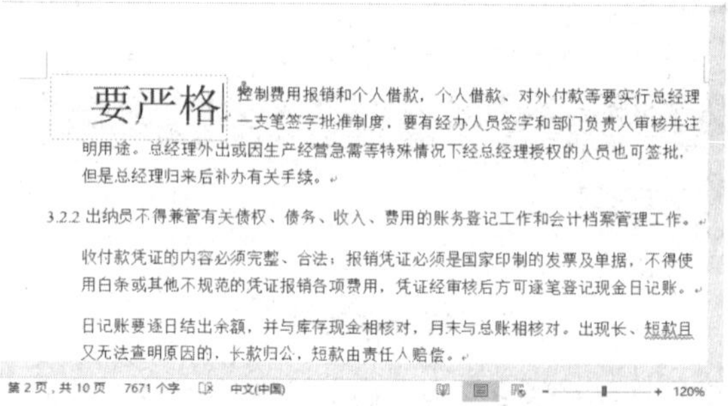

图 3-88　调整首字下沉

3.4.2　设置段落格式

有针对性地设置段落的格式，可以使文档条理清晰，让版面更加美观。下面将介绍如何在 Word 2016 中设置段落格式。

1. 对齐文本

段落对齐方式是指段落中的文本在水平方向上以何种方式对齐。段落文本的对齐方式包括居中、左对齐、右对齐、两端对齐和分散对齐等。

（1）设置段落与文本对齐方式。设置段落对齐方式的具体操作方法如下所述。

Step 01 将光标定位到小标题段落中，在“段落”组单击“居中”按钮或按【Ctrl+E】组合键，即可将段落的对齐方式设置为居中对齐，如图 3-89 所示。

Step 02 在“标题”文本后面输入“范文”并调小字号，单击“段落”组右下角的扩展按钮，如图 3-90 所示。

Step 03 弹出“段落”对话框，选择“中文版式”选项卡，在“文本对齐方式”下拉列表中选择“顶端对齐”选项，然后单击“确定”按钮，如图 3-91 所示。

Step 04 查看设置“顶端对齐”后的标题效果，如图 3-92 所示。

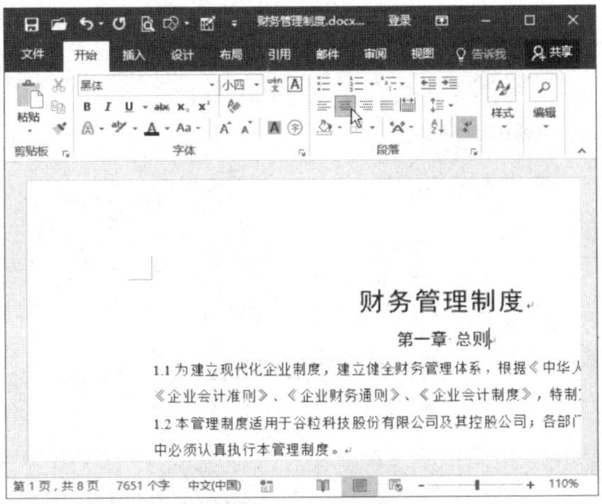
财务管理制度
第一章 总则
1.1 为建立现代化企业制度，建立健全财务管理体系，根据《中华人
《企业会计准则》、《企业财务通则》、《企业会计制度》，特制
1.2 本管理制度适用于谷粒科技股份有限公司及其控股公司；各部门
中必须认真执行本管理制度。

图 3-89　设置段落居中对齐

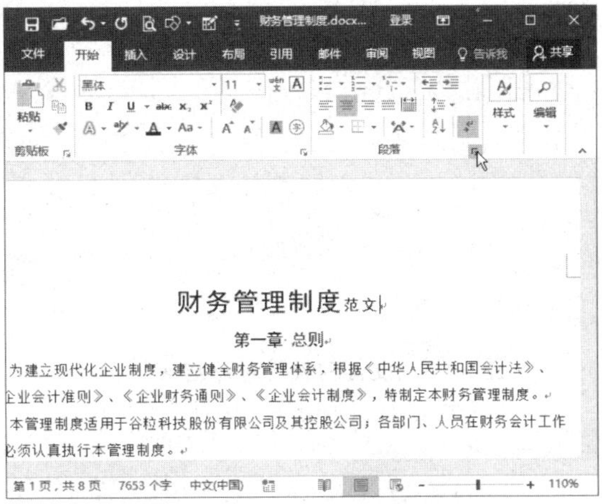
财务管理制度范文
第一章 总则
为建立现代化企业制度，建立健全财务管理体系，根据《中华人民共和国会计法》、
企业会计准则》、《企业财务通则》、《企业会计制度》，特制定本财务管理制度。
本管理制度适用于谷粒科技股份有限公司及其控股公司；各部门、人员在财务会计工作
必须认真执行本管理制度。

图 3-90　单击“段落”扩展按钮

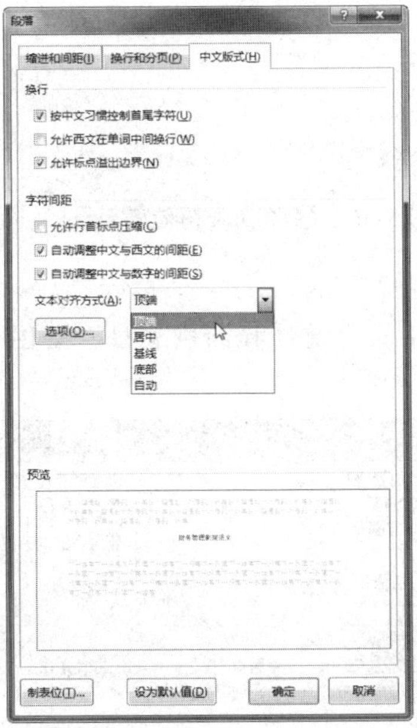
段落
缩进和间距(I)
换行和分页(P)
中文版式(H)
换行
按中文习惯控制首尾字符(U)
允许西文在单词中间换行(W)
允许标点溢出边界(N)
字符间距
允许行首标点压缩(C)
自动调整中文与西文的间距(E)
自动调整中文与数字的间距(S)
文本对齐方式(A):
顶端
选项(O)...
顶端
居中
基线
底部
自动
预览
制表位(T)...
设为默认值(D)
确定
取消

图 3-91　设置文本对齐方式

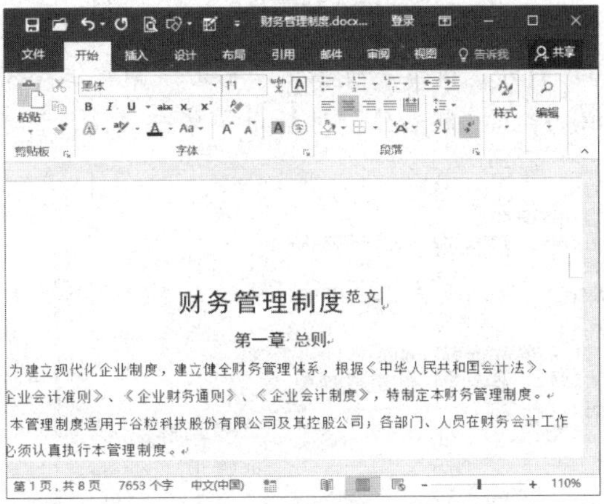
财务管理制度范文
第一章 总则
为建立现代化企业制度，建立健全财务管理体系，根据《中华人民共和国会计法》、
企业会计准则》、《企业财务通则》、《企业会计制度》，特制定本财务管理制度。
本管理制度适用于谷粒科技股份有限公司及其控股公司；各部门、人员在财务会计工作
必须认真执行本管理制度。

图 3-92　文本顶端对齐效果

（2）使用制表位对齐文本。通过制表位功能可以设置文本在制表位位置进行左对齐、右对齐、居中对齐等，具体操作方法如下所述。

Step 01 单击标尺左侧的“左对齐式制表符”按钮∟，直到其变为“居中式制表符”⊥，如图 3-93 所示。

Step 02 选择文本，在标尺上单击添加制表位，如图 3-94 所示。

Step 03 分别将光标定位到两段文本之前，然后按【Tab】键插入制表符，使文本与第一个制表位居中对齐，如图 3-95 所示。用户可以根据需要添加多个制表位，通过按【Tab】键将多处文本依次进行对齐。

Step 04 选择文本，在标尺上拖动制表位，可以调整应用了该制表位的段落位置，如图 3-96 所示。在拖动制表位时向下拖动，可以清除制表位。

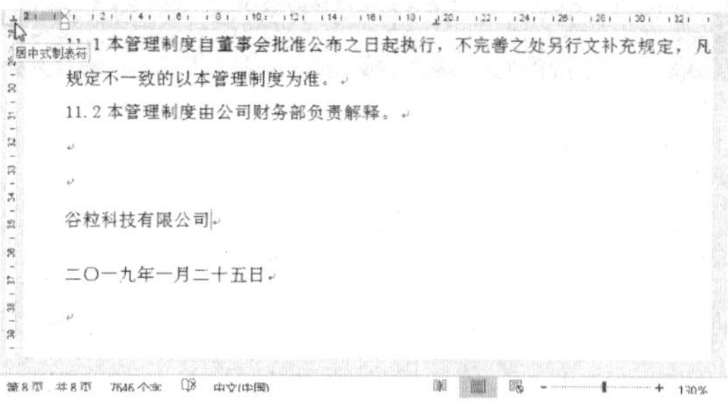

图 3-93　设置制表符对齐方式

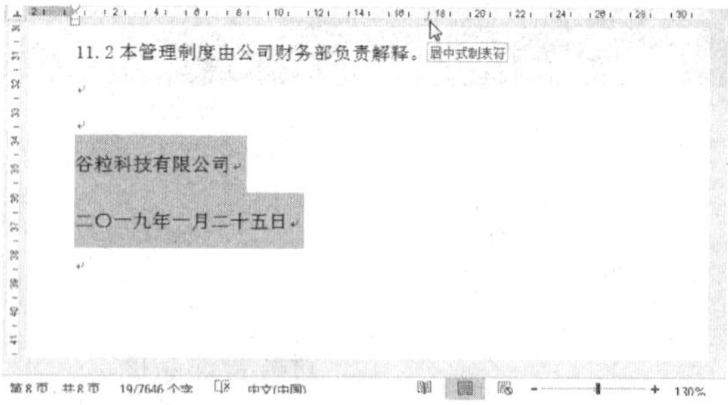

图 3-94　添加制表位

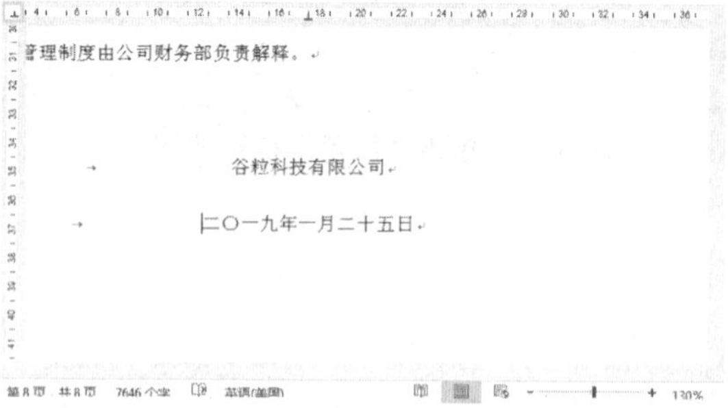

图 3-95　插入制表符

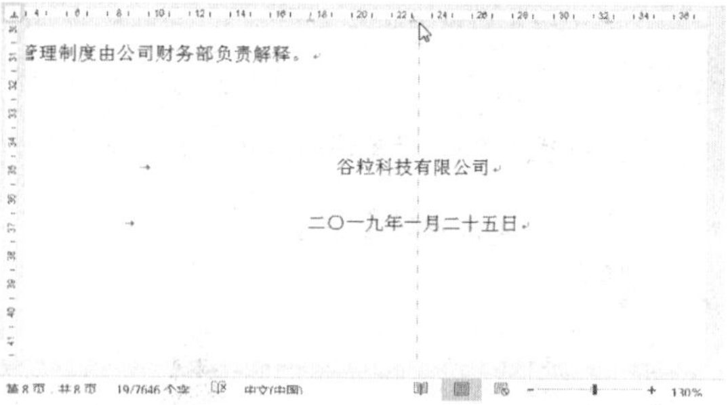

图 3-96　移动制表符位置

Step 05 打开“段落”对话框，单击“制表位”按钮，如图 3-97 所示。

Step 06 弹出“制表位”对话框，单击“清除”按钮，即可清除当前选择的制表位，如图 3-98 所示。

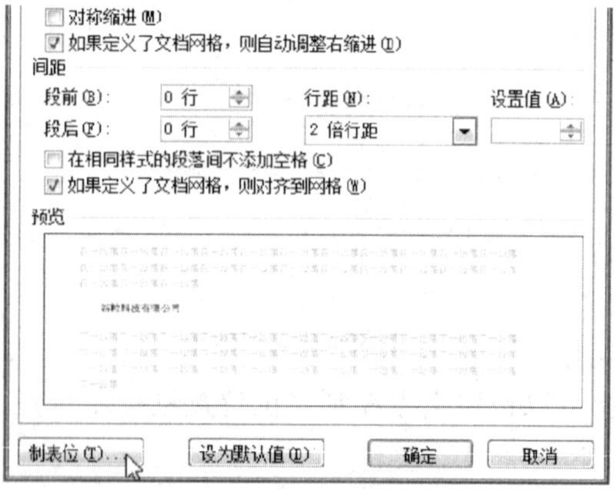

图 3-97　单击“制表位”按钮

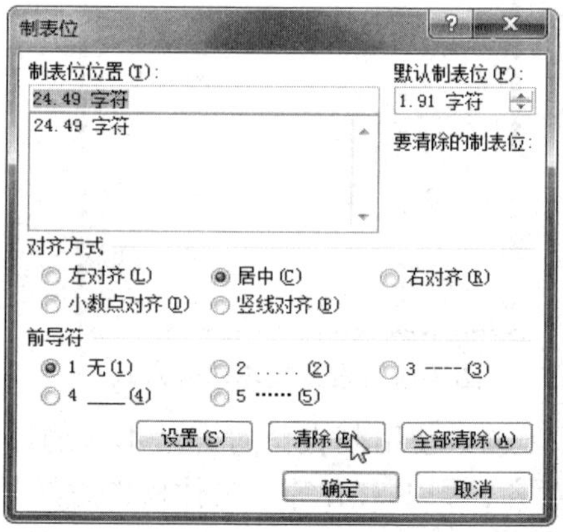

图 3-98　清除制表位

Step 07 设置制表位位置，然后单击“设置”按钮，新建制表位位置。选中“右对齐”单选按钮，选择需要的前导符，然后单击“确定”按钮，如图 3-99 所示。

Step 08 查看设置的文字的缩进效果，如图 3-100 所示。

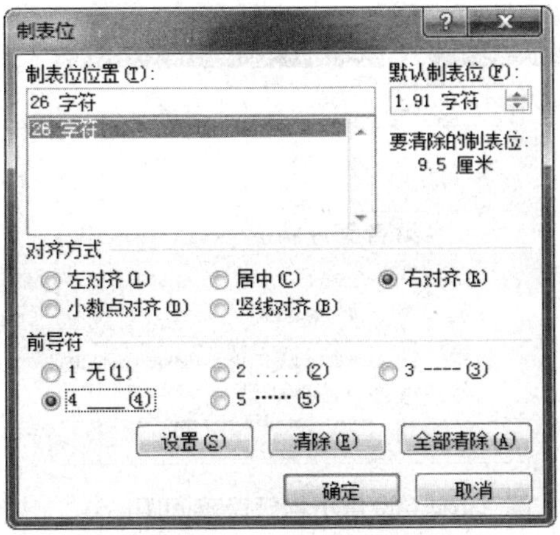

图 3-99　设置制表位

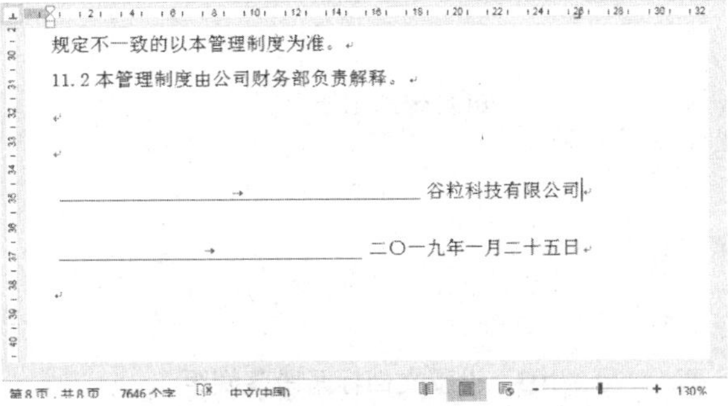

图 3-100　设置制表位效果

2. 设置段落间距和行距

段落间距是指相邻两个段落之间的距离，行距是指行与行之间的间距。下面将介绍如何设置 Word 文档的段落间距和行距，具体操作方法如下所述。

Step 01 按【Ctrl+A】组合键全选文本，在“段落”组中单击“行和段落间距”下拉按钮，选择 1.15 选项，如图 3-101 所示。

Step 02 按【Ctrl+A】组合键全选文本，单击“段落”组右下角的扩展按钮，弹出“段落”对话框，设置“段后”间距为 0.5 行，单击“确定”按钮，如图 3-102 所示。

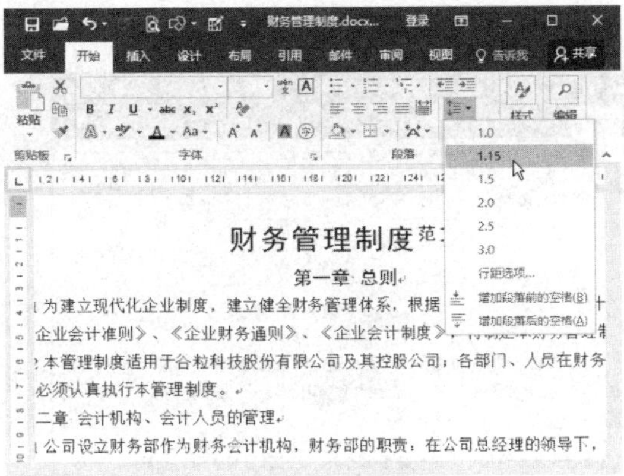

图 3-101　选择行距

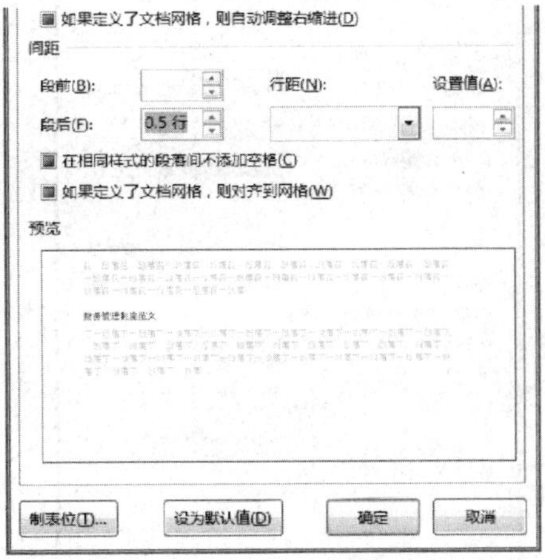

图 3-102　设置段后间距

Step 03 将光标定位到标题文本中，选择“布局”选项卡，在“段落”组中设置“段前”1 行，“段后”2 行，如图 3-103 所示。

Step 04 将光标定位到小标题文本中，在“段落”组中设置“段前”1 行，“段后”1 行，如图 3-104 所示。

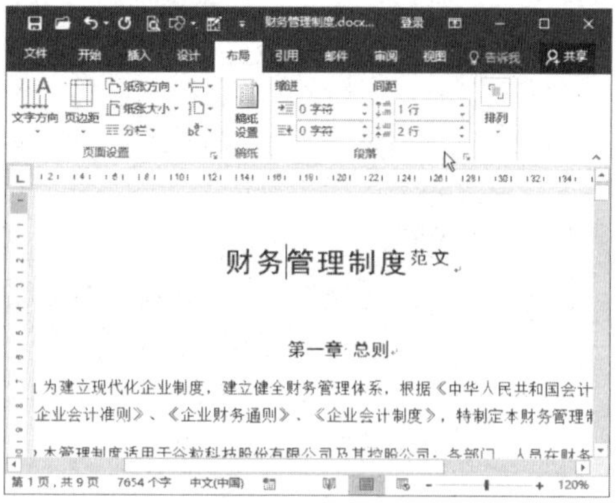
财务管理制度.docx...
财务管理制度范文
第一章 总则
1 为建立现代化企业制度，建立健全财务管理体系，根据《中华人民共和国会计
企业会计准则》、《企业财务通则》、《企业会计制度》，特制定本财务管理制
第 1 页，共 9 页 7654 个字 中文(中国) 120%

图 3-103　设置文档标题段落间距

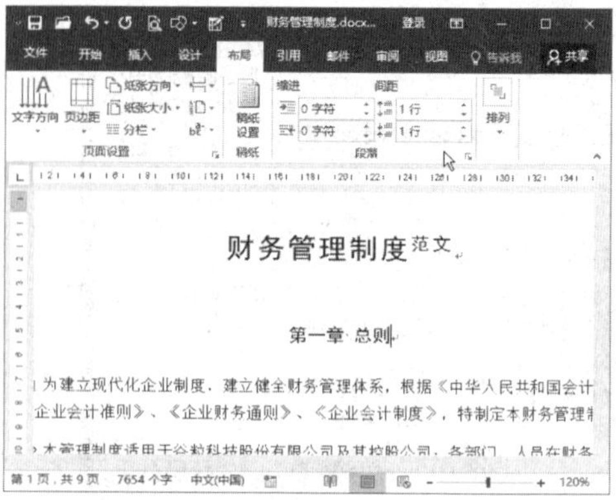
财务管理制度.docx...
财务管理制度范文
第一章 总则
1 为建立现代化企业制度，建立健全财务管理体系，根据《中华人民共和国会计
企业会计准则》、《企业财务通则》、《企业会计制度》，特制定本财务管理制
第 1 页，共 9 页 7654 个字 中文(中国) 120%

图 3-104　设置小标题段落间距

3. 设置段落缩进

段落缩进是指文本相对于页边距向页面内缩进一段距离，或向页面外伸展一段距离。段落缩进包括首行缩进、悬挂缩进、左缩进和右缩进几种方式。设置段落缩进的方法有多种，下面将分别对其进行详细介绍。

（1）常规设置。常规设置即通过“段落”组或“段落”对话框设置段落的各种缩进方式，具体操作方法如下所述。

Step 01 将光标定位到第 1 段内容中，打开“段落”对话框，在“特殊”下拉列表中选择“首行”选项，然后单击“确定”按钮，如图 3-105 所示。

Step 02 查看设置首行缩进后的段落效果，如图 3-106 所示。

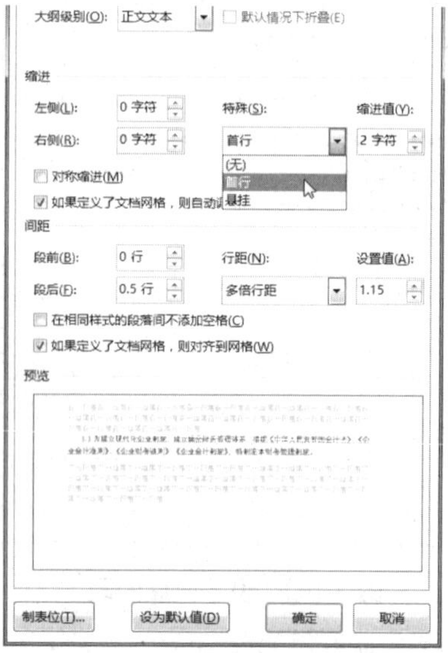
大纲级别(O): 正文文本
缩进
左侧(L): 0 字符
右侧(R): 0 字符
特殊(S): 首行
缩进值(Y): 2 字符
(无)
首行
悬挂
对称缩进(M)
间距
段前(B): 0 行
段后(F): 0.5 行
行距(N): 多倍行距
设置值(A): 1.15
在相同样式的段落间不添加空格(C)
如果定义了文档网格，则对齐到网格(W)
预览
制表位(T)...
设为默认值(D)
确定
取消

图 3-105　设置首行缩进

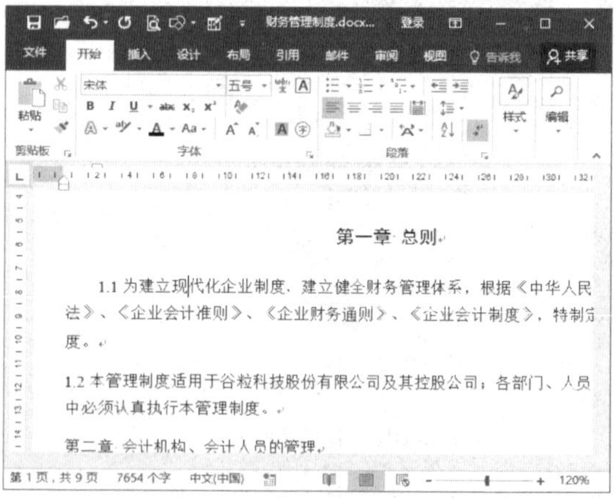
财务管理制度.docx...
第一章 总则
1.1 为建立现代化企业制度，建立健全财务管理体系，根据《中华人民
法》、《企业会计准则》、《企业财务通则》、《企业会计制度》，特制
度。
1.2 本管理制度适用于谷粒科技股份有限公司及其控股公司；各部门、人员
中必须认真执行本管理制度。
第二章 会计机构、会计人员的管理
第 1 页，共 9 页 7654 个字 中文(中国) 120%

图 3-106　首行缩进效果

Step 03 打开“段落”对话框，在“特殊”下拉列表中选择“悬挂”选项，设置“缩进量”为 1.5 字符，单击“确定”按钮，如图 3-107 所示。设置缩进值时，一个汉字占一个字符，英文和数字占半个字符。

查看设置段落悬挂缩进后的效果，如图 3-108 所示。

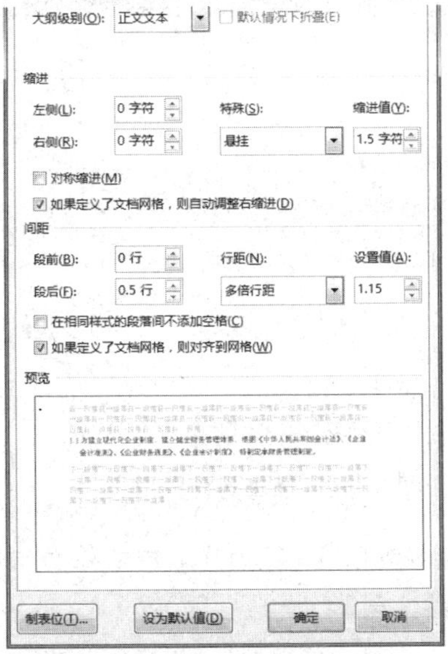
大纲级别(O):
正文文本
缩进
左侧(L):
0 字符
右侧(R):
0 字符
特殊(S):
悬挂
缩进值(Y):
1.5 字符
对称缩进(M)
如果定义了文档网格，则自动调整右缩进(D)
间距
段前(B):
0 行
段后(F):
0.5 行
行距(N):
多倍行距
设置值(A):
1.15
在相同样式的段落间不添加空格(C)
如果定义了文档网格，则对齐到网格(W)
预览
制表位(T)...
设为默认值(D)
确定
取消

图 3-107　设置悬挂缩进

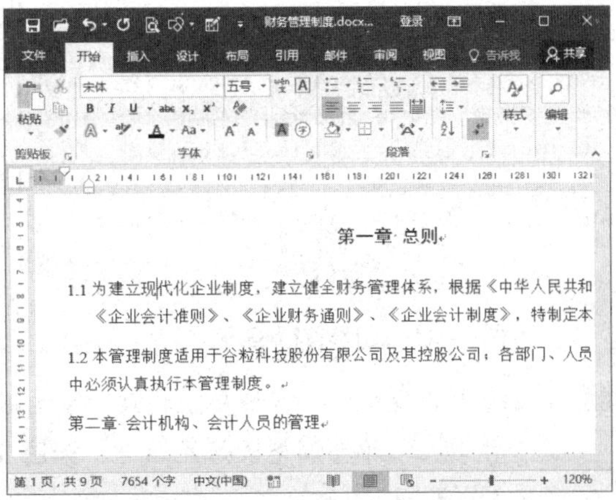
财务管理制度.docx...
第一章 总则
1.1 为建立现代化企业制度，建立健全财务管理体系，根据《中华人民共和
《企业会计准则》、《企业财务通则》、《企业会计制度》，特制定本
1.2 本管理制度适用于谷粒科技股份有限公司及其控股公司；各部门、人员
中心须认真执行本管理制度。
第二章 会计机构、会计人员的管理
第 1 页，共 9 页
7654 个字
中文(中国)
120%

图 3-108　悬挂缩进效果

Step 04 将光标定位到段落中，在“段落”组中连续两次单击“增加缩进量”按钮，即可设置将光标所在的段落“左缩进”2 字符，如图 3-109 所示。

Step 05 选择“布局”选项卡，在“段落”组中设置“左缩进”为 1.5 字符，如图 3-110 所示。

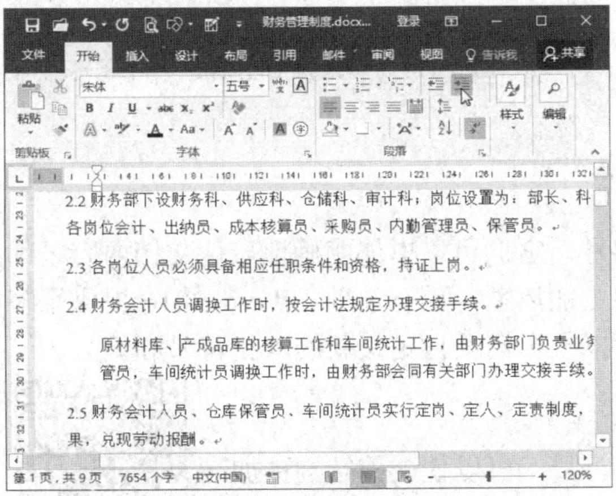
财务管理制度.docx...
2.2 财务部下设财务科、供应科、仓储科、审计科；岗位设置为：部长、科
各岗位会计、出纳员、成本核算员、采购员、内勤管理员、保管员。
2.3 各岗位人员必须具备相应任职条件和资格，持证上岗。
2.4 财务会计人员调换工作时，按会计法规定办理交接手续。
原材料库、产成品库的核算工作和车间统计工作，由财务部门负责业务
管员，车间统计员调换工作时，由财务部会同有关部门办理交接手续。
2.5 财务会计人员、仓库保管员、车间统计员实行定岗、定人、定责制度，
果，兑现劳动报酬。

图 3-109　增加缩进量

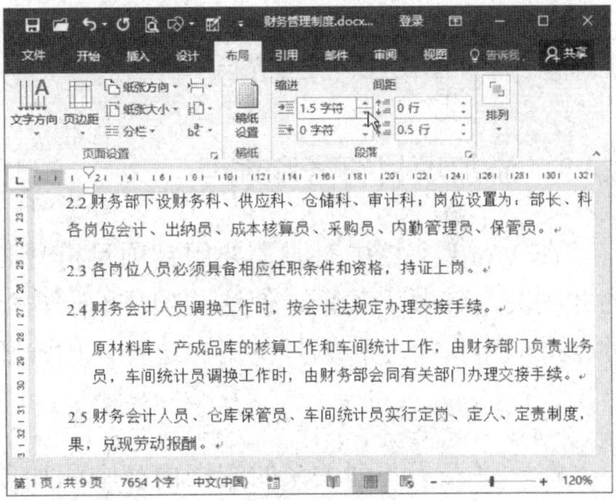
财务管理制度.docx...
缩进
1.5 字符
0 字符
间距
0 行
0.5 行
2.2 财务部下设财务科、供应科、仓储科、审计科；岗位设置为：部长、科
各岗位会计、出纳员、成本核算员、采购员、内勤管理员、保管员。
2.3 各岗位人员必须具备相应任职条件和资格，持证上岗。
2.4 财务会计人员调换工作时，按会计法规定办理交接手续。
原材料库、产成品库的核算工作和车间统计工作，由财务部门负责业务
员，车间统计员调换工作时，由财务部会同有关部门办理交接手续。
2.5 财务会计人员、仓库保管员、车间统计员实行定岗、定人、定责制度，
果，兑现劳动报酬。

图 3-110　设置左缩进

（2）使用标尺调整段落缩进。使用文档标尺可以快捷地调整段落缩进，具体操作方法如下所述。

Step 01 将光标定位到段落中，在标尺上找到“首行缩进”滑块▽，向右拖动“首行缩进”滑块▽，即可调整段落的首行缩进，如图 3-111 所示。

Step 02 按【Ctrl+Z】组合键撤销操作，在标尺上找到“悬挂缩进”滑块△，向右拖动“悬挂缩进”滑块△，即可调整段落悬挂缩进，如图 3-112 所示。

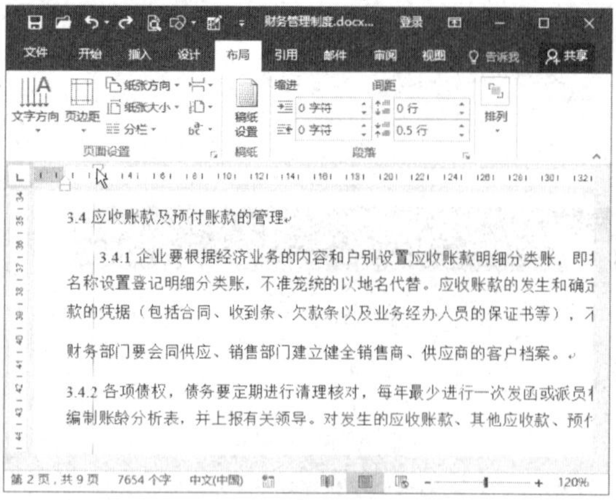
3.4 应收账款及预付账款的管理
3.4.1 企业要根据经济业务的内容和户别设置应收账款明细分类账，即
名称设置登记明细分类账，不准笼统的以地名代替。应收账款的发生和确
款的凭据（包括合同、收到条、欠款条以及业务经办人员的保证书等），
财务部门要会同供应、销售部门建立健全销售商、供应商的客户档案。
3.4.2 各项债权，债务要定期进行清理核对，每年最少进行一次发函或派员
编制账龄分析表，并上报有关领导。对发生的应收账款、其他应收款、预付

图 3-111　调整首行缩进

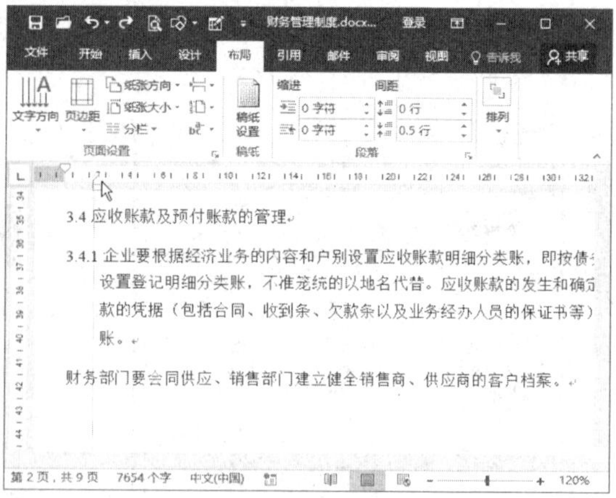
3.4 应收账款及预付账款的管理
3.4.1 企业要根据经济业务的内容和户别设置应收账款明细分类账，即按债
设置登记明细分类账，不准笼统的以地名代替。应收账款的发生和确
款的凭据（包括合同、收到条、欠款条以及业务经办人员的保证书等）
账。
财务部门要会同供应、销售部门建立健全销售商、供应商的客户档案。

图 3-112　调整悬挂缩进

Step 03 在段落中定位光标，在标尺上找到“左缩进”滑块□，如图 3-113 所示。向右拖动“左缩进”滑块△，即可调整段落左缩进，如图 3-114 所示。

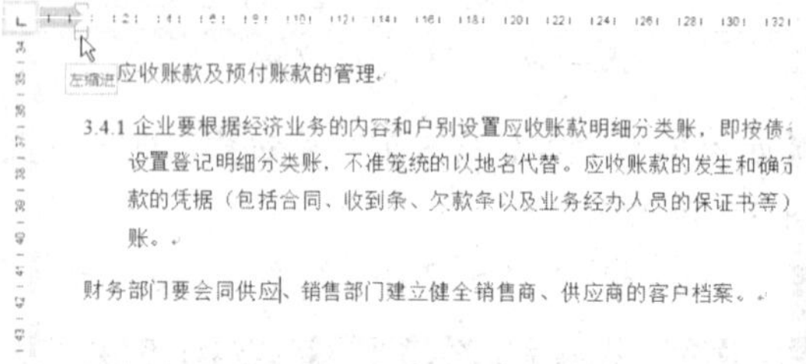
左缩进
应收账款及预付账款的管理
3.4.1 企业要根据经济业务的内容和户别设置应收账款明细分类账，即按债
设置登记明细分类账，不准笼统的以地名代替。应收账款的发生和确
款的凭据（包括合同、收到条、欠款条以及业务经办人员的保证书等）
账。
财务部门要会同供应、销售部门建立健全销售商、供应商的客户档案。

图 3-113　定位光标

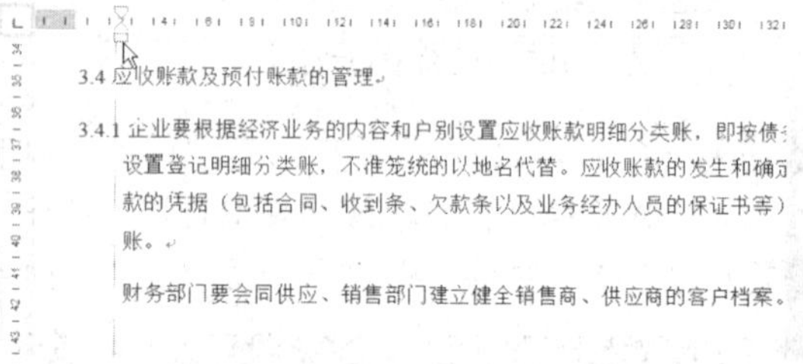
3.4 应收账款及预付账款的管理
3.4.1 企业要根据经济业务的内容和户别设置应收账款明细分类账，即按债
设置登记明细分类账，不准笼统的以地名代替。应收账款的发生和确
款的凭据（包括合同、收到条、欠款条以及业务经办人员的保证书等）
账。
财务部门要会同供应、销售部门建立健全销售商、供应商的客户档案。

图 3-114　调整段落左缩进

3.4.3　添加项目符号和编号

在 Word 文档中有时需要用到项目符号和编号，它们可以更加明确地表达文档内容之间的并列关系或顺序关系，使这些项目的层次结构更加清晰，更有条理。Word 2016 提供了多种标准的项目符号和编号供用户选择，用户还可以根据需要自定义新的项目符号和编号。

1. 添加项目符号

在一些表示并列关系的文档内容中添加项目符号，可以使文档结构更加清晰，并起到着重提醒的作用。添加项目符号的具体操作方法如下所述。

Step 01 选择要添加项目符号的文本，在“段落”组中单击“项目符号”下拉按钮☰ ▾，选择“定义新项目符号”选项，如图 3-115 所示。

Step 02 弹出“定义新项目符号”对话框，单击“符号”按钮，如图 3-116 所示。

在“字体”下拉列表中选择 Wingdings 字体，选择需要的特殊符号，单击“确定”按钮，如图 3-117 所示。

Step 03 返回“定义新项目符号”对话框，单击“字体”按钮，如图 3-118 所示。

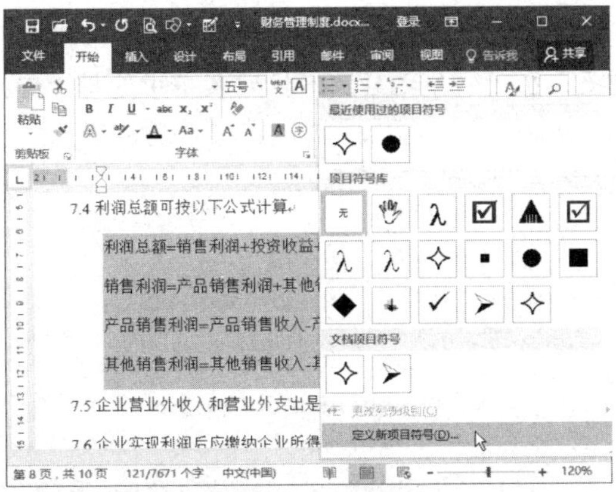

图 3-115　选择“定义新项目符号”选项

图 3-116　单击“符号”按钮

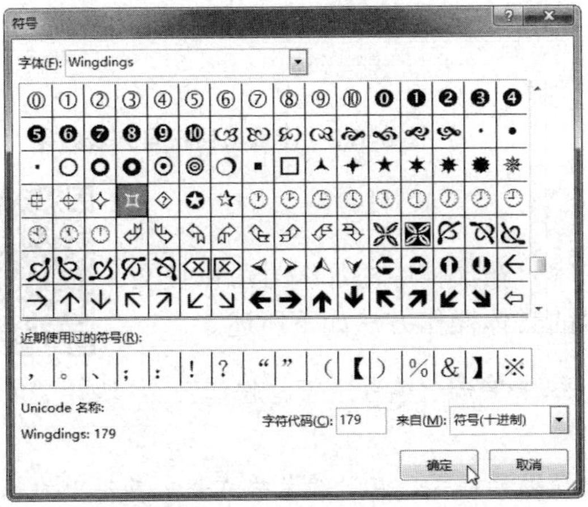

图 3-117　选择特殊符号

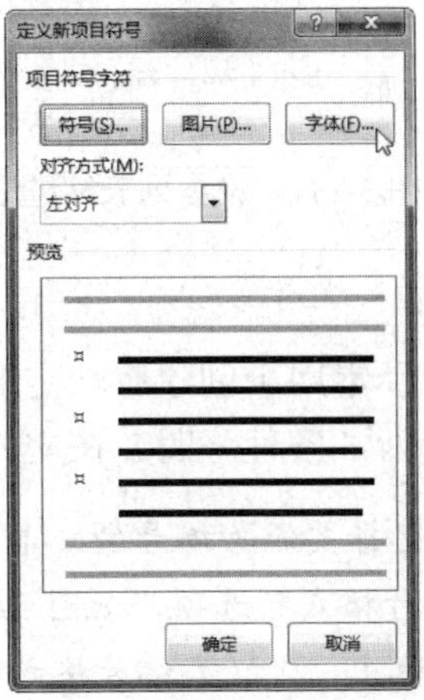

图 3-118　单击“字体”按钮

Step 04 弹出“字体”对话框，设置字体颜色和字形，依次单击“确定”按钮，如图 3-119 所示。文本添加自定义项目符号的效果如图 3-120 所示。

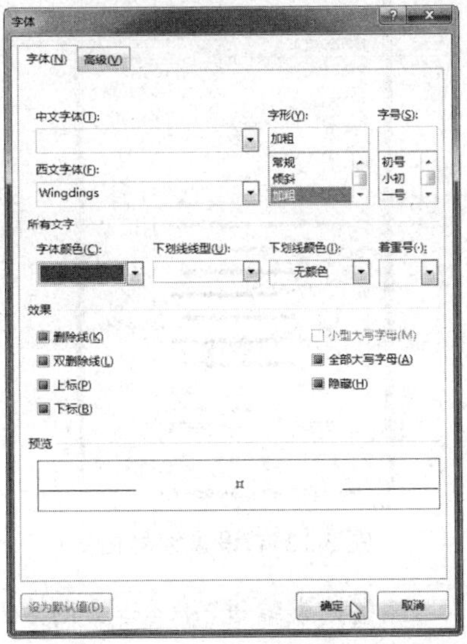

图 3-119　设置项目符号字体格式

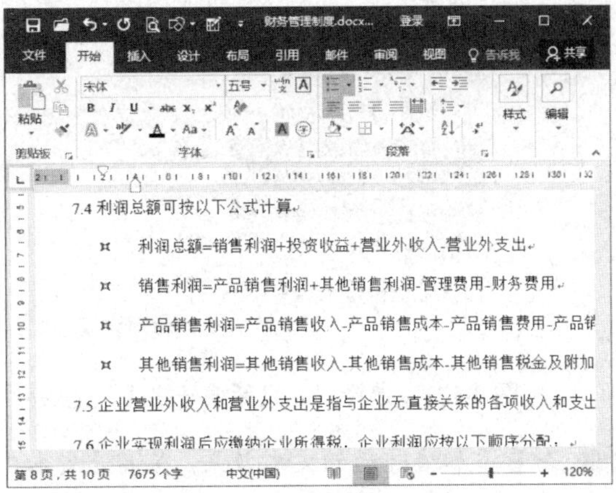

图 3-120 设置项目符号效果

Step05 在项目符号文本中右击，选择“调整列表缩进”命令，弹出“调整列表缩进量”对话框，设置项目符号位置、文本缩进等选项，在“编号之后”下拉列表框中选择“空格”选项，然后单击“确定”按钮，如图 3-121 所示。

Step06 设置的项目符号列表效果如图 3-122 所示。

图 3-121　设置列表缩进量

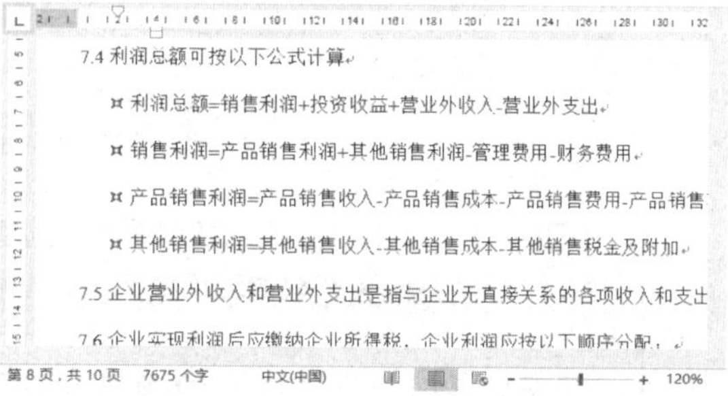

图 3-122　设置项目符号列表效果

2. 插入编号

编号经常用于创建有一定顺序的文档内容。在文档中添加编号可以使文档结构清晰，条理分明。在文档中添加编号的具体操作方法如下所述。

Step01 选择要添加编号的文本，在“段落”组中单击“编号”下拉按钮，选择“定义新编号格式”选项，如图 3-123 所示。

Step02 弹出“定义新编号格式”对话框，选择编号样式，在“编号格式”文本框中为编号添加括号，然后单击“确定”按钮，如图 3-124 所示。

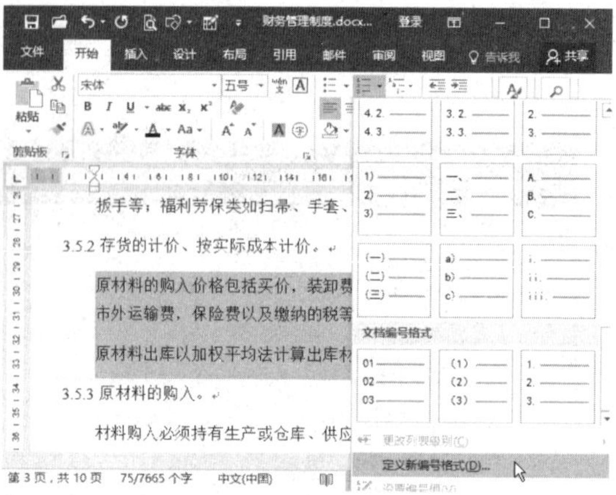

图 3-123　选择“定义新编号格式”选项

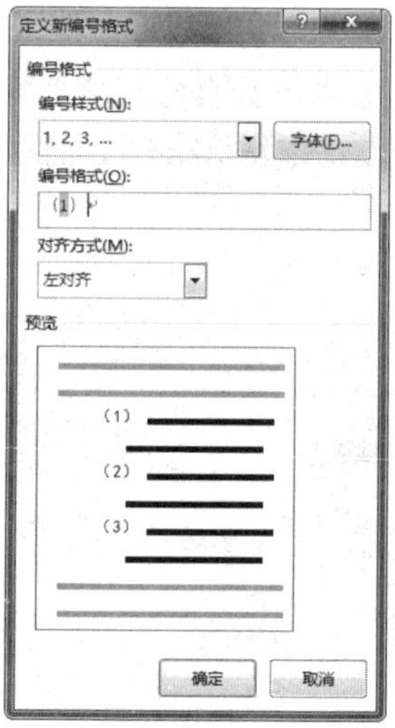

图 3-124　设置编号格式

Step03 查看添加编号后的文本效果。在编号文本中右击，选择“调整列表缩进”命令，如图 3-125 所示。

Step 04 弹出“调整列表缩进量”对话框，在“编号之后”下拉列表框中选择“不特别标注”选项，设置“文本缩进”大小，然后单击“确定”按钮，如图 3-126 所示。

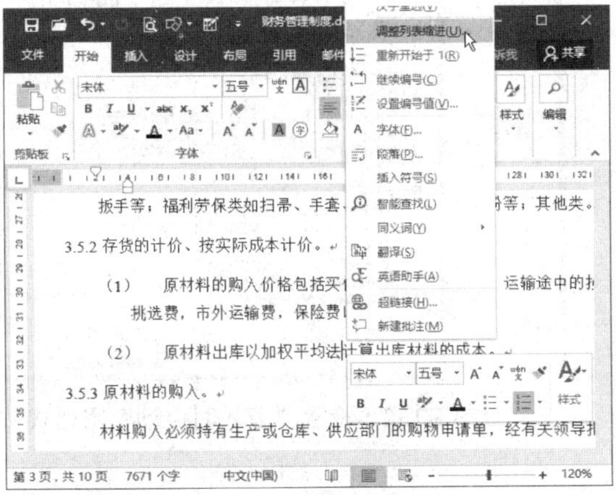

图 3-125　选择“调整列表缩进量”命令

图 3-126　设置列表缩进量

Step 05 查看设置的段落编号效果，如图 3-127 所示。

Step 06 在编号文本中右击，选择“设置编号值”命令，弹出“起始编号”对话框，设置起始编号为 1，单击“确定”按钮，如图 3-128 所示。

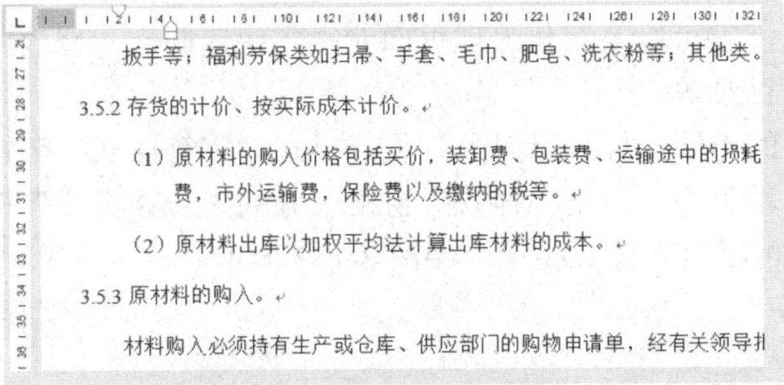

图 3-127　查看编号效果

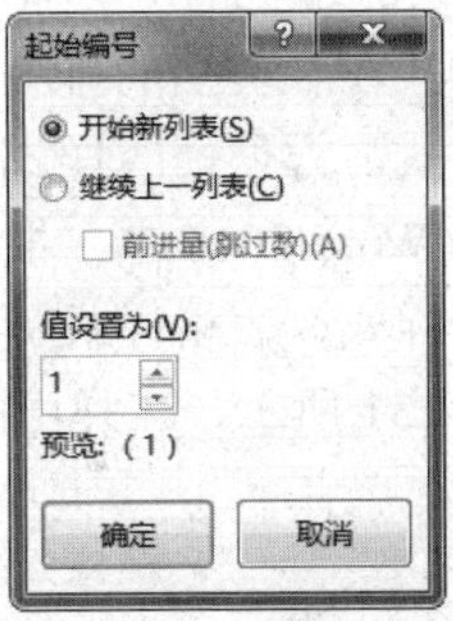

图 3-128　设置起始编号

3. 设置自动套用项目符号和编号格式

默认情况下，在 Word 文档中输入符号或编号，然后按【Tab】键或空格键，程序会自动将其套用为项目符号或编号，若不需要此功能可以将其关闭，具体操作方法如下所述。

Step 01 打开“Word 选项”对话框，在左侧选择“校对”选项，在右侧单击“自动更正选项”按钮，如图 3-129 所示。

Step 02 弹出“自动更正”对话框，选择“键入时自动套用格式”选项卡，取消选择“自动项目符号列表”和“自动编号列表”复选框，然后单击“确定”按钮，如图 3-130 所示。在该对话框中还可更改其他自动替换或自动应用格式选项，如取消选择“直引号替换为弯引号”“段落开头空格采用首行缩进”复选框等。

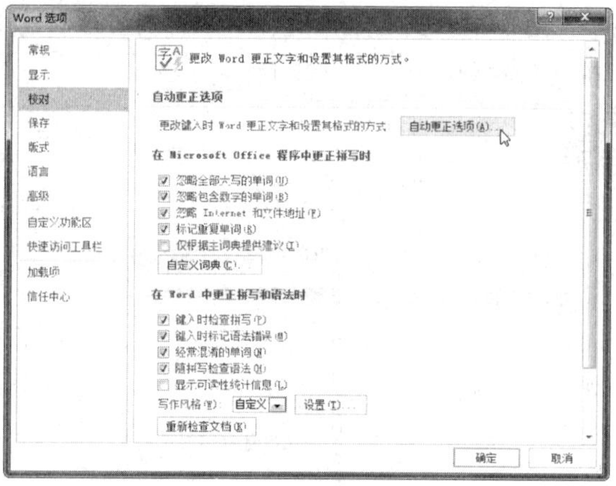

图 3-129 “Word 选项”对话框

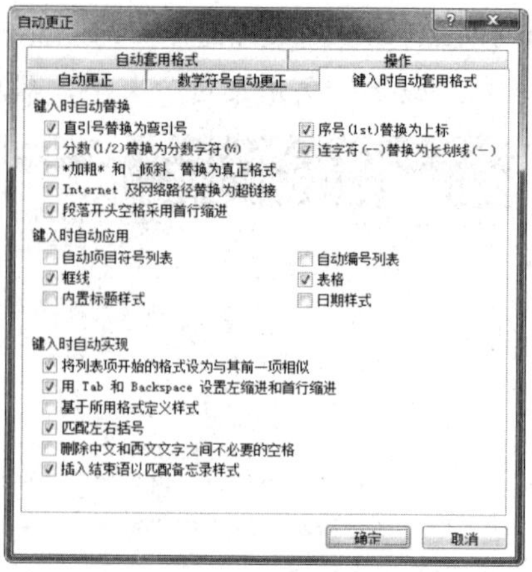

图 3-130 设置“键入时自动套用格式”选项

3.4.4 使用样式设置文档格式

样式是格式的集合，包括字体格式、段落格式、边框格式、图文框、语言和编号等。使用样式可以帮助用户准确且迅速地统一文档格式。

1. 认识样式

样式在长文档的排版中非常有用，它可以系统化管理页面元素，快速同步与修改同级标题的格式，方便修改样式，建立文档目录等。

在 Word 2016 中，根据作用对象的不同，样式可以分为段落样式、字符样式、链接段落和字符样式、表格样式和列表样式 5 种类型。单击“样式”窗格下方的“新建样式”按钮，如图 3-131 所示，在弹出的对话框中可以查看样式类型，如图 3-132 所示。

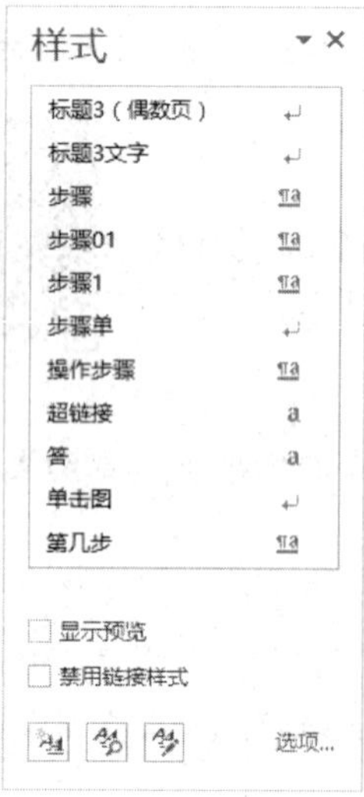

图 3-131 “样式”窗格

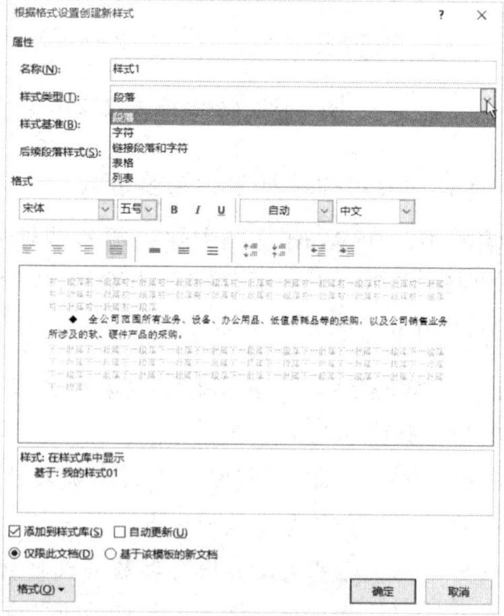

图 3-132 样式类型

其中，段落样式、字符样式、链接段落和字符样式是最常用的样式类型。在“样式”窗格中，以不同的标志来表示样式类型，具体如表 3-1 所述。

表 3-1

符号	样式类型
↵	段落样式决定文本在文档中段落级别的外观。若为文本应用段落样式，将把该段落样式应用于整个段落。段落样式通常用于控制大量文本的整体格式，如新闻稿或传单的正文。 段落样式中可以包括字符样式包含的所有格式定义，它还控制段落外观的所有方面，如文本对齐方式、制表位、行距和边框。
a	字符样式也决定着文本在文档中的外观，但是在字符级别。字符样式通常控制少量文本的格式，例如，要突出显示段落中的一个单词。 字符样式包含格式特征，如字体名称、字号、颜色、加粗、斜体、下划线、边框和底纹。字符样式不包括会影响段落特征的格式，如行距、文本对齐方式、缩进和制表位。
¶a	以 ¶a 为标志的是链接段落和字符样式。当光标位于段落中时，链接段落和字符样式对整个段落有效。当选择段落中的部分文字时，其只对选定的文字有效。

2. 应用内置标题样式

为了提高编辑文档的效率，用户可以应用内置的标题样式，以快速设置文档标题，具体操作方法如下所述。

Step 01 打开“素材文件\第 3 章\人事考核制度.docx”，单击“样式”组右下角的扩展按钮，打开“样式”窗格，将光标定位到标题文本中，选择“标题”样式，即可应用该样式，如图 3-133 所示。

Step 02 将光标定位到正文大标题的文本中，在“样式”窗格中选择“标题 2”样式，即可应用该样式，如图 3-134 所示。

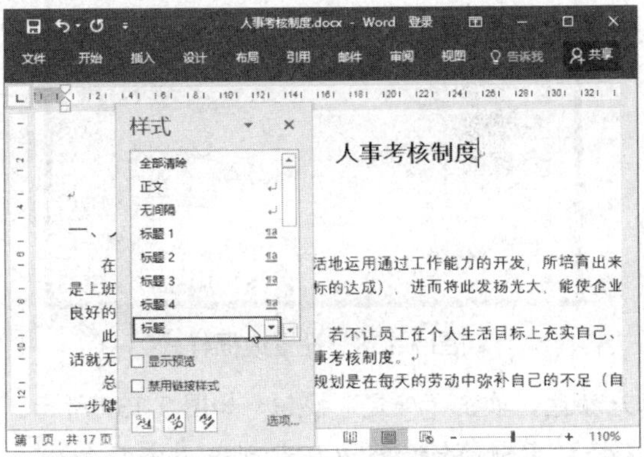

图 3-133　应用“标题”样式

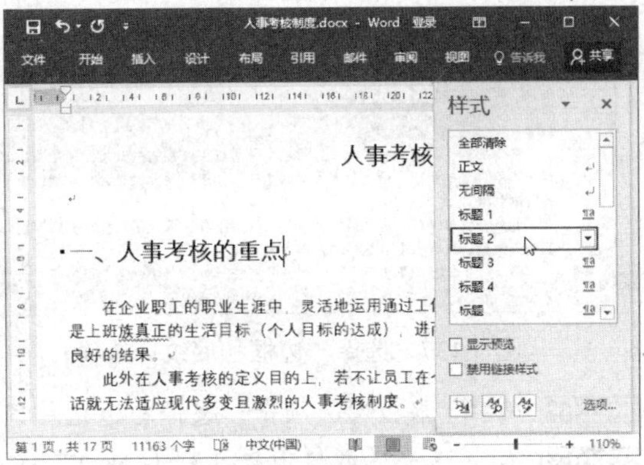

图 3-134　应用“标题 2”样式

Step 03 将光标定位到小标题文本中，在“样式”窗格中选择“标题 3”样式即可应用该样式，如图 3-135 所示。

Step 04 采用同样的方法，为文档中的其他标题文本应用内置的标题样式。打开“导航”窗格，在“标题”选项卡下可以查看文档标题结构，如图 3-136 所示。

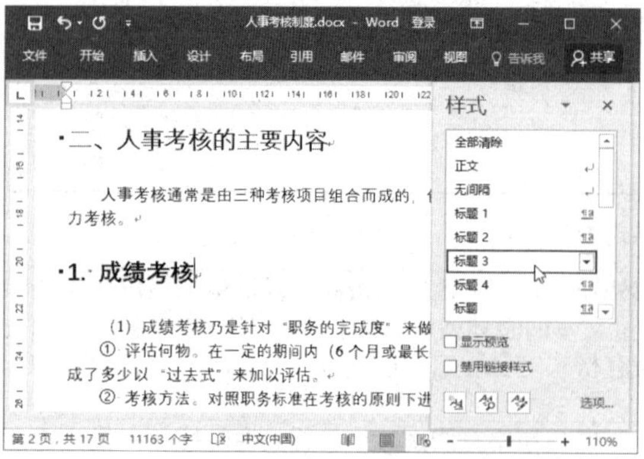

图 3-135　应用“标题 3”样式

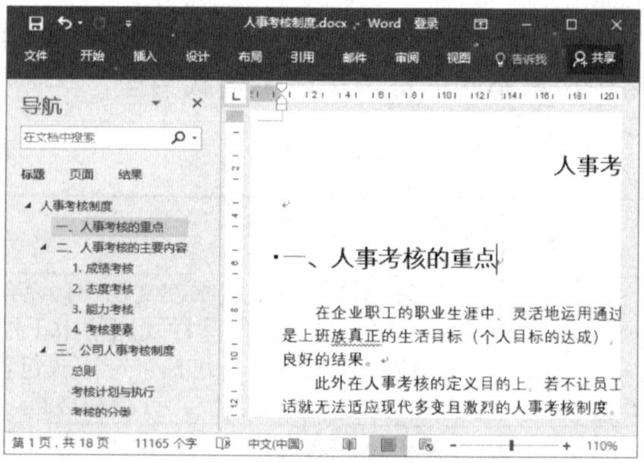

图 3-136　查看文档标题结构

3. 修改与更新标题格式

Word 内置的标题样式往往并不是我们所需要的，此时可以在文档中修改标题的字体格式和段落格式，然后通过更新样式快速统一文档标题格式，具体操作方法如下所述。

Step 01 选择应用了“标题 2”样式的文本，在“段落”组中单击“边框”下拉按钮，选择“边框和底纹”选项，如图 3-137 所示。

Step 02 弹出“边框和底纹”对话框，选择“边框”选项卡，在左侧单击“方框”按钮，在中间设置边框样式、颜色和宽度，如图 3-138 所示。

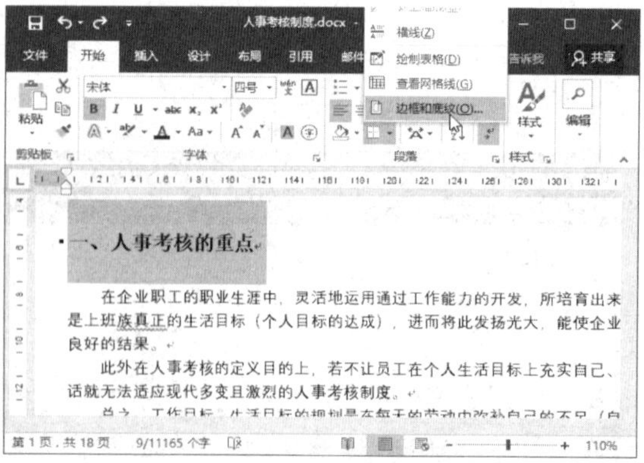

图 3-137　选择“边框和底纹”选项

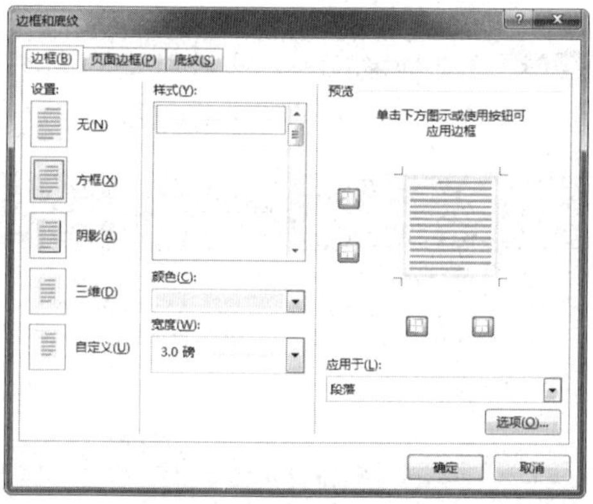

图 3-138　设置边框样式

Step 03 选择“底纹”选项卡，选择与边框相同的填充颜色，单击“确定”按钮，如图 3-139 所示。

Step 04 在“样式”窗格中右击“标题 2”样式，选择“更新 标题 2 以匹配所选内容”命令，如图 3-140 所示。

Step 05 应用了“标题 2”样式的文本格式都会得到更新。设置应用了“标题 3”样式的文本格式为“宋体”“小四”“加粗”，在“样式”窗格中右击“标题 3”样式，选择“更新 标题 3 以匹配所选内容”命令，如图 3-141 所示。

Step 06 根据需要对文档标题设置字体格式与段落格式，然后采用前面的方法更新“标题”样式，如图 3-142 所示。

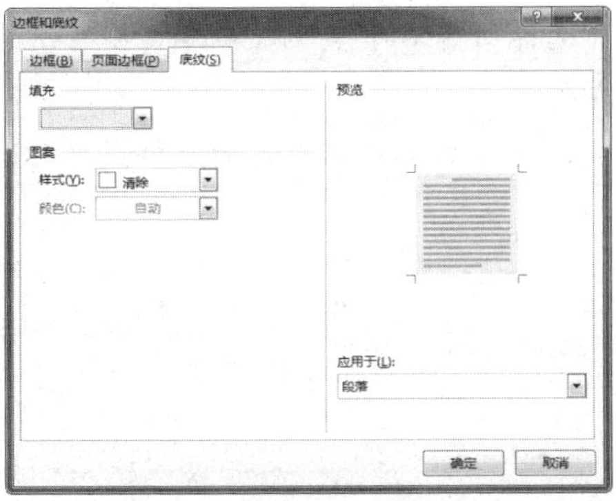

图 3-139　设置底纹样式

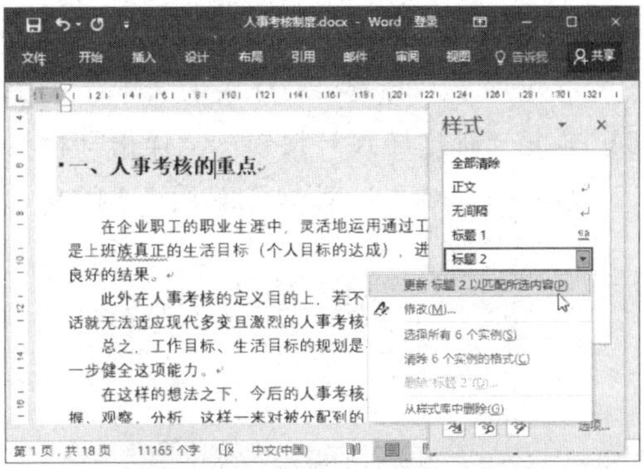

图 3-140　更新“标题 2”样式

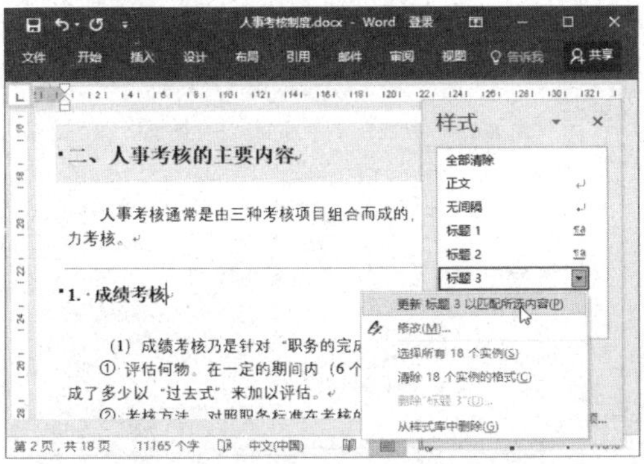

图 3-141　修改与更新“标题 3”样式

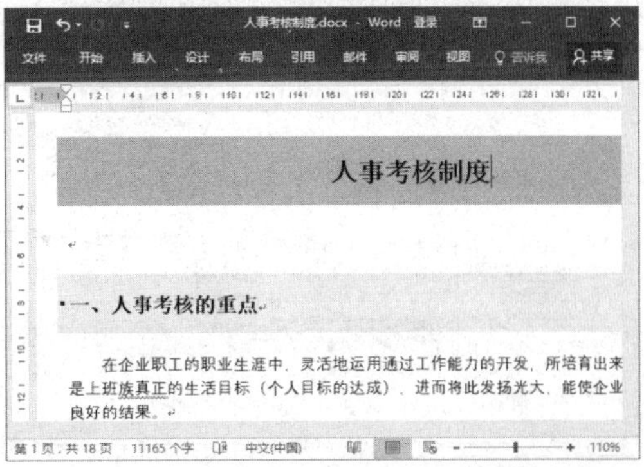

图 3-142　修改与更新“标题”样式

4. 创建新标题样式

用户不仅可以使用系统内置的样式，还可根据需要创建新样式，具体操作方法如下所述。

Step 01 将光标定位到文档标题中，在“样式”组中单击“新建样式”按钮，如图 3-143 所示。

Step 02 弹出“根据格式化创建新样式”对话框，输入样式名称，单击“确定”按钮，如图 3-144 所示。

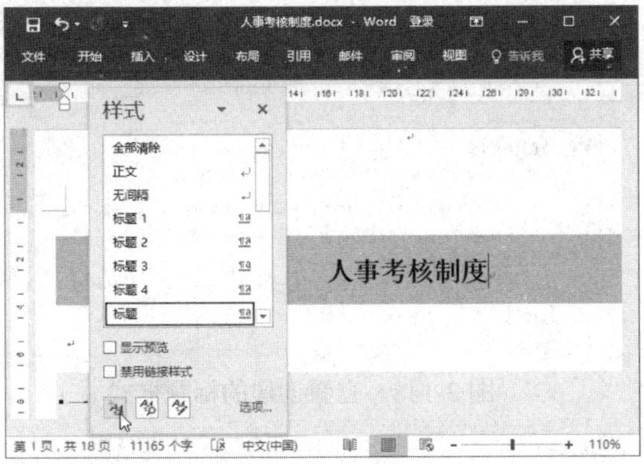

图 3-143　单击“新建样式”按钮

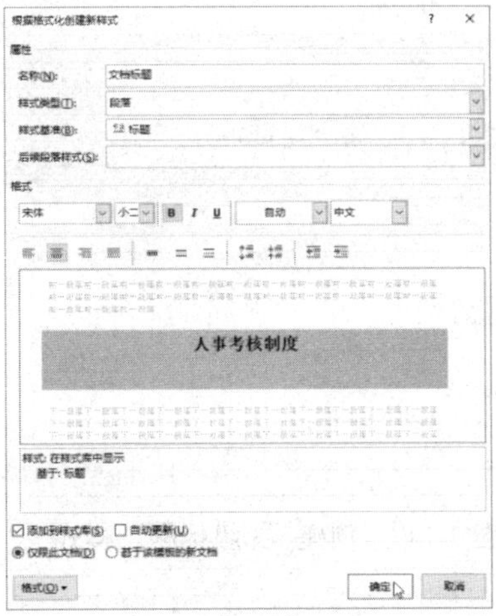

图 3-144　创建“文档标题”样式

Step03 在“样式”窗格中右击“标题 2”样式，选择“选择所有 6 个实例”命令，即可选择所有应用了“标题 2”样式的文本，如图 3-145 所示。

Step04 单击“新建样式”按钮，弹出“根据格式化创建新样式”对话框，输入样式名称，然后单击“确定”按钮，如图 3-146 所示。

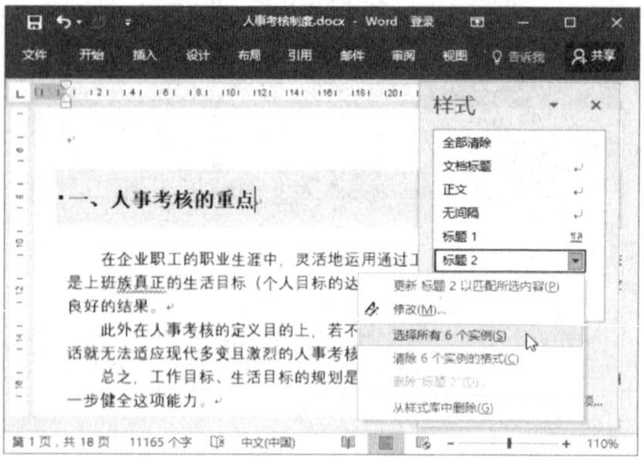

图 3-145 选择“标题 2”实例

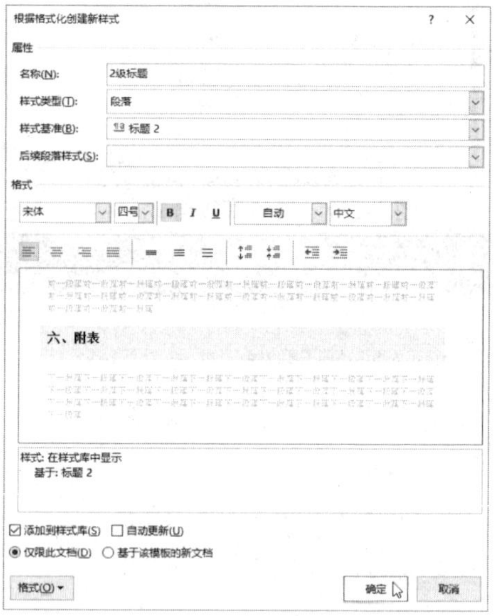

图 3-146 创建“2 级标题”样式

Step05 采用同样的方法，创建“3 级标题”样式，如图 3-147 所示。

Step06 在“样式”窗格中查看创建的标题样式，如图 3-148 所示。

图 3-147 创建“3 级标题”样式

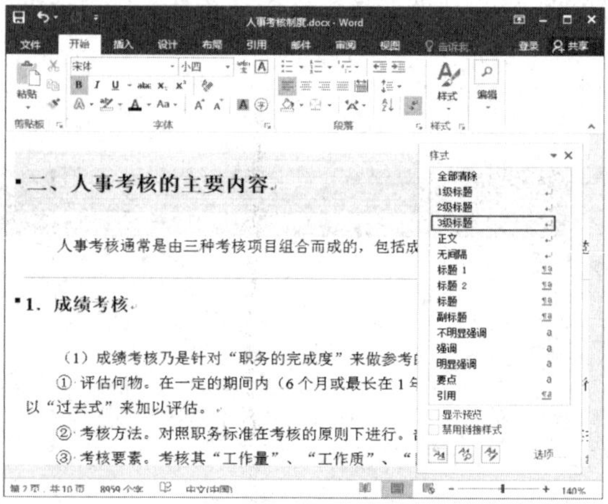

图 3-148 查看创建的标题样式

5. 设置与创建正文样式

创建新样式的方法很简单，只需先将文本格式设置好，然后根据该格式创建新样式即可，具体操作方法如下所述。

Step 01 在“样式”窗格中右击“正文”样式，选择“选择所有 1726 个实例”命令，如图 3-149 所示。

Step 02 选择文档中的所有正文内容，在“字体”组中设置字体格式为“华文细黑”，如图 3-150 所示。

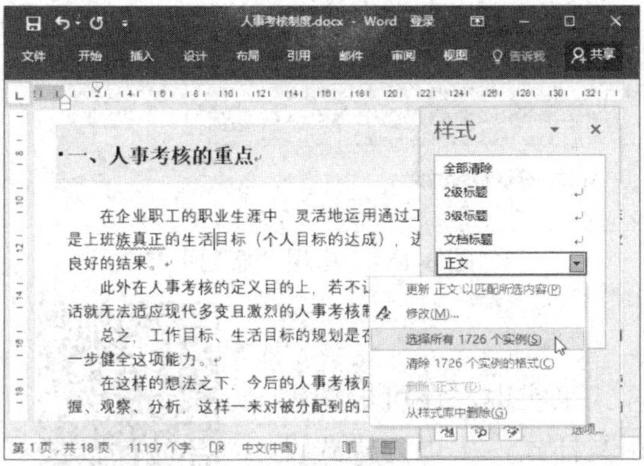

图 3-149　选择“正文”实例

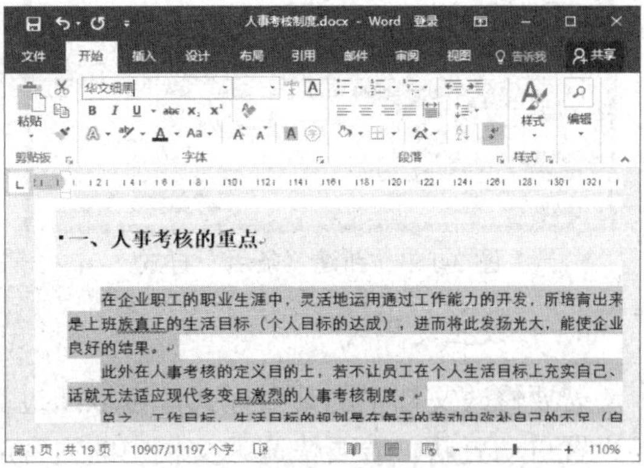

图 3-150　设置正文字体格式

Step 03 选择“设计”选项卡，在“文档格式”组中单击“段落间距”下拉按钮，选择“压缩”选项，如图 3-151 所示。

Step 04 选择条目文本，设置“加粗”文本，为文本设置段落边框、底纹及段落间距，然后单击“新建样式”按钮，如图 3-152 所示。

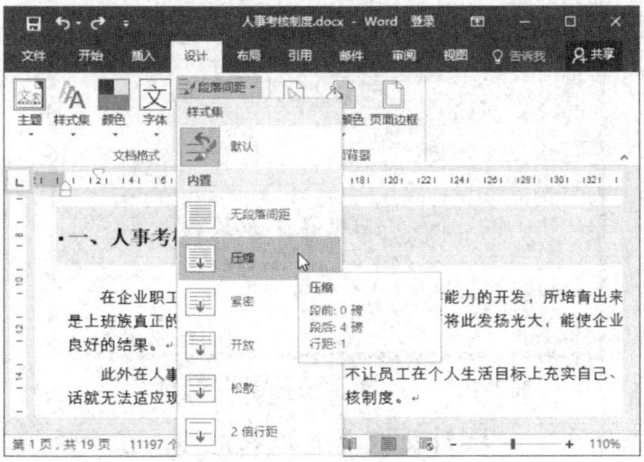

图 3-151　设置段落间距

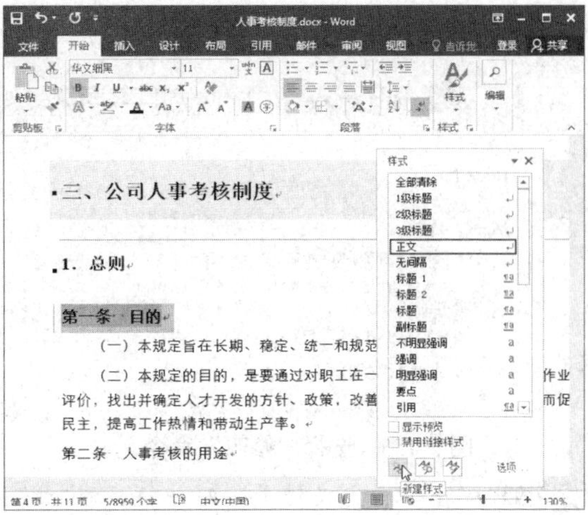

图 3-152　设置条目文本格式

Step 05 弹出“根据格式设置创建新样式”对话框，输入样式名称，单击“确定”按钮，如图 3-153 所示。

Step 06 将光标定位到“第二条”文本中，在“样式”窗格中选择“条目”样式，即可应用样式，如图 3-154 所示。

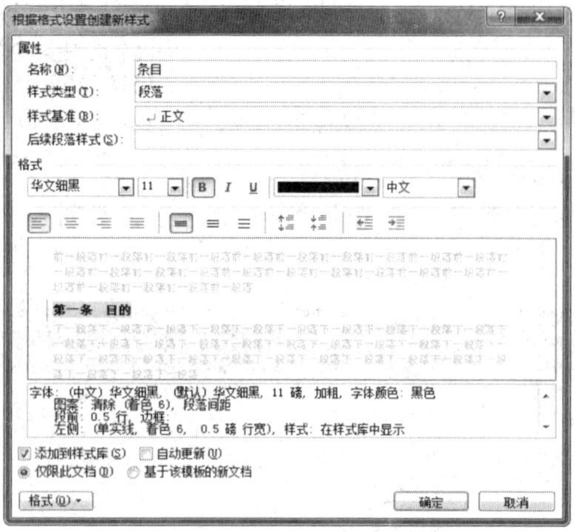

图 3-153 新建“条目”样式

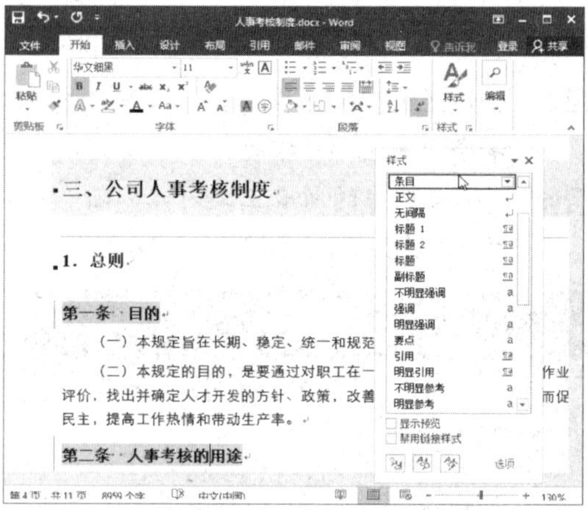

图 3-154 应用“条目”样式

6. 修改正文样式

若要修改文档中的某个样式，可以通过更新样式来实现，还可根据需要设置自动更新。若要快速为文档中的内容应用正文样式，可以为样式设置快捷键，具体操作方法如下所述。

Step 01 在“样式”窗格中右击“条目”样式，选择“修改”命令，如图 3-155 所示。

Step 02 弹出“修改样式”对话框，单击“格式”下拉按钮，选择“快捷键”选项，如图 3-156 所示。

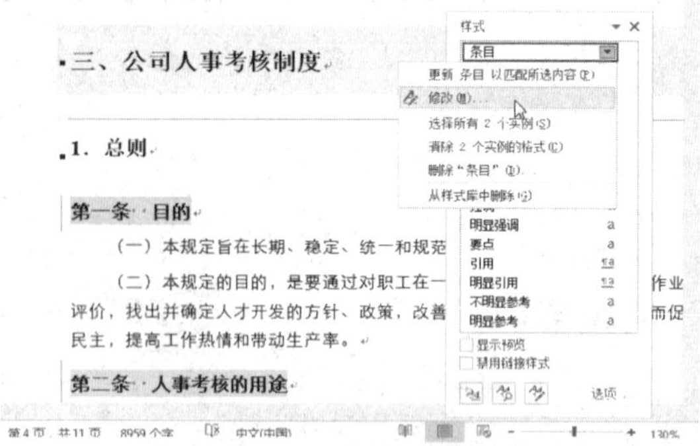

图 3-155 选择“修改”命令

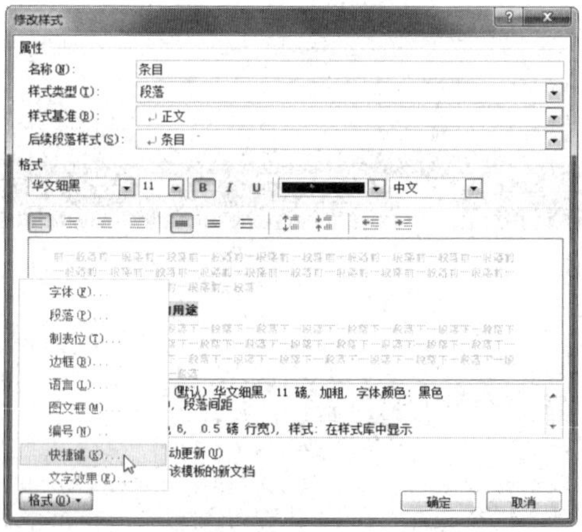

图 3-156 选择“快捷键”选项

Step 03 弹出“自定义键盘”对话框，在“将更改保存在”下拉列表框中选择本文档，在“请按新快捷键”文本框中定位光标，设置快捷键为【Ctrl+1】，单击“指定”按钮，然后单击“关闭”按钮，如图 3-157 所示。

Step 04 返回“修改样式”对话框，选中“自动更新”复选框，单击“确定”按钮，如图 3-157 所示。

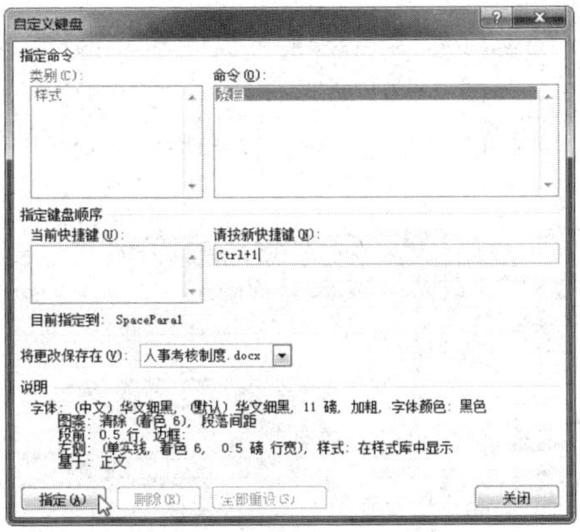
自定义键盘
指定命令
类别(C):
命令(O):
样式
指定键盘顺序
当前快捷键(U):
请按新快捷键(N):
Ctrl+1
将更改保存在(V):
人事考核制度.docx
说明
指定(A)
删除(R)
全部重设(S)
关闭

图 3-157　设置样式快捷键

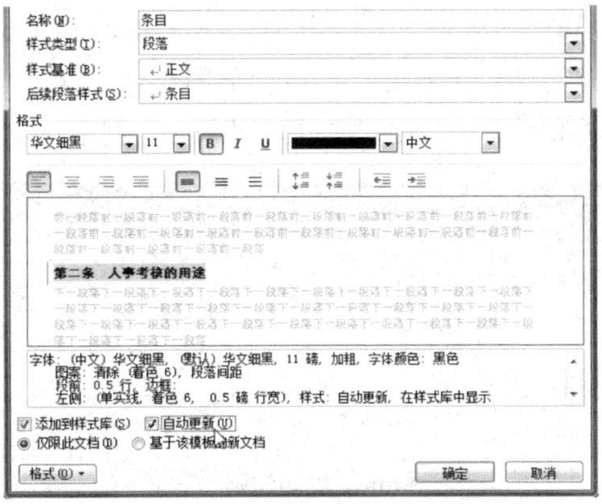
名称(N):
条目
样式类型(T):
段落
样式基准(B):
正文
后续段落样式(S):
条目
格式
华文细黑
中文
第二条　人事考核的用途
添加到样式库(S)
自动更新(U)
仅限此文档(D)
基于该模板的新文档
格式(O)
确定
取消

图 3-158　设置样式自动更新

Step 05 将光标定位到其他条目内容中，按【Ctrl+1】组合键即可应用“条目”样式，如图 3-159 所示。

Step 06 选择条目文本，取消底纹，并设置左缩进 2 字符，此时应用了“条目”样式的文本格式会自动更新格式。还可在“样式”窗格中右击“条目”样式，选择“更新 条目 以匹配所选内容”命令，如图 3-160 所示。

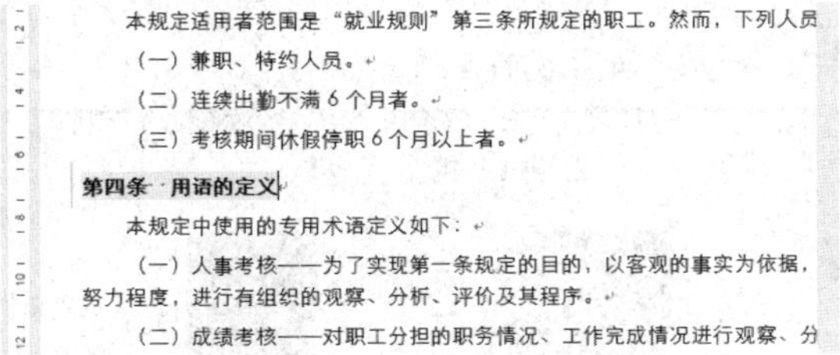
本规定适用者范围是“就业规则”第三条所规定的职工。然而，下列人员
（一）兼职、特约人员。
（二）连续出勤不满 6 个月者。
（三）考核期间休假停职 6 个月以上者。
第四条　用语的定义
本规定中使用的专用术语定义如下：
（一）人事考核——为了实现第一条规定的目的，以客观的事实为依据，
努力程度，进行有组织的观察、分析、评价及其程序。
（二）成绩考核——对职工分担的职务情况、工作完成情况进行观察、分

图 3-159　使用快捷键应用样式

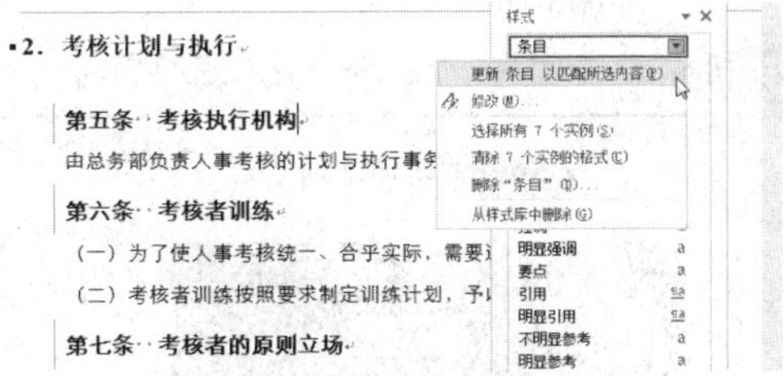
2.　考核计划与执行
第五条　考核执行机构
由总务部负责人事考核的计划与执行事务
第六条　考核者训练
（一）为了使人事考核统一、合乎实际，需要
（二）考核者训练按照要求制定训练计划，予
第七条　考核者的原则立场
样式
条目
明显强调
要点
引用
明显引用
不明显参考
明显参考

图 3-160　更新“条目”样式

3.5　美化与设置文档页面

在 Word 文档中应用图片或图形，可以使文档图文并茂，更具视觉效果，让读者在阅读过程中能够更清楚地了解文档内容。

3.5.1　插入与编辑图片

在编辑 Word 文档时，可以将电脑中的图片直接插入到文档中。为了让图片与文档内容完美地结合在一起，还需对图片进行编辑。Word 2016 提供了很多图片处理的功能，这使图片的处理效果更加人性化，也更加方便。

1. 插入与更换图片

Word 2016 支持插入多种格式的图片，在 Word 文档中插入与更换图片的具体操作方法如下所述。

Step 01 打开“素材文件\第 3 章\Smart 法则.docx”，将光标定位到要插入图片的位置，选择“插入”选项卡，在“插图”组中单击“图片”按钮，如图 3-161 所示。

Step 02 弹出“插入图片”对话框，选择要插入的图片，再单击“插入”按钮，如图 3-162 所示。

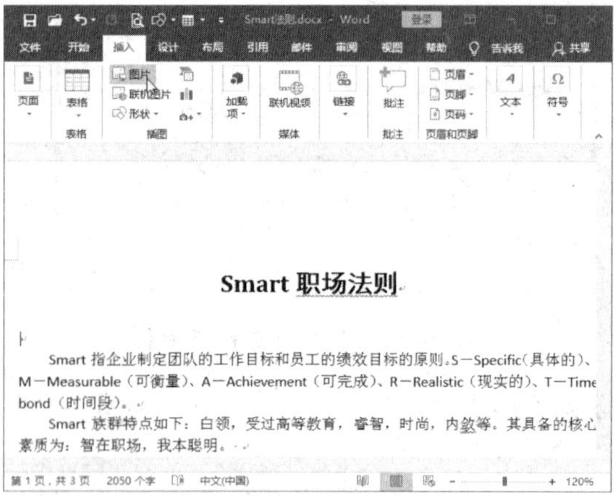
Smart 职场法则
Smart 指企业制定团队的工作目标和员工的绩效目标的原则。S—Specific（具体的）、M—Measurable（可衡量）、A—Achievement（可完成）、R—Realistic（现实的）、T—Timebond（时间段）。
Smart 族群特点如下：白领，受过高等教育，睿智，时尚，内敛等。其具备的核心素质为：智在职场，我本聪明。

图 3-161 单击“图片”按钮

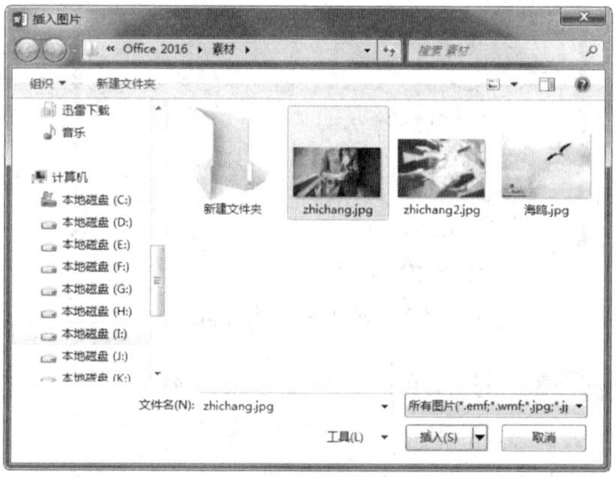
插入图片
Office 2016 ▸ 素材 ▸
新建文件夹
zhichang.jpg
zhichang2.jpg
海鸥.jpg
文件名(N): zhichang.jpg
插入(S)
取消

图 3-162 选择图片

Step 03 将所选的图片插入到 Word 文档中。拖动图片边角的控制柄，即可调整图片大小，如图 3-163 所示。

Step 04 右击图片，选择“更改图片”|“来自文件”命令，如图 3-164 所示。

Smart 职场法则
Smart 指企业制定团队的工作目标和员工的绩效目标的原则。S—Specific（具体的）、

图 3-163 调整图片大小

更改图片(A)
来自文件(F)...
Smart 指企业制定团队的工作目标和员工的绩效目标的原则。S—Specific（具体的）、

图 3-164 选择“来自文件”命令

Step 05 在弹出的对话框中选择要更换为的图片，然后单击“插入”按钮，如图 3-165 所示。更换图片，更换的图片仍然保持原来图片的高度，如图 3-166 所示。

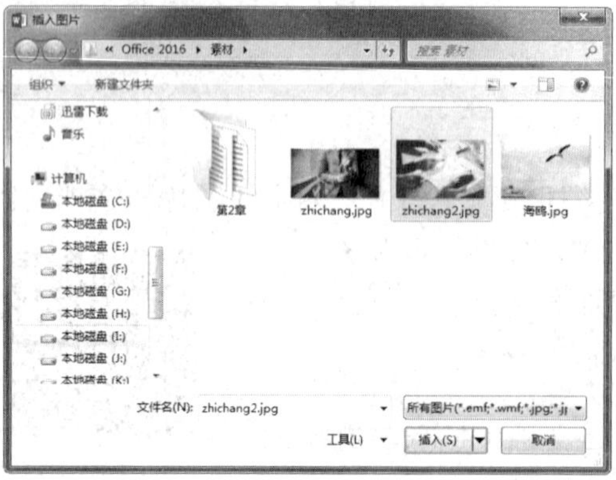
插入图片
Office 2016 ▸ 素材 ▸
第2章
zhichang.jpg
zhichang2.jpg
海鸥.jpg
文件名(N): zhichang2.jpg
插入(S)
取消

图 3-165 选择图片

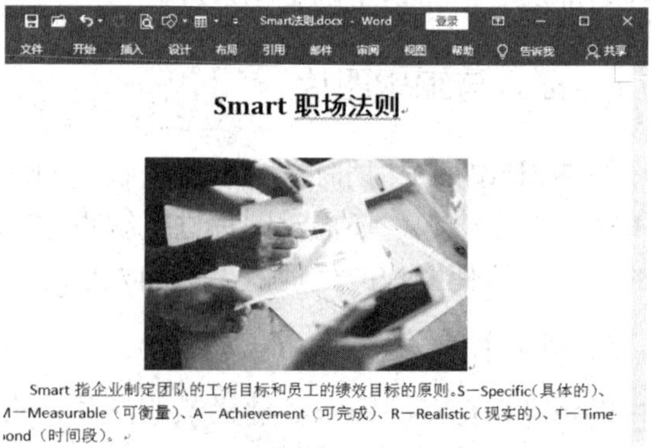
Smart 职场法则
Smart 指企业制定团队的工作目标和员工的绩效目标的原则。S—Specific（具体的）、

图 3-166 更换图片

2. 设置图片环绕方式

将图片直接插入文档后，图片的位置可能并不合适，造成图片与文档的编排不合理，使文档整体上不够美观。此时，可以通过更改图片的文字环绕方式来更改图片的位置，具体操作方法如下所述。

Step 01 选择图片，单击其右上方的“布局选项”按钮或按【Ctrl】键，在弹出的列表中选择“四周型”环绕选项，如图 3-167 所示。

Step 02 图片更改为“四周型”环绕方式，拖动图片至合适的位置，如图 3-168 所示。

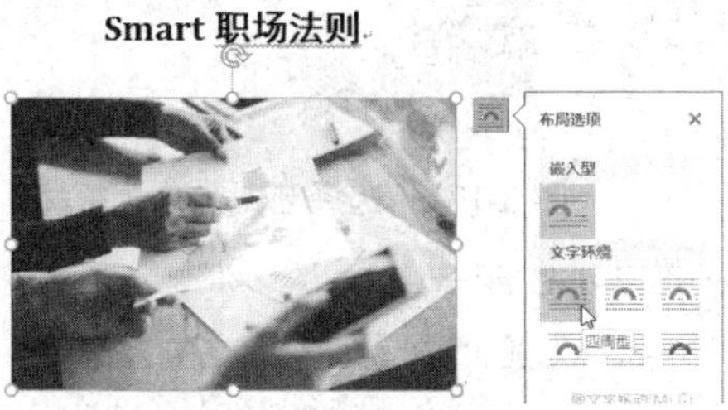

图 3-167　选择文字环绕方式

图 3-168　调整图片位置

Step 03 选择“格式”选项卡，在“排列”组中单击“环绕文字”下拉按钮，选择“编辑环绕顶点”选项，如图 3-169 所示。

Step 04 图片上显示顶点■，调整顶点的位置，即可调整图片与文字的距离，如图 3-170 所示。

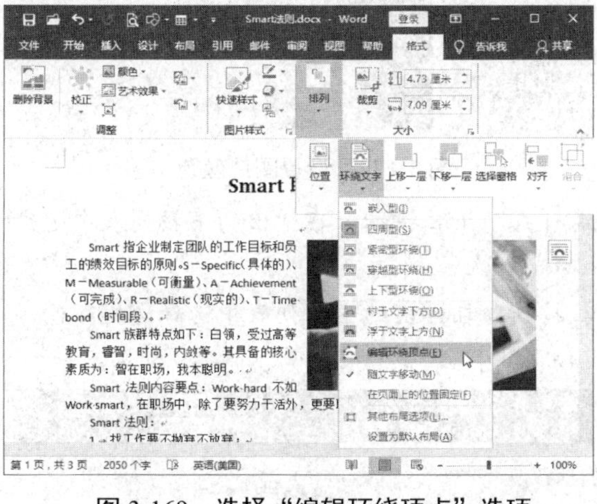

图 3-169　选择“编辑环绕顶点”选项

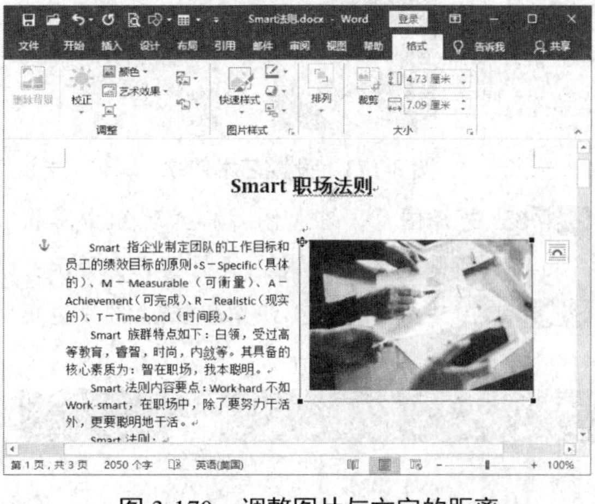

图 3-170　调整图片与文字的距离

3. 设置图片样式

Word 2016 中提供了多种用于改变图片外观样式的工具，可以更改颜色，应用艺术效果，添加图片样式等，具体操作方法如下所述。

Step 01 选择图片，选择“格式”选项卡，在“调整”组中单击“艺术效果”下拉按钮，在弹出的下拉列表中选择“艺术效果选项”选项，如图 3-171 所示。

Step 02 弹出“设置图片格式”窗格，单击“艺术效果”下拉按钮，选择“纹理化”效果，如图 3-172 所示。

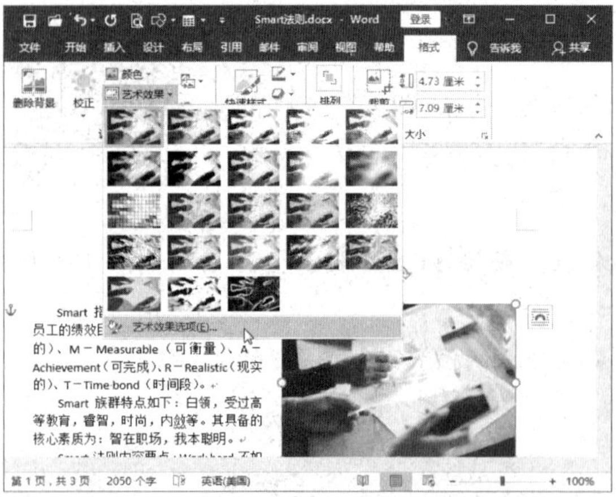

图 3-171　选择“艺术效果选项”选项

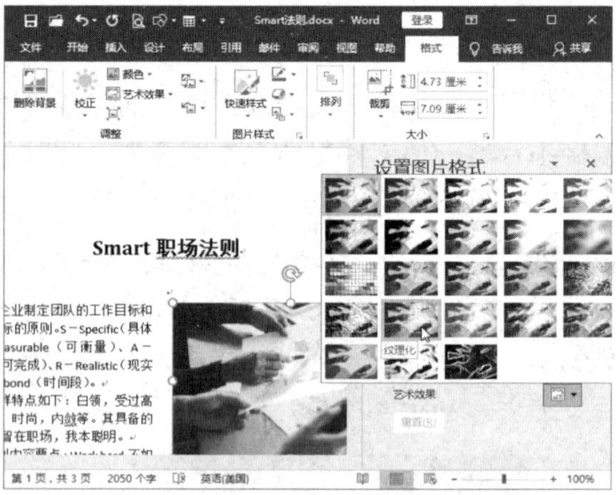

图 3-172　选择艺术效果

Step03 根据需要设置“透明度”和“缩放”参数，如图 3-173 所示。

Step04 选择“图片”选项卡，展开“图片颜色”选项，设置“饱和度”为 200，如图 3-174 所示。

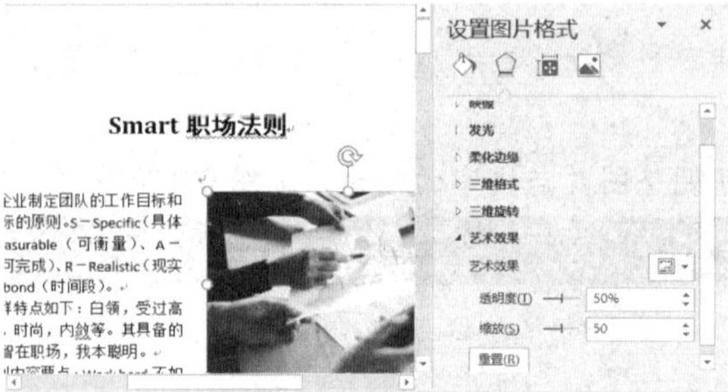

图 3-173　设置艺术效果

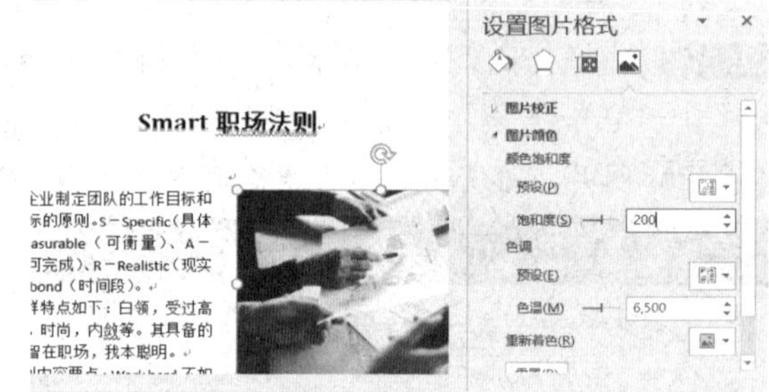

图 3-174　设置图片颜色

Step05 选择图片，在“图片样式”组中单击“快速样式”下拉按钮，在弹出的下拉列表中选择所需的图片样式，如图 3-175 所示。

Step06 在“图片样式”组中单击“图片边框”下拉按钮，在弹出的下拉列表中选择边框颜色，如图 3-176 所示。

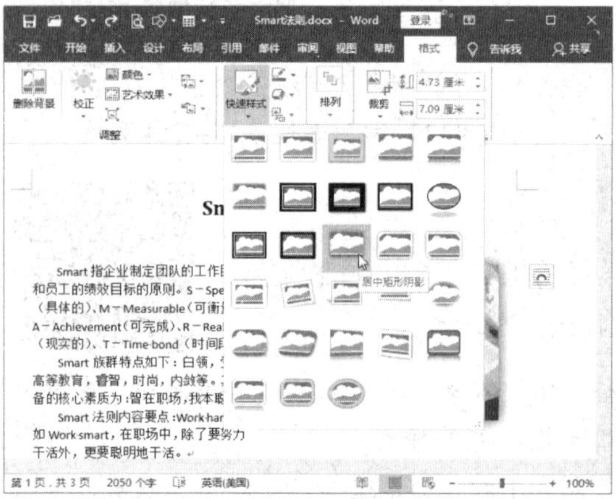

图 3-175　选择快速样式

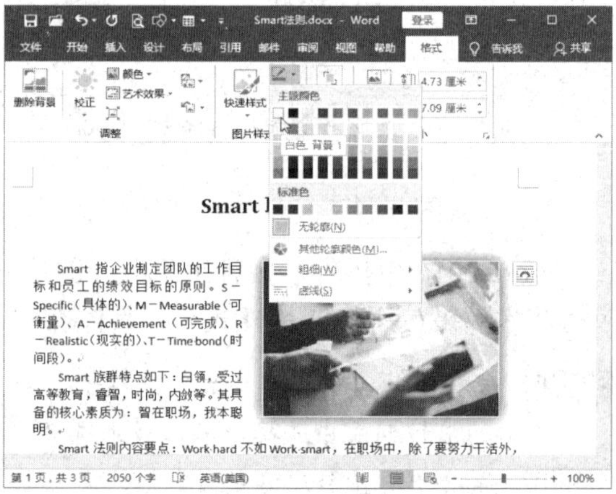

图 3-176　设置图片边框

Step07 单击“图片样式”组右下角的扩展按钮，打开“设置图片格式”窗格，选择“效果”选项卡，展开“阴影”选项，设置“颜色”“透明度”“大小”等参数，如图 3-177 所示。

Step08 若要清除图片样式，可在“调整”组中单击“重设图片”下拉按钮，选择“重设图片”选项，如图 3-178 所示。

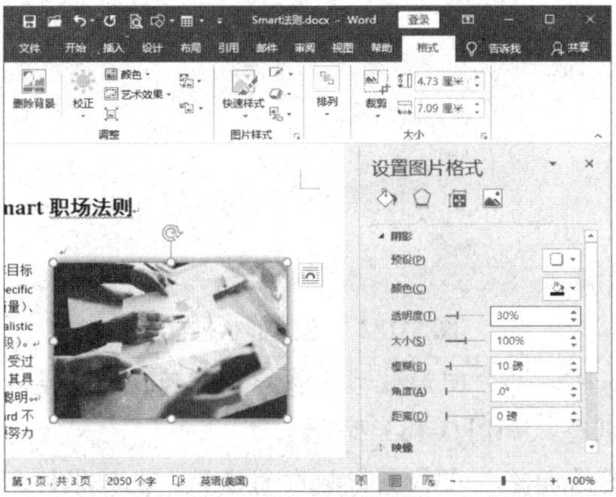

图 3-177　设置阴影效果

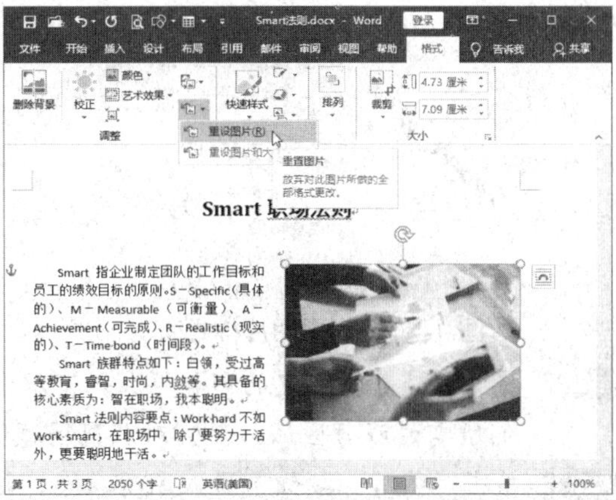

图 3-178　重设图片样式

4. 裁剪图片

使用裁剪工具可以删除图片中不需要的部分，还可将图片裁剪成特定的形状，具体操作方法如下所述。

Step01 在文档中插入图片，然后选择图片并右击，在弹出的浮动工具栏中单击“裁剪”按钮，如图 3-179 所示。

Step02 进入图片裁剪状态，拖动裁剪框调整图片中要保留的区域，在文档中的其他位置单击即可完成裁剪操作，如图 3-180 所示。

图 3-179　单击“裁剪”按钮

图 3-180　调整裁剪区域

Step03 选择图片并右击，单击“快速样式”下拉按钮，在弹出的下拉列表中选择所需的样式，如图 3-181 所示。

Step04 选择图片，单击“裁剪”下拉按钮，选择“裁剪为形状”选项，在其子菜单中选择所需的形状样式，如图 3-182 所示。

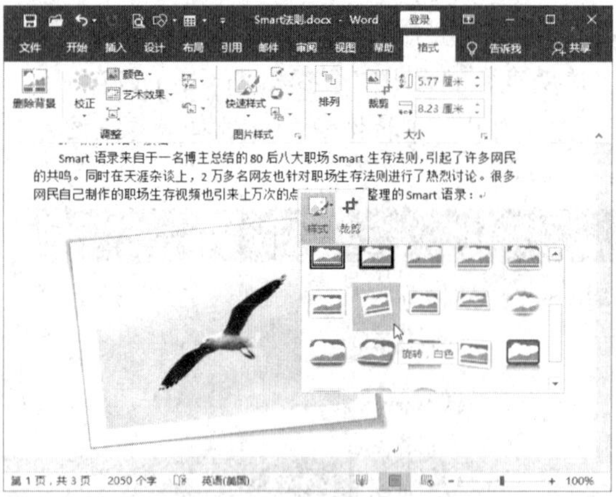
Smart法则.docx - Word
Smart 语录来自于一名博主总结的 80 后八大职场 Smart 生存法则，引起了许多网民的共鸣。同时在天涯杂谈上，2 万多名网友也针对职场生存法则进行了热烈讨论。很多网民自己制作的职场生存视频也引来上万次的点击。以下是整理的 Smart 语录：

图 3-181　应用图片样式

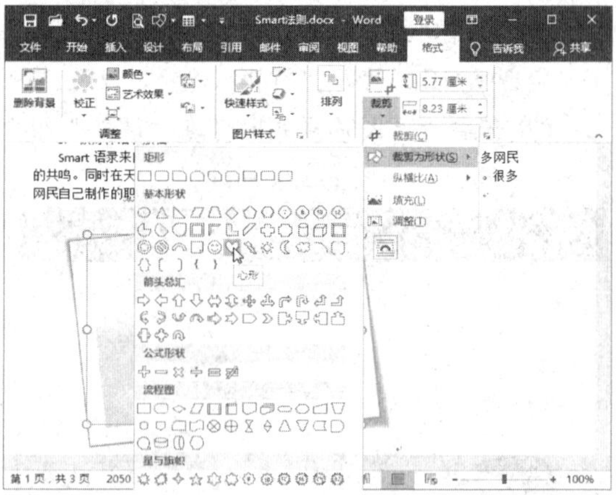
Smart法则.docx - Word
裁剪为形状(S)
基本形状
箭头总汇
公式形状
流程图
星与旗帜

图 3-182　选择形状样式

Step 05 将图片裁剪成指定的形状样式，可以看到海鸥的部分图形被形状裁掉了。若这并不是我们所需的裁剪区域，还需对裁剪区域进行调整，如图 3-183 所示。

Step 06 单击“裁剪”按钮，进入裁剪状态，拖动图像调整其在裁剪形状中的位置，也可根据需要调整裁剪形状的大小，如图 3-184 所示。

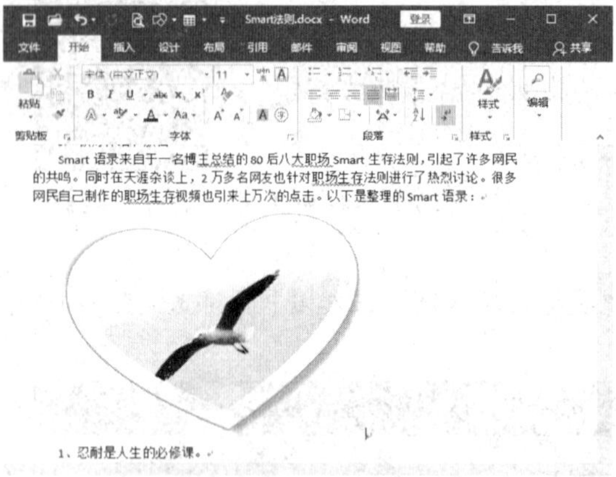
Smart法则.docx - Word
Smart 语录来自于一名博主总结的 80 后八大职场 Smart 生存法则，引起了许多网民的共鸣。同时在天涯杂谈上，2 万多名网友也针对职场生存法则进行了热烈讨论。很多网民自己制作的职场生存视频也引来上万次的点击。以下是整理的 Smart 语录：
1、忍耐是人生的必修课。

图 3-183　裁剪成形状样式

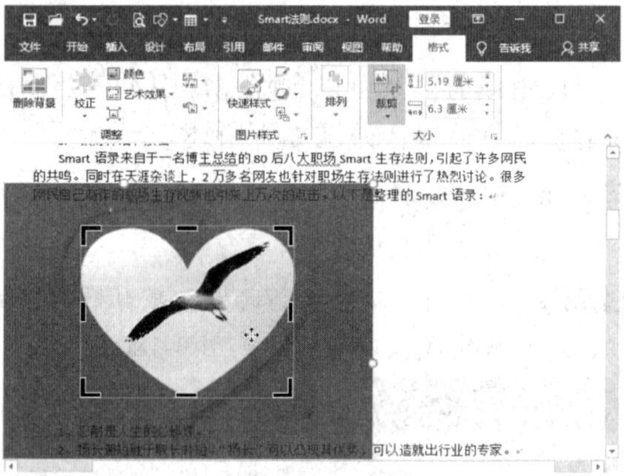
Smart法则.docx - Word
Smart 语录来自于一名博主总结的 80 后八大职场 Smart 生存法则，引起了许多网民的共鸣。

图 3-184　调整裁剪形状大小

3.5.2　使用形状和文本框

在 Word 2016 中提供了一套强大的图形绘制工具，利用软件提供的各种自选图形可以轻松绘制出美观、大方的图形或标志。下面将详细介绍形状和文本框的使用方法。

1. 绘制图形

在 Word 2016 中预设的形状包括线条、基本几何形状、箭头、公式形状、流程图形状、星、旗帜和标注等类型。下面将介绍如何使用形状创建图形，具体操作方法如下所述。

Step 01 选择“插入”选项卡，在“插图”组中单击“形状”下拉按钮，选择“矩形：圆角”形状，如图 3-185 所示。

Step02 鼠标指针变为十字形状，按住【Shift】键拖动鼠标绘制圆角矩形形状，如图 3-186 所示。

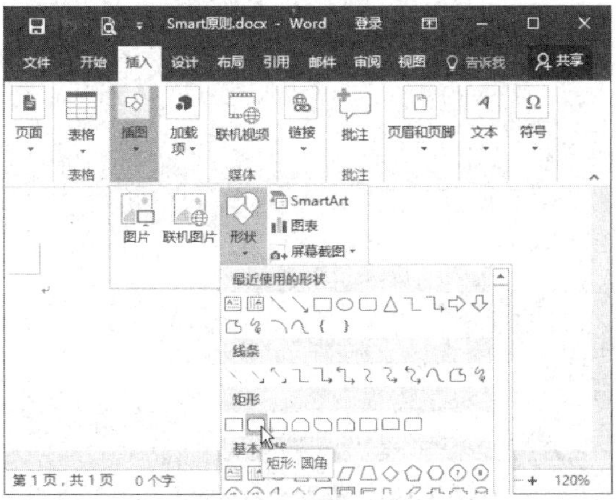

图 3-185 选择形状

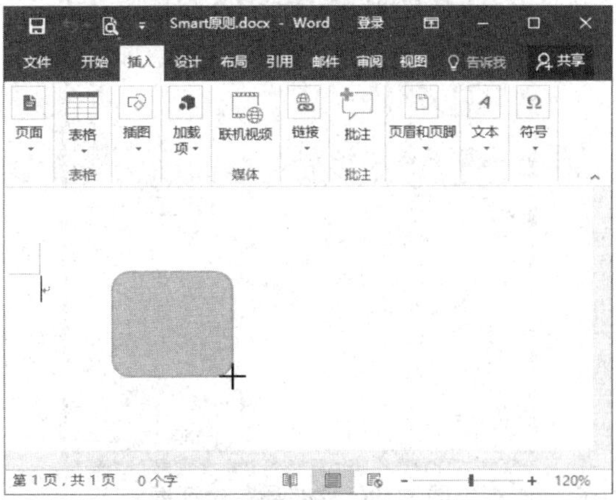

图 3-186 绘制形状

Step03 选择“格式”选项卡，在“形状样式”组中单击“形状填充”下拉按钮，在弹出的列表中选择所需的颜色，如图 3-187 所示。

Step04 单击“形状轮廓”下拉按钮，选择“无轮廓”选项，如图 3-188 所示。

图 3-187 设置填充颜色

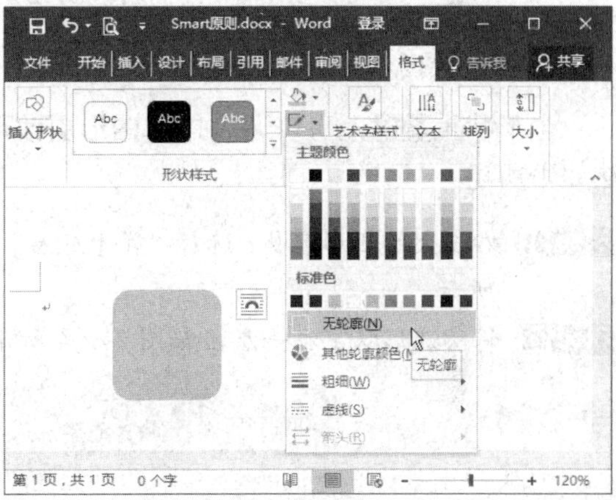

图 3-188 设置形状轮廓

Step05 拖动形状上的○控制点，调整圆角大小，如图 3-189 所示。

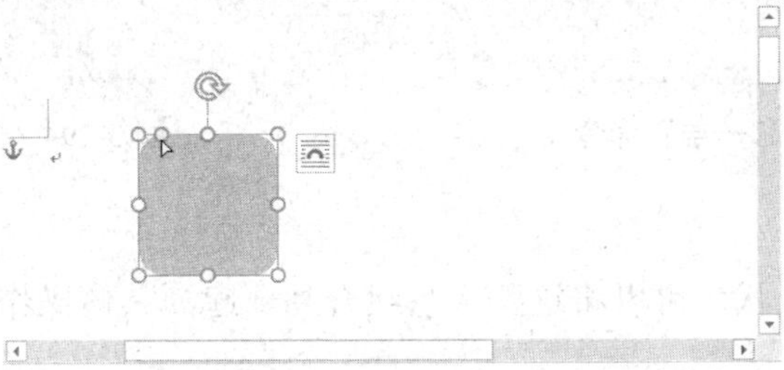

图 3-189 调整形状样式

Step06 单击“大小”组右下角的扩展按钮，弹出“布局”对话框，设置形状的高度和宽度，然后设置旋转角度，单击“确定”按钮，如图 3-190 所示。

Step 07 改变形状的大小和旋转角度，效果如图 3-191 所示。

图 3-190 “布局”对话框

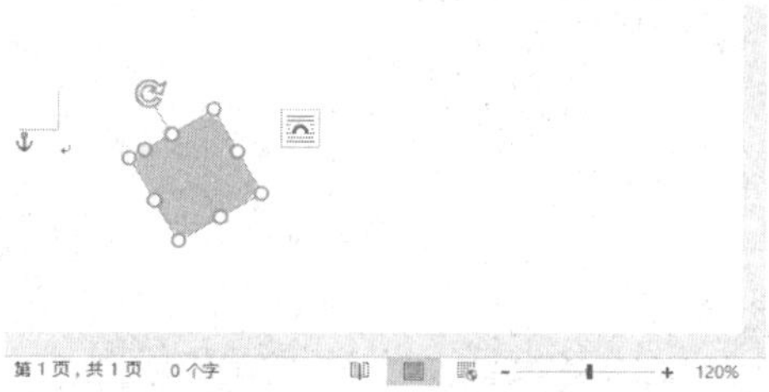

图 3-191 查看形状效果

Step 08 采用同样的方法，在文档中绘制一个圆角矩形，并设置形状样式，效果如图 3-192 所示。

图 3-192 绘制圆角矩形

2. 排列图形

当形状重叠时，可以通过排列图形更改形状的前后次序，具体操作方法如下所述。

Step 01 右击大的矩形形状，选择“置于底层”|“下移一层”命令，如图 3-193 所示。

Step 02 将所选形状下移一层，如图 3-194 所示。

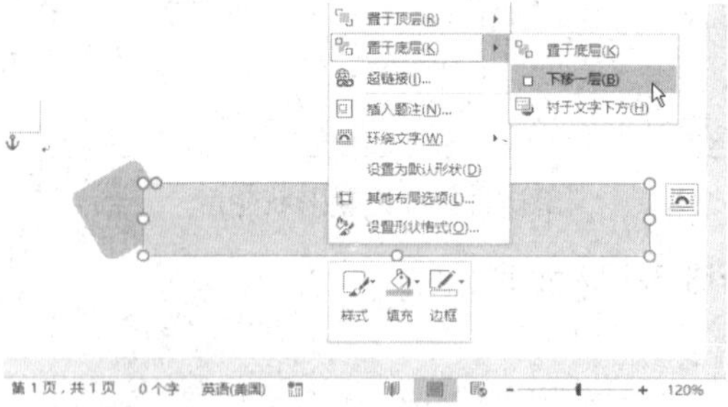

图 3-193 选择“下移一层”命令

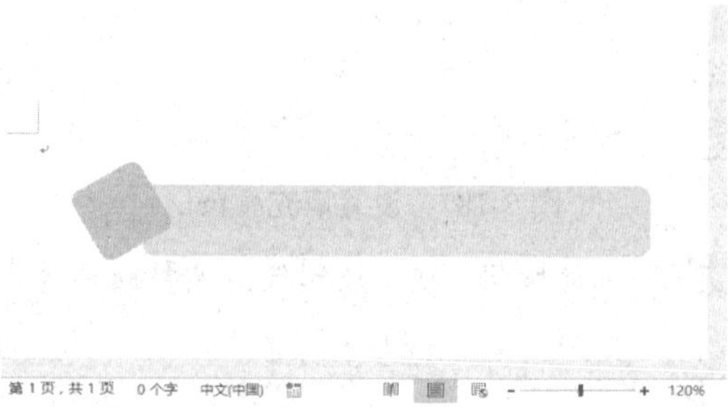

图 3-194 查看排列效果

3. 组合图形

若要同时调整多个形状，可以将这些形状组合到一起，具体操作方法如下所述。

Step 01 按住【Shift】键的同时选择两个形状并右击，选择“组合”命令，如图 3-195 所示。

Step 02 将两个形状组合到一起，效果如图 3-196 所示。

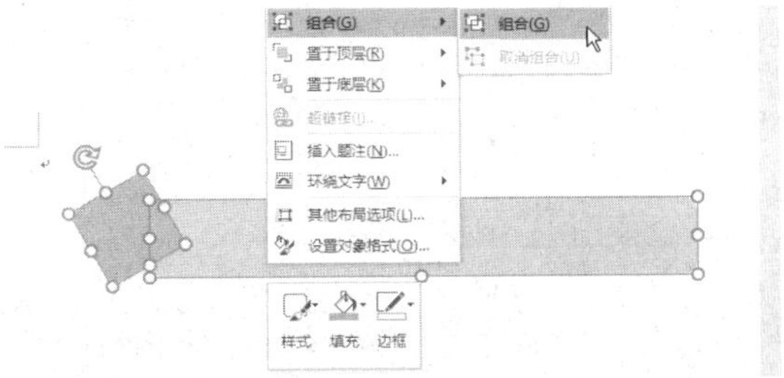

图 3-195　选择“组合”命令

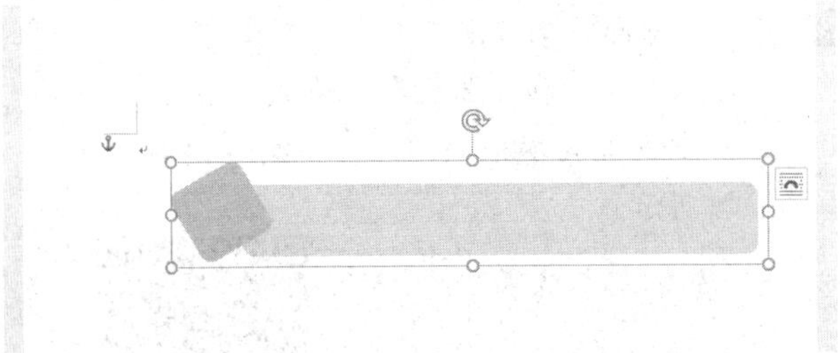

图 3-196　组合形状

4. 在形状中输入文本

插入形状后，可以在形状中直接输入所需的文本，并对文本进行字体和段落格式的设置。在形状中输入文本的方法非常简便，具体操作方法如下所述。

Step 01 选择组合形状中左侧的圆角矩形，如图 3-197 所示。

Step 02 直接输入字符 S，在“字体”组中设置字体格式，然后单击“段落”组右下角的扩展按钮，如图 3-198 所示。

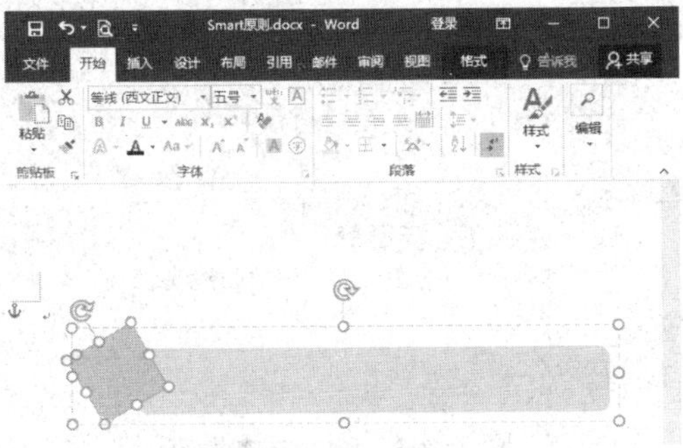

图 3-197　选择形状

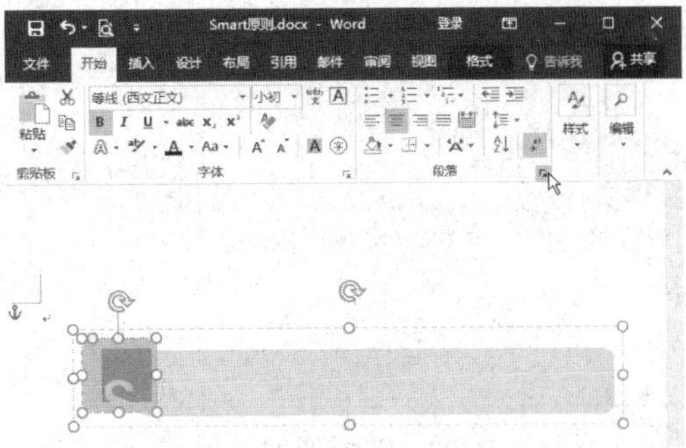

图 3-198　输入文本

Step 03 弹出“段落”对话框，设置“行距”为固定值 33 磅，然后单击“确定”按钮，如图 3-199 所示。

Step 04 单击“形状样式”组右下角的扩展按钮，打开“设置形状格式”窗格，选择“布局属性”选项卡，设置文本框的边距，如图 3-200 所示。

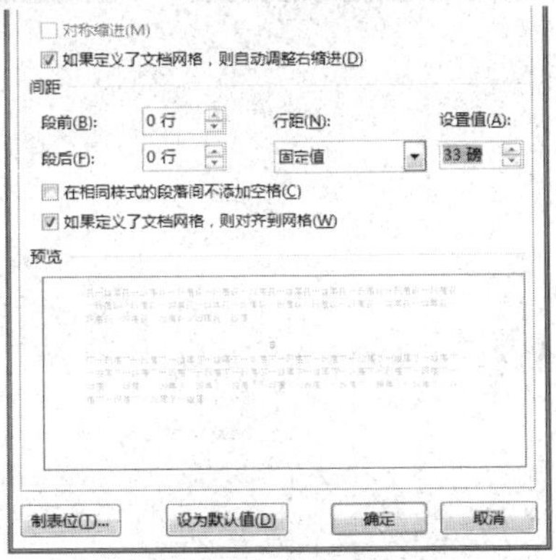

图 3-199　设置行距

图 3-200　设置文本框的边距

Step 05 采用同样的方法，在右侧矩形中输入文本，在“设置形状格式”窗格中设置文本框的边距，如图 3-201 所示。

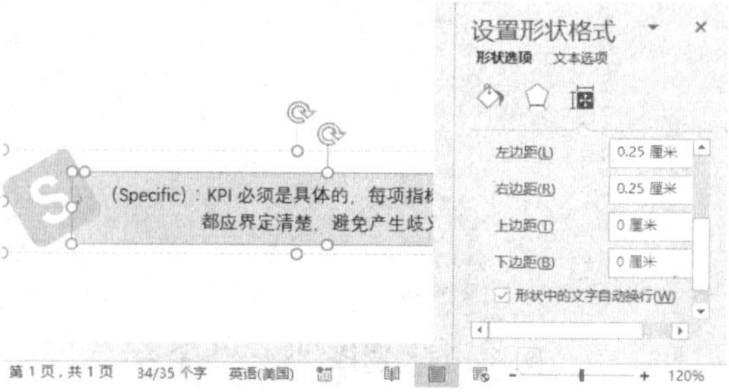

图 3-201 在形状中输入文本

5. 添加文本效果

为形状中的文本添加文本效果，可以使其看起来更加美观，具体操作方法如下所述。

Step 01 选择左侧的圆角矩形，单击“艺术字样式”组右下角的扩展按钮，如图 3-202 所示。

Step 02 打开“设置形状格式”窗格，选择“文本填充与轮廓”选项卡，设置文本填充颜色为白色，如图 3-203 所示。

图 3-202 选择形状

图 3-203 设置文本填充

Step 03 在“文本边框”组中选中“实线”单选按钮，然后设置文本边框颜色，如图 3-204 所示。

Step 04 选择“文字效果”选项卡，在“阴影”组中设置阴影效果，自定义各项参数，如图 3-205 所示。

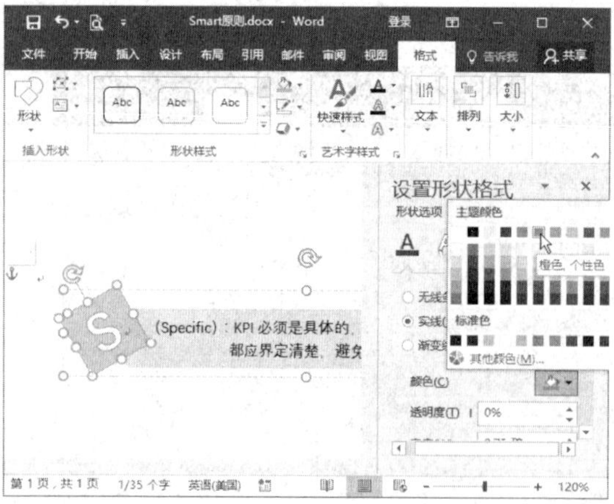

图 3-204 设置文本线条

图 3-205 设置文本阴影效果

6. 复制与对齐图形

下面将介绍如何快速复制与对齐图形，具体操作方法如下所述。

Step 01 选择组合图形，按住【Ctrl】键的同时向下拖动图形即可进行复制，如图 3-206 所示。

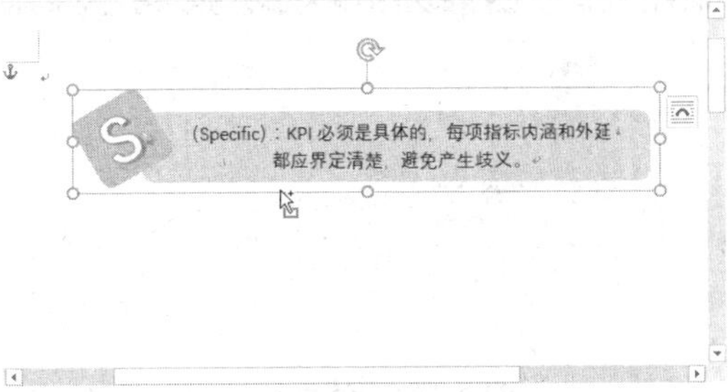
S
(Specific)：KPI 必须是具体的，每项指标内涵和外延都应界定清楚，避免产生歧义。

图 3-206　复制图形

Step 02 根据需要复制多个图形，然后按住【Shift】键的同时单击选择多个图形，在“排列”组中单击“对齐”下拉按钮，选择“纵向分布”选项，如图 3-207 所示。

Step 03 根据需要修改形状中的文本，然后修改形状样式和文本样式，如图 3-208 所示。

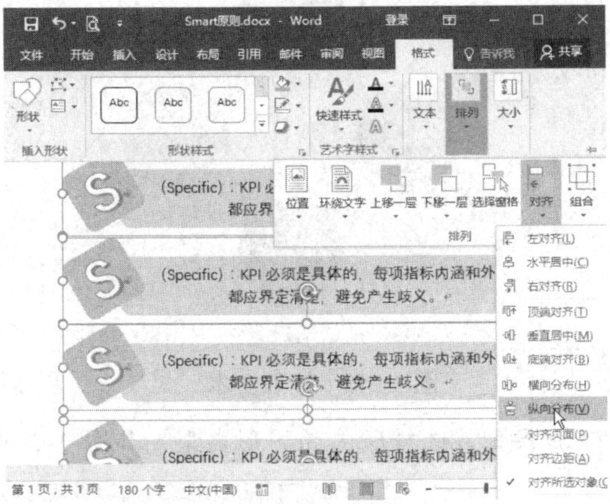
Smart原则.docx - Word
文件
开始
插入
设计
布局
引用
邮件
审阅
视图
格式
告诉我
共享
形状
插入形状
形状样式
快速样式
艺术字样式
文本
排列
大小
位置
环绕文字
上移一层
下移一层
选择窗格
对齐
组合
左对齐(L)
水平居中(C)
右对齐(R)
顶端对齐(T)
垂直居中(M)
底端对齐(B)
横向分布(H)
纵向分布(V)
对齐页面(P)
对齐边距(A)
(Specific)：KPI 必须是具体的，每项指标内涵和外延都应界定清楚，避免产生歧义。
第 1 页，共 1 页
180 个字
中文(中国)

图 3-207　对齐图形

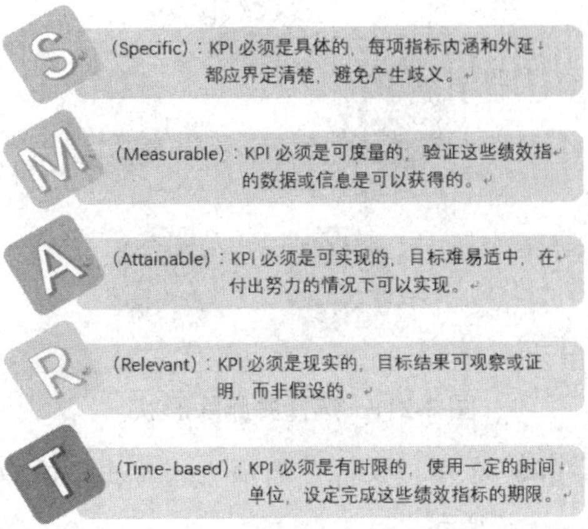
S
(Specific)：KPI 必须是具体的，每项指标内涵和外延都应界定清楚，避免产生歧义。
M
(Measurable)：KPI 必须是可度量的，验证这些绩效指标的数据或信息是可以获得的。
A
(Attainable)：KPI 必须是可实现的，目标难易适中，在付出努力的情况下可以实现。
R
(Relevant)：KPI 必须是现实的，目标结果可观察或证明，而非假设的。
T
(Time-based)：KPI 必须是有时限的，使用一定的时间单位，设定完成这些绩效指标的期限。

图 3-208　修改文本

3.5.3　使用 SmartArt 图形

Word 2016 提供了 SmartArt 图形功能，可以帮助用户在文档中轻松绘制列表、流程、循环及层次结构等相关联的图形对象，使文档更加形象、生动，并容易理解。

1. 插入 SmartArt 图形

下面以制作 PDCA 循环图形为例介绍如何插入 SmartArt 图形，具体操作方法如下所述。

Step 01 新建“PDCA 循环.docx”文档，选择“插入”选项卡，单击“插图”组中的 SmartArt 按钮，如图 3-209 所示。

Step 02 弹出“选择 SmartArt 图形”对话框，在左侧选择“循环”选项，在右侧选择“基本循环”图形类型，然后单击“确定”按钮，如图 3-210 所示。

Step 03 在文档窗口中插入基本循环类型的 SmartArt 图形。选择其中的一个形状，按【Delete】键将其删除，如图 3-211 所示。

Step 04 在 SmartArt 图形的各个文本占位符中输入所需的文本，如图 3-212 所示。

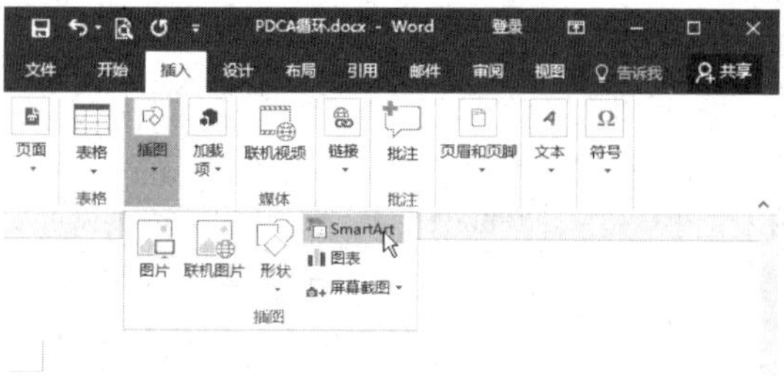

图 3-209　单击 SmartArt 按钮

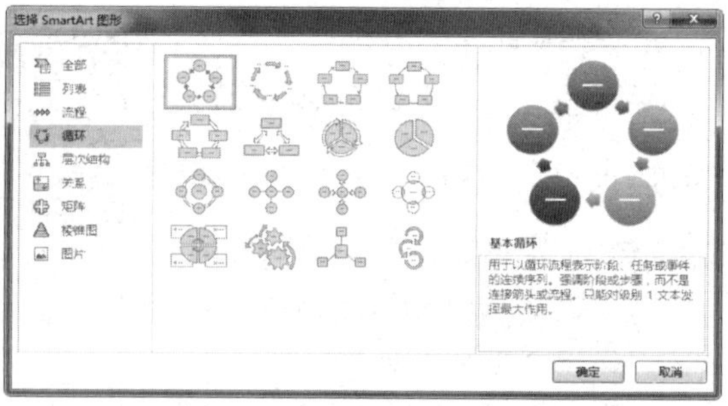

图 3-210　选择图形类型

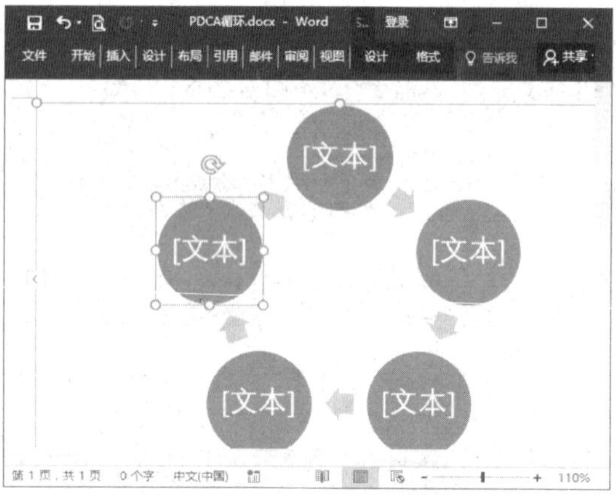

图 3-211　选择并删除形状

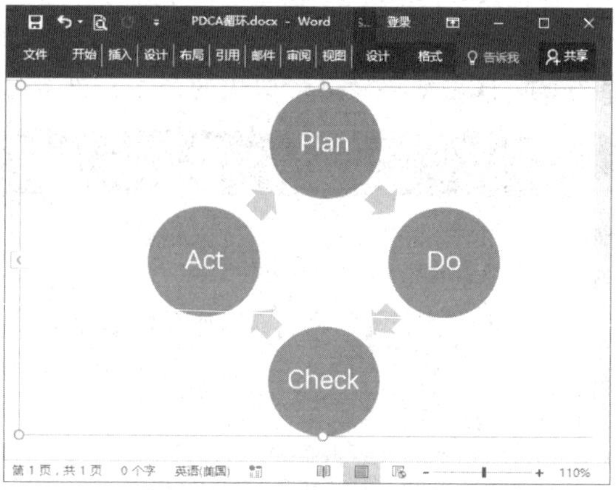

图 3-212　输入文本

Step 05 选择“设计”选项卡，单击“更改布局”下拉按钮，选择所需的图形类型，如图 3-213 所示。

Step 06 更改 SmartArt 图形类型，效果如图 3-214 所示。

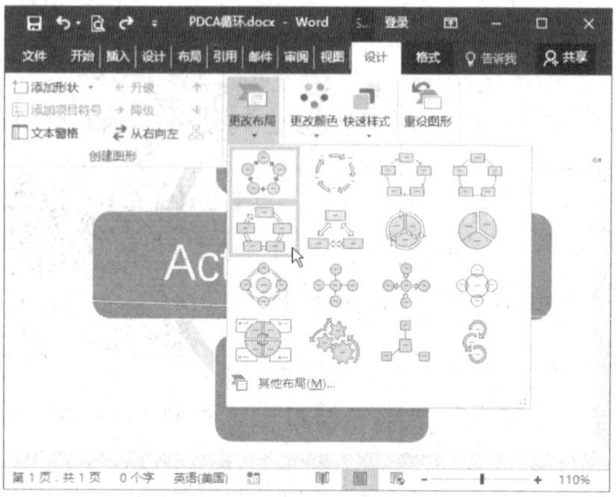

图 3-213　选择图形类型

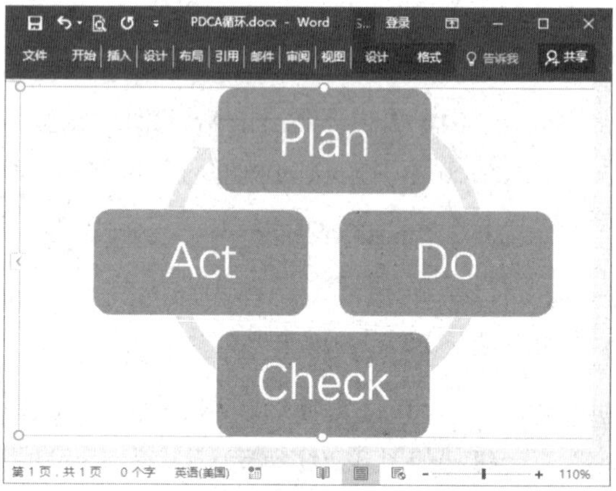

图 3-214　更改图形类型

2. 设置 SmartArt 图形样式

在 Word 2016 中可以通过应用 SmartArt 图形的外观样式来美化图形，还可单独设置 SmartArt 图形中各个形状的样式，具体操作方法如下所述。

Step 01 在“SmartArt 样式”组中单击“更改颜色”下拉按钮，选择所需的颜色样式，如图 3-215 所示。

Step 02 单击“快速样式”下拉按钮，在弹出的下拉列表中选择所需的图形样式，如图 3-216 所示。

Step 03 按住【Shift】键选择四个圆角矩形，选择“格式”选项卡，在“形状”组中单击“减小”按钮，如图 3-217 所示。

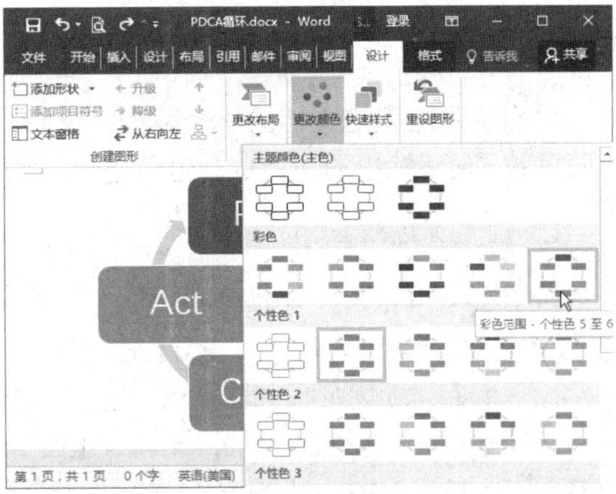

图 3-215　选择颜色样式

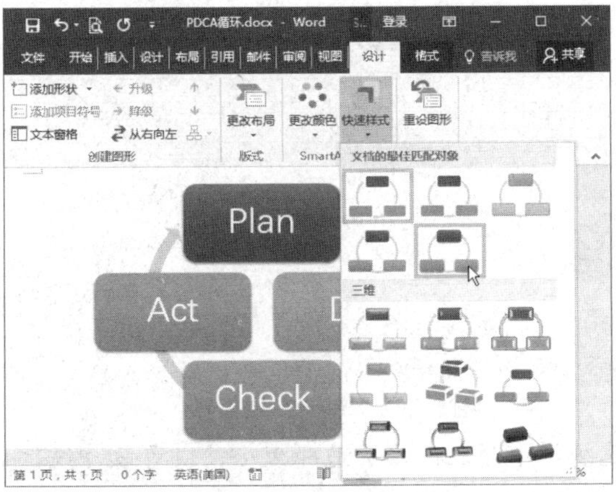

图 3-216　选择图形样式

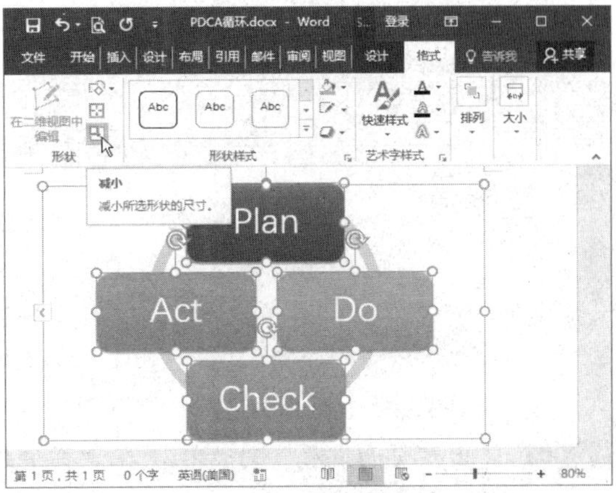

图 3-217　减小形状

Step 04 单击“更改形状”下拉按钮，在弹出的下拉列表中选择“立方体”形状，如图 3-218 所示。

Step 05 将圆角矩形更改为立方体形状，效果如图 3-219 所示。

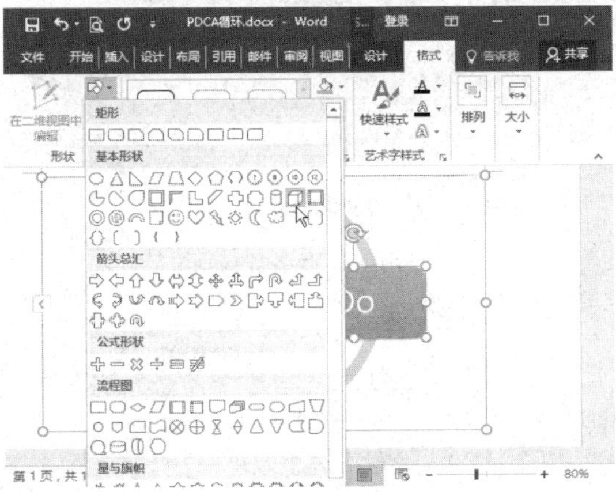

图 3-218　更改形状

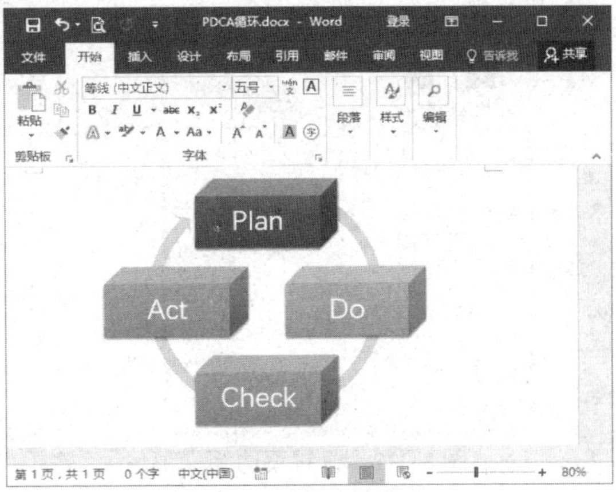

图 3-219　更改形状效果

3.5.4 设置文档页面格式

页面实际上就是文档的一个版面，文档内容编辑得再好，若没有进行恰当的页面设置和页面排版，最终输出的文档也会逊色不少。下面将介绍如何对 Word 文档的页面格式进行设置。

1. 设置页边距

页边距是指页面内容和页面边缘之间的距离。具体操作方法如下所述。

Step 01 打开“素材文件\第 3 章\财务管理制度 1.docx”，在“页面设置”组中单击“页边距”下拉按钮，选择“适中”选项，即将文档的页边距设置为上、下 2.54 厘米，左、右 1.91 厘米，如图 3-220 所示。

Step 02 单击“页面设置”组右下角的扩展按钮，如图 3-221 所示。

图 3-220　选择页边距

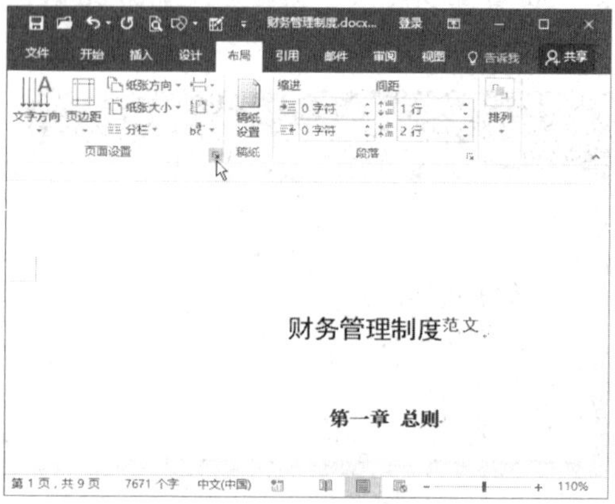

图 3-221　单击扩展按钮

Step 03 弹出“页面设置”对话框，在“页边距”选项区中分别设置页边距大小，设置装订线位置，然后单击“确定”按钮，如图 3-222 所示。

Step 04 查看更改页边距后的文档效果，如图 3-223 所示。

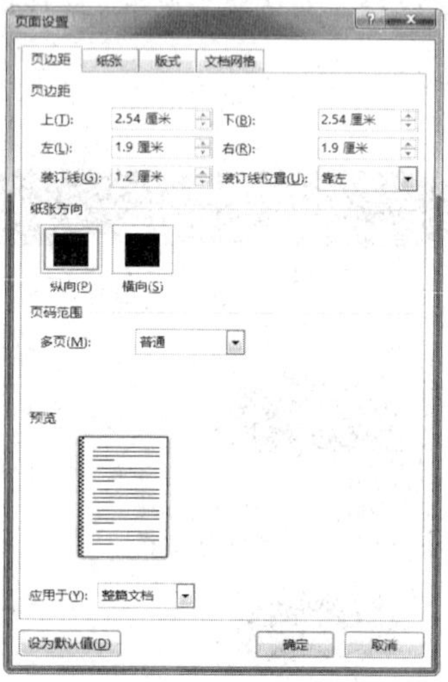

图 3-222　设置页边距

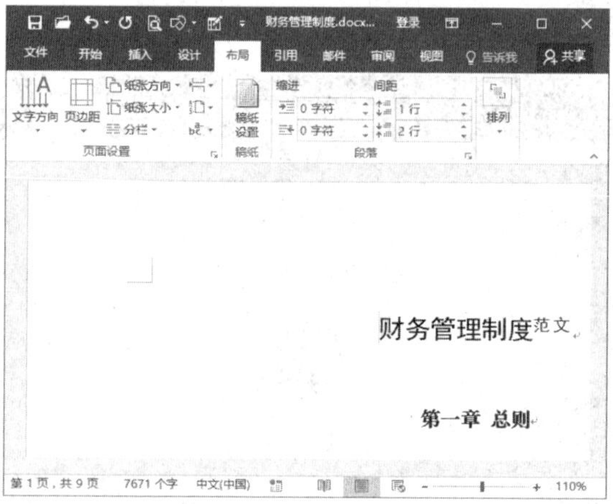

图 3-223　设置页边距效果

2. 设置纸张与文字方向

默认情况下，纵向使用纸张文字呈横向排列。用户可以根据需要更改文字方向与纸张方向，具体操作方法如下所述。

Step 01 选择“布局”选项卡，单击“文字方向”下拉按钮，选择“将中文字符旋转 270°”选项，如图 3-224 所示。

Step 02 查看中文字符旋转 270° 后的页面显示效果，如图 3-225 所示。

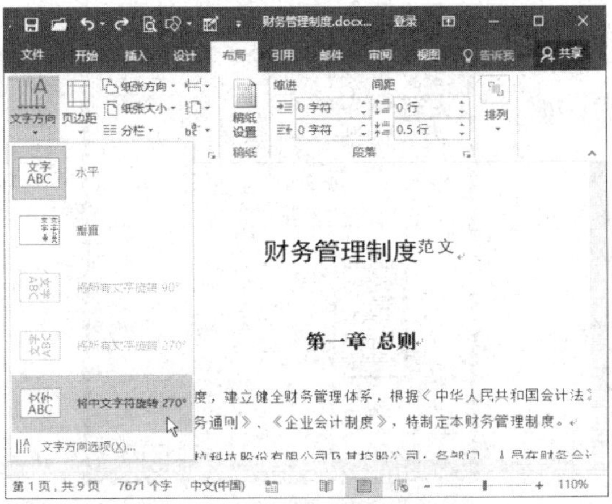

图 3-224　选择文字方向

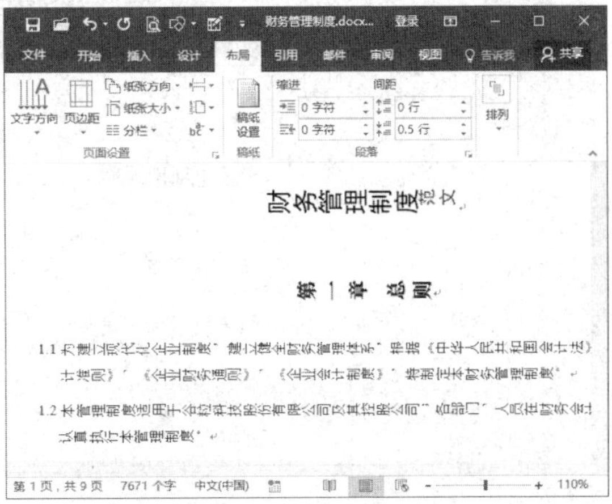

图 3-225　更改文字方向效果

Step 03 采用同样的方法，将文字方向设置为“垂直”，此时纸张方向将自动更改为“横向”，如图 3-226 所示。

Step 04 单击“纸张方向”下拉按钮，在弹出的下拉列表中选择“纵向”选项，如图 3-227 所示。

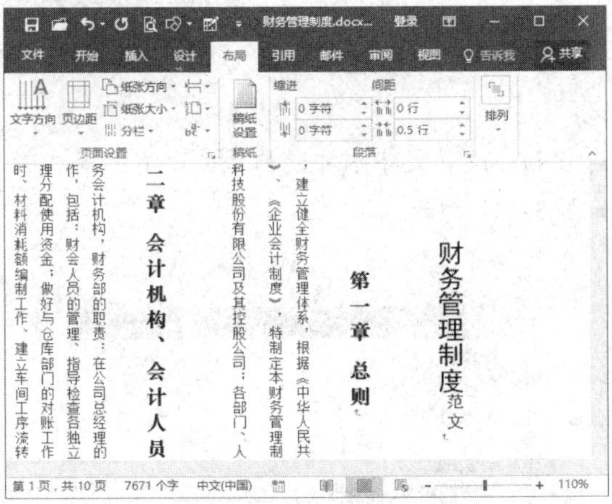

图 3-226　更改文字方向

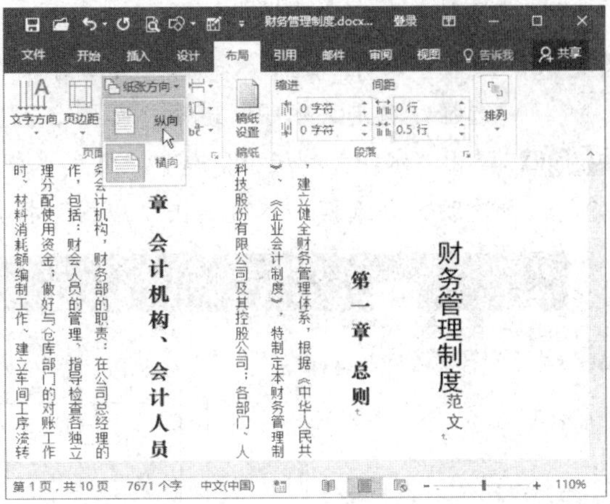

图 3-227　更改纸张方向

3. 设置纸张大小

默认情况下，Word 2016 中的纸型标准是 A4，即宽度是 21 厘米，高度是 29.7 厘米。用户可以根据需要自定义纸张大小，具体操作方法如下所述。

Step 01 选择“布局”选项卡，单击“页面设置”组中的“纸张大小”下拉按钮，选择需要的纸型，如“16 开”，如图 3-228 所示。

Step 02 弹出“页面设置”对话框，选择“纸张”选项卡，在“宽度”和“高度”数值框中分别输入数值，然后单击“确定”按钮，如图 3-229 所示。

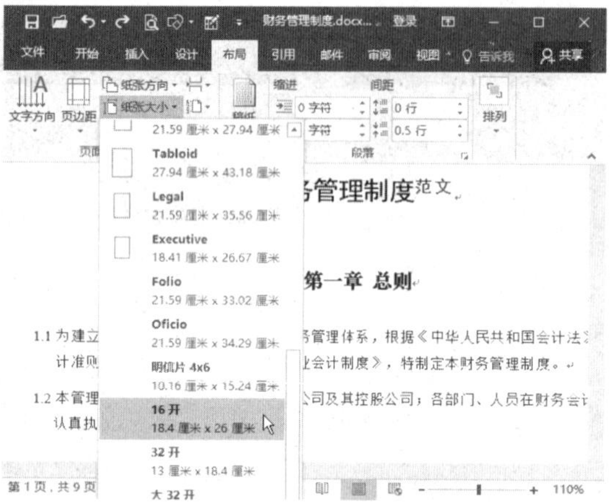

图 3-228 选择纸张大小

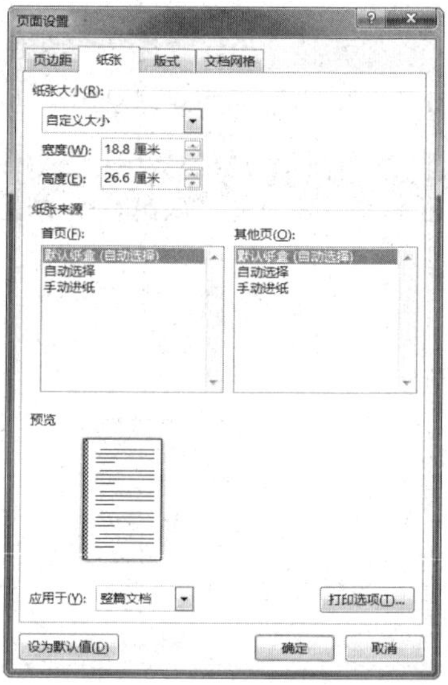

图 3-229 自定义纸张大小

4. 添加水印

水印效果类似于一种页面背景，水印中的内容大多是文档所有者名称等信息。Word 2016 提供了图片与文字两种水印，用户可以自定义水印效果，具体操作方法如下所述。

Step 01 选择“设计”选项卡，在“页面背景”组中单击“水印”下拉按钮，选择“自定义水印”选项，如图 3-230 所示。

Step 02 弹出“水印”对话框，选中“文字水印”单选按钮，设置文字水印的格式，取消选择“半透明”复选框，然后单击“应用”按钮，如图 3-231 所示。

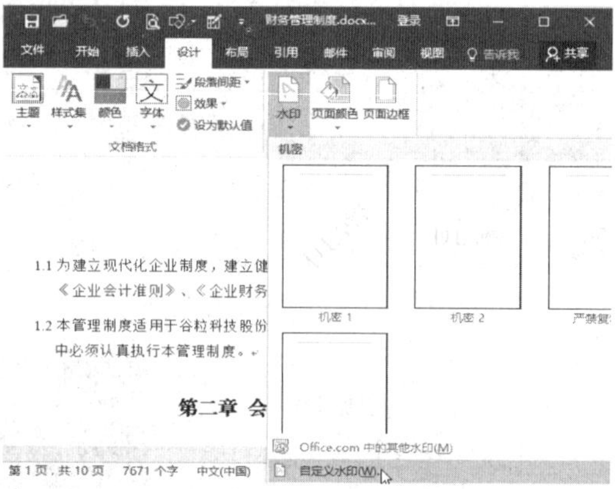

图 3-230 选择“自定义水印”选项

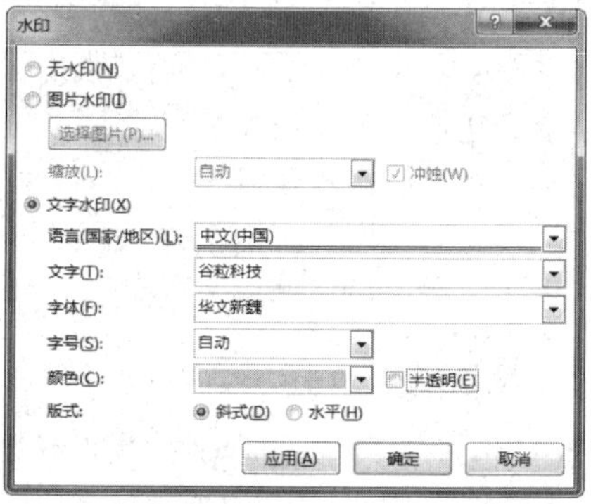

图 3-231 设置文字水印

Step 03 在文档中查看自定义的文字水印效果，如图 3-232 所示。

Step 04 在页面的页眉位置双击鼠标左键，如图 3-233 所示。

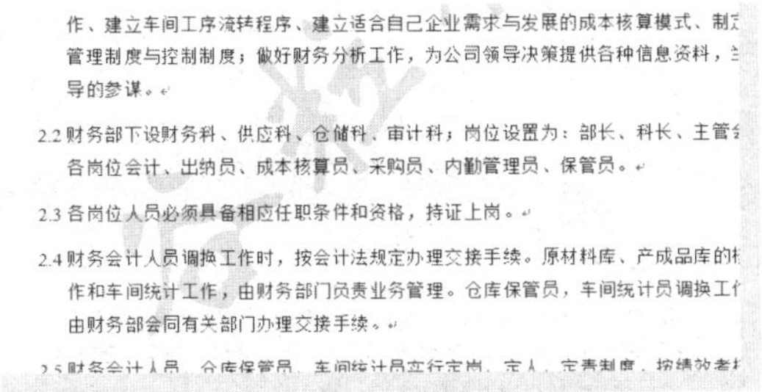

图 3-232　查看文字水印效果

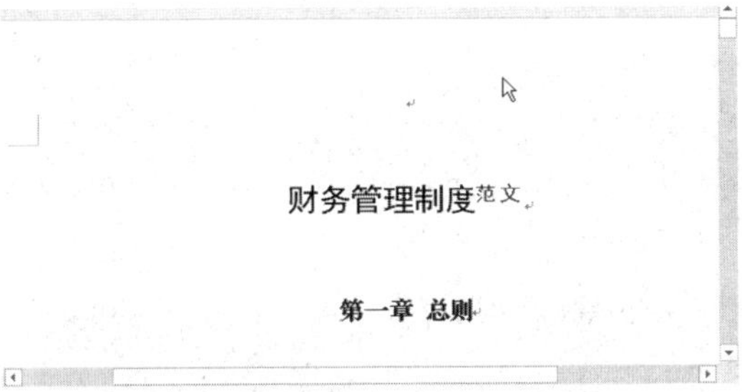

图 3-233　双击页眉位置

Step 05 进入页眉和页脚编辑状态，选择水印，根据需要调整其位置或进行旋转，然后双击正文位置，如图 3-234 所示。

Step 06 单击“水印”下拉按钮，选择“删除水印”选项，即可删除文档中的水印，如图 3-235 所示。

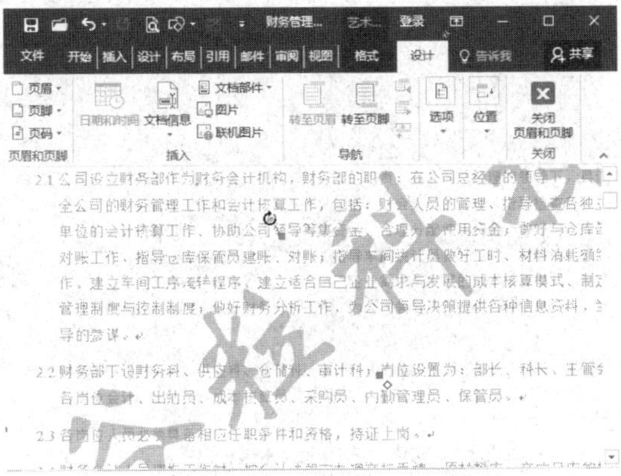

图 3-234　调整文字水印

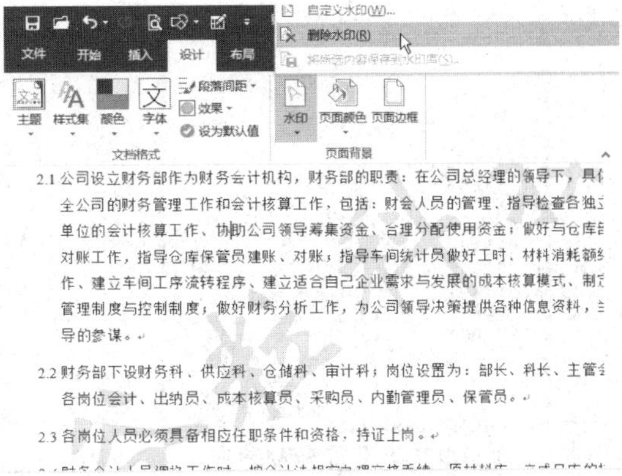

图 3-235　删除水印

5. 设置页面背景

页面背景显示在页面底层，默认为白色背景，用户可以根据需要更改页面的背景颜色，还可将纹理、图案或图片设置为页面背景。通过设置页面背景，可以制作出许多色彩亮丽的文档，使文档活泼明快，让读者在阅读过程中有一种愉悦的感受，具体操作方法如下所述。

Step 01 选择“设计”选项卡，在“页眉背景”组中单击“页面颜色”下拉按钮，选择所需的颜色，即可在文档中应用纯色背景效果，如图 3-236 所示。

Step 02 单击“页面颜色”下拉按钮，在弹出的下拉列表中选择“填充效果”选项，如图 3-237 所示。

Step 03 弹出“填充效果”对话框，选择“渐变”选项卡，选中“双色”单选按钮，选择颜色 1 和颜色 2 的颜色，设置“底纹样式”和“变形”，然后单击“确定”按钮，如图 3-238 所示。

Step 04 查看应用了渐变颜色后的文档页面效果，如图 3-239 所示。

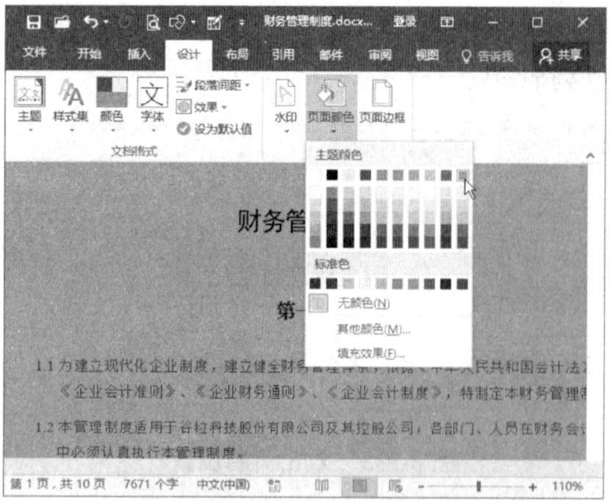

图 3-236　设置纯色背景

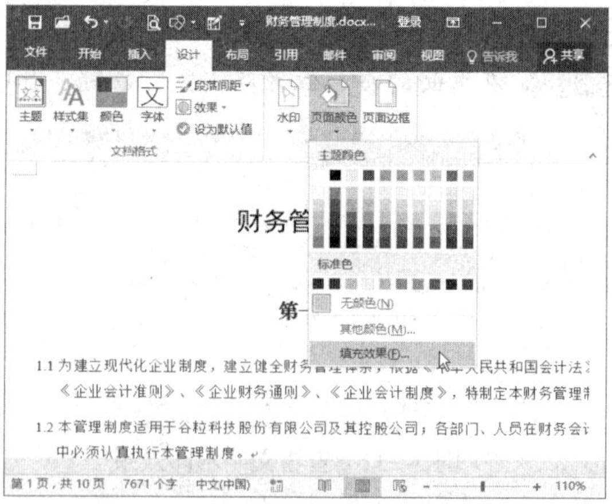

图 3-237　选择“填充效果”选项

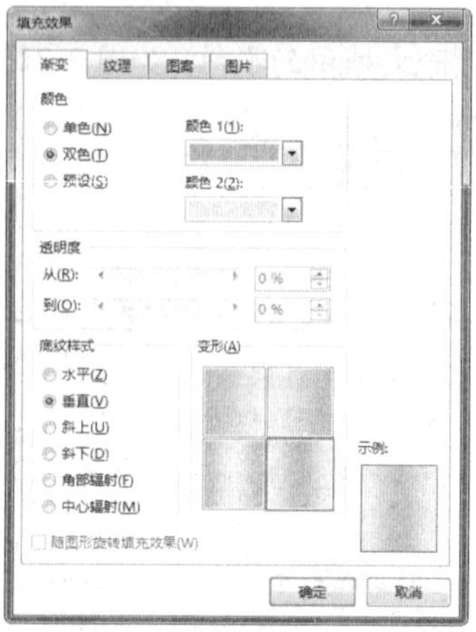

图 3-238　设置渐变填充

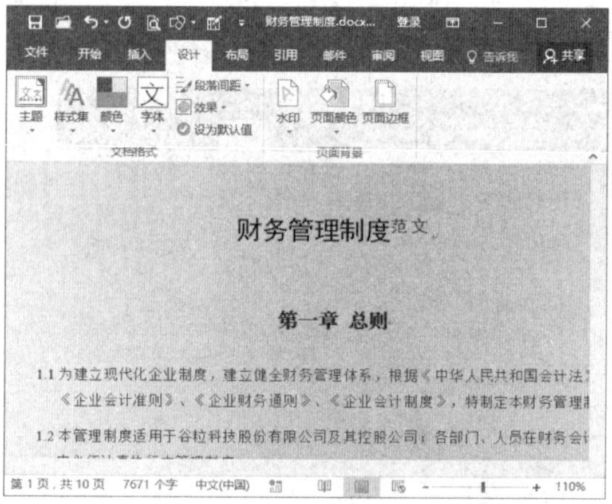

图 3-239　渐变填充效果

Step05 打开“填充效果”对话框，选择“图案”选项卡，设置前景色和背景色，选择图案，然后单击“确定”按钮，如图 3-240 所示。

Step06 查看应用了图案背景的页面效果，如图 3-241 所示。

图 3-240　设置图案填充

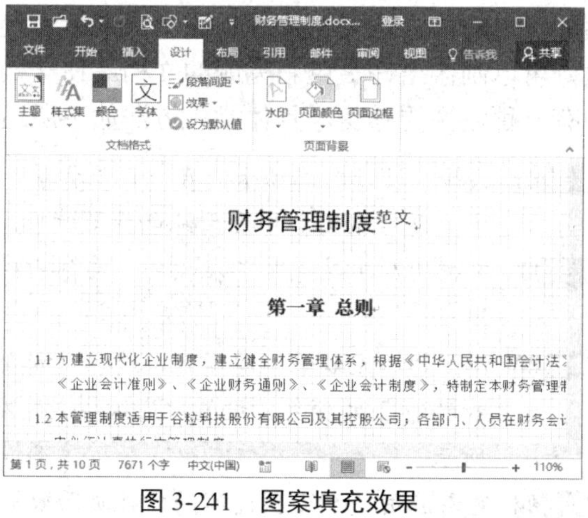

图 3-241　图案填充效果

Step 07 右击选项卡，选择“自定义功能区”命令，如图 3-242 所示。

Step 08 弹出“Word 选项”对话框，在左侧选择“显示”选项，在右侧“打印选项”选项区中选中“打印背景色和图像”复选框，然后单击“确定”按钮，如图 3-243 所示。

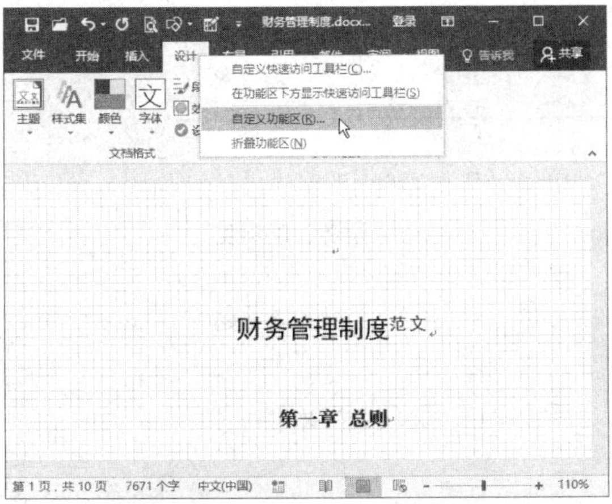

图 3-242　选择“自定义功能区”命令

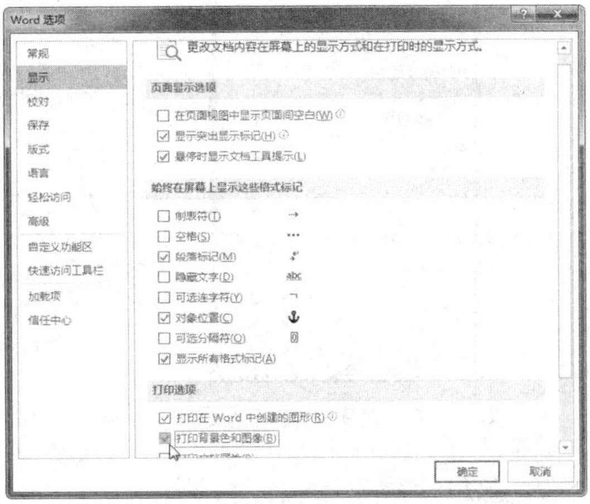

图 3-243　设置打印背景色和图像

6. 添加页面边框

对于文档中特殊的页面，可以根据需要在其周围添加边框，用户可以自定义页面边框样式，具体操作方法如下所述。

Step 01 选择“设计”选项卡，在“页面背景”组中单击“页面边框”按钮，如图 3-244 所示。

Step 02 弹出“边框和底纹”对话框，在“艺术型”下拉列表框中选择边框类型，设置宽度，然后单击“选项”按钮，如图 3-245 所示。

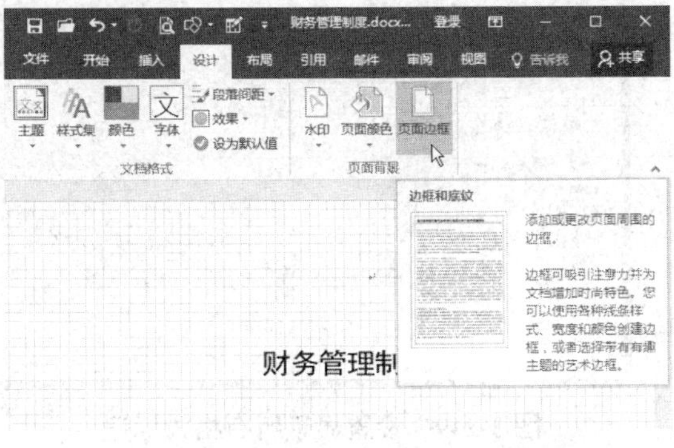

图 3-244　单击“页面边框”按钮

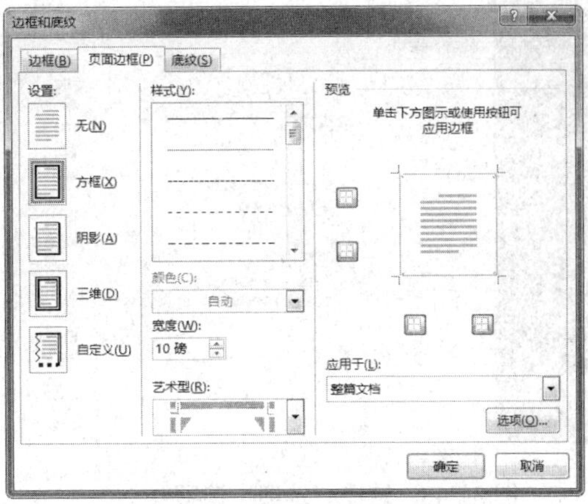

图 3-245　设置页面边框

Step 03 弹出“边框和底纹选项”对话框，设置页面边框距页边的距离，然后依次单击“确定”按钮，如图 3-246 所示。

Step 04 查看为文档添加艺术型边框后的页面效果，如图 3-247 所示。

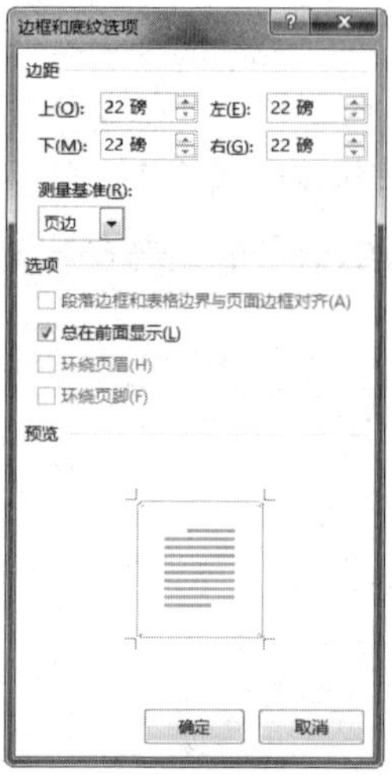

图 3-246　设置边框与边距

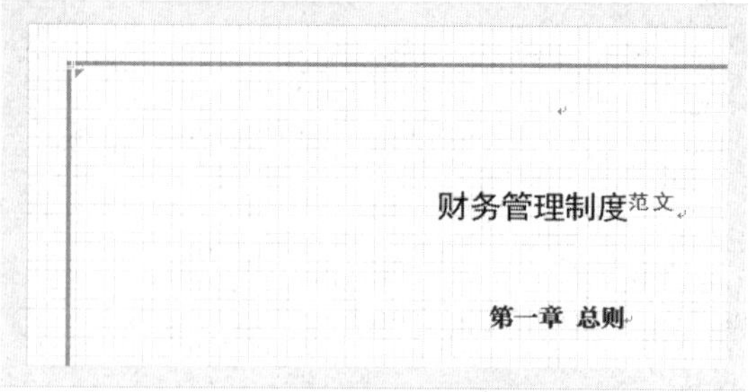

图 3-247　页面边框效果

7. 使用分隔符

分隔符包括分页符和分节符。若需要在文档页面中预留一些空白位置用于放置图形，可以插入分页符。分节就是将整篇文档分成若干节，可以为各节设置不同的格式，以满足格式要求比较复杂的文档的排版需求，具体操作方法如下所述。

Step 01 选择“文件”选项卡，在左侧选择“选项”选项，如图 3-248 所示。

Step 02 弹出“Word 选项”对话框，在左侧选择“显示”选项，在右侧选中“显示所有格式标记”复选框，然后单击“确定”按钮，如图 3-249 所示。

图 3-248　选择“选项”选项

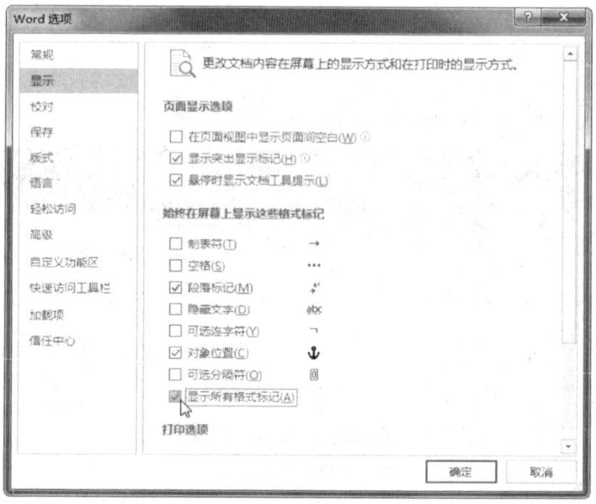

图 3-249　设置显示所有格式标记

Step 03 在标题文本后定位光标，选择“布局”选项卡，在“页面设置”组中单击“分隔符”按钮，选择“下一页”选项，如图 3-250 所示。

Step 04 在光标后面插入分节符，分节符后的内容会移至下一页，如图 3-251 所示。

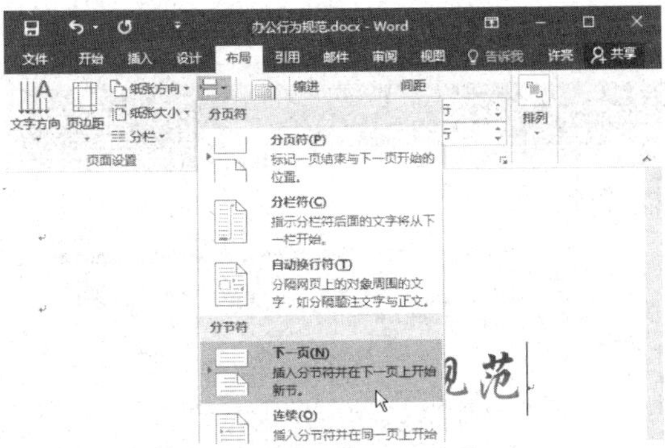

图 3-250 选择分节符

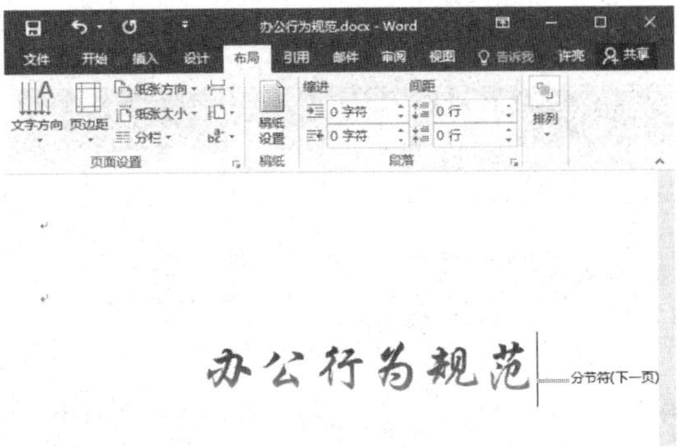

图 3-251 插入分节符

Step 05 在“页面设置”组中单击“文字方向”下拉按钮，选择“垂直”选项，如图 3-252 所示。更改本节的文字方向，其他节的页面不会发生更改，如图 3-253 所示。

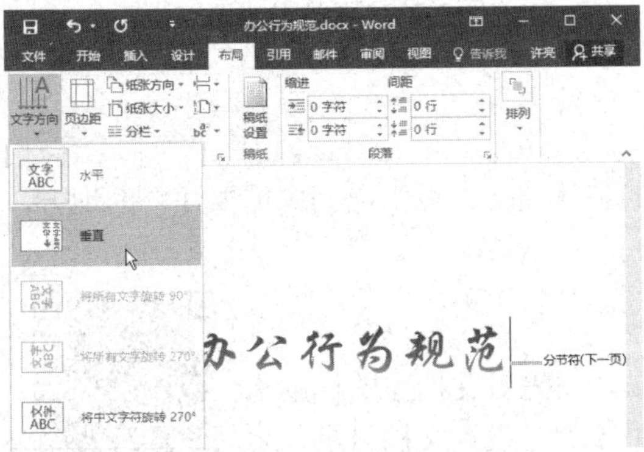

图 3-252 选择文字方向

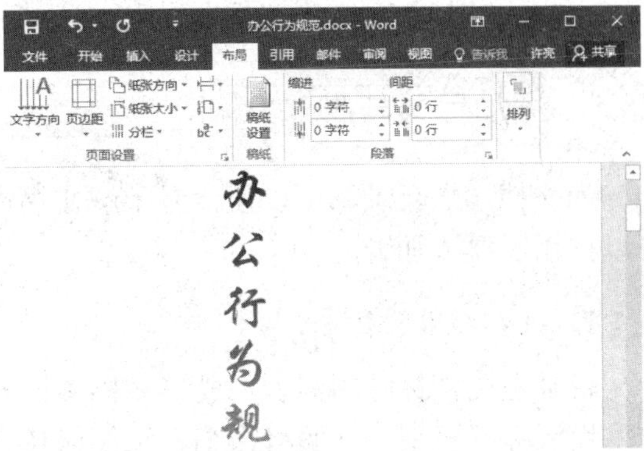

图 3-253 更改文字方向效果

Step 06 打开“边框和底纹”对话框，选择“页面边框”选项卡，设置艺术型边框效果，在“应用于”下拉列表框中选择“本节”选项，然后单击“确定”按钮，如图 3-254 所示。为本节添加页面边框，其他页面保持不变，如图 3-255 所示。

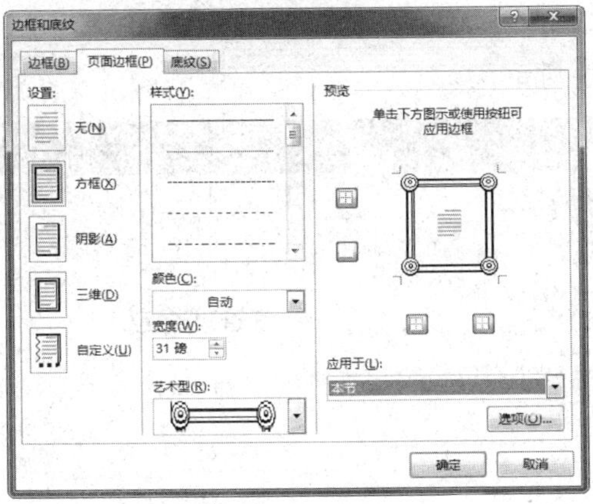

图 3-254 设置页面边框

图 3-255 设置页面边框效果

Step 07 在要插入分页符的位置定位光标，如图 3-256 所示。

Step 08 按【Ctrl+Enter】组合键，即可插入分页符，效果如图 3-257 所示。

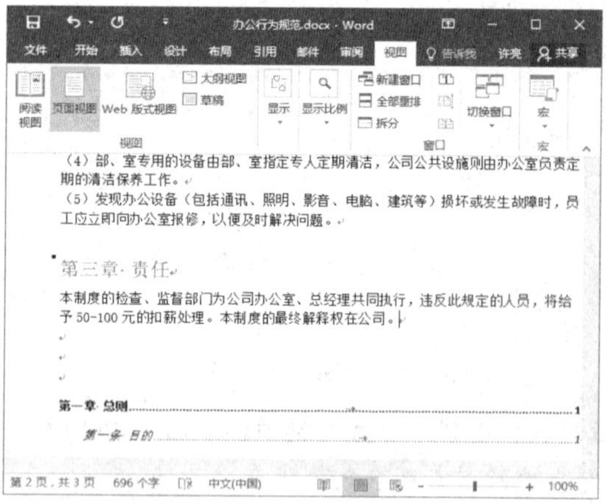
办公行为规范.docx - Word
（4）部、室专用的设备由部、室指定专人定期清洁，公司公共设施则由办公室负责定期的清洁保养工作。
（5）发现办公设备（包括通讯、照明、影音、电脑、建筑等）损坏或发生故障时，员工应立即向办公室报修，以便及时解决问题。
第三章 责任
本制度的检查、监督部门为公司办公室、总经理共同执行，违反此规定的人员，将给予 50-100 元的扣薪处理。本制度的最终解释权在公司。
第一章 总则
第一条 目的

图 3-256　定位光标

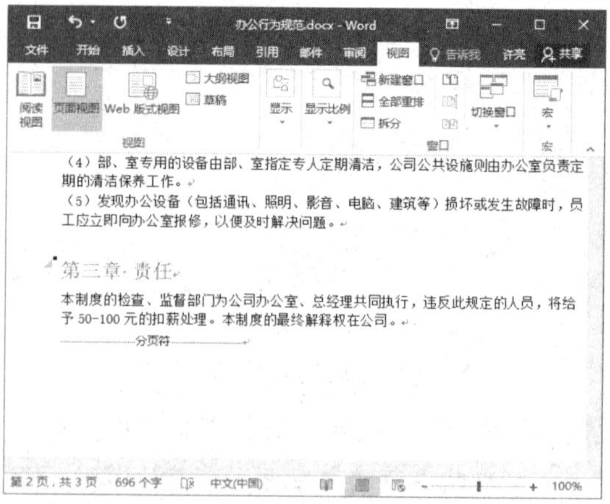
办公行为规范.docx - Word
（4）部、室专用的设备由部、室指定专人定期清洁，公司公共设施则由办公室负责定期的清洁保养工作。
（5）发现办公设备（包括通讯、照明、影音、电脑、建筑等）损坏或发生故障时，员工应立即向办公室报修，以便及时解决问题。
第三章 责任
本制度的检查、监督部门为公司办公室、总经理共同执行，违反此规定的人员，将给予 50-100 元的扣薪处理。本制度的最终解释权在公司。
分页符

图 3-257　插入分页符

3.5.5　添加目录与脚注

为文档添加目录，可以使读者了解文档内容的整体结构。对于文档中需要注释的地方，可以根据需要添加脚注。

1. 插入与设置目录

目录是文档标题的列表，要在文档中插入目录，需先对文档中的标题文本设置标题级别。下面将详细介绍如何在文档中添加与设置文档目录，具体操作方法如下所述。

Step 01 打开“素材文件\第 3 章\公司管理规定.docx”，将光标定位到文档标题下方，选择“布局”选项卡，在“页面设置”组中单击“分隔符”下拉按钮，选择“下一页”选项，如图 3-258 所示。

Step 02 插入分节符，将文档标题置于单独的页面中。选择“引用”选项卡，单击“目录”下拉按钮，选择“自动目录 1”选项，如图 3-259 所示。

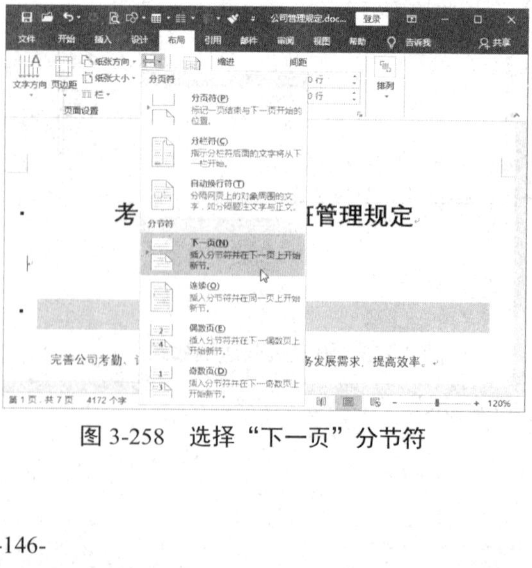
公司管理规定.doc...
分页符
分页符(P)
分栏符(C)
自动换行符(T)
分节符
下一页(N)
插入分节符并在下一页上开始新节。
连续(O)
偶数页(E)
奇数页(D)
管理规定

图 3-258　选择“下一页”分节符

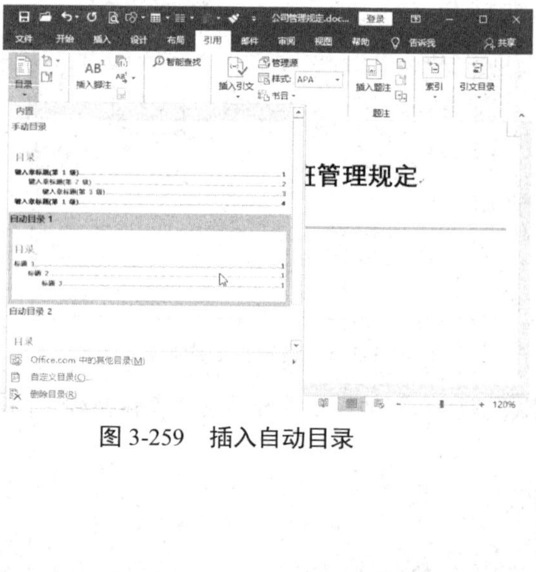
公司管理规定.doc...
内置
手动目录
自动目录 1
自动目录 2
Office.com 中的其他目录(M)
自定义目录(C)...
删除目录(R)
管理规定

图 3-259　插入自动目录

Step 03 插入自动目录，效果如图 3-260 所示。

Step 04 打开“目录”对话框，单击“选项”按钮，如图 3-261 所示。

Step 05 弹出“目录选项”对话框，删除“标题 1”样式的目录级别，依次单击“确定”按钮，如图 3-262 所示。

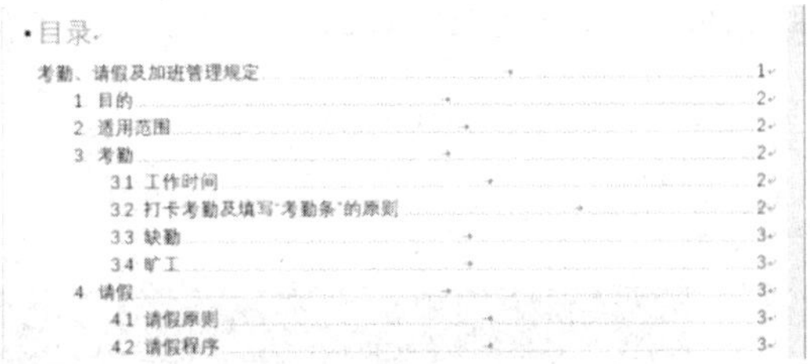

图 3-260　查看目录效果

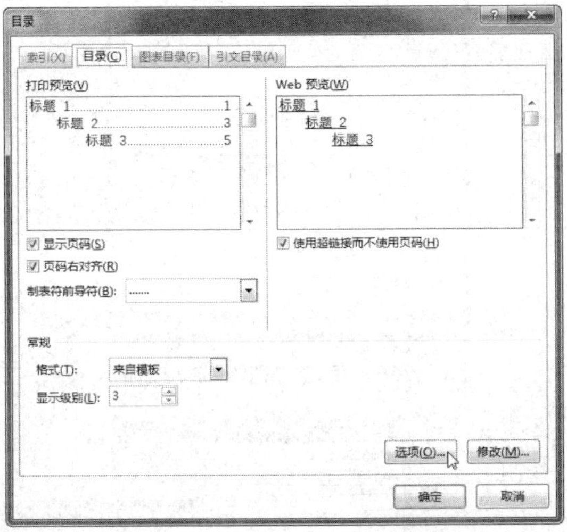

图 3-261　“目录”对话框

图 3-262　设置目录有效样式

Step 06 此时在目录中删除文档标题。拖动鼠标，选择目录文本，如图 3-263 所示。

Step 07 按【Ctrl+D】组合键打开“字体”对话框，设置“中文字体”为“宋体”，然后单击“确定”按钮，如图 3-264 所示。

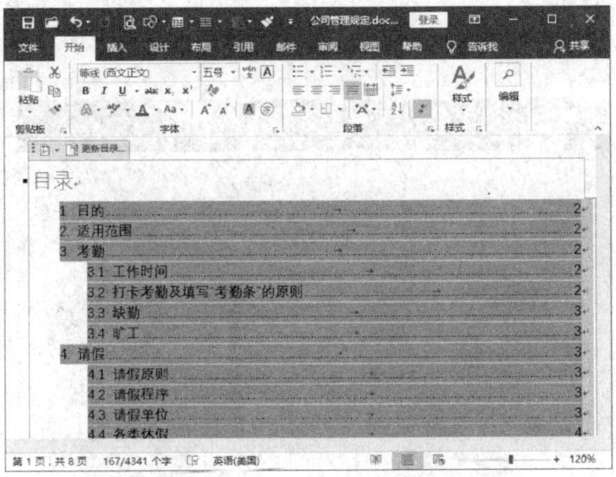

图 3-263　选择目录文本

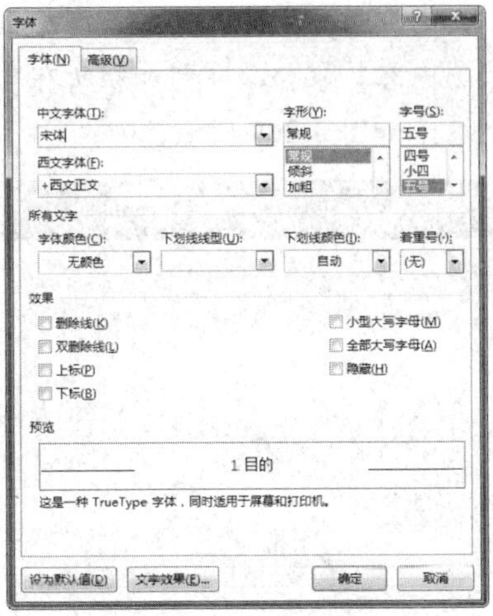

图 3-264　设置字体格式

Step 08 选择目录中的第一个标题文本，在“字体”组中单击“字体颜色”下拉按钮，选择所需的颜色，如图 3-265 所示。

Step 09 打开“段落”对话框，单击“制表位”按钮，如图3-266所示。

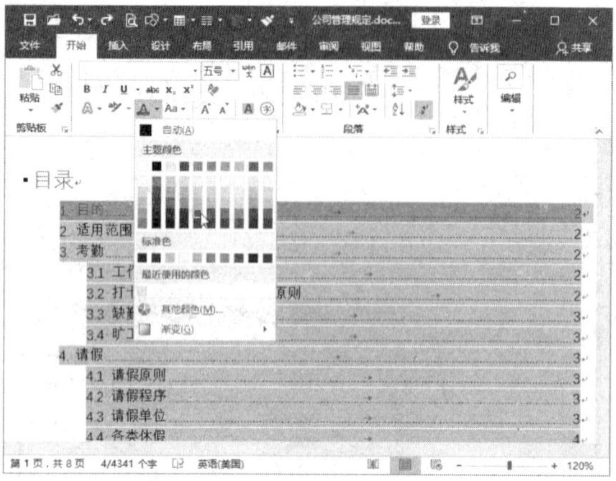

图3-265　设置目录字体颜色

图3-266　单击“制表位”按钮

Step 10 弹出“制表位”对话框，在“引导符”选项区中选择所需的符号，然后单击“确定”按钮，如图3-267所示。

Step 11 此时可更改所选标题的引导符样式。选择文本，按【Ctrl+B】组合键加粗文本，如图3-268所示。

Step 12 选择第一个标题目录，打开“样式”窗格，可以看到该标题应用了TOC2样式（即“目录2”样式）。右击该样式，选择“更新TOC 2以匹配所选内容”命令，即可加粗所有“目录2”标题文本，如图3-269所示。

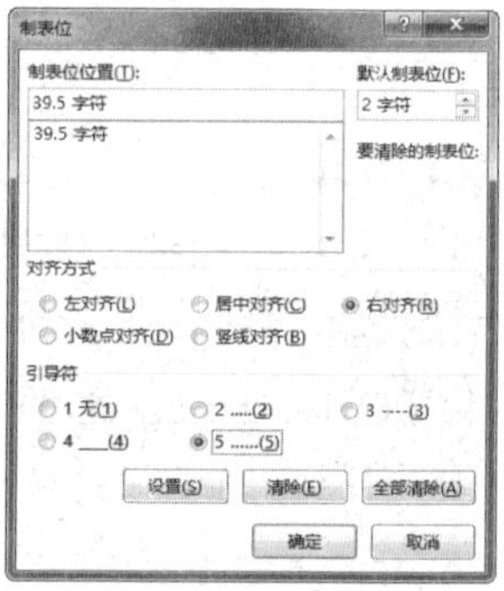

图3-267　选择引导符样式

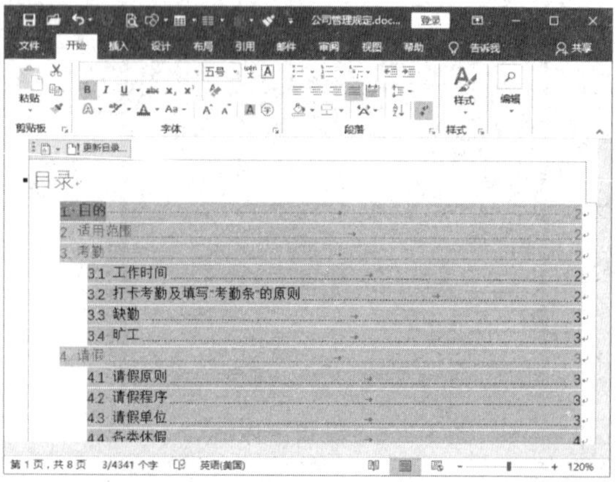

图3-268　加粗文本

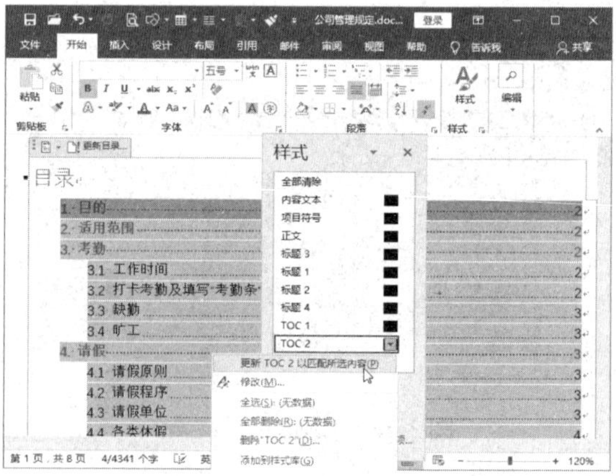

图3-269　更新样式

Step 13　打开“边框和底纹”对话框，选择“页面边框”选项卡，设置艺术型边框样式，在“应用于”下拉列表框中选择“本节”选项，然后单击“确定”按钮，如图 3-270 所示。

Step 14　查看目录页的边框效果，如图 3-271 所示。

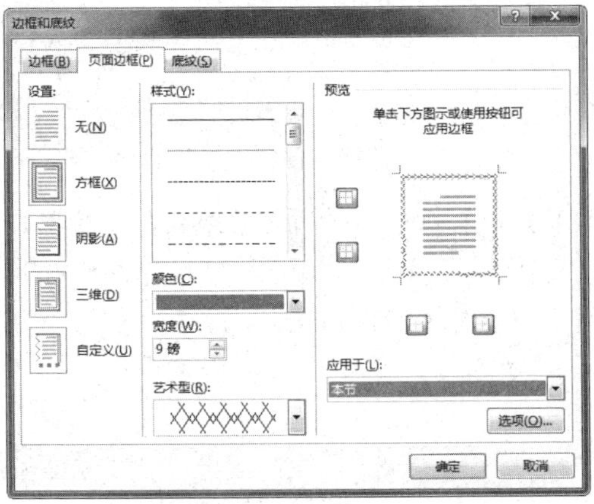

图 3-270　设置页面边框

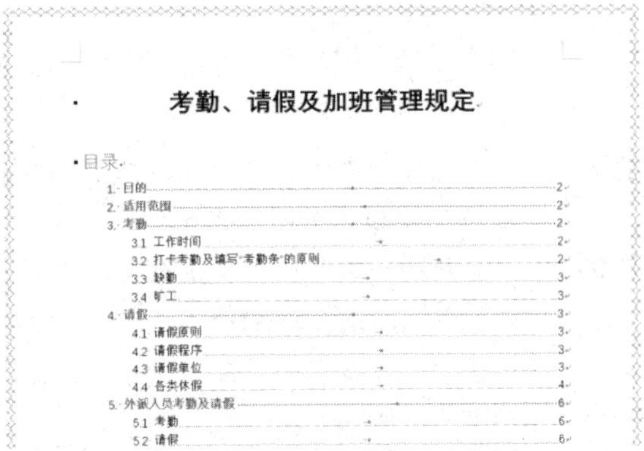

图 3-271　查看页面效果

2. 插入与设置脚注

在编辑文档时，为了使读者便于阅读和理解，可以在文档中插入脚注，用于为所表述的某个事项提供解释、批注或参考。在文档中插入与设置脚注的具体操作方法如下所述。

Step 01　选择文本，选择“引用”选项卡，在“脚注”组中单击“插入脚注”按钮，如图 3-272 所示。

Step 02　转到当前页下方，自动添加脚注编号，根据需要输入脚注内容。若要查看脚注的对应文本，可以双击脚注编号，如图 3-273 所示。

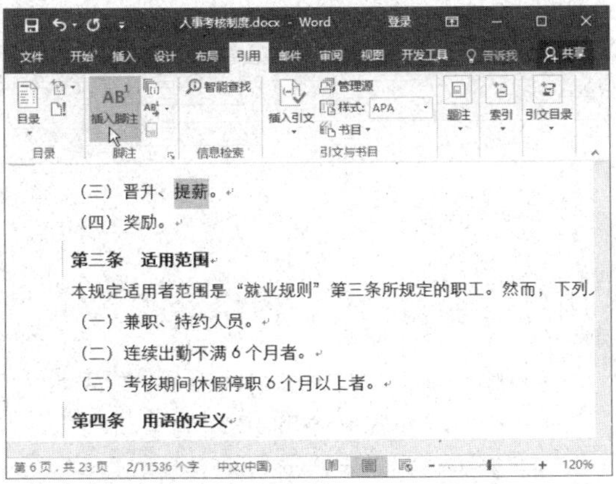

图 3-272　单击“插入脚注”按钮

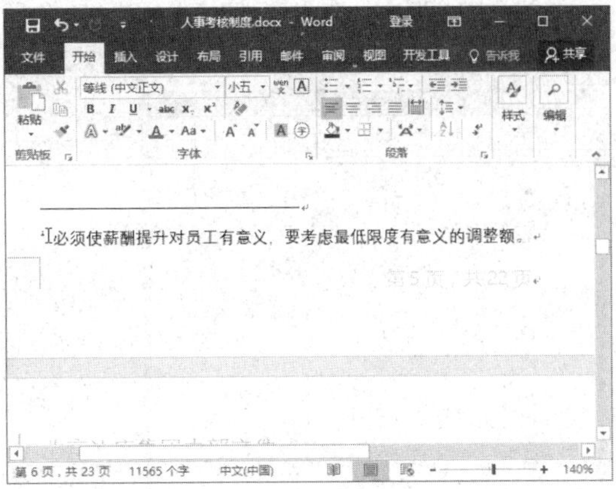

图 3-273　输入脚注文本

Step 03　自动跳转到插入脚注的位置，将鼠标指针置于脚注标记上，将自动显示脚注内容。双击脚注标记，将自动跳转到脚注位置，如图 3-274 所示。

Step 04　采用同样的方法，继续添加脚注。在脚注文本中右击，选择“便笺选项”命令，如图 3-275 所示。

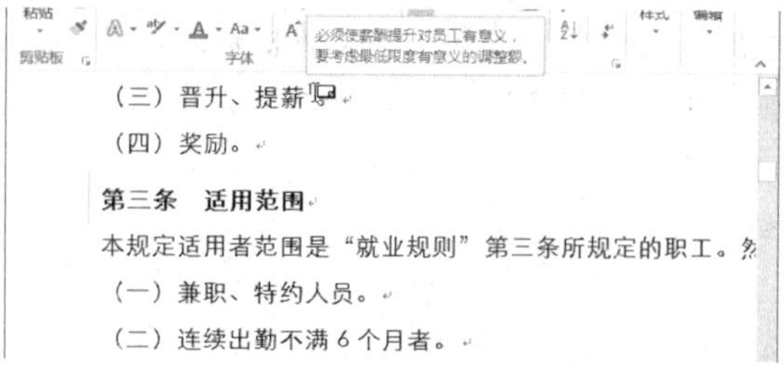

图 3-274　显示脚注

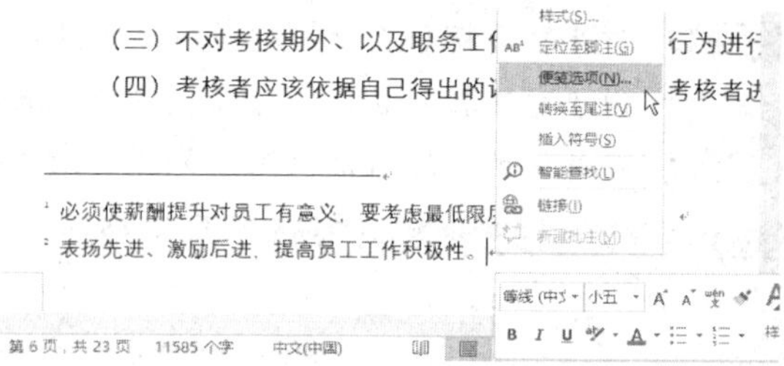

图 3-275　选择“便笺选项”命令

Step 05 弹出“脚注和尾注”对话框，在“编号格式”下拉列表框中选择所需的格式，然后单击“应用”按钮，如图 3-276 所示。

Step 06 可以看到脚注编号已经发生改变，选择脚注编号，如图 3-277 所示。

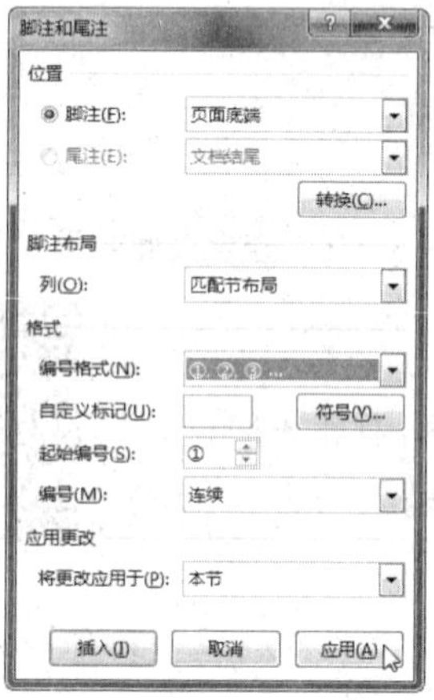

图 3-276　设置脚注选项

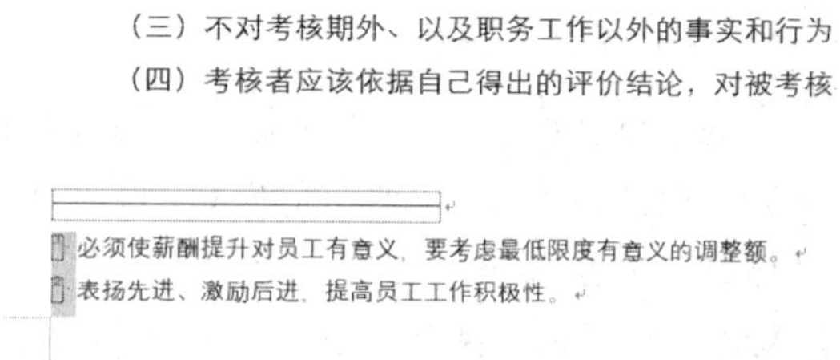

图 3-277　选择脚注编号

Step 07 按【Ctrl+D】组合键打开“字体”对话框，取消选择“上标”复选框，设置“字形”为“加粗”，然后单击“确定”按钮，如图 3-278 所示。

Step 08 设置脚注编号格式，效果如图 3-279 所示。

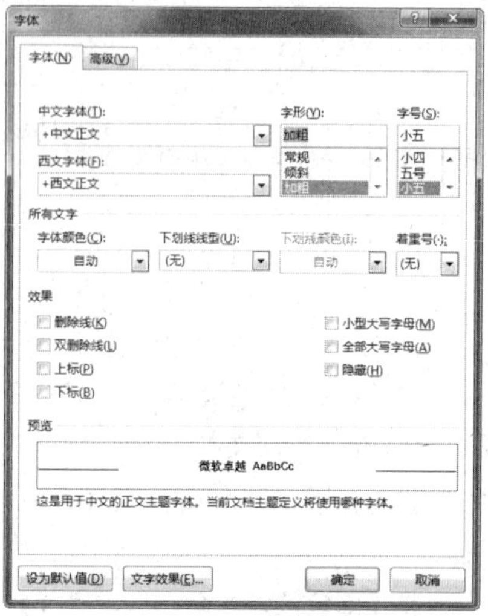

图 3-278　设置字体格式

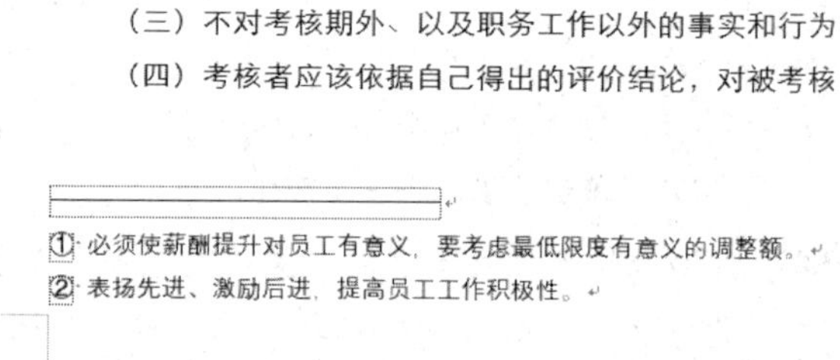

图 3-279　设置脚注编号格式效果

3.6　本章实例：制作企业刊物首页

企业刊物一般用于对员工进行教育或宣传推广，也是企业文化的一种重要体现。下面以制作企业刊物首页为例，让读者进一步掌握图像的插入、图像，以及表格在文档排版中的应用方法。

3.6.1　设计刊头

刊物的刊头一般包括刊物名称、出版期数、出版单位等内容，具体制作方法如下所述。

Step 01 打开“页面设置”对话框，设置页边距大小，然后单击“确定”按钮，如图 3-280 所示。

Step 02 选择“布局”选项卡，在“页面设置”组中单击“分隔符”下拉按钮，选择“下一页”选项，如图 3-281 所示。

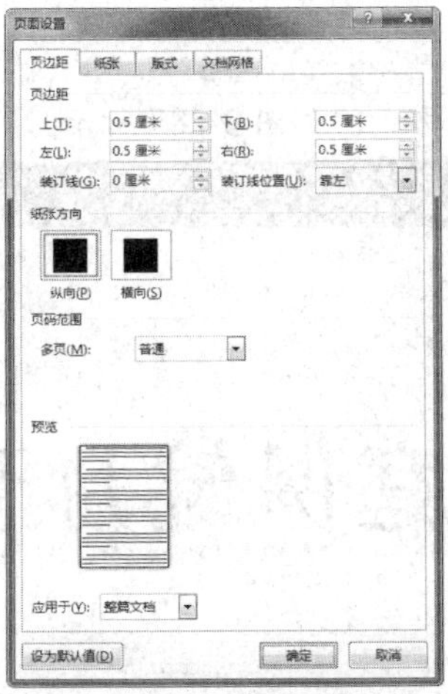

图 3-280　设置页边距

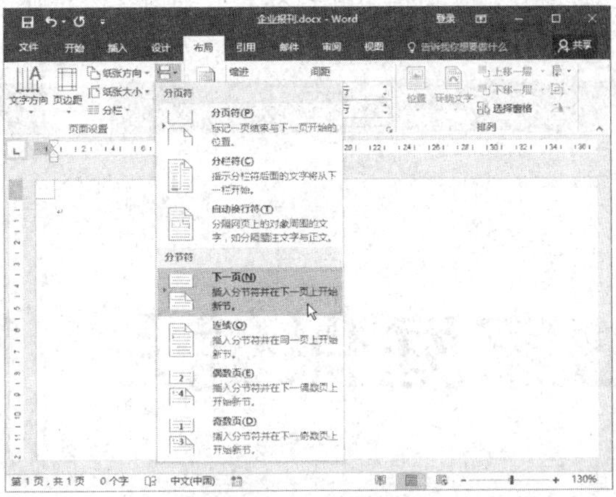

图 3-281　插入分节符

Step 03 在文档中插入文本框，设置无填充颜色、无轮廓，输入报刊名称，并设置字体格式，如图 3-282 所示。

Step 04 选择文本框，选择“格式”选项卡，在“艺术字样式”组中单击“文本轮廓”下拉按钮，选择与文本颜色相同的颜色，以加粗文本，如图 3-283 所示。

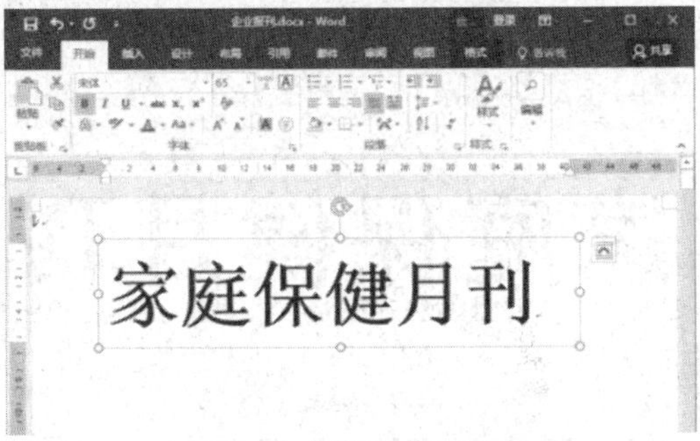

图 3-282　插入期刊名称

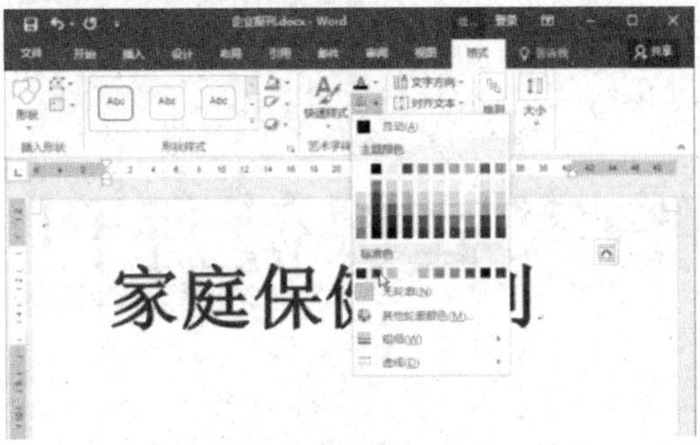

图 3-283　设置文本样式

Step05 在文档中插入文本框，输入期刊号和日期，并设置字体格式，如图 3-284 所示。

Step06 在文档中插入 Logo 图片，并设置为“浮于文字上方”的环绕方式。选择图片，选择“格式”选项卡，单击“裁剪”下拉按钮，选择“裁剪为形状”选项，然后选择圆角矩形形状，如图 3-285 所示。

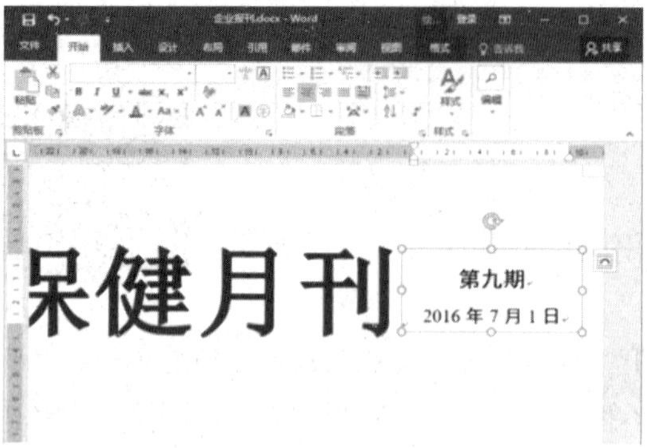

图 3-284 插入期刊号和日期

图 3-285 选择裁剪形状

Step07 将图片裁剪为圆角矩形样式，如图 3-286 所示。

Step08 在文档中插入文本框，输入承办单位信息，并设置字体格式，如图 3-287 所示。

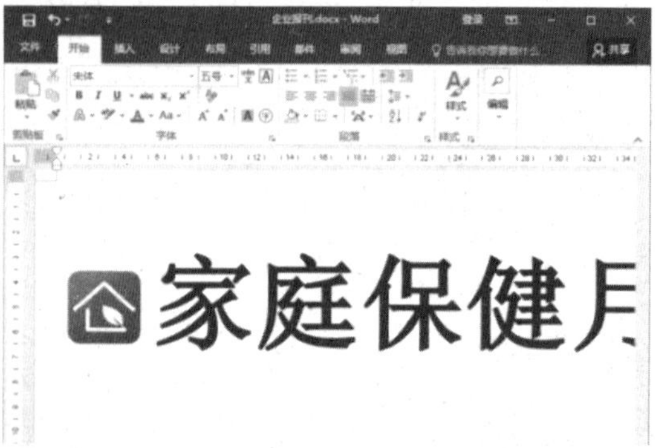

图 3-286 裁剪图片

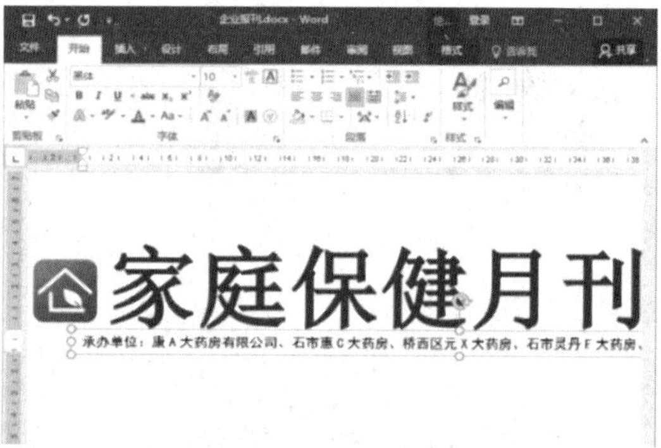

图 3-287 插入承办单位信息

Step09 在文档中插入两条直线形状，并将其移至合适的位置，如图 3-288 所示。

Step10 在文档中插入文本框，输入所需的宣传语文本，设置文本框的填充颜色为白色，并将其移至合适的位置，如图 3-289 所示。

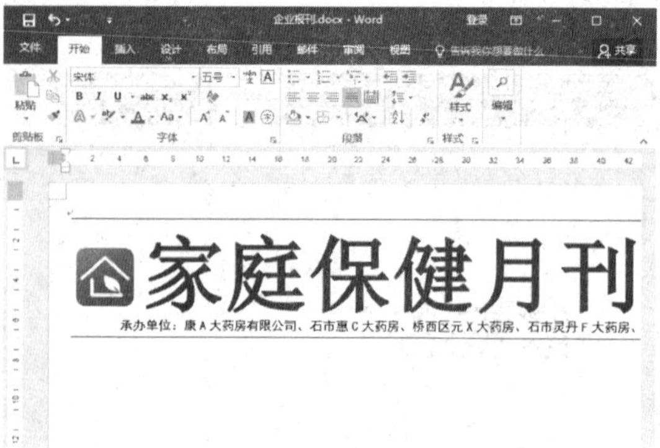

图 3-288 插入直线

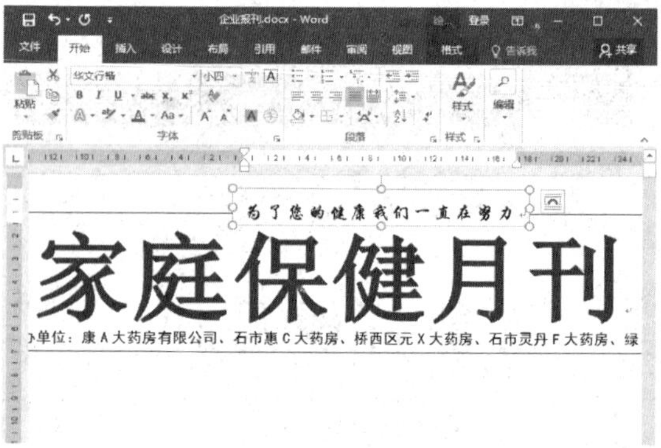

图 3-289 插入宣传语文本

3.6.2　制作内容导读栏

刊物的内容导读栏一般位于刊物的首页，使读者可以快速地了解刊物的主要内容，也能使读者在刊物中快速找到自己所需的信息，制作方法如下所述。

Step 01 在文档中插入文本框，设置无填充颜色、无轮廓，将光标定位在文本框中，如图 3-290 所示。

Step 02 选择“插入”选项卡，单击“表格”下拉按钮，在网格上选择 1×4 的表格，单击即可插入表格，如图 3-291 所示。

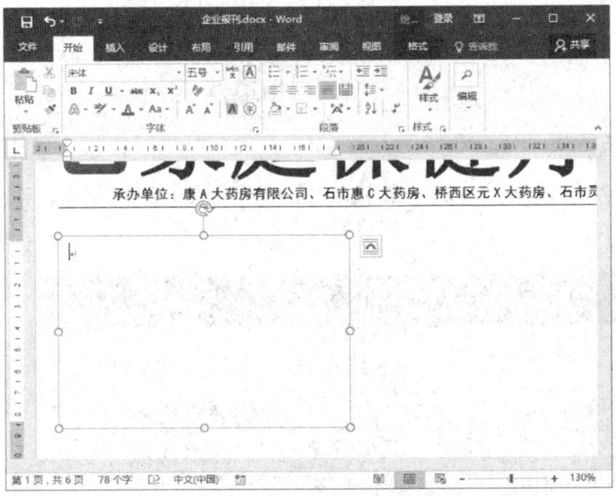

图 3-290　插入文本框

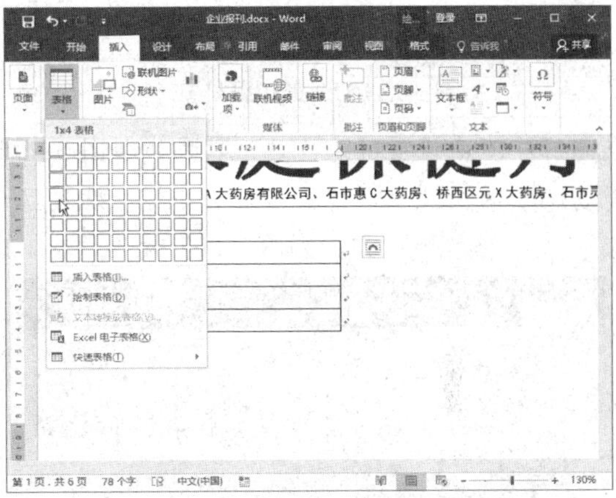

图 3-291　插入表格

Step 03 在单元格中输入所需的文本，并设置字体格式，如图 3-292 所示。

Step 04 选择整个表格，在“段落”组中单击“边框”下拉按钮，选择“边框和底纹”选项，如图 3-293 所示。

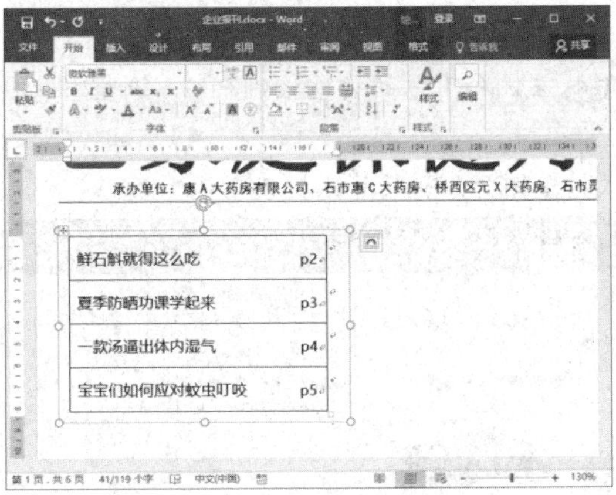

图 3-292　输入表格文本

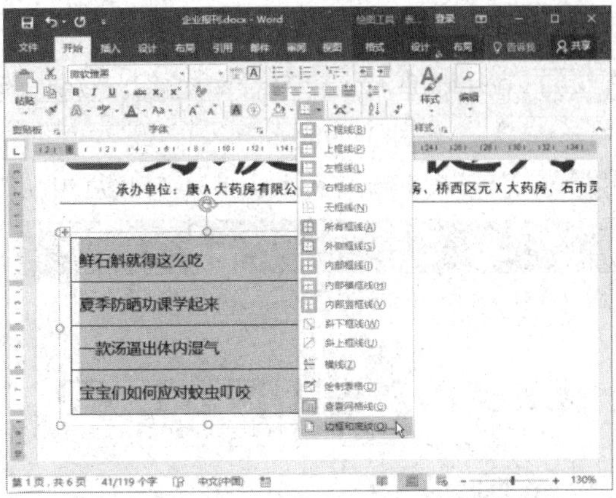

图 3-293　选择“边框和底纹”选项

Step 05 弹出“边框和底纹”对话框，在左侧单击“自定义”按钮，选择边框样式并设置颜色和宽度。在右侧预览图的边框按钮上单击，即可应用自定义的边框样式，如图 3-294 所示。

Step 06 在预览图上单击应用自定义的边框样式，并取消不需要的表格边框，然后单击“确定”按钮，如图 3-295 所示。

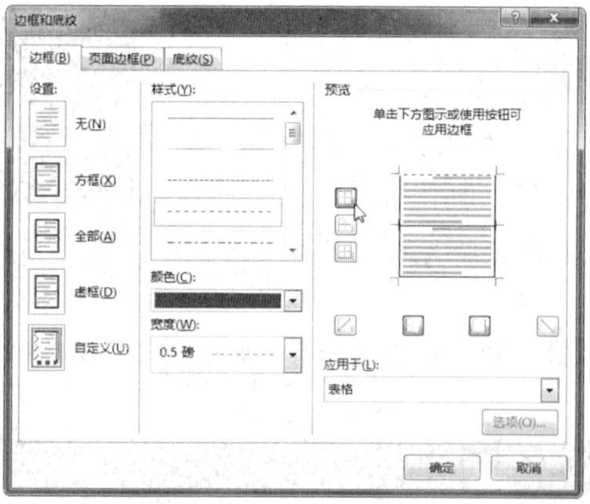

图 3-294 设置边框样式

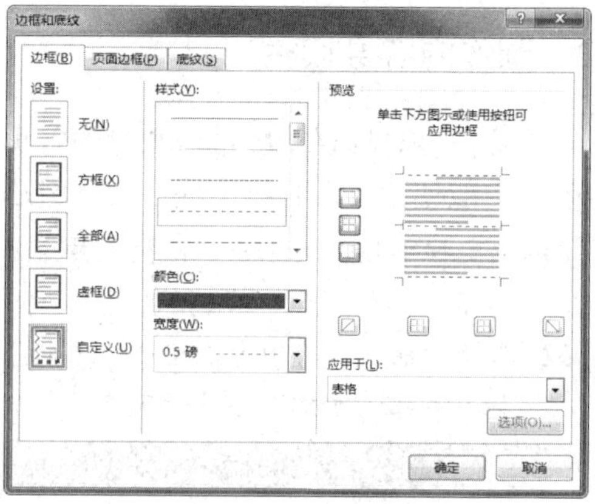

图 3-295 应用边框

Step07 查看设置的表格边框效果，如图 3-296 所示。

Step08 为了便于调整表格大小，可以设置显示表格虚框。选择“布局”选项卡，单击“查看网格线”按钮，如图 3-297 所示。

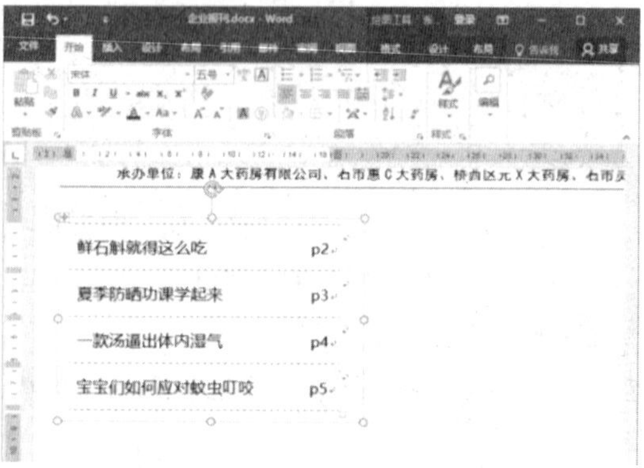

图 3-296 设置表格边框效果

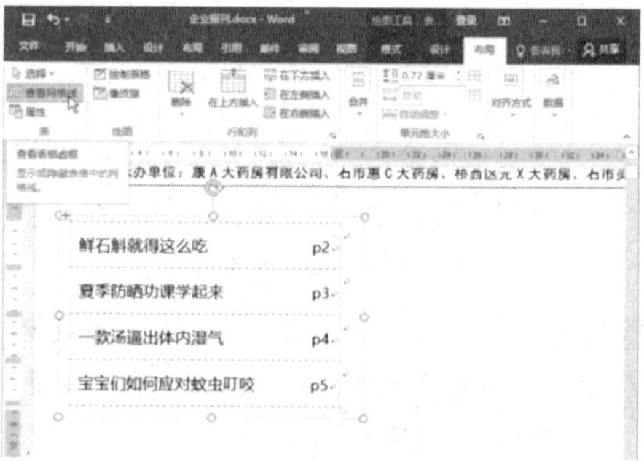

图 3-297 显示网格线

Step09 在文档中插入“平行四边形”形状，拖动形状左侧和下方的黄色控制柄○，调整形状样式，如图 3-298 所示。

Step10 在形状中输入文本，并为形状应用阴影样式，如图 3-299 所示。

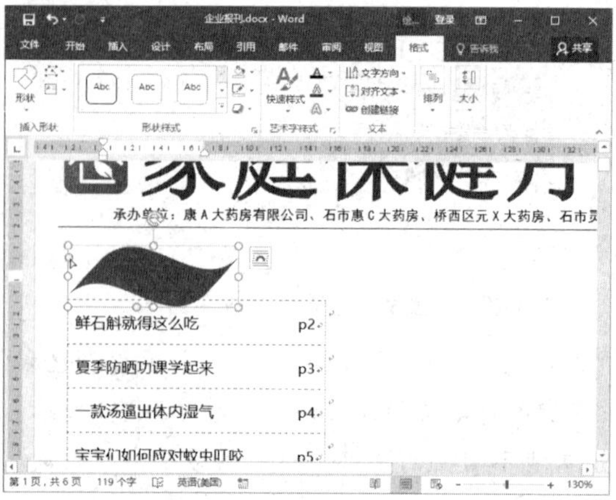

图 3-298 插入形状

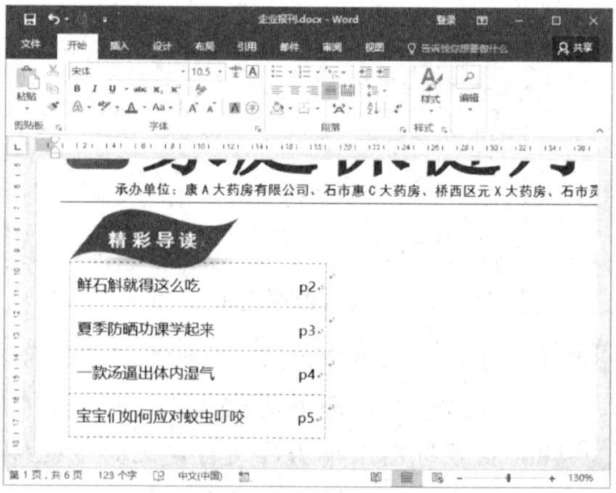

图 3-299 输入文本

3.6.3　编排首页内容

期刊的首页一般放置比较重要或读者最关注的内容，为了便于排版，可以使用文本框进行设计，具体操作方法如下所述。

Step 01 在文档中插入文本框，输入文本并设置字体格式，如图 3-300 所示。

Step 02 选择“格式”选项卡，在“形状样式”组中单击“形状填充”下拉按钮，选择所需的颜色，如图 3-301 所示。

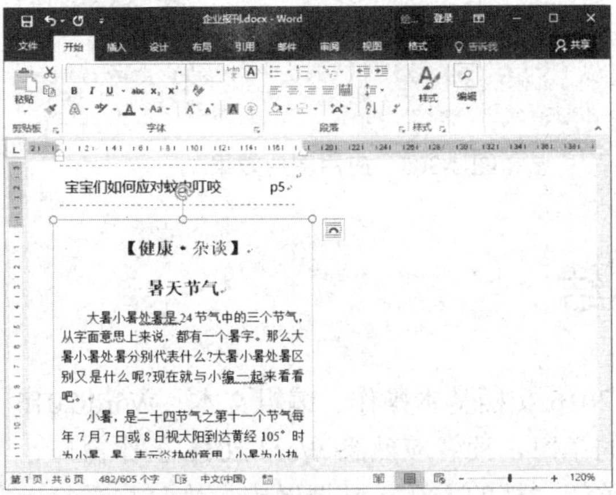

图 3-300　插入文本框并输入文本

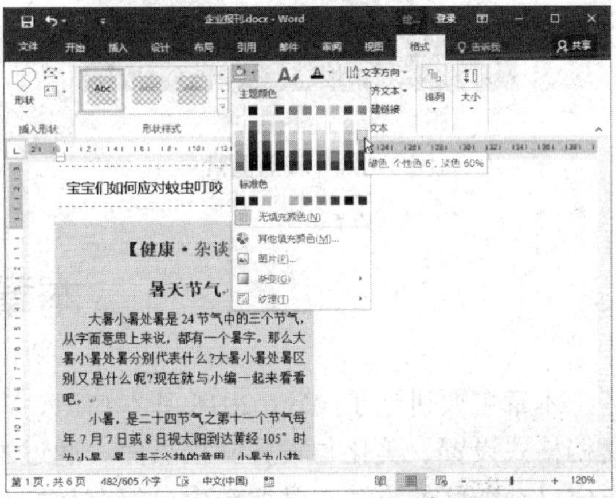

图 3-301　设置文本框填充颜色

Step 03 在文档中插入文本框并设置虚线边框，输入所需的文本并设置字体格式。将光标定位在要插入图片的位置，如图 3-302 所示。

Step 04 在文档中插入图片，选择“格式”选项卡，单击“裁剪”按钮，如图 3-303 所示。

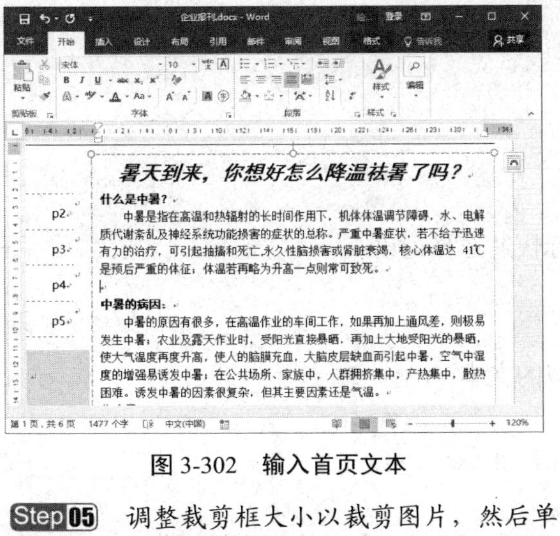

图 3-302　输入首页文本

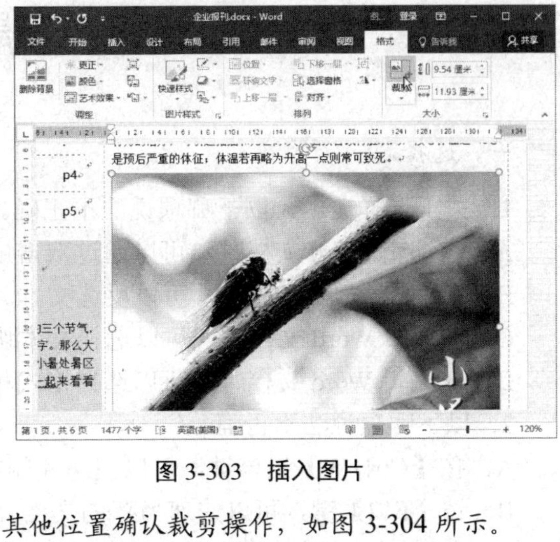

图 3-303　插入图片

Step 05 调整裁剪框大小以裁剪图片，然后单击其他位置确认裁剪操作，如图 3-304 所示。

Step 06 选择图片，选择“格式”选项卡，在“调整”组中单击“艺术效果”下拉按钮，选择所需的图片效果，如图 3-305 所示。

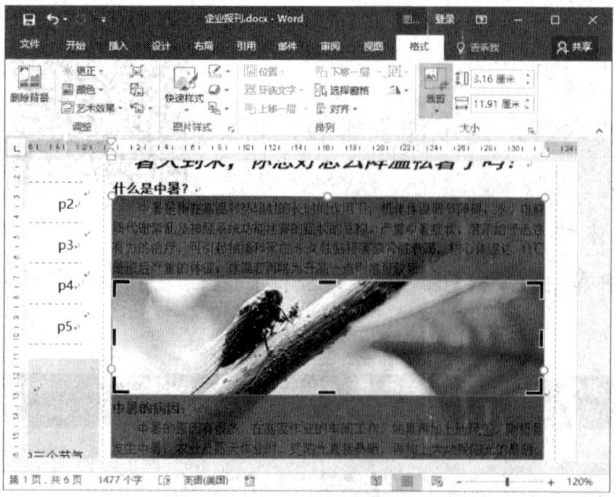

图 3-304　裁剪图片

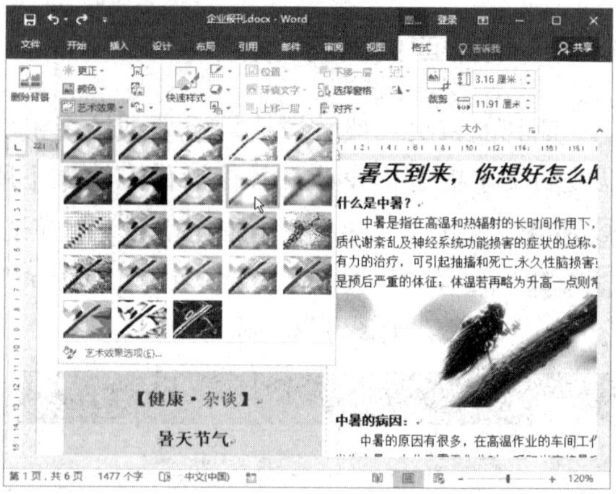

图 3-305　应用图片效果

本章小结

本章主要讲述了 Word 2016 基本知识、Word 2016 文档基本操作、编辑文本、Word 2016 文档格式设置、美化与设置文档页面。通过本章的学习，读者应熟悉 Word 2016 工作窗口、自定义功能区的方法；掌握新建、保存、打开与关闭文档的方法；掌握撤销、恢复与重复操作的方法；掌握选择、复制、剪切、删除查找与替换文本的方法；掌握设置文本和段落格式的方法，了解如何添加项目符号和变化；了解如何插入与编辑图片，如何使用形状和文本框，如何使用 SmartArt 图形；掌握如何设置文档页面格式，如何添加目录与脚注。

习题 3

一、选择题

1．关于选择文本，以下哪项说法不正确。（　）

A．在编辑 Word 文档时，可以通过双击鼠标快速选择词语

B．在编辑 Word 文档时，可以反选文本

C．在编辑 Word 文档时，可以选择文本块

D．在编辑 Word 文档时，可以选择格式相似的文本

2．以下哪项说法不正确。（　）

A．按【Ctrl+W】组合键，可以快速关闭文档

B．按【F12】键，可以快速另存为文档

C．在编辑文档时，要返回到前几步操作，可以按【Ctrl+Z】组合键撤销操作

D．只能通过“视图”选项卡切换文档视图

3．以下哪项不属于文本格式设置。（　）

A．字体格式　　　　B．字体大小　　　　C．对齐方式　　　　D．文本效果

4．下面哪项不属于段落缩进方式。（　）

A．悬挂缩进　　　　B．首行缩进　　　　C．右缩进　　　　D．首字下沉

3．关于样式，以下哪项说法不正确。（　）

A．使用 Word 2016 中的内置样式可以快速排版文档

B．样式可以应用于标题、段落和列表

C．在使用样式时，可以手动更新或自动更新文档样式

D．若不需要 Word 文档的内置样式，可以将其删除

二、填空题

1．为了便于操作，可以将常用的命令添加到________________。

2．在编辑 Word 文档时，若要重复上一步操作，可以按________组合键。

3．Word 2016 功能区由________、________、________、________四部分组成。

4．若要将格式复制到多个位置，需要________________。

5．段落的缩进方式主要包括________、________、________和________。

6．使用__________可以实现特殊的文本对齐方式。

三、实操题

打开“素材文件\第 3 章\装饰设计合同.docx”，如图 3-306 所示。使用查找和替换功能删除标题前面的“第×条”。

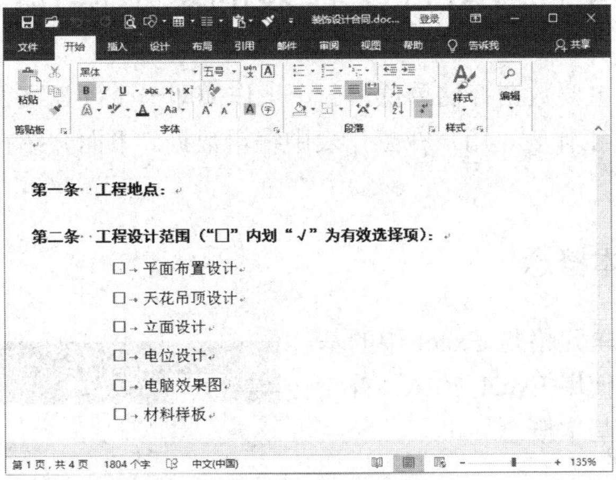
第一条 工程地点：
第二条 工程设计范围（“□”内划“√”为有效选择项）：
□ 平面布置设计
□ 天花吊顶设计
□ 立面设计
□ 电位设计
□ 电脑效果图
□ 材料样板

图 3-306　素材文件

操作提示：

（1）在“查找和替换”对话框中展开高级选项，选中“使用通配符”复选框。

（2）在“查找内容”下拉列表框中使用通配符“?”表示任一字符，将查找内容设置为“第?条??”，然后替换为空即可。

第 4 章　电子表格软件 Excel 2016

【本章概览】

Excel 是一款集电子表格、数据存储、数据处理和分析等功能于一体的办公应用软件。本章将介绍 Excel 2016 在数据编辑与处理中的基本操作，主要包括工作表的基本操作、单元格的基本操作、输入与填充数据、设置数据验证，以及使用公式和函数等。

【本章目标】

- 了解 Excel 的基本概念；掌握如何插入与删除、移动或复制、保护工作表等。
- 掌握如何选择与定位单元格、行和列操作、合并单元格，以及应用单元格格式。
- 掌握如何输入与填充数据并进行相应的操作。
- 掌握应用预设数字格式、自定义日期格式、自定义数字格式的准则。
- 掌握公式和函数的应用。

4.1　Excel 工作表的基本操作

工作簿是 Excel 的主要数据存储单位，一个工作簿即一个硬盘文件。在默认情况下，工作簿中包含一张 Sheet1 工作表，用户在工作表中编辑数据。下面介绍在编辑数据前对工作表的基本操作。

4.1.1　Excel 中的基本概念

工作簿、工作表和单元格是 Excel 中的基本操作对象，若要熟练使用 Excel 2016，首先要了解这些操作对象的基本概念。

1. 工作簿和工作表

启动 Excel 2016 后，系统会自动创建一个名为“工作簿 1”的文档，该文档就是工作簿。在默认情况下，工作簿中包含一张 Sheet1 工作表，用户可以在工作簿中创建新工作表，默认新工作表以 Sheet2、Sheet3 等命名，双击工作表可以进行重命名，如图 4-1 所示。

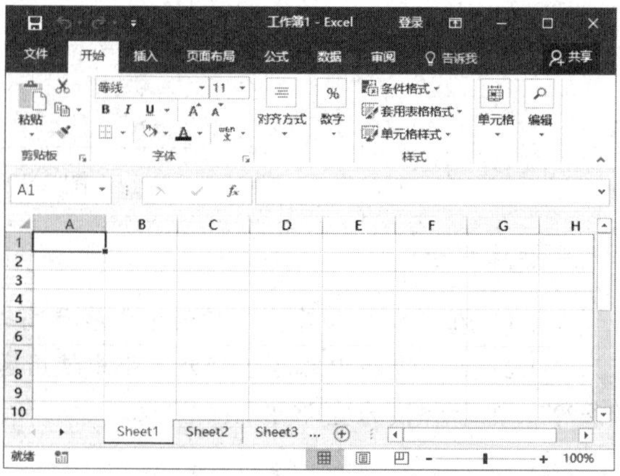

图 4-1　Excel 工作簿窗口

工作簿与工作表的关系就像是一本书与书中每一页的关系。工作簿是“书”，而每个工作表则相当于书中的每一页。

2. 单元格

行与列的交叉即称之为单元格，单元格位于编辑区中。每张工作表都包含许多单元格，它是 Excel 中最基本的存储和处理数据的单位。

任何一个单元格均可由列标和行号组合确定，列标由 A、B、C 等字母来表示，行号由 1、2、3 等数字来表示。例如，C8 表示第 C 列、第 8 行的单元格，如图 4-2 所示。

若要表示一个连续的单元格区域，可用该区域左上角和右下角的单元格来表示，中间用冒号“:”分隔。例如，B4:D11 表示从单元格 B4 到单元格 D11 的区域，如图 4-3 所示。

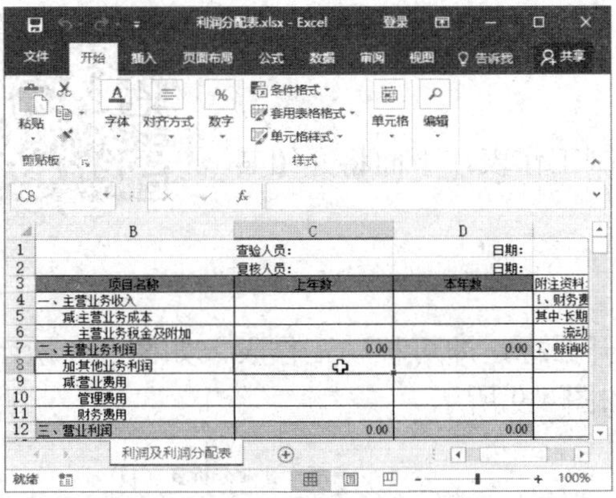

图 4-2　单元格

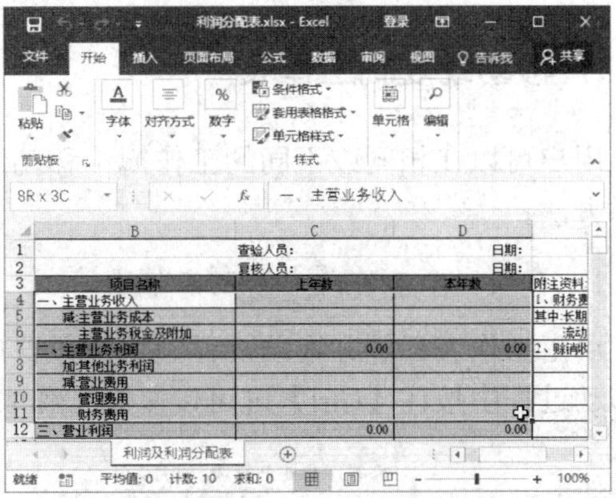

图 4-3　单元格区域

4.1.2　插入与删除工作表

用户可以在一个工作簿中插入多个工作表，以编辑不同类别的数据。若不再需要某个工作表，则可以将其删除。插入与删除工作表的具体操作方法如下所述。

Step 01 打开“素材文件\第 4 章\餐厅营业分析表.xlsx”，单击工作表标签右侧的“新工作表”按钮⊕，如图 4-4 所示。

Step 02 在当前所选工作表的右侧插入一个新的工作表，如图 4-5 所示。

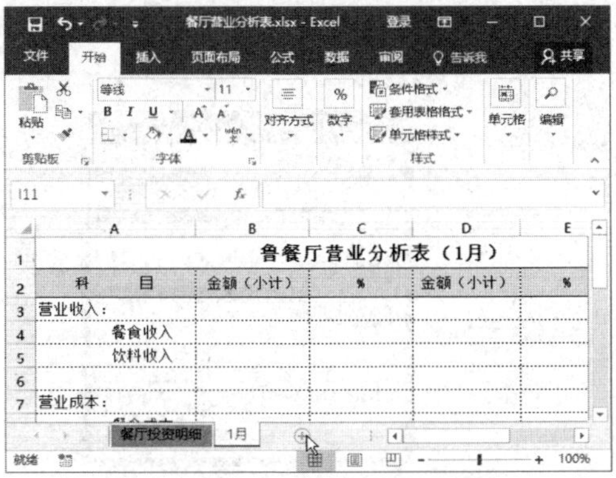

图 4-4　单击“新工作表”按钮

图 4-5　插入工作表

Step 03 右击工作表标签，在弹出的快捷菜单中选择“删除”命令，如图 4-6 所示。

Step 04 弹出提示信息框，单击“确定”按钮，即可删除工作表，如图 4-7 所示。需要注意的是，删除工作表的操作无法进行撤销。

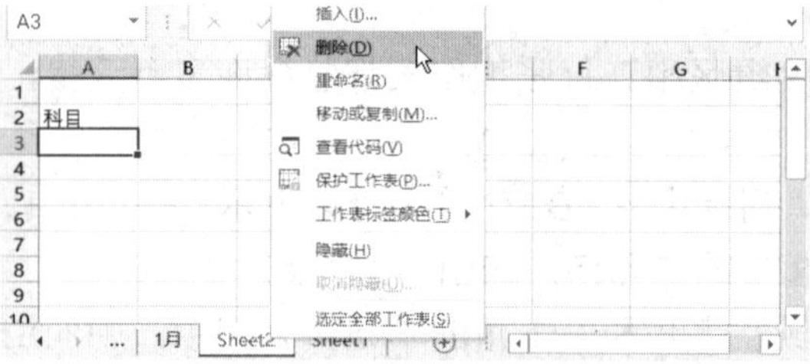

图 4-6　选择“删除”命令

图 4-7　确认删除工作表

4.1.3　移动或复制工作表

用户可以在相同或不同的工作簿中移动或复制工作表，下面将介绍其操作方法。

1. 在同一个工作簿内移动工作表

单击工作表标签并拖动，移到目标位置后松开鼠标，即可移动工作表，如图 4-8 所示。在移动过程中按住【Ctrl】键可以复制工作表，如图 4-9 所示。

图 4-8　移动工作表

图 4-9　复制工作表

2. 在不同工作簿内移动工作表

若要将工作表中的数据移到其他工作簿中，不需要复制数据，只需设置移动工作表即可。要在不同工作簿内移动工作表，需先打开目标工作簿，具体操作方法如下所述。

Step 01 右击需要移动的工作表标签，选择“移动或复制”命令，如图 4-10 所示。

Step 02 弹出“移动或复制工作表”对话框，在“工作簿”下拉列表中选择要移入的工作簿，如图 4-11 所示。

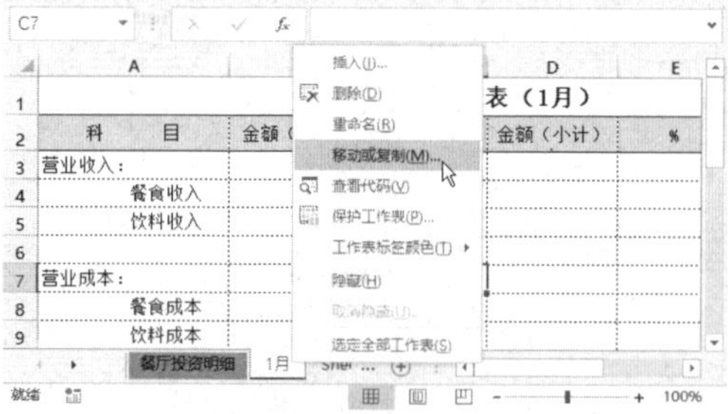

图 4-10　选择“移动或复制”命令

图 4-11　选择目标工作簿

Step 03 选择移动位置，若要在本工作簿中保留该工作表，则选中“建立副本”复选框，然后单击“确定”按钮，如图 4-12 所示。

Step 03 将工作表移到所选的工作簿中，效果如图 4-13 所示。

图 4-12　设置建立副本

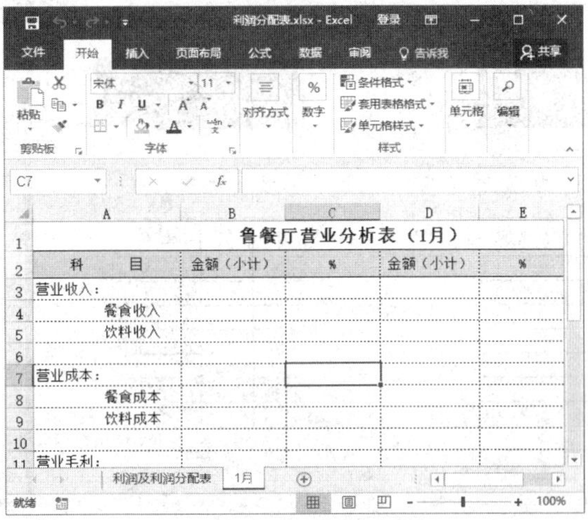

图 4-13　移动工作簿效果

4.1.4　保护工作表

在 Excel 2016 中可以管理各种各样的数据，这些数据中可能有共享的内容，也可能有重要且不能外泄的资料。为了避免工作表和单元格数据被别人随意改动，可以将工作表保护起来，具体操作方法如下所述。

Step 01 打开“素材文件\第 4 章\发票.xlsx”，单击工作表左上方的◢按钮全选工作表，在工作表上右击，选择“设置单元格格式”命令，如图 4-14 所示。

Step 02 弹出“设置单元格格式”对话框，选择“保护”选项卡，选中“锁定”复选框，然后单击“确定”按钮，如图 4-15 所示。

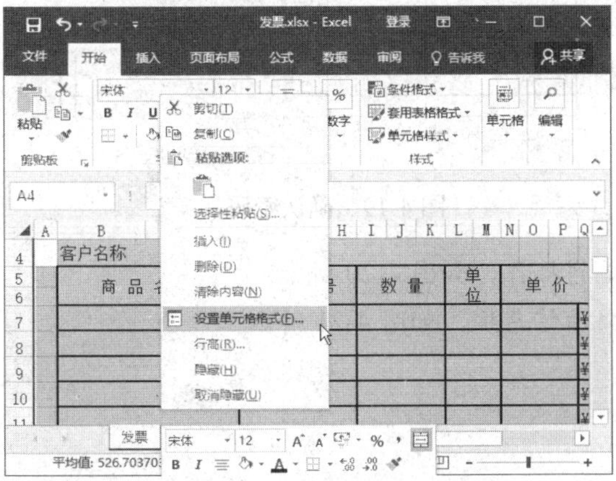

图 4-14　选择“设置单元格格式”命令

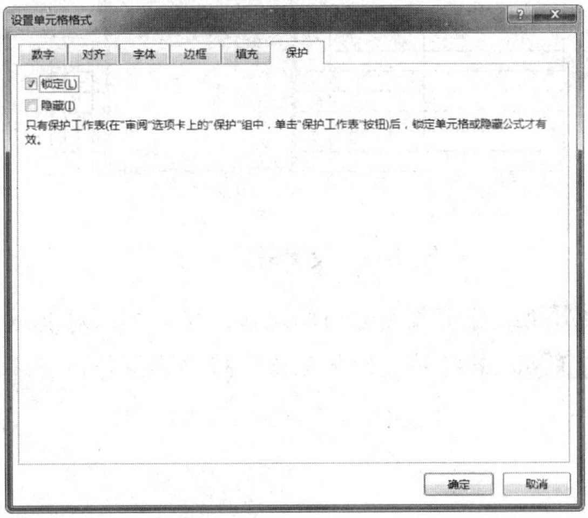

图 4-15　锁定单元格

Step 03 选择要输入数据的单元格区域并右击，选择“设置单元格格式”命令，如图 4-16 所示。

Step 04 弹出“设置单元格格式”对话框，取消选择“锁定”复选框，然后单击“确定”按钮，如图 4-17 所示。

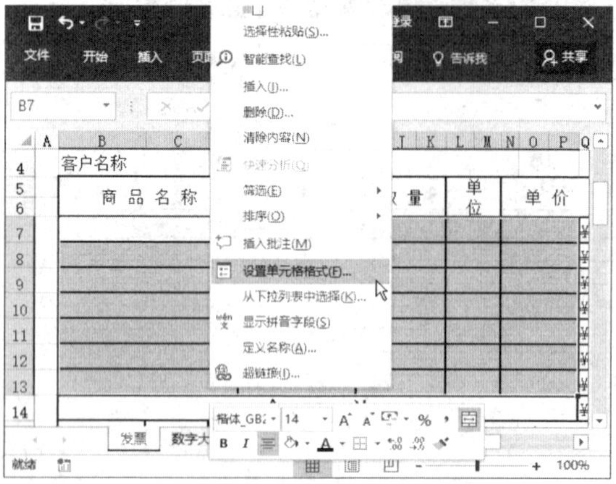

图 4-16 选择“设置单元格格式”命令

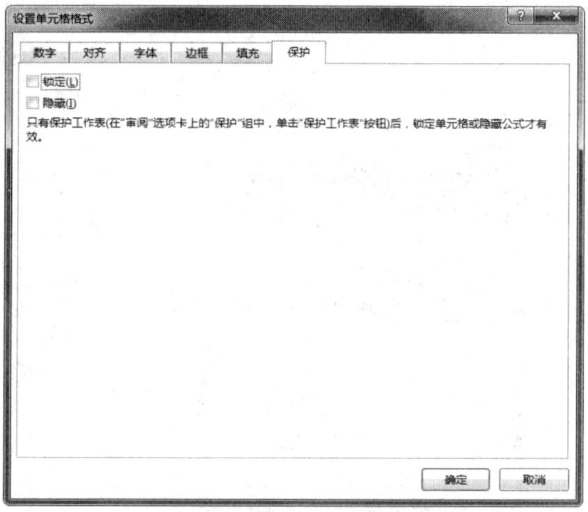

图 4-17 取消锁定单元格

Step 05 选择“审阅”选项卡，在“更改”组中单击“保护工作表”按钮，弹出“保护工作表”对话框，选中“保护工作表及锁定的单元格内容”复选框，输入密码，根据需要选择允许用户进行的操作，然后单击“确定”按钮，如图 4-18 所示。

Step 06 弹出“确认密码”对话框，再次输入密码，然后单击“确定”按钮，如图 4-19 所示。

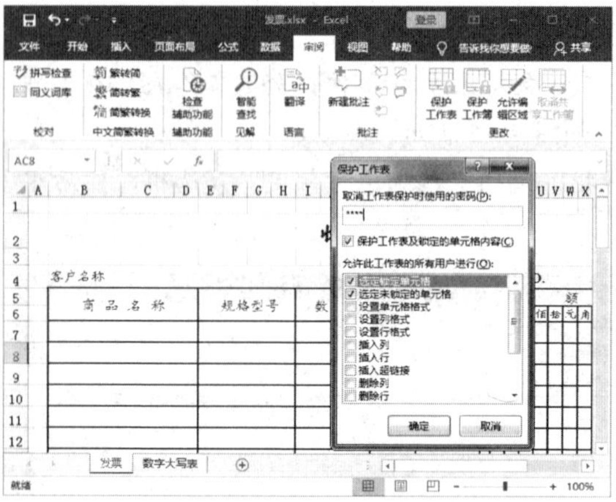

图 4-18 设置保护密码

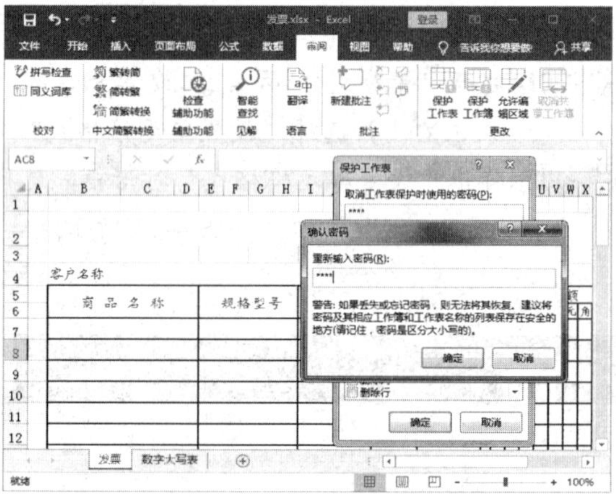

图 4-19 确认密码

Step 07 对于未锁定的单元格，用户可以对其进行编辑操作，如图 4-20 所示。

Step 08 若对锁定的单元格进行编辑操作，将弹出提示信息框，如图 4-21 所示。

图 4-20 编辑未锁定单元格

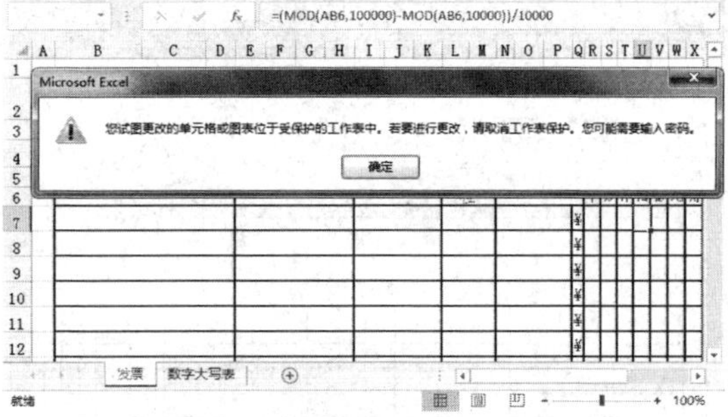

图 4-21 设置保护工作表效果

4.1.5 使用密码保护可编辑区域

若要设置某些可编辑单元格区域只为特定的人员开放，可以为这些单元格区域添加保护密码，具体操作方法如下所述。

Step 01 在“审阅”选项卡下单击“撤销工作表保护”按钮，在弹出的提示信息框中输入密码，然后单击“确定”按钮，如图 4-22 所示。

Step 02 选择所有单元格，按【Ctrl+1】组合键弹出“设置单元格格式”对话框，选中“锁定”复选框，然后单击“确定”按钮，如图 4-23 所示。

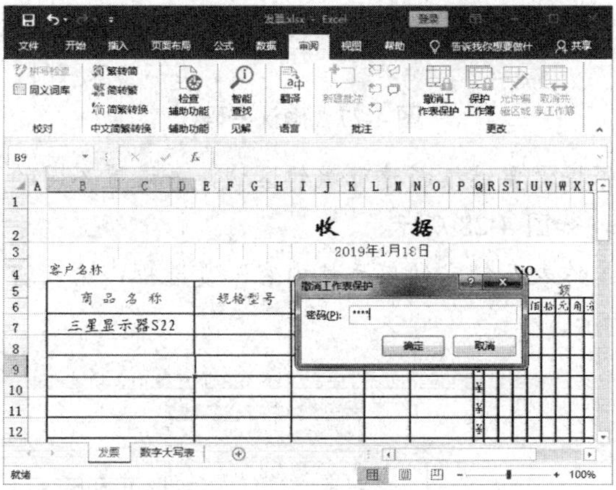

图 4-22 撤销工作表保护

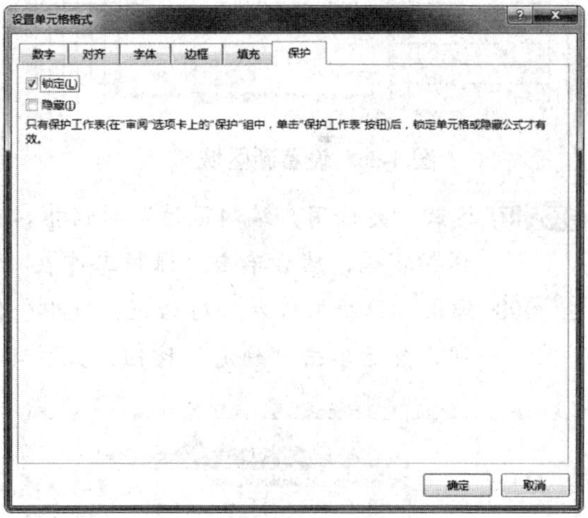

图 4-23 锁定单元格

Step 03 在工作表中选择允许编辑的单元格区域(若要选择不连续的单元格区域，可在按住【Ctrl】键的同时进行选择)，选择“审阅”选项卡，在“更改”组中单击“允许编辑区域”按钮，如图 4-24 所示。

Step 04 弹出“允许用户编辑区域”对话框，单击“新建”按钮，如图 4-25 所示。

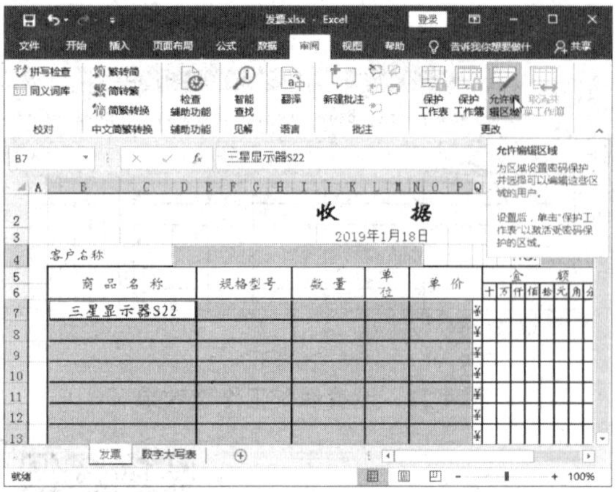

图 4-24　选择允许编辑的单元格区域

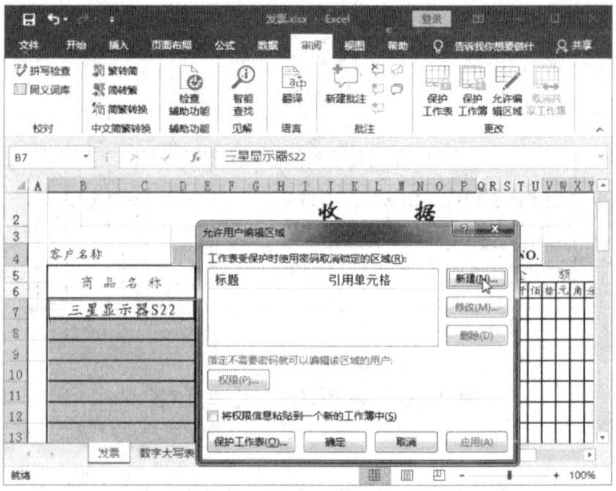

图 4-25　“允许用户编辑区域”对话框

Step 05 弹出“新区域”对话框，在“引用单元格”文本框中会自动填充所选的单元格区域，输入区域标题和密码，然后单击“确定”按钮，如图 4-26 所示。

Step 06 弹出“确认密码”对话框，重新输入区域密码，然后单击“确定”按钮，如图 4-27 所示。

图 4-26　设置新区域

图 4-27　确认密码

Step 07 返回“允许用户编辑区域”对话框，可以根据需要继续新建可编辑区域，并设置不同的保护密码，然后单击“保护工作表”按钮，如图 4-28 所示。

Step 08 弹出“保护工作表”对话框，选中“保护工作表及锁定的单元格内容”复选框，输入密码，然后单击“确定”按钮，如图 4-29 所示。

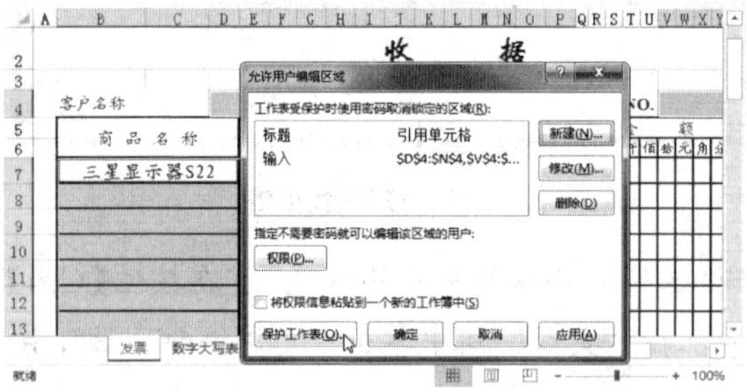

图 4-28　单击“保护工作表”按钮

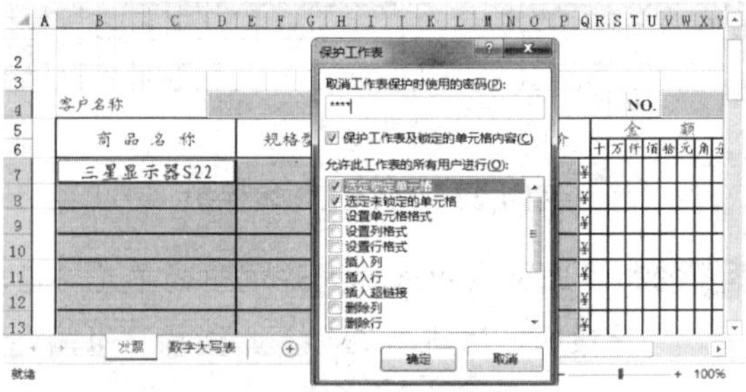

图 4-29　设置保护工作表密码

Step 09 弹出“确认密码”对话框，再次输入密码，然后单击“确定”按钮，如图 4-30 所示。

Step 10 此时，双击可编辑区域的单元格，将弹出“取消锁定区域”对话框，输入区域密码，然后单击“确定”按钮，即可编辑单元格，如图 4-31 所示。

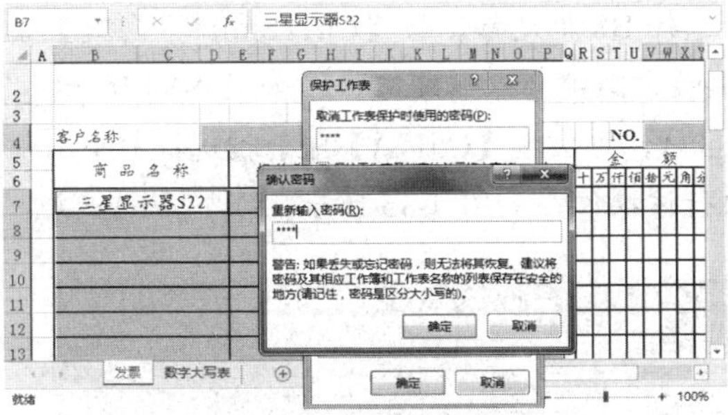

图 4-30　确认密码

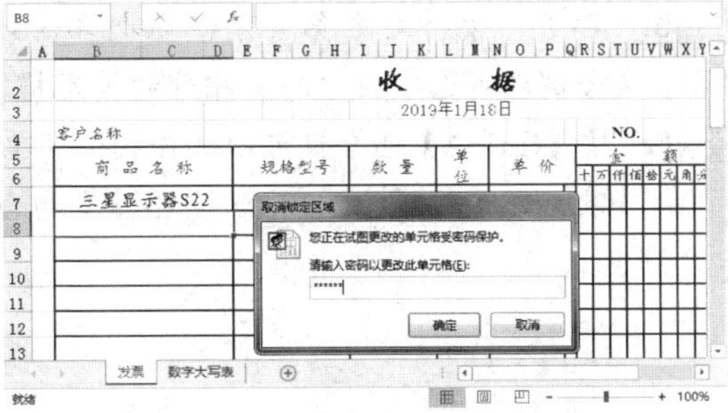

图 4-31　可编辑区域保护效果

4.1.6　保护工作簿结构

若要防止其他用户对工作表进行隐藏、添加、移动、删除或重命名操作，或者防止用户设置单元格格式，可以使用密码保护 Excel 工作簿的结构，具体操作方法如下所述。

Step 01 在“审阅”选项卡下“更改”组中单击“保护工作簿”按钮，弹出“保护结构和窗口”对话框，输入并确认保护密码，然后单击“确定”按钮，如图 4-32 所示。

Step 02 选择“开始”选项卡，可以看到大多数命令变得不可用，如图 4-33 所示。

图 4-32　设置保护工作簿密码

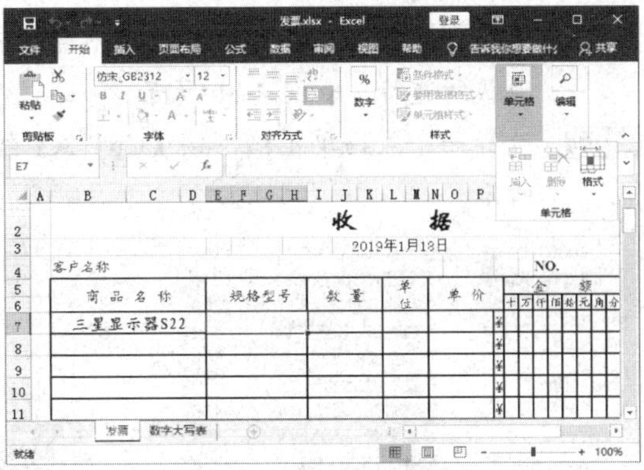

图 4-33　保护工作簿效果

4.2　Excel 单元格的基本操作

单元格是 Excel 存储数据的最小单元，大量数据都存储在单元格中，许多操作也是针对单元格进行的，因此熟练掌握单元格操作是使用 Excel 的重要前提。下面详细讲解 Excel 单元格的基本操作。

4.2.1　选择与定位单元格

在对表格数据进行处理之前，应先选择与定位单元格。在 Excel 2016 中可以通过多种方法选择与定位单元格，具体操作方法如下所述。

Step01 打开“素材文件\第 4 章\产品订单.xlsx”，选择 B8 单元格，按【Ctrl+Shift+方向键】组合键即可选择该方向上相邻的单元格，再次按方向键可以继续选择，如图 4-34 所示。

Step02 按【Ctrl+A】组合键可以选择相邻的单元格区域，再次按【Ctrl+A】组合键选择整个工作表。还可按【Ctrl+Shift+空格键】组合键执行该操作，如图 4-35 所示。

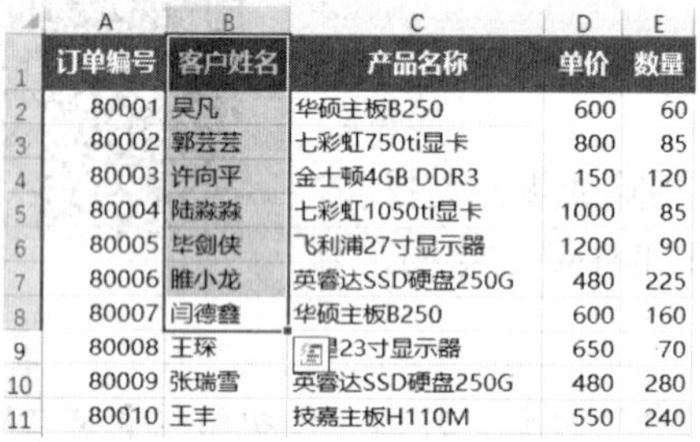

图 4-34 快速选择相邻单元格

图 4-35 全选工作表

Step03 单击行号或列标即可选择行或列，单击行号并拖动可以选择多行，按住【Ctrl】键的同时单击行号或拖动鼠标可以选择不连续的多行。右击选择的行，选择“隐藏”命令，即可隐藏所选行，如图 4-36 所示。

Step04 选择一个数据单元格，按【Ctrl+A】组合键，即可选择整个数据单元格区域，如图 4-37 所示。

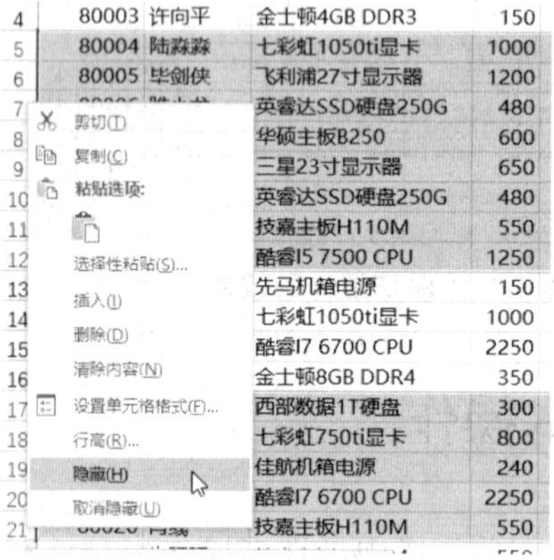

图 4-36 设置隐藏行

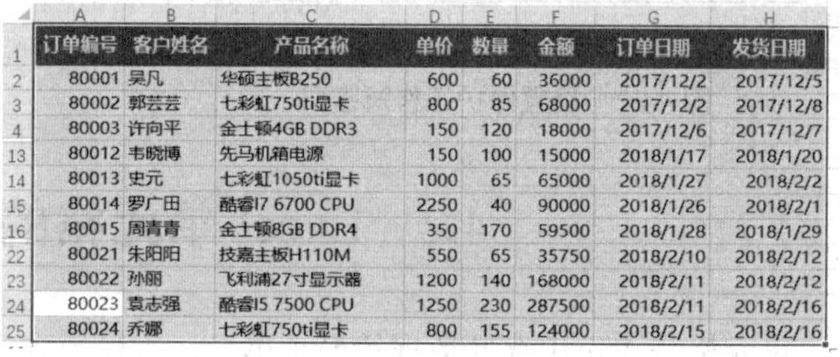

图 4-37 全选数据单元格区域

Step05 按【Alt+;】组合键即可选择可见单元格区域，不包括隐藏区域的单元格，如图 4-38 所示。

Step06 拖动鼠标或按住【Shift】键的同时单击可选择连续的单元格区域，按住【Ctrl】键的同时拖动鼠标可选择不连续的单元格，如图 4-39 所示。

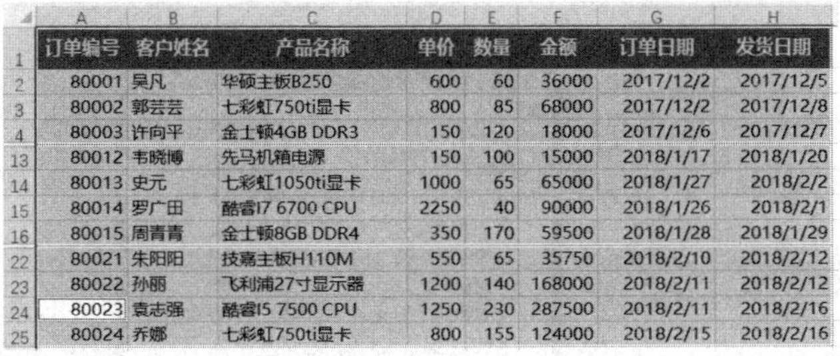

	A	B	C	D	E	F	G	H
1	订单编号	客户姓名	产品名称	单价	数量	金额	订单日期	发货日期
2	80001	吴凡	华硕主板B250	600	60	36000	2017/12/2	2017/12/5
3	80002	郭芸芸	七彩虹750ti显卡	800	85	68000	2017/12/2	2017/12/8
4	80003	许向平	金士顿4GB DDR3	150	120	18000	2017/12/6	2017/12/7
13	80012	韦晓博	先马机箱电源	150	100	15000	2018/1/17	2018/1/20
14	80013	史元	七彩虹1050ti显卡	1000	65	65000	2018/1/27	2018/2/2
15	80014	罗广田	酷睿I7 6700 CPU	2250	40	90000	2018/1/26	2018/2/1
16	80015	周青青	金士顿8GB DDR4	350	170	59500	2018/1/28	2018/1/29
22	80021	朱阳阳	技嘉主板H110M	550	65	35750	2018/2/10	2018/2/12
23	80022	孙丽	飞利浦27寸显示器	1200	140	168000	2018/2/11	2018/2/12
24	80023	袁志强	酷睿I5 7500 CPU	1250	230	287500	2018/2/11	2018/2/16
25	80024	乔娜	七彩虹750ti显卡	800	155	124000	2018/2/15	2018/2/16

图 4-38　选择可见单元格

	A	B	C	D
1	订单编号	客户姓名	产品名称	单价
2	80001	吴凡	华硕主板B250	600
3	80002	郭芸芸	七彩虹750ti显卡	800
4	80003	许向平	金士顿4GB DDR3	150
5	80004	陆淼淼	七彩虹1050ti显卡	1000
6	80005	毕剑侠	飞利浦27寸显示器	1200
7	80006	雎小龙	英睿达SSD硬盘250G	480
8	80007	闫德鑫	华硕主板B250	600
9	80008	王琛	三星23寸显示器	650
10	80009	张瑞雪	英睿达SSD硬盘250G	480
11	80010	王丰	技嘉主板H110M	550
12	80011	骆辉	酷睿I5 7500 CPU	1250
13	80012	韦晓博	先马机箱电源	150
14	80013	史元	七彩虹1050ti显卡	1000
15	80014	罗广田	酷睿I7 6700 CPU	2250

图 4-39　选择不连续的单元格区域

Step07 按【F5】键打开“定位”对话框，在“引用位置”文本框中输入单元格引用或单元格区域引用，然后单击“确定”按钮，即可选择相应的单元格或单元格区域，如图 4-40 所示。

Step08 选择单元格后按住【Ctrl+方向键】组合键，即可定位到所选单元格相应方向的端点单元格，如图 4-41 所示。

图 4-40　“定位”对话框

	A	B	C	D	E	F	G	H
1	订单编号	客户姓名	产品名称	单价	数量	金额	订单日期	发货日期
2	80001	吴凡	华硕主板B250	600	60	36000	2017/12/2	2017/12/5
3	80002	郭芸芸	七彩虹750ti显卡	800	85	68000	2017/12/2	2017/12/8
4	80003	许向平	金士顿4GB DDR3	150	120	18000	2017/12/6	2017/12/7
5	80004	陆淼淼	七彩虹1050ti显卡	1000	85	85000	2017/12/10	2017/12/16
6	80005	毕剑侠	飞利浦27寸显示器	1200	90	108000	2017/12/25	2017/12/29
7	80006	雎小龙	英睿达SSD硬盘250G	480	225	108000	2017/12/25	2017/12/27
8	80007	闫德鑫	华硕主板B250	600	160	96000	2018/1/3	2018/1/5
9	80008	王琛	三星23寸显示器	650	70	45500	2018/1/3	2018/1/4
10	80009	张瑞雪	英睿达SSD硬盘250G	480	280	134400	2018/1/7	2018/1/10
11	80010	王丰	技嘉主板H110M	550	240	132000	2018/1/11	2018/1/18
12	80011	骆辉	酷睿I5 7500 CPU	1250	55	68750	2018/1/15	2018/1/16
13	80012	韦晓博	先马机箱电源	150	100	15000	2018/1/17	2018/1/20
14	80013	史元	七彩虹1050ti显卡	1000	65	65000	2018/1/27	2018/2/2
15	80014	罗广田	酷睿I7 6700 CPU	2250	40	90000	2018/1/26	2018/2/1
16	80015	周青青	金士顿8GB DDR4	350	170	59500	2018/1/28	2018/1/29
17	80016	何微渺	西部数据1T硬盘	300	310	93000	2018/1/28	2018/1/30

图 4-41　定位端点单元格

Step09 选择单元格区域后按【Tab】键，可以逐个定位单元格，按【Shift+Tab】组合键可以逆向操作，如图 4-42 所示。

Step10 选择单元格后，将鼠标指针置于单元格边框上，当其变为✥样式时双击，即可快速定位到数据表相应方向的末端单元格，如图 4-43 所示。

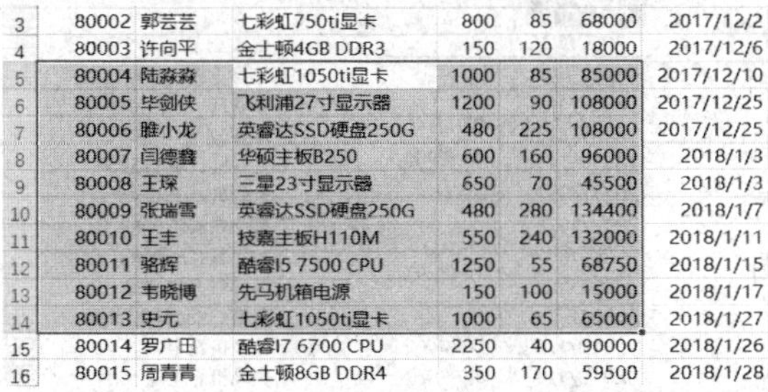

3	80002	郭芸芸	七彩虹750ti显卡	800	85	68000	2017/12/2
4	80003	许向平	金士顿4GB DDR3	150	120	18000	2017/12/6
5	80004	陆淼淼	七彩虹1050ti显卡	1000	85	85000	2017/12/10
6	80005	毕剑侠	飞利浦27寸显示器	1200	90	108000	2017/12/25
7	80006	雎小龙	英睿达SSD硬盘250G	480	225	108000	2017/12/25
8	80007	闫德鑫	华硕主板B250	600	160	96000	2018/1/3
9	80008	王琛	三星23寸显示器	650	70	45500	2018/1/3
10	80009	张瑞雪	英睿达SSD硬盘250G	480	280	134400	2018/1/7
11	80010	王丰	技嘉主板H110M	550	240	132000	2018/1/11
12	80011	骆辉	酷睿I5 7500 CPU	1250	55	68750	2018/1/15
13	80012	韦晓博	先马机箱电源	150	100	15000	2018/1/17
14	80013	史元	七彩虹1050ti显卡	1000	65	65000	2018/1/27
15	80014	罗广田	酷睿I7 6700 CPU	2250	40	90000	2018/1/26
16	80015	周青青	金士顿8GB DDR4	350	170	59500	2018/1/28

图 4-42　在所选单元格区域定位单元格

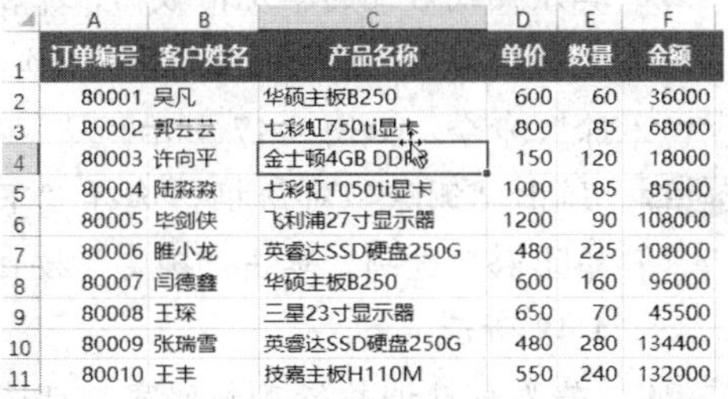

	A	B	C	D	E	F
1	订单编号	客户姓名	产品名称	单价	数量	金额
2	80001	吴凡	华硕主板B250	600	60	36000
3	80002	郭芸芸	七彩虹750ti显卡	800	85	68000
4	80003	许向平	金士顿4GB DDR3	150	120	18000
5	80004	陆淼淼	七彩虹1050ti显卡	1000	85	85000
6	80005	毕剑侠	飞利浦27寸显示器	1200	90	108000
7	80006	雎小龙	英睿达SSD硬盘250G	480	225	108000
8	80007	闫德鑫	华硕主板B250	600	160	96000
9	80008	王琛	三星23寸显示器	650	70	45500
10	80009	张瑞雪	英睿达SSD硬盘250G	480	280	134400
11	80010	王丰	技嘉主板H110M	550	240	132000

图 4-43　在所选单元格边框上双击

Step11 在“开始”选项卡下“编辑”组中单击“查找和选择”下拉按钮，选择要定位的项目，在此选择“定位条件”选项，如图 4-44 所示。

Step 12 弹出“定位条件”对话框，选择要定位的选项，如选中“常量”单选按钮，然后单击“确定”按钮，如图 4-45 所示。

图 4-44　选择“定位条件”选项

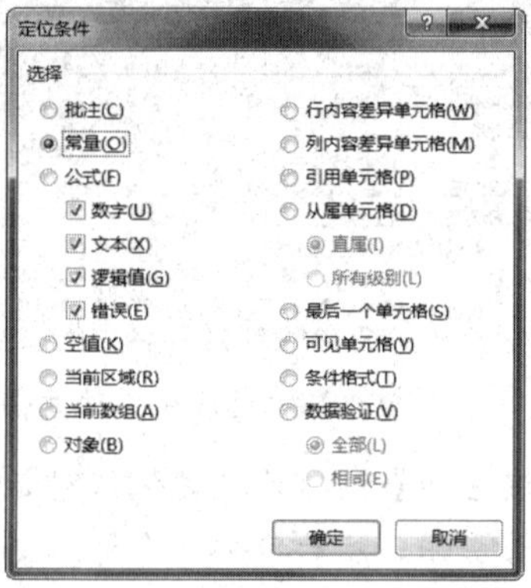

图 4-45　设置定位条件

4.2.2　行或列操作

对工作表行或列的操作主要包括插入、删除与隐藏行或列，调整行高或列宽，具体操作方法如下所述。

Step 01 选择行并右击，选择“插入”命令，或按【Ctrl++】组合键，即可快速插入行。单击“插入选项”下拉按钮，选择“与上面格式相同”选项，如图 4-46 所示。

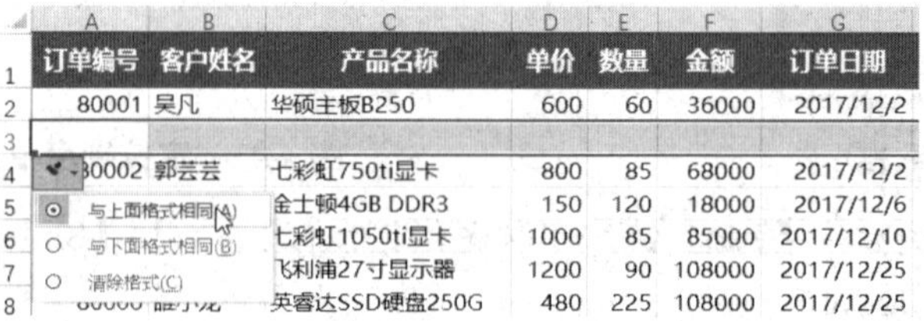

图 4-46　插入行

Step 02 在插入或删除数据单元格时，若要不影响其左侧或右侧的单元格数据，可在选择单元格后右击，选择相应的命令，如选择“删除”命令，如图 4-47 所示。

Step 03 弹出“删除”对话框，选择“下方单元格上移”选项，单击“确定”按钮，如图 4-48 所示。

Step 04 若要自动调整行高或列宽，可选择行或列，并将鼠标指针置于其分割线上，当其变为双向箭头时双击，即可自动调整行高或列宽，如图 4-49 所示。

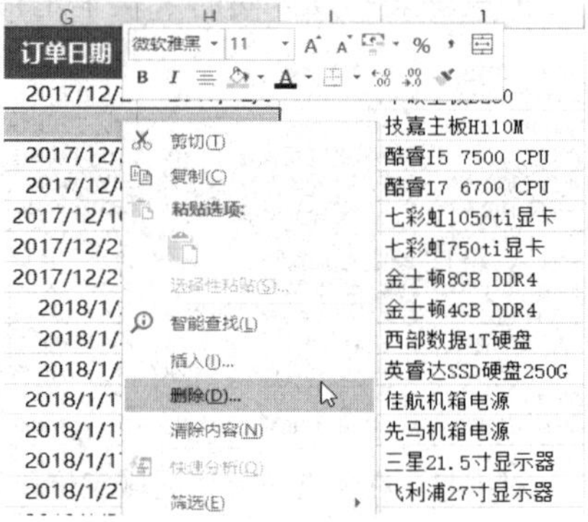

图 4-47　选择“删除”命令

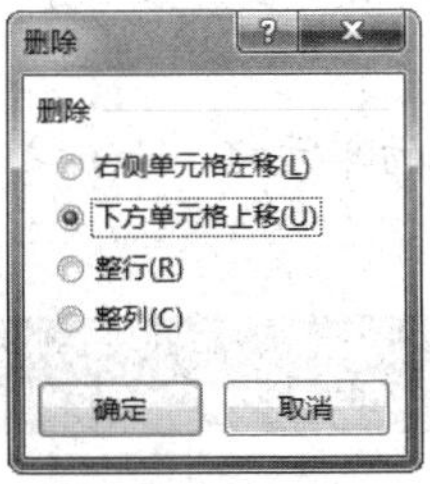

图 4-48　“删除”对话框

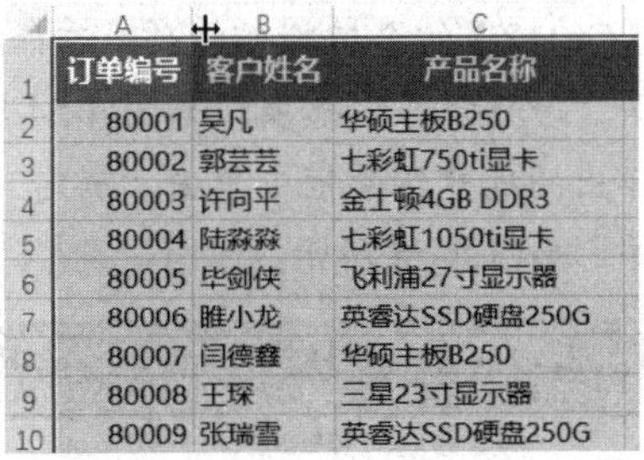

图 4-49　自动调整行高或列宽

Step 05 选择 I 列，按【Ctrl+Shift+→】组合键选择右侧的所有列并右击，选择“隐藏”命令，如图 4-50 所示。

Step 06 隐藏数据列外的所有列，效果如图 4-51 所示。

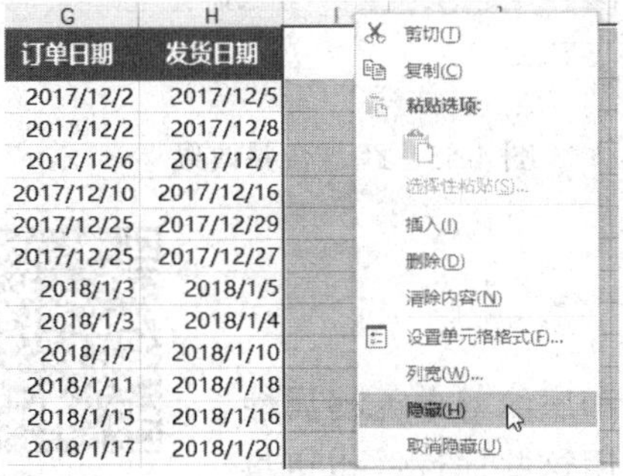

图 4-50　选择“隐藏”命令

图 4-51　隐藏列效果

4.2.3　合并单元格

合并单元格就是将相邻的单元格合并为一个单元格，合并后只保留所选区域左上角单元格中的数据内容，具体操作方法如下所述。

Step 01 打开“素材文件\第 4 章\员工工资表.xlsx”，选择要合并的单元格区域，在“对齐方式”组中单击“合并后居中”下拉按钮，选择“合并和居中”选项，如图 4-52 所示。

Step 02 将所选单元格合并为一个单元格，如图 4-53 所示。

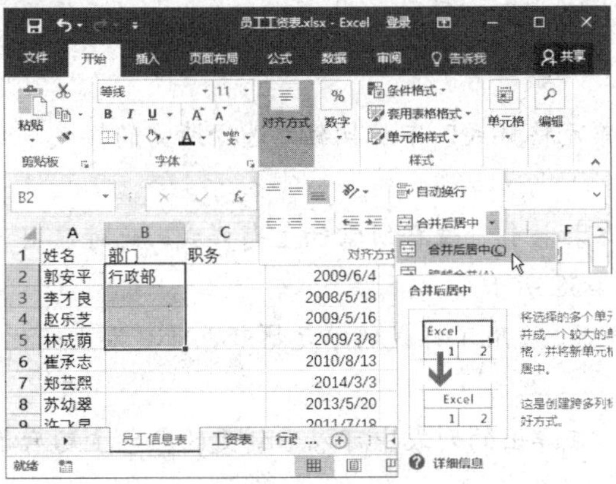

图 4-52　选择“合并后居中”选项

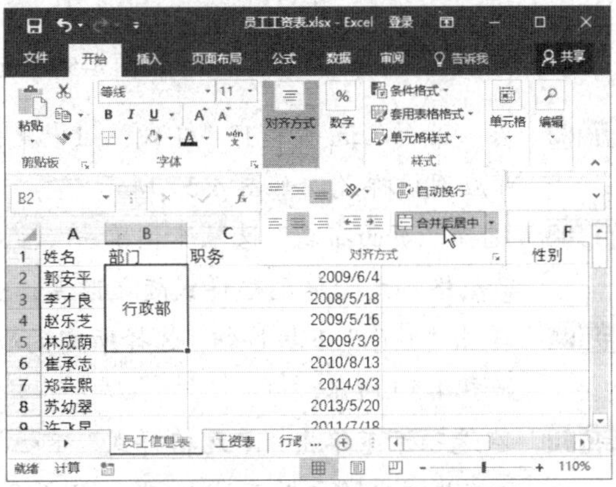

图 4-53　合并单元格效果

Step 03 按【Ctrl+Z】组合键撤销操作，选择 A2:C5 单元格区域，单击“合并后居中”下拉按钮，选择“跨越合并”选项，如图 4-54 所示。

Step 04 在弹出的提升信息框中单击“确定”按钮，即可合并每行的单元格，而行之间则不进行合并，如图 4-55 所示。

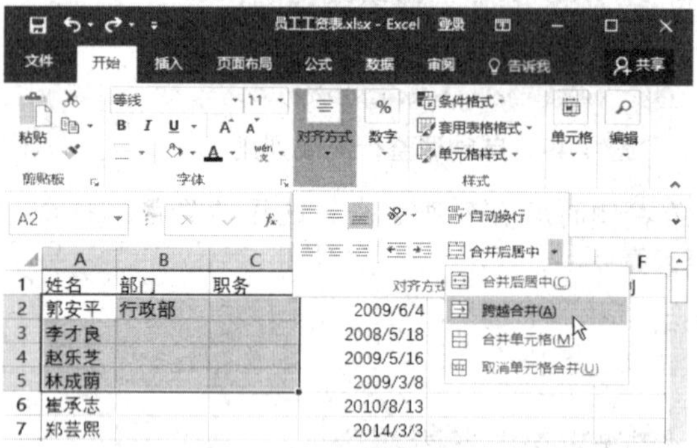

图 4-54 选择“跨越合并”选项

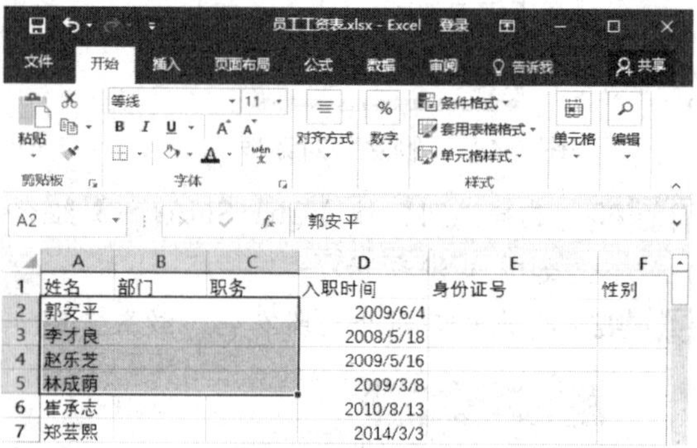

图 4-55 跨越合并效果

4.2.4 应用单元格样式

单元格样式是字体格式、数字格式、单元格边框和底纹等单元格属性的集合，通过应用单元格样式，可以快速为单元格应用这些属性，也可将自定义的单元格格式保存为单元格样式。应用单元格样式的具体操作方法如下所述。

Step 01 打开“素材文件\第 4 章\单元格样式.xlsx”，选择要应用单元格样式的单元格区域，如图 4-56 所示。

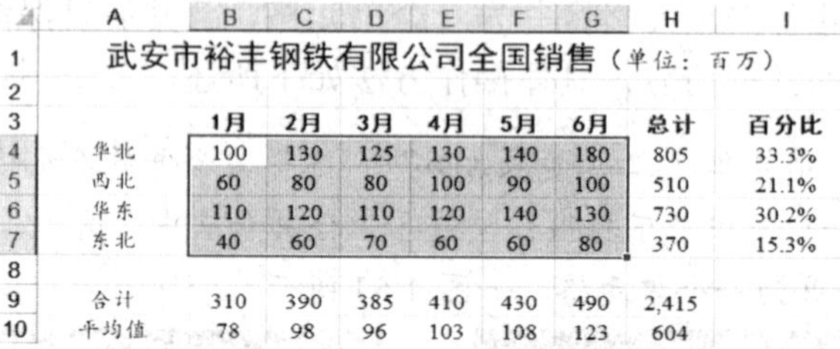

	A	B	C	D	E	F	G	H	I
1	武安市裕丰钢铁有限公司全国销售（单位：百万）								
2									
3		1月	2月	3月	4月	5月	6月	总计	百分比
4	华北	100	130	125	130	140	180	805	33.3%
5	西北	60	80	80	100	90	100	510	21.1%
6	华东	110	120	110	120	140	130	730	30.2%
7	东北	40	60	70	60	60	80	370	15.3%
8									
9	合计	310	390	385	410	430	490	2,415	
10	平均值	78	98	96	103	108	123	604	

图 4-56 选择单元格区域

Step 02 在“开始”选项卡下“样式”组中单击“单元格样式”下拉按钮，选择所需的样式，即可应用该样式，如图 4-57 所示。

Step 03 选择“页面布局”选项卡，单击“主题”下拉按钮，选择所需的主题样式，此时应用了单元格样式的单元格样式随之改变，如图 4-58 所示。

Step 04 单击“颜色”下拉按钮，选择所需的颜色样式，应用了样式的单元格颜色随之发生变化，如图 4-59 所示。

Step 05 在选项卡下单击“单元格样式”下拉按钮，在弹出的列表中可以看到更改颜色主题后单元格样式也随之改变，如图 4-60 所示。

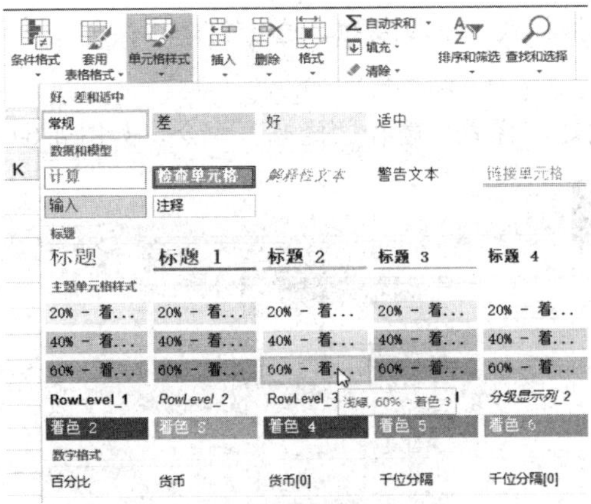

图 4-57　选择样式

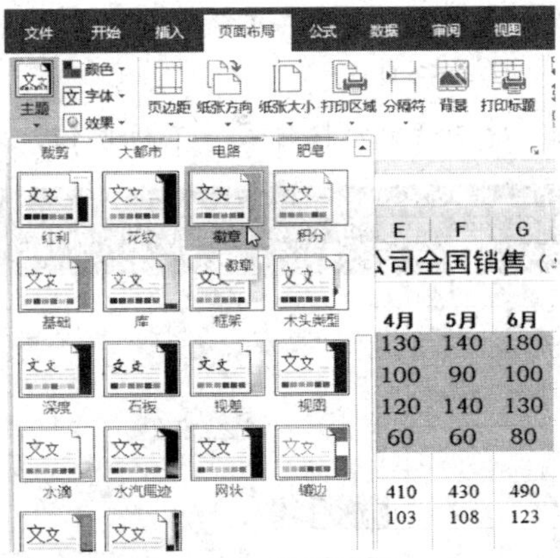

图 4-58　应用主题样式

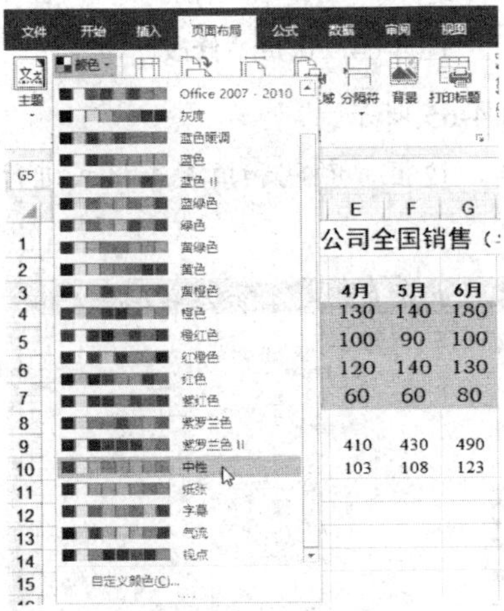

图 4-59　应用颜色样式

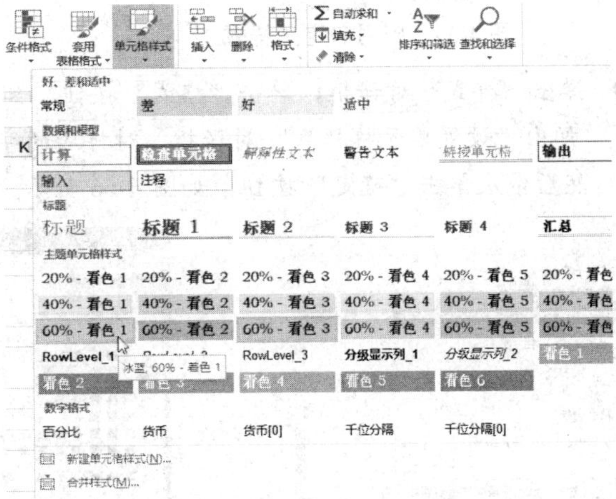

图 4-60　选择单元格样式

Step 06　选择单元格区域，根据需要在“字体”组中设置填充颜色、字体、边框等格式。单击“单元格样式”下拉按钮，选择“新建单元格样式”选项，如图 4-61 所示。

Step 07　弹出“样式”对话框，输入样式名，选择样式中要包括的格式，然后单击“确定”按钮，如图 4-62 所示。

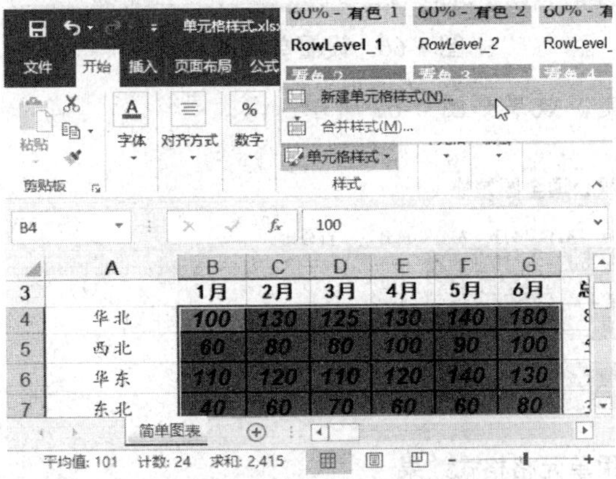

图 4-61　选择“新建单元格样式”选项

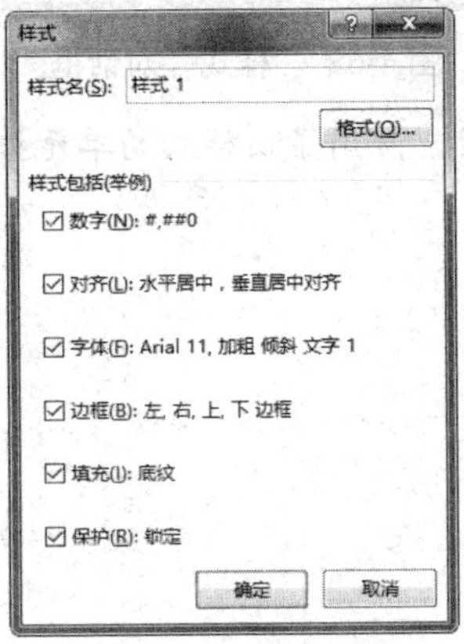

图 4-62　新建样式

Step 08 选择 B9:G10 单元格区域，单击“单元格样式”下拉按钮，选择创建的自定义样式，如图 4-63 所示。

Step 09 单击“单元格样式”下拉按钮，右击创建的样式，选择“修改”命令，如图 4-64 所示。

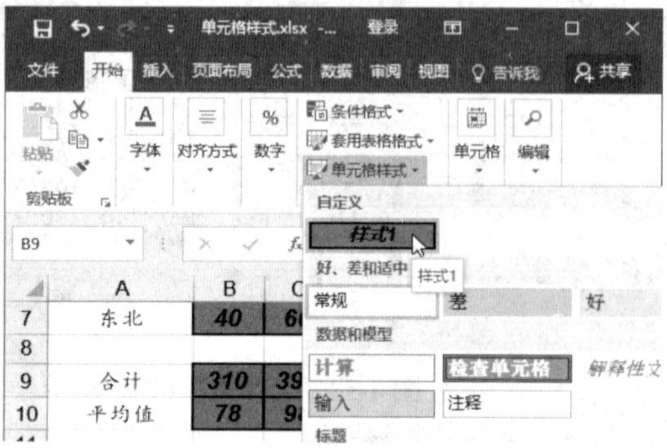

图 4-63　应用自定义样式

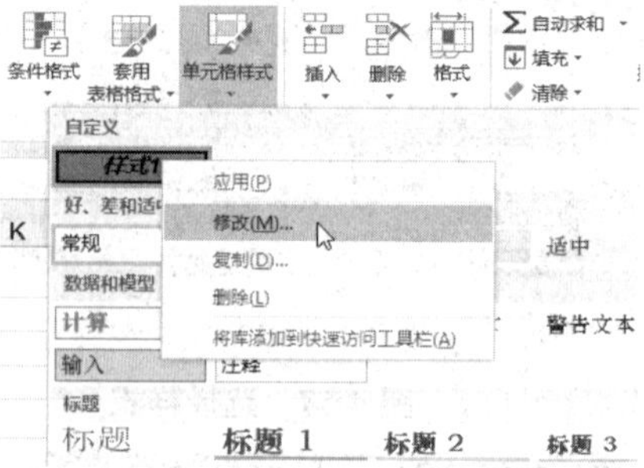

图 4-64　选择“修改”命令

Step 10 弹出“样式”对话框，单击“格式”按钮，如图 4-65 所示。

Step 11 弹出“设置单元格格式”对话框，对样式的字体、边框、颜色和填充等格式进行设置，然后依次单击“确定”按钮，如图 4-66 所示。

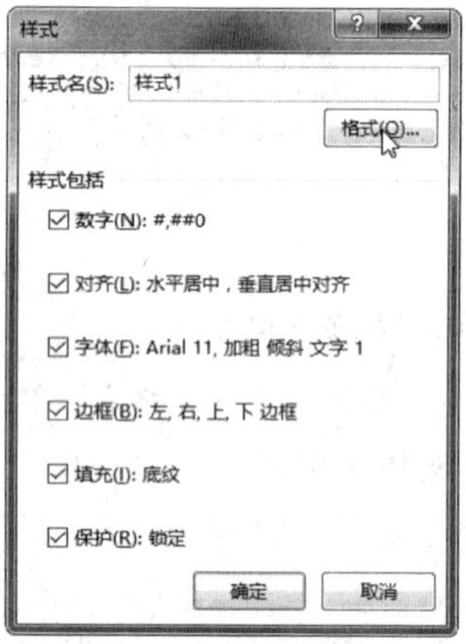

图 4-65　“样式”对话框

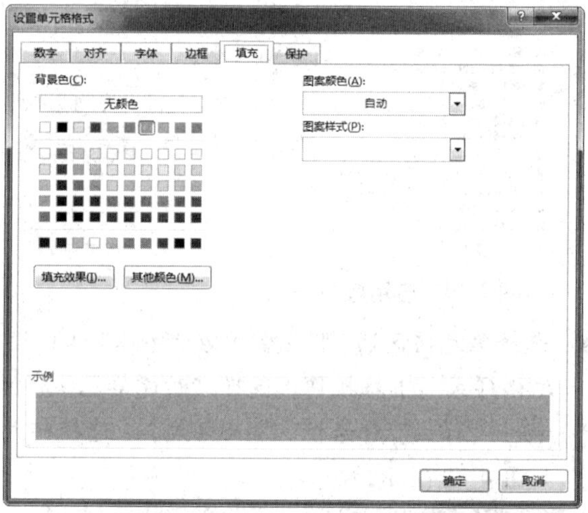

图 4-66　设置单元格格式

Step 12 应用了该样式的单元格格式都将改变，效果如图 4-67 所示。

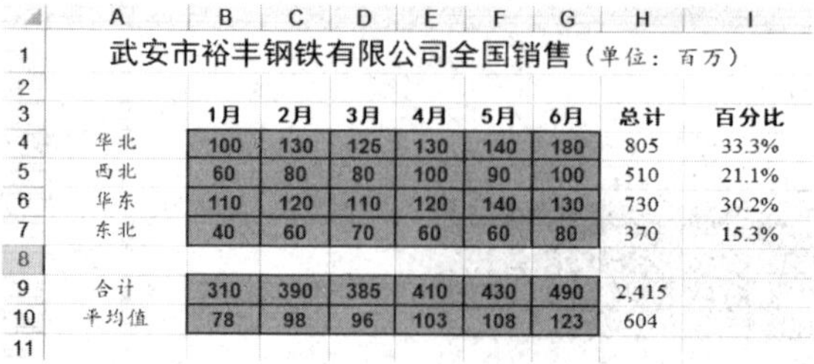

	A	B	C	D	E	F	G	H	I
1	武安市裕丰钢铁有限公司全国销售（单位：百万）								
2									
3		1月	2月	3月	4月	5月	6月	总计	百分比
4	华北	100	130	125	130	140	180	805	33.3%
5	西北	60	80	80	100	90	100	510	21.1%
6	华东	110	120	110	120	140	130	730	30.2%
7	东北	40	60	70	60	60	80	370	15.3%
8									
9	合计	310	390	385	410	430	490	2,415	
10	平均值	78	98	96	103	108	123	604	
11									

图 4-67　应用单元格格式效果

4.3　输入与填充数据

在 Excel 中输入数据与填充数据是使用 Excel 处理数据的第一步。Excel 中的数据量往往很庞大，在操作时不需要像 Word 一样逐个手动地输入。用户可以利用一些数据输入技巧和“填充”功能快速、准确地完成工作表数据的录入工作。

4.3.1　快速输入数据

在 Excel 工作表的单元格中输入数据是最基本的操作，在输入数据时运用一些技巧可以提高工作效率，具体操作方法如下所述。

Step 01　选择单元格，按【Ctrl+;】组合键即可快速输入当前日期；按【Ctrl+Shift+;】组合键即可快速输入当前时间，如图 4-68 所示。

Step 02　在单元格中输入“12-6”并按【Enter】键确认，即可输入日期，如图 4-69 所示。

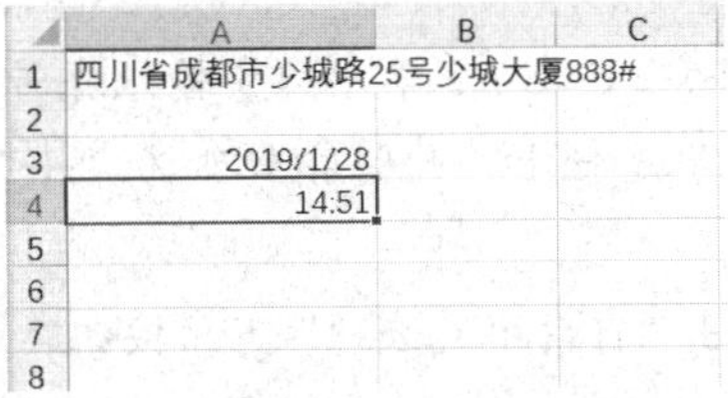

图 4-68　输入当前日期和时间

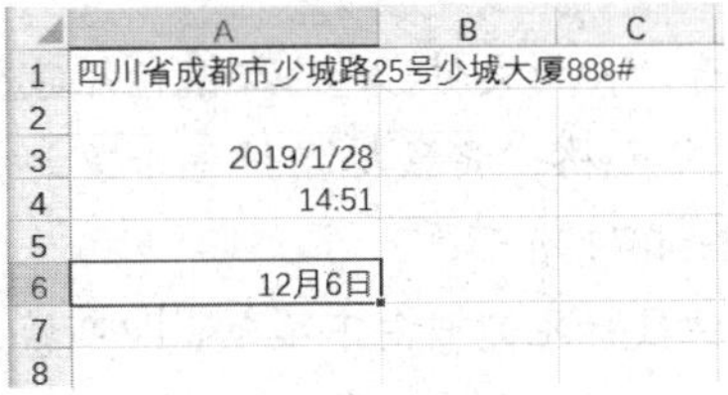

图 4-69　输入日期

Step 03　在 A8 单元格中输入“0 7/8”并按【Enter】键确认，即可输入分数格式的数字，如图 4-70 所示。

Step 04　在 A1 单元格中双击，进入文本编辑状态，将光标定位到要换行的位置并按【Alt+Enter】组合键，即可在文本中进行换行，如图 4-71 所示。

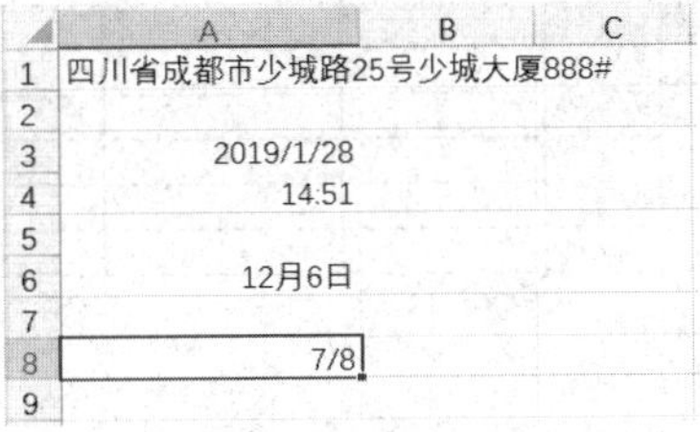

图 4-70　输入分数

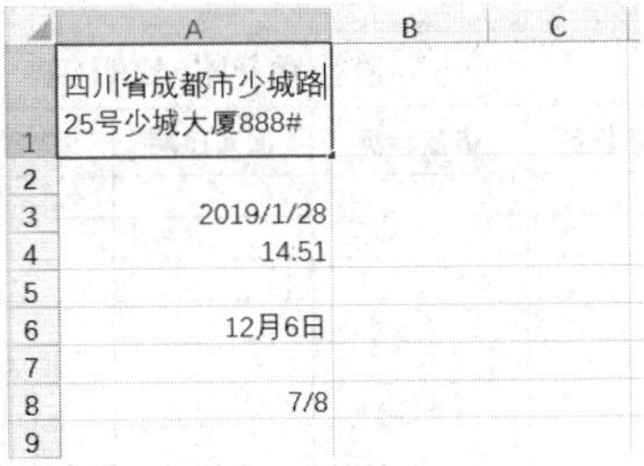

图 4-71　在文本中换行

Step 05　在输入身份证号码这样的文本型数字时，为了防止其变为科学计数法数字，可以在输入数字前先输入半角的单引号“'”，然后再输入数字，如图 4-72 所示。

Step 06　右击单元格，选择“从下拉列表中选择”命令，或按【Alt+↓】组合键，即可根据该列中已输入的内容生成一个文本列表，从中可以进行选择，如图 4-73 所示。

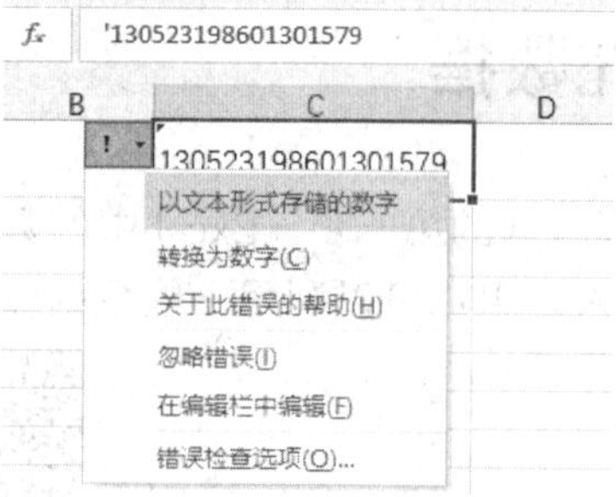

图 4-72　输入文本型数字

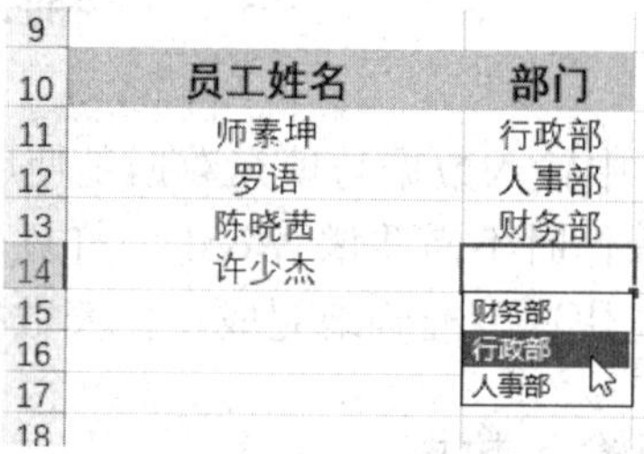

图 4-73　快速调用历史数据

4.3.2　使用填充柄快速填充数据

使用填充柄填充数据是最常用的方法，它可以通过拖动填充，也可通过双击填充。使用填充柄可以填充相同数据、数据系列或单元格格式，具体操作方法如下所述。

Step 01　打开“素材文件\第 4 章\银行短期借款明细.xlsx”，在 A3 单元格中输入序号 1，并选择 A3 单元格。将鼠标指针置于单元格右下角的填充柄上，此时指针变为“十”字形状，如图 4-74 所示。

Step 02　按住鼠标左键并向下拖动，即可填充数据。单击“自动填充选项”下拉按钮，选择“填充序列”选项，如图 4-75 所示。

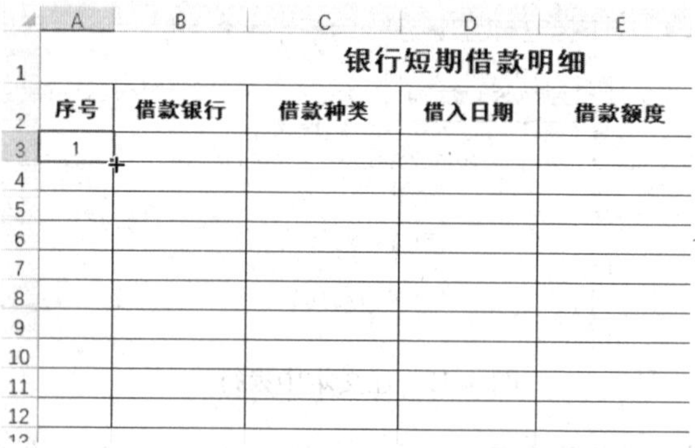

图 4-74　输入序号

图 4-75　设置自动填充选项

Step 03　在“借款银行”列中输入相关信息，选择序号所在的 A3 单元格，双击右下角的填充柄即可快速填充数据，如图 4-76 所示。

Step 04　在 A4 单元格中输入序号 2，选择 A3:A4 单元格区域，向下拖动填充柄即可自动填充序列，如图 4-77 所示。

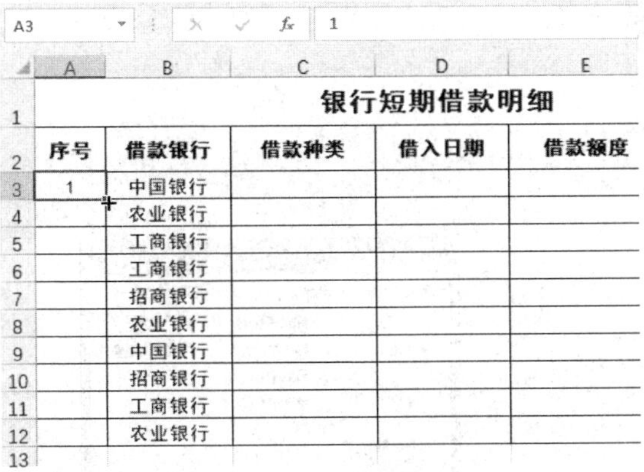

图 4-76　双击填充柄

图 4-77　自动填充序列

4.3.3　使用快捷键填充相同数据

若要在不相邻的单元格中手动输入相同的数据或填充相同的公式，可以选择单元格后通过快捷键进行快速填充，具体操作方法如下所述。

Step 01　在“借款种类”列中按住【Ctrl】键的同时选择要输入数据的单元格，如图 4-78 所示。

Step 02　输入数据，然后按【Ctrl+Enter】组合键，即可将数据填充到所选单元格中，如图 4-79 所示。

图 4-78　选择单元格

图 4-79　填充相同数据

4.3.4　填充序列

对于要进行大量数据填充的情况，可以使用填充序列功能快速填充数据，具体操作方法如下所述。

Step 01　打开“素材文件\第 4 章\每周销量.xlsx”，在 A2 单元格中输入日期，选择 A2:A12 单元格区域，在“开始”选项卡下“编辑”组中单击“填充”下拉按钮，选择“序列”选项，如图 4-80 所示。

Step 02　弹出“序列”对话框，设置步长值，选中“工作日”单选按钮，然后单击“确定”按钮，即可根据所设置的参数自动填充日期数据，如图 4-81 所示。

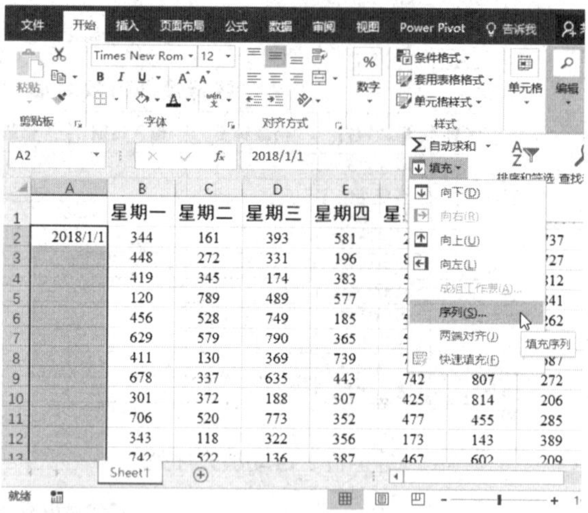

图 4-80　选择“序列”选项

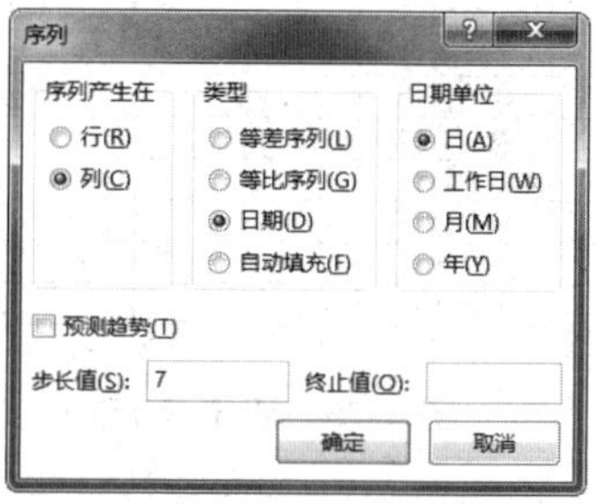

图 4-81　设置序列参数

Step 03 还可通过自动填充来填充日期序列，通过设置多个基础数据来更改填充序列的结果。例如，在 A3 单元格中输入日期，使其与 A2 单元格的日期相差 7 天，然后选择 A2:A3 单元格区域，并双击右下角的填充柄，如图 4-82 所示。

Step 04 自动填充序列，每个日期之间相差 7 天，如图 4-83 所示。

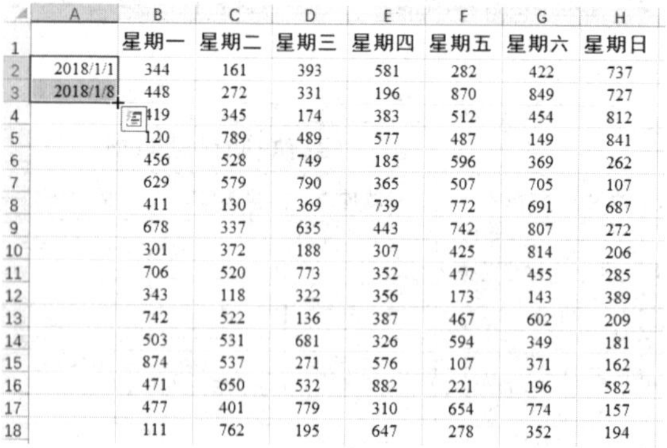

	A	B	C	D	E	F	G	H
1		星期一	星期二	星期三	星期四	星期五	星期六	星期日
2	2018/1/1	344	161	393	581	282	422	737
3	2018/1/8	448	272	331	196	870	849	727
4		419	345	174	383	512	454	812
5		120	789	489	577	487	149	841
6		456	528	749	185	596	369	262
7		629	579	790	365	507	705	107
8		411	130	369	739	772	691	687
9		678	337	635	443	742	807	272
10		301	372	188	307	425	814	206
11		706	520	773	352	477	455	285
12		343	118	322	356	173	143	389
13		742	522	136	387	467	602	209
14		503	531	681	326	594	349	181
15		874	537	271	576	107	371	162
16		471	650	532	882	221	196	582
17		477	401	779	310	654	774	157
18		111	762	195	647	278	352	194

图 4-82　设置基础数据

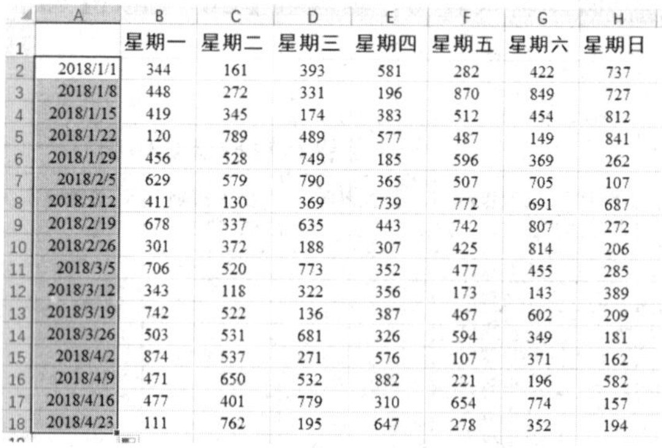

	A	B	C	D	E	F	G	H
1		星期一	星期二	星期三	星期四	星期五	星期六	星期日
2	2018/1/1	344	161	393	581	282	422	737
3	2018/1/8	448	272	331	196	870	849	727
4	2018/1/15	419	345	174	383	512	454	812
5	2018/1/22	120	789	489	577	487	149	841
6	2018/1/29	456	528	749	185	596	369	262
7	2018/2/5	629	579	790	365	507	705	107
8	2018/2/12	411	130	369	739	772	691	687
9	2018/2/19	678	337	635	443	742	807	272
10	2018/2/26	301	372	188	307	425	814	206
11	2018/3/5	706	520	773	352	477	455	285
12	2018/3/12	343	118	322	356	173	143	389
13	2018/3/19	742	522	136	387	467	602	209
14	2018/3/26	503	531	681	326	594	349	181
15	2018/4/2	874	537	271	576	107	371	162
16	2018/4/9	471	650	532	882	221	196	582
17	2018/4/16	477	401	779	310	654	774	157
18	2018/4/23	111	762	195	647	278	352	194

图 4-83　填充等差序列

4.3.5　快速填充数据

Excel 2016 的“快速填充”功能可以“感知”要自动填充的数据，它可以根据某种模式或基于其他单元格中的数据进行自动填充，而无须手动输入数据。例如，在包含文本或文本和数字组合的条目中，若在单元格中输入的前几个字符与该列中的某个现有条目匹配，则 Excel 2016 会自动输入剩余的字符。下面将详细介绍如何利用“快速填充”功能填充与处理数据。

1. 快速提取字符

若要在一系列数据中快速提取其中的某些字符，不需借助 LEFT、RIGHT、MID、FIND 等文本函数提取字符，利用“快速填充”功能即可快速完成操作，具体操作方法如下所述。

Step 01 在 B2 单元格中输入文本“工资”，并使用填充柄填充数据。单击“自动填充选项”下拉按钮，选择“快速填充”选项，如图 4-84 所示。

Step 02 查看快速填充效果，如图 4-85 所示。

	A	B	C	D
1	项　目		本月实际数	本月计划
2	1. 工资	工资	187615	168990
3	2. 职工福利费	工资	45563	55000
4	3. 折旧费	工资	7229	10020
5	4. 办公费	工资	4549	5000
6	5. 差旅费	工资	4220	5000
7	6. 保险费	工资	8119	6000
8	7. 工会经费	工资	2916	3000
9	8. 业务招待费	工资	6550	4000
10	9. 低值易耗品摊销	工资	1048	660
11	10. 物料消耗	工资	230	400

图 4-84　选择“快速填充”选项

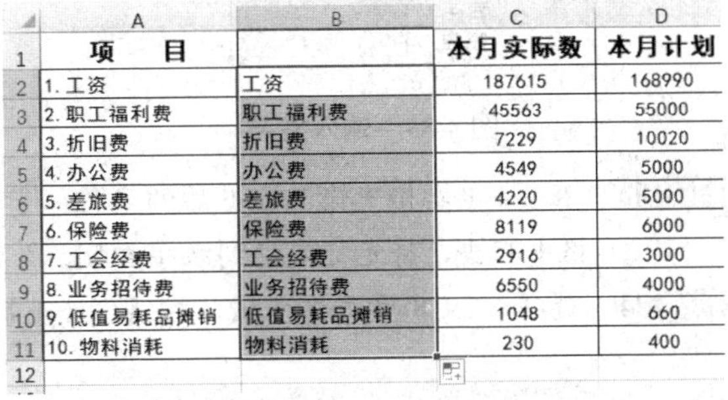

	A	B	C	D
1	项　目		本月实际数	本月计划
2	1. 工资	工资	187615	168990
3	2. 职工福利费	职工福利费	45563	55000
4	3. 折旧费	折旧费	7229	10020
5	4. 办公费	办公费	4549	5000
6	5. 差旅费	差旅费	4220	5000
7	6. 保险费	保险费	8119	6000
8	7. 工会经费	工会经费	2916	3000
9	8. 业务招待费	业务招待费	6550	4000
10	9. 低值易耗品摊销	低值易耗品摊销	1048	660
11	10. 物料消耗	物料消耗	230	400

图 4-85　快速填充效果

2. 添加字符

除了提取字符外，使用“快速填充”功能还可快速地向一系列数据中添加字符，而不必逐个更改，具体操作方法如下所述。

Step 01 在 H3 单元格中输入与 G3 单元格相同的数据，并为数据添加所需的符号，如括号、短划线，然后选择 H3:H12 单元格区域，如图 4-86 所示。

Step 02 按【Ctrl+E】组合键，即可进行快速填充，如图 4-87 所示。

借款期限（天）	抵押资产及编号	抵押资产及编号
90	JTK2A02713	JTK(2A)-02713
60	JTK3C03814	
240	JTK2A05665	
150	JTK5A07248	
30	JTK4C01484	
180	JTK1B02391	
60	JTK1A02515	
210	JTK4B03488	
30	JTK3B06162	
60	JTK6C08419	

图 4-86　添加字符

借款期限（天）	抵押资产及编号	抵押资产及编号
90	JTK2A02713	JTK(2A)-02713
60	JTK3C03814	JTK(3C)-03814
240	JTK2A05665	JTK(2A)-05665
150	JTK5A07248	JTK(5A)-07248
30	JTK4C01484	JTK(4C)-01484
180	JTK1B02391	JTK(1B)-02391
60	JTK1A02515	JTK(1A)-02515
210	JTK4B03488	JTK(4B)-03488
30	JTK3B06162	JTK(3B)-06162
60	JTK6C08419	JTK(6C)-08419

图 4-87　快速填充数据

3. 合并多个单元格数据

若要将多个单元格中的数据合并到一起，可以利用“快速填充”功能来实现。它不仅可以将这些单元格中的字符合并到一起，还可设置在合并后进行所需的处理，如添加新字符、自动换行等，具体操作方法如下所述。

Step 01 在 C2 单元格中输入姓名，将 A2 和 B2 单元格中的文本组合在一起。选择 C2:C8 单元格区域，如图 4-88 所示。

Step 02 按【Ctrl+E】组合键，即可进行快速填充，如图 4-89 所示。

图 4-88　输入姓名

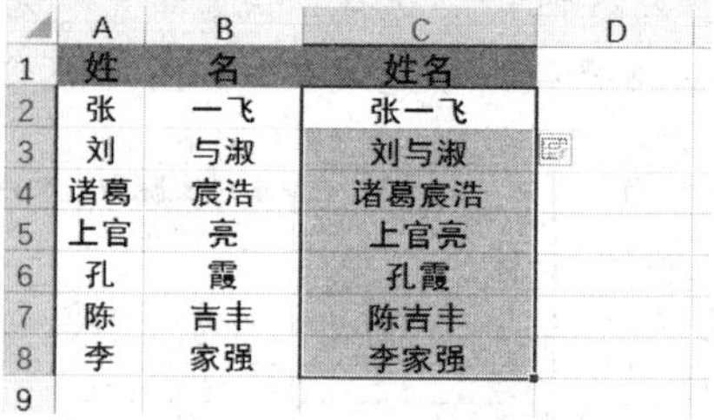

图 4-89　快速填充数据

Step 03 在 C2 单元格中输入合并后的名称，将 A2 和 B2 单元格中的文本组合在一起。在 C2 单元格中双击，将光标定位到汉字右侧，并按【Alt+Enter】组合键进行换行，如图 4-90 所示。

Step 04 选择 C2:C8 单元格区域，按【Ctrl+E】组合键即可进行快速填充，如图 4-91 所示。

图 4-90　输入数据并设置换行

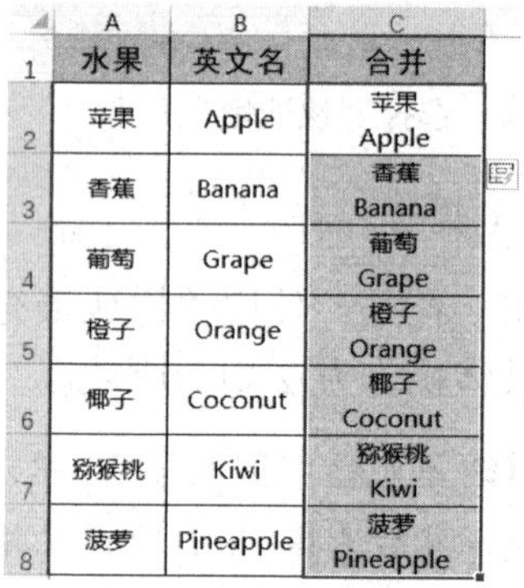

图 4-91　快速填充数据

4.3.6　复制和移动数据

在处理工作表数据的过程中，经常需要对单元格中的数据进行移动或复制操作，利用以下技巧可以快速完成此类操作，具体操作方法如下所述。

Step 01 选择数据单元格区域，将鼠标指针置于所选区域的边界上时指针变为✥样式，此时拖动鼠标即可移动数据，如图 4-92 所示。

Step 02 在移动数据的过程中按住【Ctrl】键，即可复制数据，如图 4-93 所示。

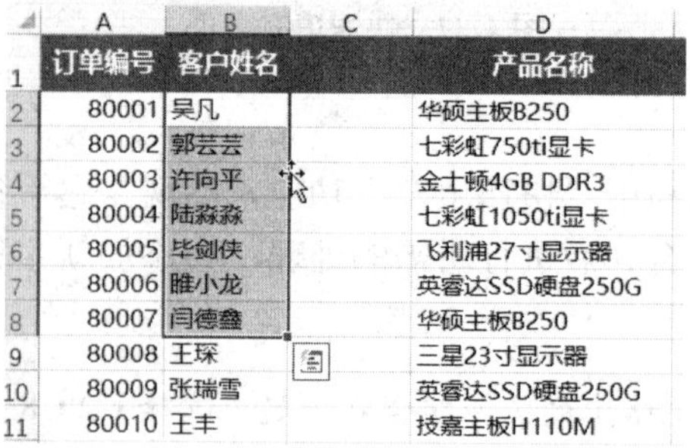

图 4-92　移动数据

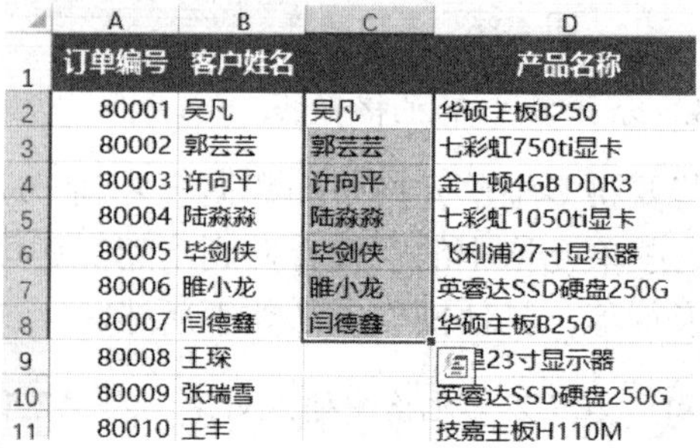

图 4-93　复制数据

Step 03 选择 A 列，在按住【Shift】键的同时向右拖动所选列的数据，即可移动列的位置，例如，将 A 列移至 B 列的右侧，如图 4-94 所示。

Step 04 可以看到“订单编号”所在列变为 B 列，如图 4-95 所示。

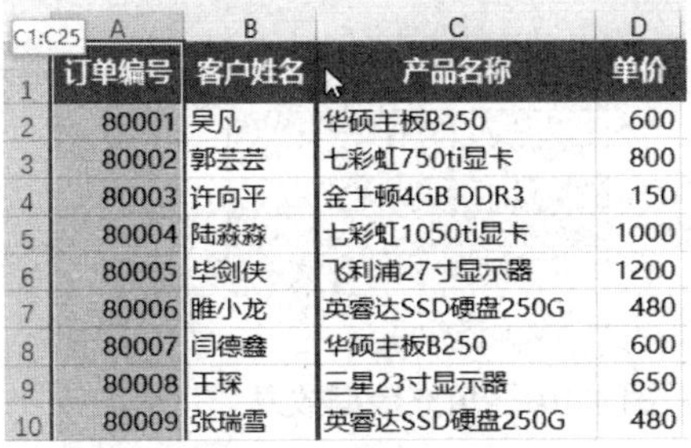

	A	B	C	D
1	订单编号	客户姓名	产品名称	单价
2	80001	吴凡	华硕主板B250	600
3	80002	郭芸芸	七彩虹750ti显卡	800
4	80003	许向平	金士顿4GB DDR3	150
5	80004	陆淼淼	七彩虹1050ti显卡	1000
6	80005	毕剑侠	飞利浦27寸显示器	1200
7	80006	雎小龙	英睿达SSD硬盘250G	480
8	80007	闫德鑫	华硕主板B250	600
9	80008	王琛	三星23寸显示器	650
10	80009	张瑞雪	英睿达SSD硬盘250G	480

图 4-94　移动列

	A	B	C
1	客户姓名	订单编号	产品名称
2	吴凡	80001	华硕主板B250
3	郭芸芸	80002	七彩虹750ti显卡
4	许向平	80003	金士顿4GB DDR3
5	陆淼淼	80004	七彩虹1050ti显卡
6	毕剑侠	80005	飞利浦27寸显示器
7	雎小龙	80006	英睿达SSD硬盘250G
8	闫德鑫	80007	华硕主板B250
9	王琛	80008	三星23寸显示器
10	张瑞雪	80009	英睿达SSD硬盘250G

图 4-95　移动列效果

Step 05 选择行数据单元格后，在按住【Shift】键的同时拖动鼠标，拖到目标位置后松开鼠标，如图 4-96 所示。

Step 06 移动行数据，效果如图 4-97 所示。

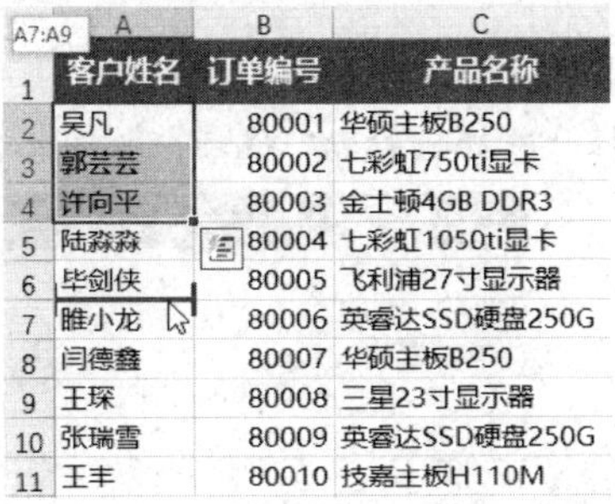

	A	B	C
1	客户姓名	订单编号	产品名称
2	吴凡	80001	华硕主板B250
3	郭芸芸	80002	七彩虹750ti显卡
4	许向平	80003	金士顿4GB DDR3
5	陆淼淼	80004	七彩虹1050ti显卡
6	毕剑侠	80005	飞利浦27寸显示器
7	雎小龙	80006	英睿达SSD硬盘250G
8	闫德鑫	80007	华硕主板B250
9	王琛	80008	三星23寸显示器
10	张瑞雪	80009	英睿达SSD硬盘250G
11	王丰	80010	技嘉主板H110M

图 4-96　移动行数据

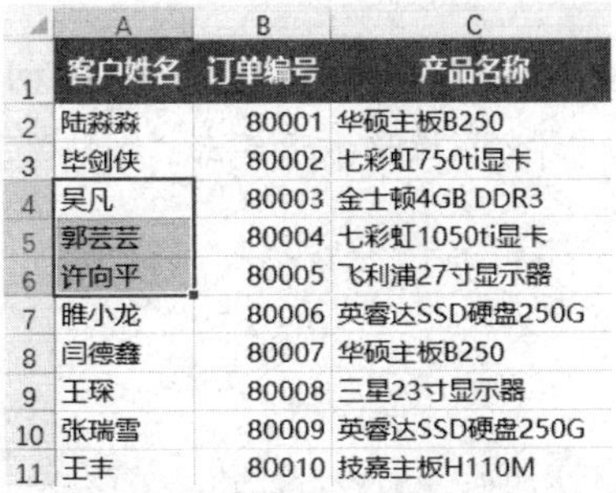

	A	B	C
1	客户姓名	订单编号	产品名称
2	陆淼淼	80001	华硕主板B250
3	毕剑侠	80002	七彩虹750ti显卡
4	吴凡	80003	金士顿4GB DDR3
5	郭芸芸	80004	七彩虹1050ti显卡
6	许向平	80005	飞利浦27寸显示器
7	雎小龙	80006	英睿达SSD硬盘250G
8	闫德鑫	80007	华硕主板B250
9	王琛	80008	三星23寸显示器
10	张瑞雪	80009	英睿达SSD硬盘250G
11	王丰	80010	技嘉主板H110M

图 4-97　移动行数据效果

Step 07 选择公式单元格所在的列，在此选择 F 列，按【Ctrl+C】组合键复制数据。在 F 列中右击，选择“值”粘贴选项，即可将公式数据转换为普通数值，如图 4-98 所示。复制数据后，复制区域周围会显示一个闪动的边框。

Step 08 在按住【Ctrl】键的同时单击工作表标签组合工作表，此时在标题栏中显示“组”字样。选择要复制的数据，在“编辑”组中单击“填充”下拉按钮，选择“成组工作表”选项，如图 4-99 所示。

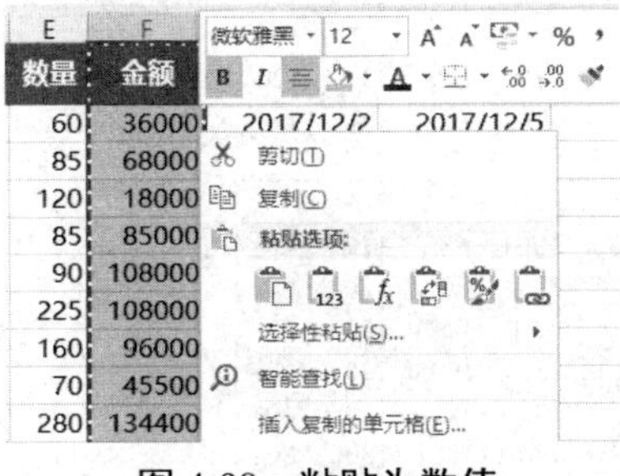

图 4-98　粘贴为数值

图 4-99　选择“成组工作表”选项

Step 09 弹出“填充成组工作表”对话框，选择“全部”选项，单击“确定”按钮，如图 4-100 所示。

Step 10 选择 Sheet2 工作表，可以看到已将数据粘贴到了相同的位置，如图 4-101 所示。

图 4-100 “填充成组工作表”对话框

图 4-101 填充数据效果

4.3.7 转置数据

使用 Excel 2016 的“转置”功能可快速实现行与列的相互转换，具体操作方法如下所述。

Step 01 选择 A1:G5 单元格区域，按【Ctrl+C】组合键复制数据，如图 4-102 所示。

Step 02 在“开始”选项卡下单击“粘贴”下拉按钮，选择“选择性粘贴”选项，如图 4-103 所示。

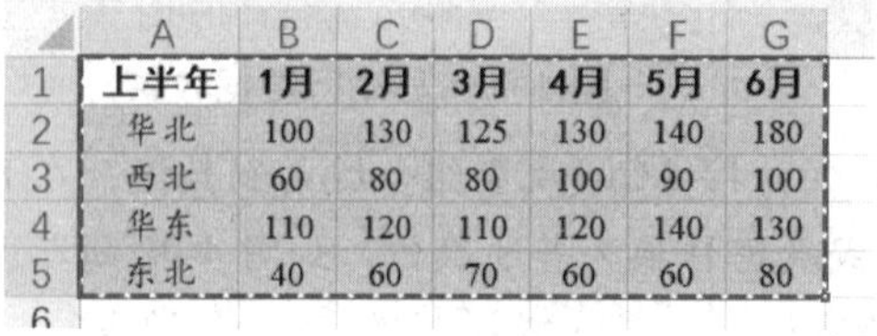

图 4-102 复制数据

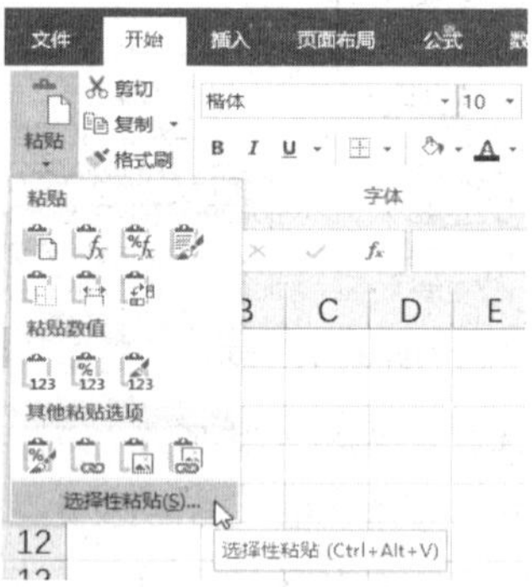

图 4-103 选择“选择性粘贴”选项

Step 03 弹出“选择性粘贴”对话框，选中“转置”复选框，单击“确定”按钮，如图 4-104 所示。

Step 04 对原数据区域的行和列进行转换，如图 4-105 所示。

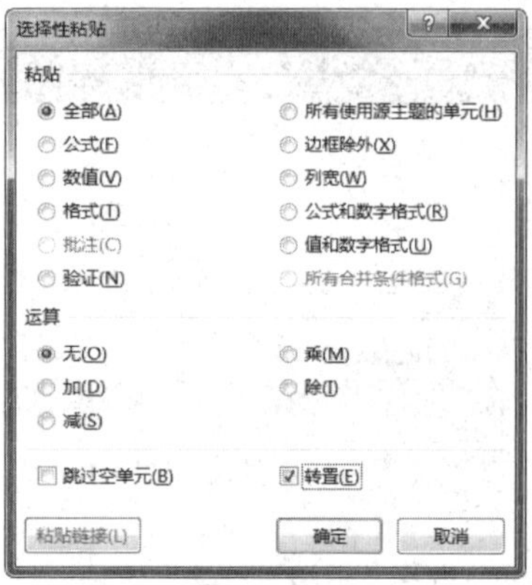

图 4-104 选中“转置”复选框

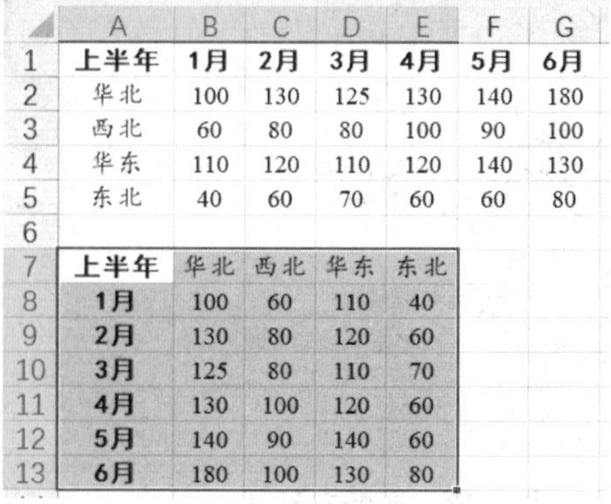

图 4-105 转置粘贴效果

4.3.8 选择性粘贴

使用 Excel 2016 的“选择性粘贴”功能可以粘贴所复制单元格的属性，如公式、数值、格式、验证等，还可将复制区域的内容与粘贴区域的内容进行加、减、乘、除算术运算，具体操作方法如下所述。

Step 01 将“金额”数据恢复为“常规”格式，在 K3 单元格中输入 10000。选择 K3 单元格，按【Ctrl+C】组合键复制数据，选择“金额”数据单元格区域，如图 4-106 所示。

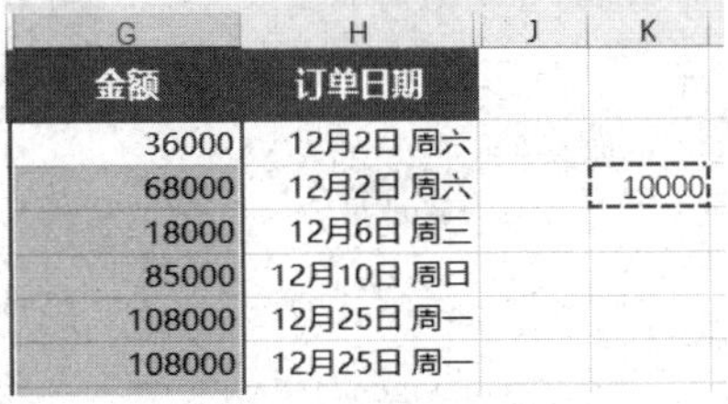

图 4-106 复制数据

Step 02 按【Ctrl+Alt+V】组合键打开“选择性粘贴”对话框，分别选中“数值”和“除”单选按钮，然后单击“确定”按钮，如图 4-107 所示。

Step 03 将所选数据除以 10000，按【Esc】键取消单元格复制状态，如图 4-108 所示。

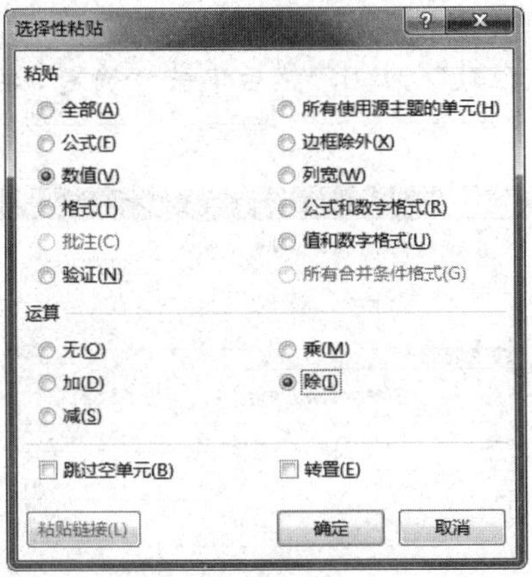

图 4-107 设置选择性粘贴

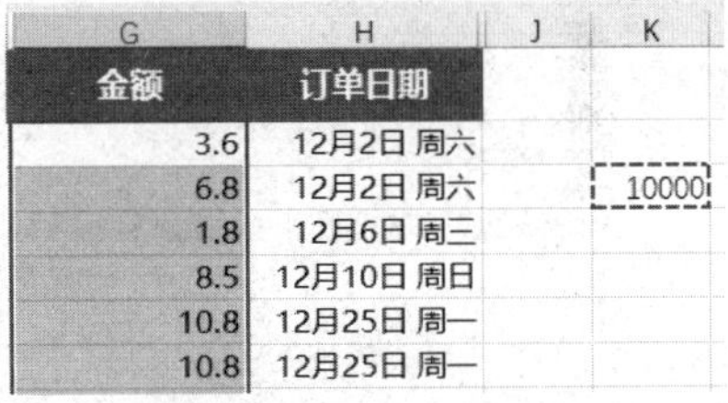

图 4-108 显示计算结果

4.4 设置单元格数字格式

在 Excel 工作表中输入数据后，可以根据需要将数据设置为所需的数字格式，如货币格式、会计专用格式等。设置数字格式可以更改数字的外观，但不会更改数字本身。

4.4.1 应用预设数字格式

在 Excel 工作表中输入数据时默认为“常规”格式，用户可以根据需要应用其他的预设格式，如数字、货币、日期、百分比、科学计数、文本等，具体操作方法如下所述。

Step 01 打开“素材文件\第 4 章\产品订单 1.xlsx”，在按住【Ctrl】键的同时选择金额数据所在的单元格区域，单击数字格式下拉按钮，选择“货币”选项，如图 4-109 所示。数据应用为货币格式，效果如图 4-110 所示。

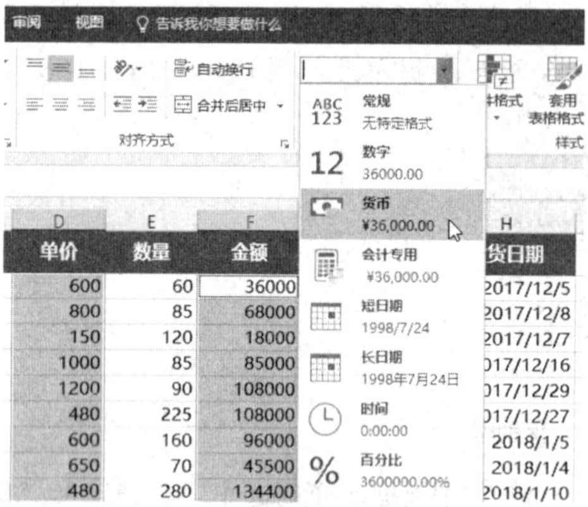

图 4-109 设置数字格式

图 4-110 应用货币格式

Step 02 按【Ctrl+1】组合键打开“设置数字格式”对话框，设置“小数位数”为 0，然后选择货币符号¥，如图 4-111 所示。

Step 03 在左侧选择“会计专用”选项，设置“小数位数”为 0，然后单击“确定”按钮，如图 4-112 所示。

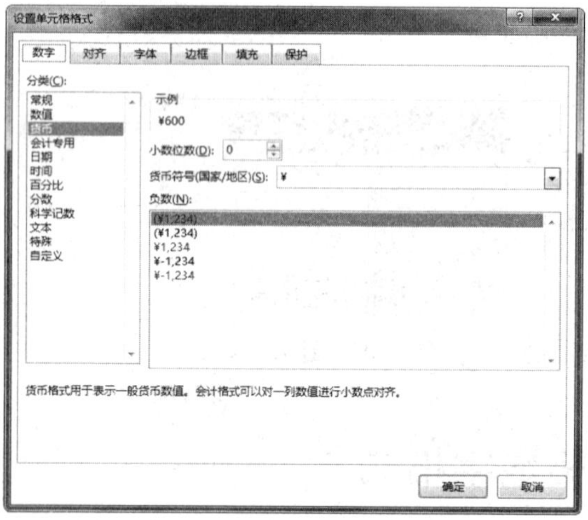

图 4-111 设置货币格式

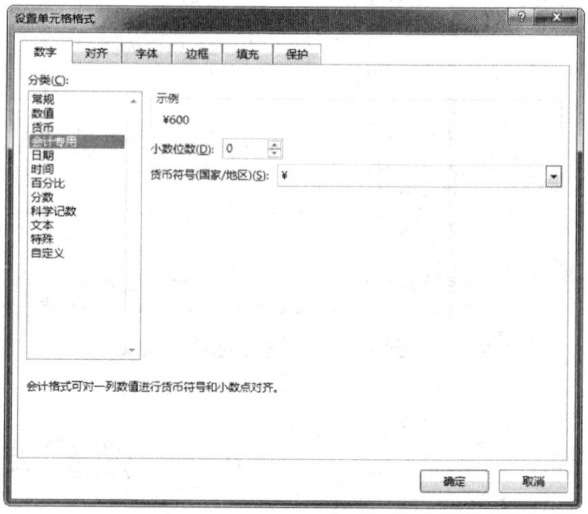

图 4-112 设置会计专用格式

Step 04 应用“会计专用”数字格式，货币符号位于数据的最左侧，当数据为 0 时单元格自动显示“-”符号。效果如图 4-113 所示。若要调整货币符号与数字的距离，则在“对齐方式”组中单击“增加缩进量”按钮。

Step 05 选择日期列数据，在“设置单元格格式”对话框中设置日期格式，如图 4-114 所示。

D	E	F
单价	数量	金额
¥ 600	60	¥ 36,000
¥ 800	85	¥ 68,000
¥ 150	0	¥ -
¥ 1,000	0	¥ -
¥ 1,200	90	¥ 108,000
¥ 480	0	¥ -
¥ 600	160	¥ 96,000
¥ 650	70	¥ 45,500
¥ 480	280	¥ 134,400
¥ 550	240	¥ 132,000
¥ 1,250	55	¥ 68,750
¥ 150	100	¥ 15,000

图 4-113　会计专用格式效果

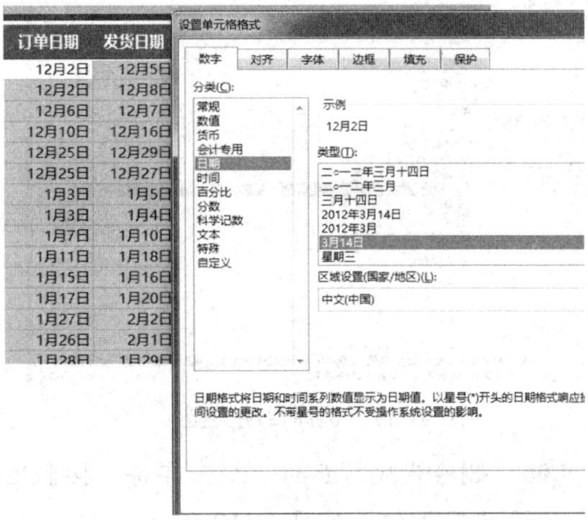

图 4-114　设置日期格式

4.4.2　自定义日期格式

Excel 2016 中预设了 20 多种日期格式，用户也可以自定义日期格式，具体操作方法如下所述。

Step 01　选择日期数据，打开“设置单元格格式”对话框，在左侧选择“日期”选项，在右侧选择日期类型，如“周三”，如图 4-115 所示。

Step 02　在左侧选择“自定义”选项，在右侧查看当前日期类型代码，选择并复制代码，如图 4-116 所示。

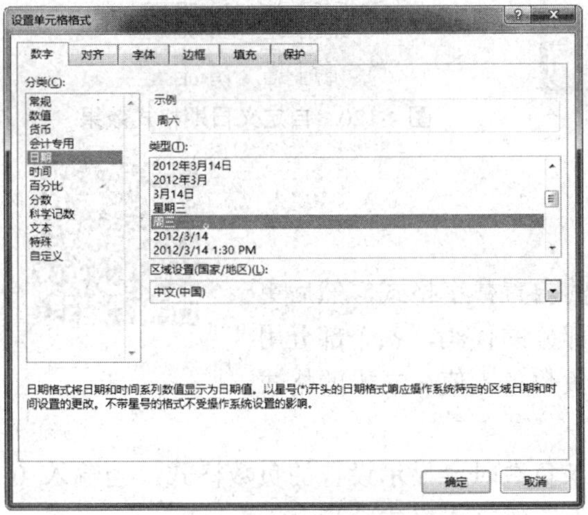

图 4-115　选择日期类型

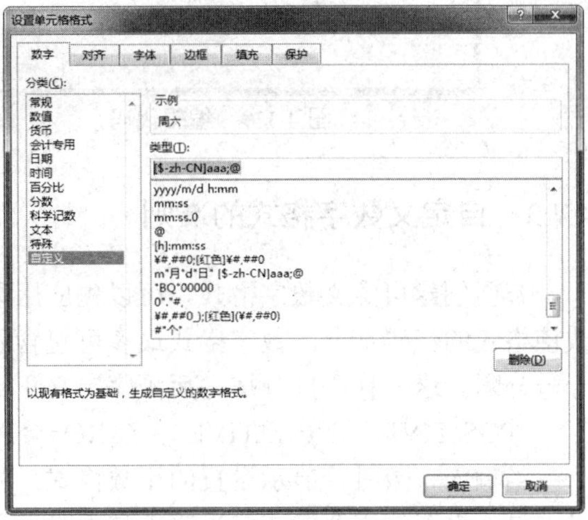

图 4-116　复制代码

Step 03　在左侧选择“日期”选项，在右侧选择日期类型，如“3 月 14 日”，如图 4-117 所示。

Step 04　在左侧选择“自定义”选项，在右侧查看当前日期类型代码，如图 4-118 所示。

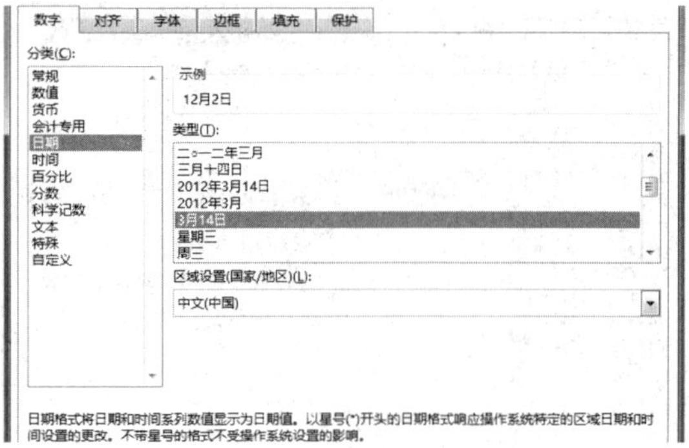

图 4-117　选择日期类型

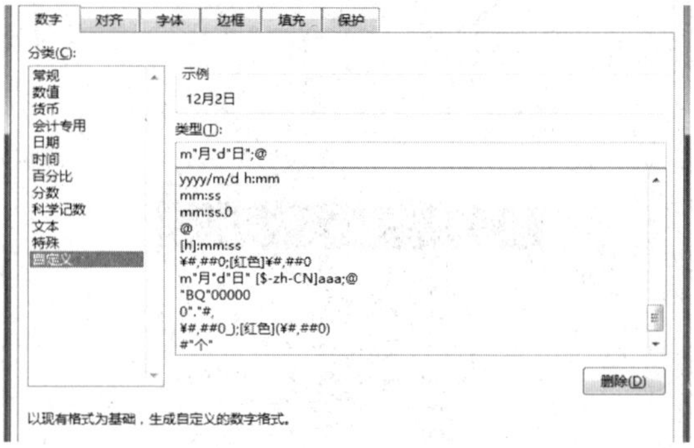

图 4-118　查看日期代码

Step 05　删除代码后面的“;@”字符，按【Ctrl+V】组合键粘贴前面复制的代码，然后单击“确定”按钮，如图 4-119 所示。

Step 06　查看自定义日期格式效果，如图 4-120 所示。

图 4-119　编辑代码

订单日期	发货日期
12月2日 周六	12月5日 周二
12月2日 周六	12月8日 周五
12月6日 周三	12月7日 周四
12月10日 周日	12月16日 周六
12月25日 周一	12月29日 周五
12月25日 周一	12月27日 周三
1月3日 周三	1月5日 周五
1月3日 周三	1月4日 周四
1月7日 周日	1月10日 周三

图 4-120　自定义日期格式效果

4.4.3　自定义数字格式的准则

若要创建自定义数字格式，可以先应用所需的内置数字格式，然后更改该格式的代码部分。数字格式最多可包含四个部分的代码，各个部分用分号分隔。这些代码部分按先后顺序定义正数、负数、零值和文本的格式。

<POSITIVE>;<NEGATIVE>;<ZERO>;<TEXT>

当输入正数时，显示设置的正数格式；当输入负数时，显示设置的负数格式；当输入 0 时，显示设置的零值格式；当输入文本时，显示设置的文本格式。

自定义数字格式中无需包含所有代码部分。若仅为自定义数字格式指定了两个代码部分，则第一部分用于正数和 0，第二部分用于负数。若仅指定一个代码部分，则该部分将用于所有数字。若要跳过某一代码部分，然后在其后面包含一个代码部分，则必须为要跳过的部分添加结束分号。

在自定义数字格式代码时，可以使用以下准则。

1. 同时显示文本和数字

若要在单元格中同时显示文本和数字，应将文本字符括在双引号(" ")内或在单个字符前面添加一个反斜杠(\)。例如，为单元格应用自定义格式“0.00"万 利润";0.00"万 亏损"”后，输入数字 256.736 将显示“256.74 万 利润”，输入数字-256.736 将显示“256.74 万 亏损”。要在数字中显示一些字符时，不需要添加引号，如“$”“+”“-”“(”“)”“:”“^”“'”“{”“}”“<”“>”“=”“/”“!”“&”“~”、空格等。

2. 包含文本输入部分

若要在格式中包含文本，则文本部分始终是数字格式中的最后一个部分。若要显示单元格中所输入的任何文本，应在该部分中包含“@”字符。若要为文本显示特定的文本字符，应将附加文本用双引号("") 括起来。例如，为单元格应用自定义格式“@"销量"”后，在单元格中输入文本“2018 年”时，将显示“2018 年销量”。若格式中不包含文本部分，则在应用该格式的单元格中所输入的任何非数字值都不会受到该格式的影响，整个单元格将转换为文本格式。

3. 添加空格

若要在数字格式中创建一个字符宽度的空格，可以输入一个下划线字符“_”，并在后面输入要使用的字符。例如，若下划线后面带有右括号“_)”，则正数将与括号中括起的负数相应地对齐。

4. 重复字符

若要在格式中重复下一个字符以填满列宽，可使用代码“*”。例如，输入代码“0*-”，可在数字后面包含重复的短划线以填满单元格，还可在任何格式代码之前输入“*0”，使其包含前导数 0。

5. 包含小数位和有效位

若要为包含小数点的分数或数字设置格式，可在数字格式部分包含以下数字占位数、小数点和千位分隔符，如表 4-1 所示。

表 4-1

0（零）	若数字的位数少于格式中的 0（零）的个数，则此数字占位符会显示无效 0（零）。例如，若输入 5.6，但希望将其显示为 5.60，可使用格式“#.00”
#	此数字占位符所遵循的规则与 0（零）相同。但是，若所输入数字的小数点任一侧的位数小于格式中“#”符号的个数，则 Excel 不会显示多余的 0（零）。例如，若自定义格式为“#.##”，而在单元格中输入了 5.6，则会显示数字 5.6
?	此数字占位符所遵循的规则与 0（零）相同，但 Excel 会为小数点任意一侧的无效 0（零）添加空格，以便使列中的小数点对齐。例如，自定义格式“0.0?”，将列中数字 5.6 和 55.66 的小数点对齐
.（句点）	此数字占位符在数字中显示为小数点

6. 自定义数字格式

下面依据自定义数字格式规则，为销量的平均年增长率自定义数字格式，使其看起来更加直观，具体操作方法如下所述。

Step01 打开“素材文件\第 4 章\平均年增长率.xlsx”，选择“平均年增长率”列的数据单元格区域，可以看到其中包含整数和负数，如图 4-121 所示。

Step02 在“设置数字格式”对话框中自定义数字格式为“▲ 0.00%;▼ 0.00%”，查看数据显示效果，如图 4-122 所示。

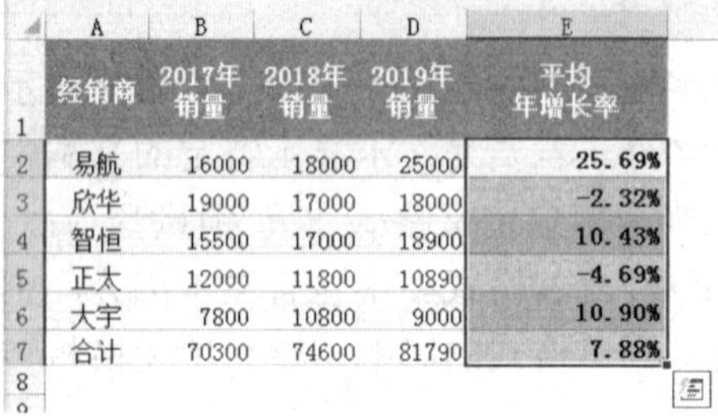

经销商	2017年销量	2018年销量	2019年销量	平均年增长率
易航	16000	18000	25000	25.69%
欣华	19000	17000	18000	-2.32%
智恒	15500	17000	18900	10.43%
正太	12000	11800	10890	-4.69%
大宇	7800	10800	9000	10.90%
合计	70300	74600	81790	7.88%

图 4-121　选择数据单元格区域

经销商	2017年销量	2018年销量	2019年销量	平均年增长率
易航	16000	18000	25000	▲ 25.69%
欣华	19000	17000	18000	▼ 2.32%"
智恒	15500	17000	18900	▲ 10.43%
正太	12000	11800	10890	▼ 4.69%"
大宇	7800	10800	9000	▲ 10.90%
合计	70300	74600	81790	▲ 7.88%

图 4-122　自定义数字格式效果

Step03 打开“设置单元格格式”对话框，在占位符 0 前添加“?”占位符，然后单击“确定”按钮，如图 4-123 所示。

Step04 此时，可以看到 E 列中的“▲”和“▼”符号已对齐，效果如图 4-124 所示。

图 4-123　编辑格式代码

经销商	2017年销量	2018年销量	2019年销量	平均年增长率
易航	16000	18000	25000	▲ 25.69%
欣华	19000	17000	18000	▼ 2.32%
智恒	15500	17000	18900	▲ 10.43%
正太	12000	11800	10890	▼ 4.69%
大宇	7800	10800	9000	▲ 10.90%
合计	70300	74600	81790	▲ 7.88%

图 4-124　符号对齐效果

4.5　使用公式和函数

在制作电子表格时，经常需要对大量的表格数据进行计算。借助 Excel 2016 中的公式和函数，可以发挥其强大的数据计算功能，能够满足各种工作需要。本章将详细介绍 Excel 2016 中公式和函数的应用方法。

4.5.1　公式的应用

Excel 2016 中内置了大量的函数，使用这些函数可以对工作表中的数据进行分析与运算。函数是 Excel 预先定义的执行统计、分析等处理数据任务的内部工具。公式是由用户自行设计并结合常量数据、单元格引用、运算符元素进行数据处理和计算的算式。

公式不同于文本、数字等存储格式，它有自己的语法规则，如结构、运算符号及优先次序等。使用公式是为了有目的地计算结果，因此 Excel 的公式必须返回值。

1. 公式的结构

输入公式时，必须以“=”开始，然后输入公式的内容，公式中所有左括号和右括号需要相匹配，如公式“=(G1-E1)*0.75”。在 Excel 2016 中，公式可以为下列部分或全部内容。

- **函数**：Excel 中的一些函数，如 SUM、AVERAGE、IF 等。
- **单元格引用**：可以是当前工作簿中的单元格，也可以是其他工作簿中的单元格。例如，在公式“=Sheet1!A1”中，引用的是 Sheet1 工作表 A1 单元格的数值。
- **运算符**：在公式中使用的运算符，如“+”“-”“*”“/”“＞”等。
- **常量**：在公式中输入的数字或文本值，如 8 等。
- **括号**：用于控制公式的计算次序。

2. 运算符

运算符的作用在于对公式中的元素执行特定类型的运算。在 Excel 公式中可以使用的运算符主要有算术运算符、文本连接符、比较运算符和引用运算符 4 种，它们负责完成各种复杂的运算。

当公式或函数比较复杂时，各种运算之间的计算顺序按照运算符的优先级进行计算。默认的计算顺序是由左及右，优先级由高及低。表 4-2 列出了不同的运算符之间的优先级别。

表 4-2

类型	级别	运算符	说　明
引用运算符	1	:（冒号）	连续区域运算
		（单个空格）	取多个引用的交集为一个引用
		,（逗号）	将多个引用合并为一个引用
算数运算符	2	—（负数）	完成基本的数学运算，生成数字结果
	3	%（百分比）	
	4	^（乘方）	
	5	* 和 /（乘和除）	
	6	+ 和 —（加和减）	
文本连接符	7	&	连接两个字符串 以合并成一个长文本
比较运算符	8	=	比较两个值，结果为一个逻辑值：TRUE 或 FALSE
		＜和＞	
		＜=	
		＞=	
		＜＞	

3. 公式的输入与修改

在单元格中输入公式时，可以直接输入，也可以结合鼠标单击的方式输入。例如，在输入公式时，引用工作表中的一个或多个单元格，则可以选择单元格或单元格区域将其添加到公式中。

单元格引用分为一维引用、二维引用和三维引用。一维引用为单行或单列引用，如A1:A10、A1:J1；二维引用为多行多列引用，如 A1:J10；三维引用为引用了其他工作表或多个工作表的引用，如 Sheet1:Sheet3!A1。

单元格的引用方式分为 3 种：相对引用、绝对引用与混合引用。在公式编辑栏中，可以通过按【F4】键快速切换引用方式。

- **相对引用**：指包含公式和单元格引用的单元格的相对位置。在使用相对引用时，公式所在的单元格位置若发生改变，引用也会随之改变。
- **绝对引用**：与相对引用不同，在使用绝对引用时，即使公式所在单元格位置改变，引用也不会随之改变。在行号和列标前添加一个“$”符号，即可成为绝对引用，如$A$1。
- **混合引用**：指在公式中既有相对引用，又有绝对引用，如 A$1+$G1，它使用“$”符号锁定单元格引用的列标或行号。

下面以制作乘法口诀表为例，介绍如何在单元格中输入和修改公式，具体操作方法如下所述。

Step 01 打开“素材文件\第 4 章\公式的输入与修改.xlsx”，选择 B2 单元格，在编辑栏中输入“=”，选择要引用的单元格，如 A2 单元格，即可将其添加到公式中，如图 4-125 所示。

Step 02 输入乘号“*”，然后选择 B1 单元格，按【Enter】键确认，即可得到计算结果，如图 4-126 所示。

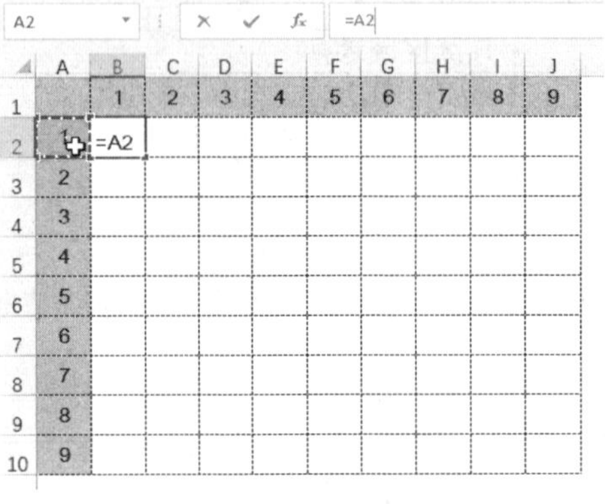

图 4-125　选择引用单元格

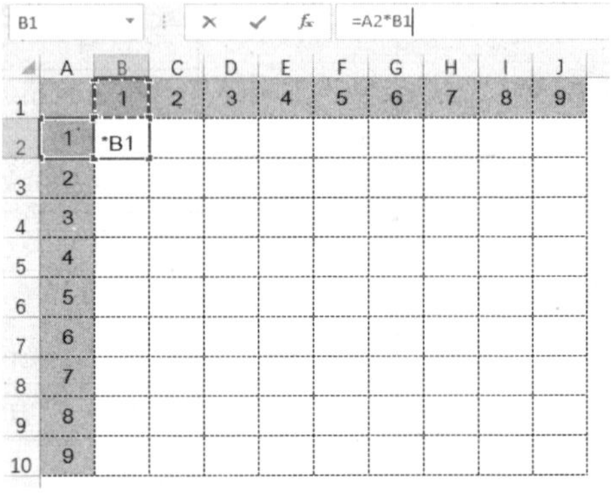

图 4-126　得到计算结果

Step 03 当 B2 单元格中的公式向右填充时，应使公式 A2*B1 逐个变为 A2*C1、A2*D1、A2*E1……，所以需要将 A2 引用中的列锁定，在编辑栏中将光标定位到 A2 单元格引用中，然后多次按【F4】键，更改其单元格引用方式，使其变为$A2，如图 4-127 所示。

Step 04 向右拖动填充柄复制公式，结果如图 4-128 所示。

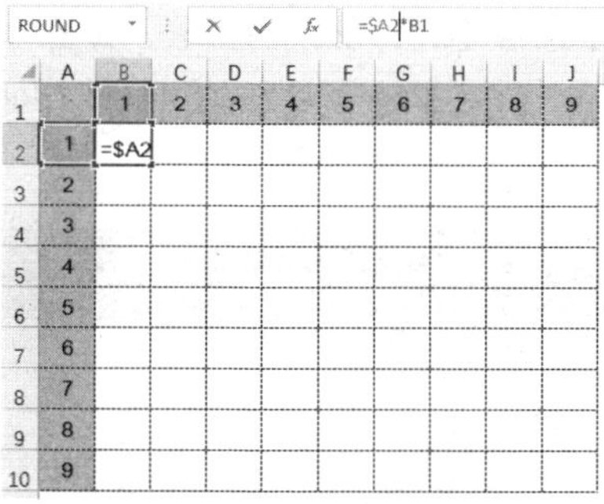

图 4-127　更改单元格引用

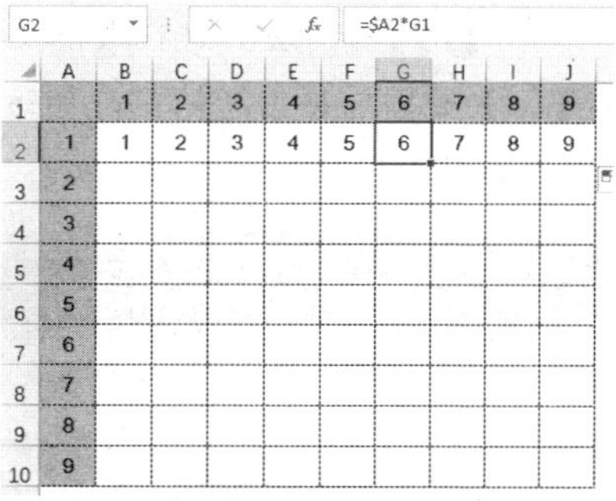

图 4-128　复制公式

Step 05　将 B2 单元格中的公式向下填充时，应使公式$A2*C1 逐个变为$A3*B1、$A4*B1、$A5*B1……，所以需要将 B1 引用中的行锁定，在编辑栏中将 B1 引用方式更改为 B$1，向下拖动填充公式，如图 4-129 所示。

Step 06　将填充柄向右拖动，填充右侧的单元格，结果如图 4-130 所示。

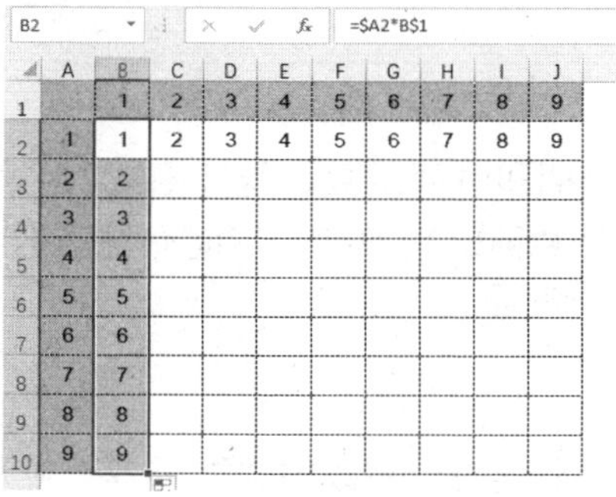

图 4-129　修改公式

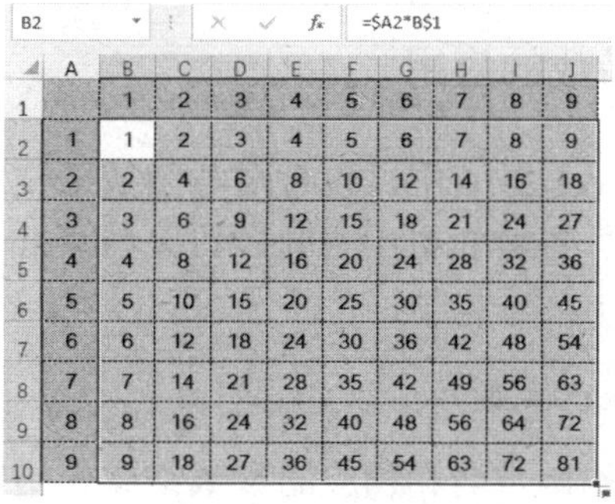

图 4-130　复制公式

4. 公式求值

公式求值用来显示公式或函数的具体计算过程，可以用来调试公式或函数，还可通过按【F9】键快速对公式求值，具体操作方法如下所述。

Step 01　打开“素材文件\第 4 章\公式求值.xlsx”，选择要对公式求值的单元格，选择“公式”选项卡，在“公式审核”组中单击“公式求值”按钮，如图 4-131 所示。

Step 02　弹出“公式求值”按钮，通过单击“求值”按钮逐步进行求值即可，如图 4-132 所示。

图 4-131　单击“公式求值”按钮

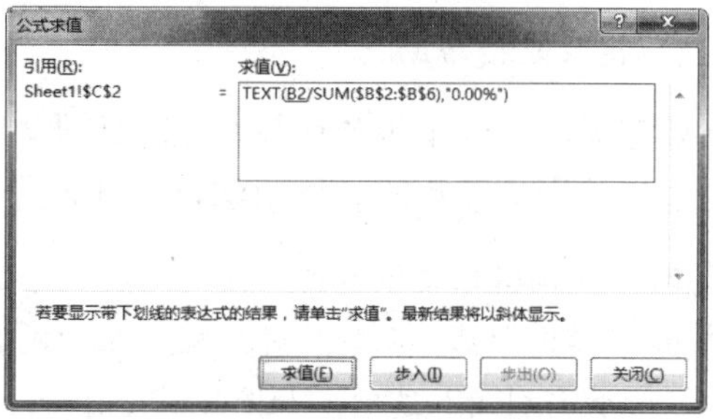

图 4-132　单击“求值”按钮

Step 03 也可利用【F9】键对公式进行求值，在编辑栏中选择要进行求值的函数，如图 4-133 所示。

Step 04 按【F9】键即可得出所选函数的运算结果，按【Esc】键或【Ctrl+Z】组合键可以取消操作，如图 4-134 所示。

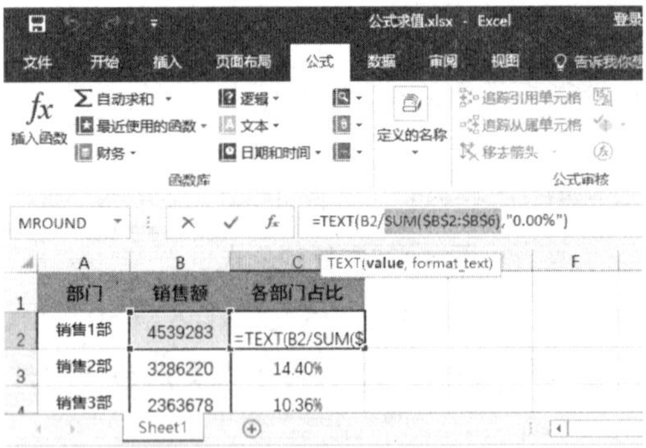

图 4-133　选择求值函数

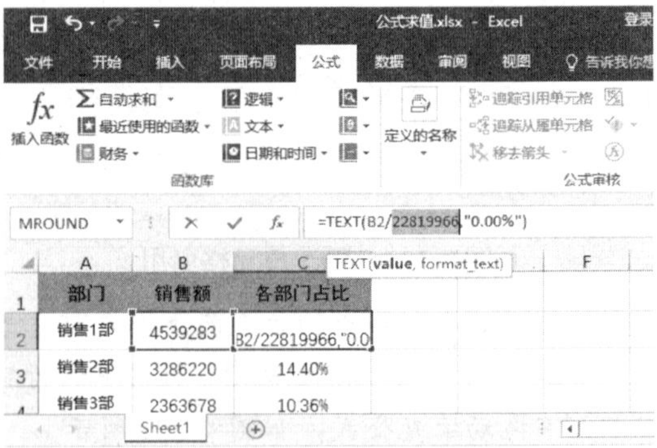

图 4-134　使用快捷键快速求值

4.5.2　函数的应用

在 Excel 2016 中，包含财务函数、文本函数、日期和时间函数、统计函数、工程函数、逻辑函数、查找和引用函数，以及数学和三角函数等多种函数类型。下面介绍函数在 Excel 中的应用方法。

1. 认识函数

函数由函数名和相应的参数组成。函数名是固定不变的，参数的数据类型一般是数字和文本、逻辑值、数组、单元格引用和表达式等，在使用函数时需要输入其所必须的函数。各参数的含义如下所述。

- **数字和文本**：不进行计算、也不发生改变的常量。
- **逻辑值**：也就是 TRUE 和 FLASE 这两个逻辑值。
- **数组**：用于建立可生成多个结果，或可对在行和列中排列的一组参数进行计算的单个公式。
- **单元格引用**：通过单元格引用确定参数所在的单元格位置。
- **表达式**：在 Excel 中，当遇到一个表达式作为参数时，会先计算这个表达式，然后使用其结果作为参数值。当使用表达式时，表达式中也可能包含其他函数，这就是函数的嵌套。

2. 获取函数帮助

要想灵活地运用函数计算数据，需要熟悉其语法规则，使用 Excel 帮助可以轻松地查询函数的具体用法，具体操作方法如下所述。

Step 01 在编辑栏左侧单击“插入函数”按钮 f_x，如图 4-135 所示。

Step 02 弹出“插入函数”对话框，在“或选择类别”下拉列表框中选择“查找与引用”选项，如图 4-136 所示。

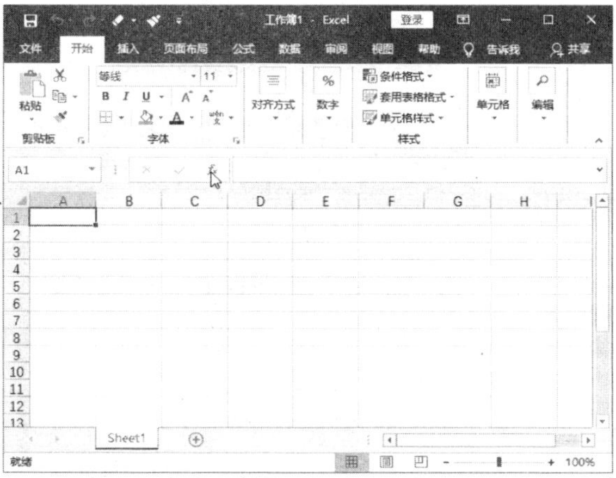

图 4-135　单击“插入函数”按钮

图 4-136　选择函数类别

Step 03 选择 VLOOKUP 函数，即可在下方的描述信息中查看该函数的作用，单击“有关该函数的帮助”超链接，如图 4-137 所示。

Step 04 在打开的网页中即可查看 VLOOKUP 函数的说明、语法及示例等信息，如图 4-138 所示。

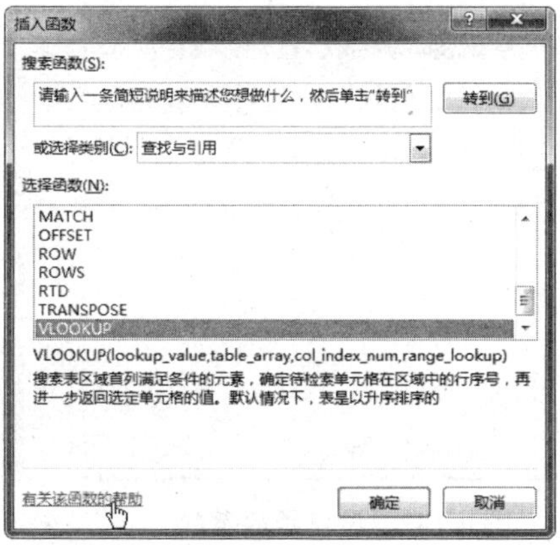

图 4-137　单击帮助超链接

图 4-138　查看函数语法

3. 数学函数

Excel 中的数学函数用于对数值数据进行数学运算或汇总。常用的数学函数有 SUM、PRODUCT、INT、MOD、ABS、EVEN、ODD、RAND、SUMIF、SUMIFS、ROUND 等函数。下面根据某集团第一节度车辆销售报表，利用 SUMIFS 函数对每个月车型销售情况进行统计，具体操作方法如下所述。

Step 01 打开“素材文件\第 4 章\按月份统计某车型销售额.xlsx”，为 I2:I4 单元格区域设置数据验证，使用户可以在单元格下拉列表中选择各车型，如图 4-139 所示。

Step 02 选择 J1 单元格，在编辑栏左侧单击“插入函数”按钮 *fx* 或直接按【Shift+F3】组合键，打开“插入函数”对话框，如图 4-140 所示。

图 4-139 设置数据验证

图 4-140 打开“插入函数”对话框

Step 03 选择 SUMIFS 函数，然后单击“确定”按钮，如图 4-141 所示。

Step 04 弹出“函数参数”对话框，设置 SUMIFS 函数的各项参数，然后单击“确定”按钮，如图 4-142 所示。

图 4-141 选择函数

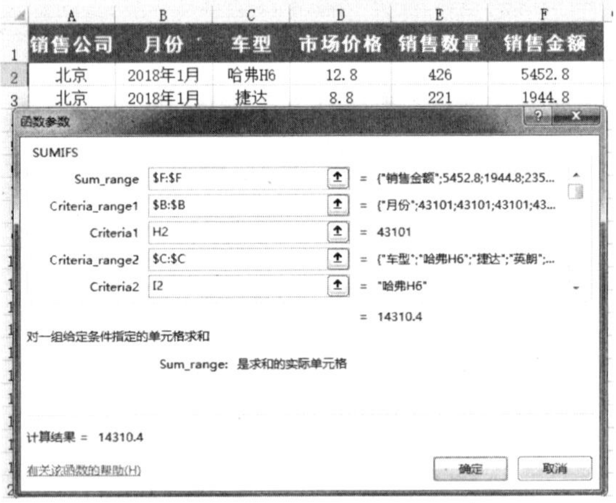

图 4-142 设置函数参数

Step 05 向下拖动填充柄复制公式，如图 4-143 所示。

Step 06 在 I 列中选择车型，查看销售金额，如图 4-144 所示。

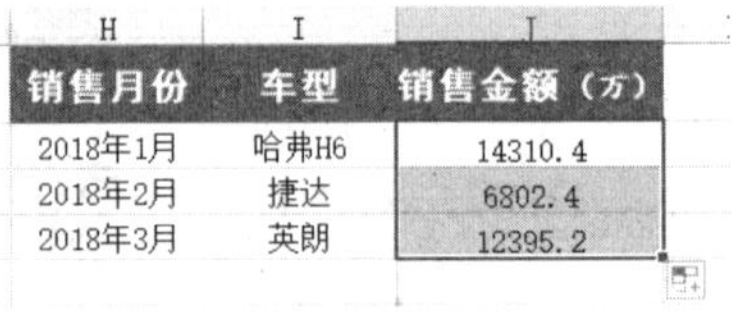

图 4-143 复制公式

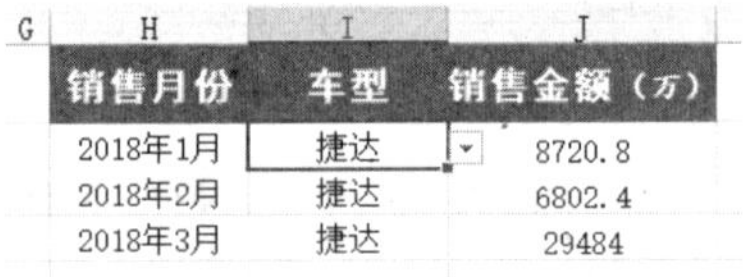

图 4-144 查看销售金额

4. 逻辑函数

逻辑函数用于判断数值真假，或者检测数值是否符合规定条件。常用的逻辑函数有 IF、AND、INT、OR、NOT、IFERROR、TRUE、FALSE 等函数。下面使用 IF 函数设置库存提醒，当库存数量小于 5 时提醒“补货”，当数量小于 10 时提醒“准备”，否则提醒“充足”，具体操作方法如下所述。

Step 01 打开“素材文件\第 4 章\设置库存提醒.xlsx”，在 E2 单元格中输入公式“=IF(D2<=$G$2,"补货","准备")”并按【Enter】键确认，结果如图 4-145 所示。

Step 02 在函数外再嵌套一层 IF 函数，编辑公式为“=IF(D2<=$H$2,IF(D2<=$G$2,"补货","准备"),"充足")”，向下复制公式，结果如图 4-146 所示。用户可以根据需要在 G2 和 H2 单元格中修改“补货”和“准备”条件。

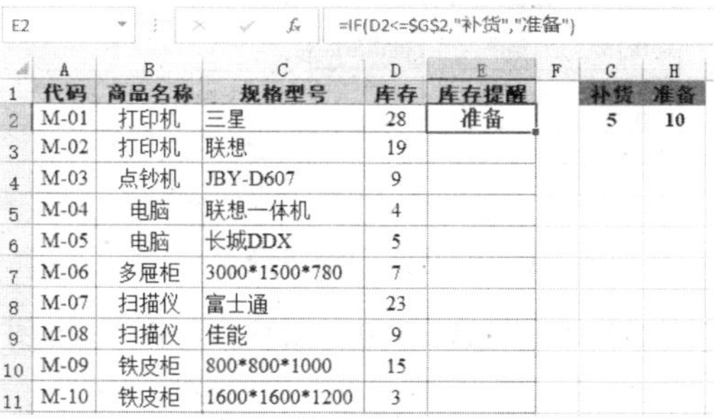

E2　=IF(D2<=$G$2,"补货","准备")

	A	B	C	D	E	F	G	H
1	代码	商品名称	规格型号	库存	库存提醒		补货	准备
2	M-01	打印机	三星	28	准备		5	10
3	M-02	打印机	联想	19				
4	M-03	点钞机	JBY-D607	9				
5	M-04	电脑	联想一体机	4				
6	M-05	电脑	长城DDX	5				
7	M-06	多屉柜	3000*1500*780	7				
8	M-07	扫描仪	富士通	23				
9	M-08	扫描仪	佳能	9				
10	M-09	铁皮柜	800*800*1000	15				
11	M-10	铁皮柜	1600*1600*1200	3				

图 4-145　使用 IF 函数

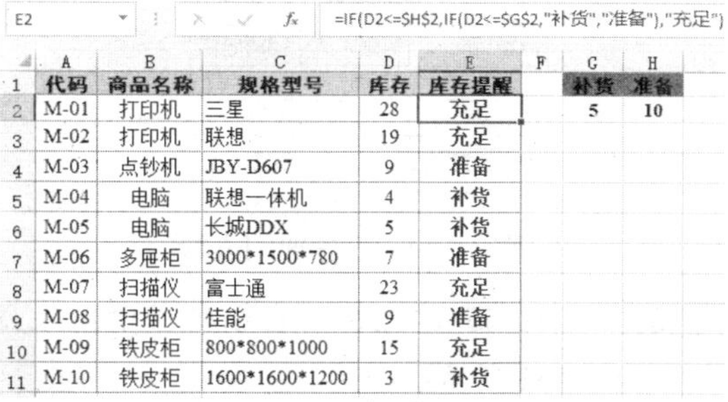

E2　=IF(D2<=$H$2,IF(D2<=$G$2,"补货","准备"),"充足")

	A	B	C	D	E	F	G	H
1	代码	商品名称	规格型号	库存	库存提醒		补货	准备
2	M-01	打印机	三星	28	充足		5	10
3	M-02	打印机	联想	19	充足			
4	M-03	点钞机	JBY-D607	9	准备			
5	M-04	电脑	联想一体机	4	补货			
6	M-05	电脑	长城DDX	5	补货			
7	M-06	多屉柜	3000*1500*780	7	准备			
8	M-07	扫描仪	富士通	23	充足			
9	M-08	扫描仪	佳能	9	准备			
10	M-09	铁皮柜	800*800*1000	15	充足			
11	M-10	铁皮柜	1600*1600*1200	3	补货			

图 4-146　嵌套函数

5. 统计函数

统计函数用于对数组或数据区域进行统计分析。常用的统计函数主要有 AVERAGE、AVERAGEA、AVERAGEIF、AVERAGEIFS、COUNT、COUNTA、COUNTBLANK、COUNTIF、COUNTIFS、MAX、MIN 等函数。下面依据销售人员的销售数据，使用统计函数统计各部门的销售状况，具体操作方法如下所述。

Step 01 打开“素材文件\第 4 章\销售业绩统计.xlsx”，选择 D21 单元格，按【Alt+=】组合键即可快速插入 SUM 函数，自动进行求和运算，如图 4-147 所示。

Step 02 在 H1:J5 单元格区域制作统计表格，并为 H2 单元格设置数据验证，如图 4-148 所示。

SUM　=SUM(D3:D20)

	A	B	C	D	E	F
1	各部门销售人员业绩					
2	姓名	部门	职务	销售额	奖金比例	业绩奖金
3	刘一飞	销售1部	销售人员	¥ 48,000	10%	¥ 4,800
4	陈廷	销售1部	销售人员	¥ 17,000	0%	¥ -
5	刘韬	销售1部	销售总监	¥ 50,000	20%	¥ 10,000
6	李晓	销售1部	销售人员	¥ 28,000	6%	¥ 1,680
7	高密	销售1部	销售人员	¥ 39,000	6%	¥ 2,340
8	杨莉微	销售1部	销售人员	¥ 31,000	6%	¥ 1,860
9	邓吏	销售2部	销售人员	¥ 32,000	6%	¥ 1,920
10	胡菲菲	销售2部	销售总监	¥ 56,000	20%	¥ 11,200
11	马毅	销售2部	销售人员	¥ 43,000	10%	¥ 4,300
12	郑浩然	销售2部	销售人员	¥ 38,000	6%	¥ 2,280
13	王涛	销售2部	销售人员	¥ 45,000	10%	¥ 4,500
14	黄荣光	销售2部	销售人员	¥ 17,000	0%	¥ -
15	王俊习	销售3部	销售人员	¥ 36,000	6%	¥ 2,160
16	陈宇飞	销售3部	销售总监	¥ 62,000	20%	¥ 12,400
17	赵青	销售3部	销售人员	¥ 27,000	6%	¥ 1,620
18	王佳乐	销售3部	销售人员	¥ 38,000	6%	¥ 2,280
19	肖然	销售3部	销售人员	¥ 24,000	2%	¥ 480
20	张嘉欣	销售3部	销售人员	¥ 41,000	10%	¥ 4,100
21	合计			=SUM(D3:D20)		
22				SUM(number1, [number2], ...)		

图 4-147　计算总销售额

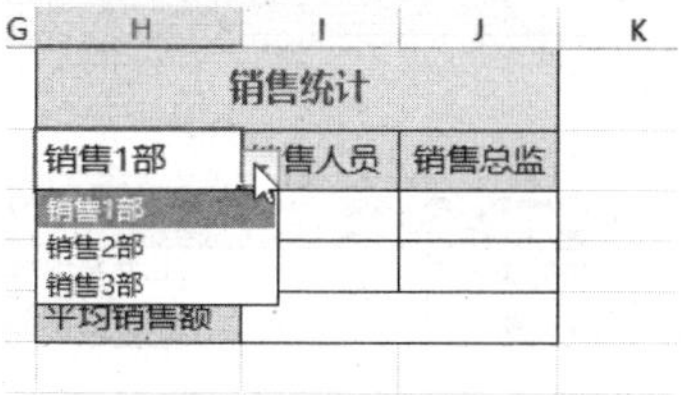

图 4-148　设置数据验证

Step 03 选择 I3 单元格，在编辑栏中输入公式“=COUNTIFS(B3:B20,H2,C3:C20,I2)”，按【Enter】键得出结果。采用同样的方法，计算 J3 单元格，如图 4-149 所示。

Step 04 选择 I4 单元格，在编辑栏中输入公式“=SUMIFS(D3:D20,B3:B20,H2,C3:C20,I2)”，按【Enter】键得出结果。采用同样的方法，计算 J4 单元格，如图 4-150 所示。

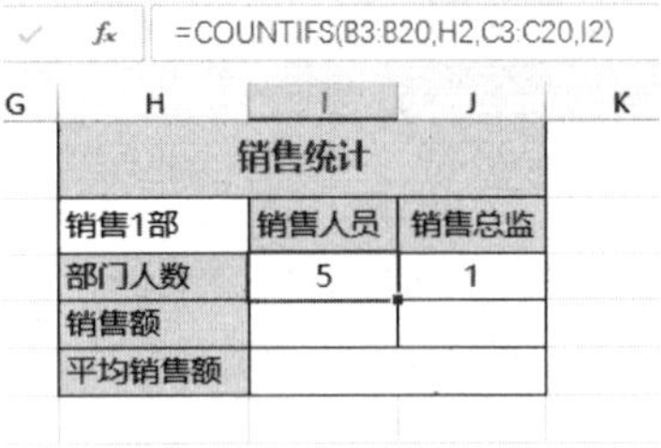

图 4-149　汇总部门人数

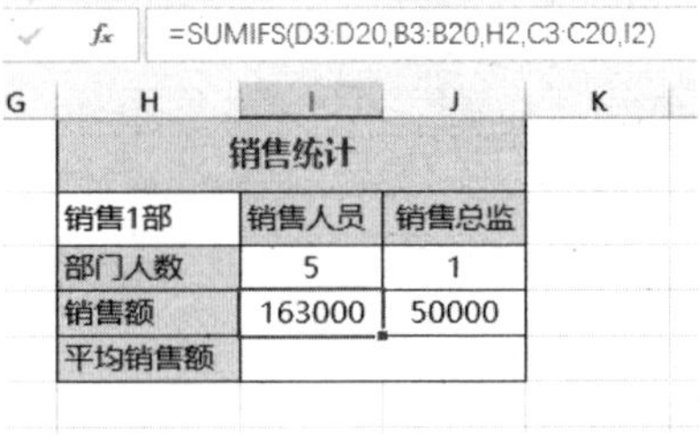

图 4-150　汇总部门销售额

Step 05 选择 I5 单元格，在编辑栏中输入公式“=AVERAGEIF(B3:B20,H2,D3:D20)”，如图 4-151 所示。

Step 06 在 H2 单元格中选择“销售 3 部”，查看统计结果，如图 4-152 所示。

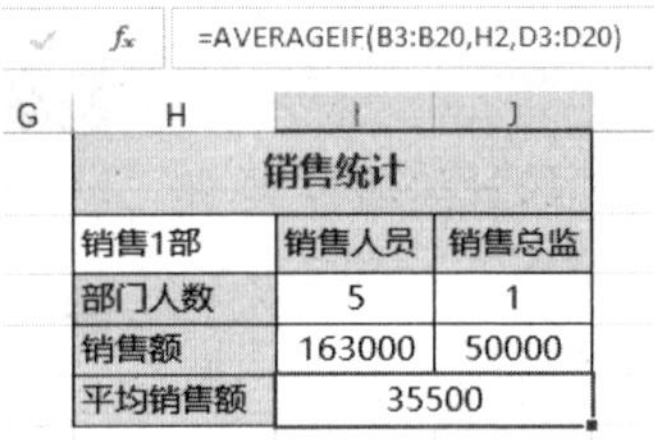

图 4-151　计算部门平均销售额

图 4-152　切换部门

6. 文本函数

文本函数是以公式的方式对文本进行处理的一种函数。常用的文本函数主要包括 CONCATENATE、LEFT、RIGHT、LEN、MID、SEARCH、TEXT、REPT、TRIM、CLEAN 等函数。下面使用文本函数合并文本和数字。若单元格中分别放置文本和数字，在使用“&”对其进行合并时，可能无法得到所需的格式，此时可以使用 TEXT 函数转换数字格式，具体操作方法如下所述。

Step 01 打开“素材文件\第 4 章\合并文本和数字.xlsx”，在 C2 单元格中输入公式“=A2&B2”，并复制公式，结果如图 4-153 所示。

Step 02 将公式修改为“A2&" "&B2”，可在文本和数字之间添加空格，如图 4-154 所示。

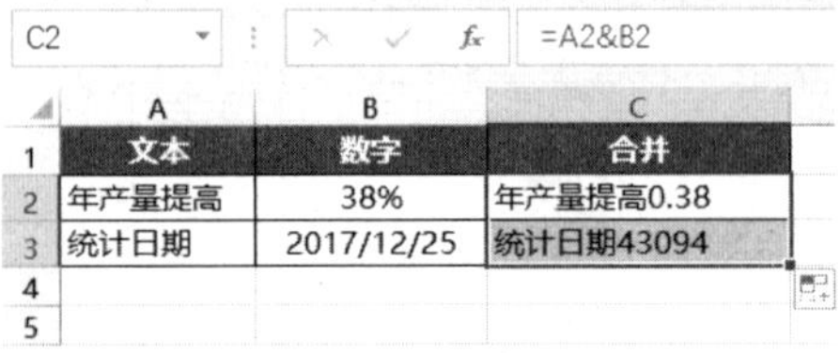

图 4-153　复制公式

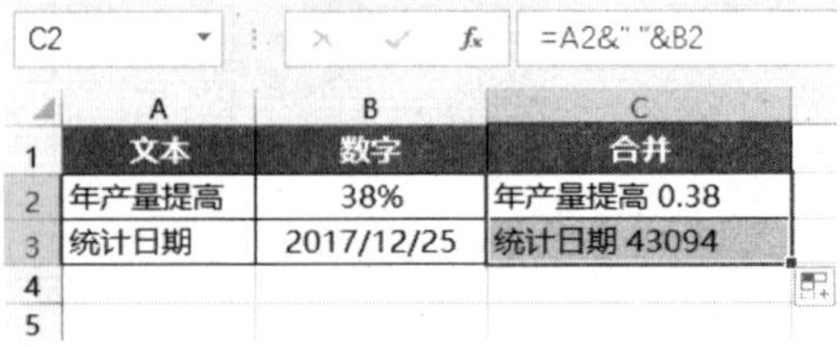

图 4-154 添加空格

Step 03 选择 C2 单元格，修改公式为 “=A2&" "&TEXT(B2,"0%")”，可以将数字设置为百分比格式，如图 4-155 所示。

Step 04 选择 C3 单元格，修改公式为 “=A3&" "&TEXT(B3,"yyyy/m/d")”，可以将数字设置为日期格式，如图 4-156 所示。

C2　=A2&" "&TEXT(B2,"0%")

	A	B	C	D
1	文本	数字	合并	
2	年产量提高	38%	年产量提高 38%	
3	统计日期	2017/12/25	统计日期 43094	
4				
5				

图 4-155　将数字设置为百分比格式

C3　=A3&" "&TEXT(B3,"yyyy/m/d")

	A	B	C	D
1	文本	数字	合并	
2	年产量提高	38%	年产量提高 38%	
3	统计日期	2017/12/25	统计日期 2017/12/25	
4				
5				

图 4-156　将数字设置为日期格式

7. 日期与时间函数

日期与时间函数用于计算两个日期之间的天数，指定月份的最后一天，将时间和日期转换成序列号，返回指定时间，计算周次等。常用的日期与时间函数主要包括 YEAR、MONTH、DAY、DAYS、DAYS360、DATE、DATEIF、TODAY、NOW、WEEKDAY、TIME 等函数。

下面以员工的出生日期为例，当员工在本月、本日或将来几天过生日时，可以使用日期函数在表格中设置生日提醒，以提前为其送上祝福，具体操作方法如下所述。

Step 01 打开“素材文件\第 4 章\员工生日提醒.xlsx”，在表格中输入员工的出生日期，如图 4-157 所示。

Step 02 在 C2 单元格中输入公式 “=IF(MONTH(B2)=MONTH(TODAY()),"本月"&DAY(B2)&"日过生日","")”，并向下复制公式，结果如图 4-157 所示。

C2

	A	B	C	D
1	姓名	出生日期	本月生日	本日生日
2	张永元	1986/7/24		
3	李哲瀚	1989/4/24		
4	王凯旋	1993/10/26		
5	赵英杰	1994/8/1		
6	孙萌	1992/4/17		
7				
8				
9				
10				

图 4-157　输入出生日期

C2　=IF(MONTH(B2)=MONTH(TODAY()),"本月"&DAY(B2)&"日过生日","")

	A	B	C	D	E
1	姓名	出生日期	本月生日	本日生日	
2	张永元	1986/7/24			
3	李哲瀚	1989/4/24	本月24日过生日		
4	王凯旋	1993/10/26			
5	赵英杰	1994/8/1			
6	孙萌	1992/4/17	本月17日过生日		
7					
8					
9					
10					

图 4-158　本月生日提醒

Step 03 在 C2 单元格中输入公式 “=IF(AND(MONTH(B2)=MONTH(TODAY()),DAY(B2)=DAY (TODAY())),"今天过生日","")”，并向下复制公式，结果如图 4-159 所示。

Step 04 插入 1 列，在 C2 单元格中输入公式 “=IF(DATEDIF(B2-7,TODAY(),"YD")<=7,"提醒","")”，并向下复制公式，结果如图 4-160 所示。

D2　=IF(AND(MONTH(B2)=MONTH(TODAY()),DAY(B2)=DAY(TODAY())),"今天过生日","")

	A	B	C	D	E
1	姓名	出生日期	本月生日	本日生日	
2	张永元	1986/7/24			
3	李哲瀚	1989/4/24	本月24日过生日		
4	王凯旋	1993/10/26			
5	赵英杰	1994/8/1			
6	孙萌	1992/4/17	本月17日过生日	今天过生日	
7					
8					
9					
10					

图 4-159　本日生日提醒

C2　=IF(DATEDIF(B2-7,TODAY(),"YD")<=7,"提醒","")

	A	B	C	E
1	姓名	出生日期	7天生日提醒	本日生日
2	张永元	1986/7/24		
3	李哲瀚	1989/4/24	提醒	
4	王凯旋	1993/10/26		
5	赵英杰	1994/8/1		
6	孙萌	1992/4/17	提醒	今天过生日
7				

图 4-160　7 天生日提醒

8. 查找和引用函数

查找和引用函数用于按照指定的要求对数据进行查找操作，并返回需要的值或引用。常用的查找和引用函数主要包括 VLOOKUP、HLOOKUP、INDEX、MATCH、INDIRECT、OFFSET、ROW、COLUMN、CHOOSE 等函数。下面依据各部门每月的产量数据，使用查找和引用函数计算月产量最高的部门和各部门产量最高的月份，具体操作方法如下所述。

Step 01 打开“素材文件\第 4 章\统计产量最高的部门.xlsx”，在 A9:F10 单元格区域制作所需的数据表格，如图 4-161 所示。

Step 02 在 A10 单元格中输入公式“=INDEX($A$2:$G$6,MATCH(MAX(B$2:B$6),B$2:B$6,0),1)”，按【Enter】键得出结果，然后向右填充公式，如图 4-162 所示。

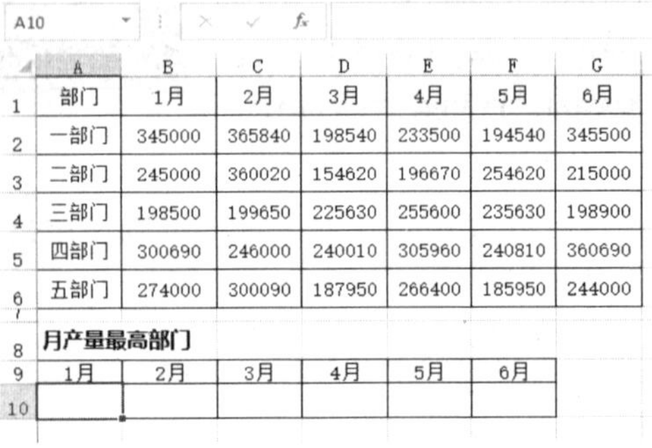

部门	1月	2月	3月	4月	5月	6月
一部门	345000	365840	198540	233500	194540	345500
二部门	245000	360020	154620	196670	254620	215000
三部门	198500	199650	225630	255600	235630	198900
四部门	300690	246000	240010	305960	240810	360690
五部门	274000	300090	187950	266400	185950	244000

月产量最高部门

1月	2月	3月	4月	5月	6月

图 4-161　编辑数据表格

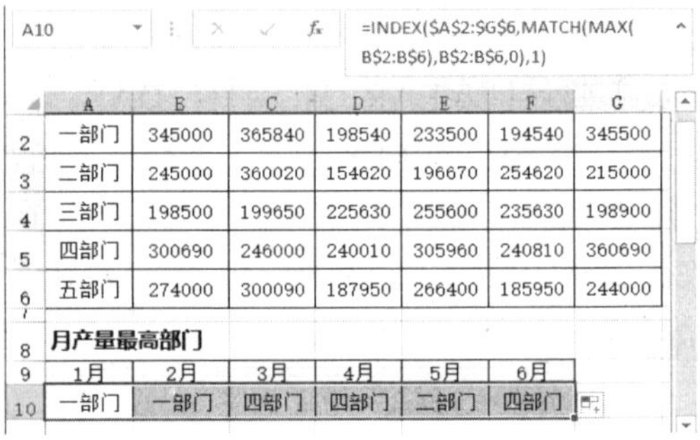

月产量最高部门

1月	2月	3月	4月	5月	6月
一部门	一部门	四部门	四部门	二部门	四部门

图 4-162　复制公式

Step 03 在 A13:B17 单元格区域制作所需的数据表格，如图 4-163 所示。

Step 04 在 B13 单元格中输入公式“=INDEX($B$1:$G$1,MATCH(MAX(B2:G2),B2:G2,0))”，按【Enter】键得出结果，然后向下填充公式，如图 4-164 所示。

部门产量最高的月份

一部门	
二部门	
三部门	
四部门	
五部门	

图 4-163　编辑数据表格

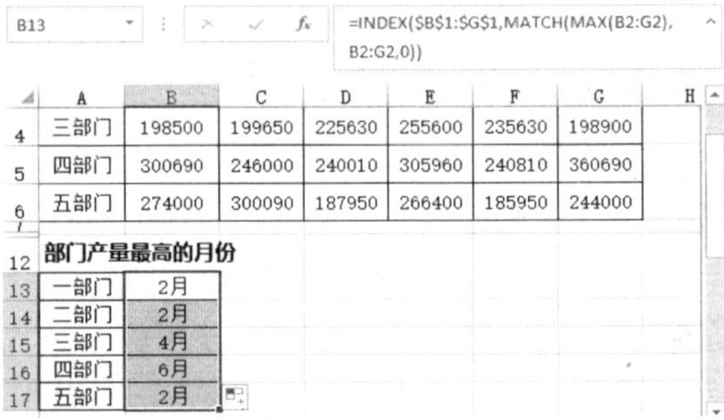

部门产量最高的月份

一部门	2月
二部门	2月
三部门	4月
四部门	6月
五部门	2月

图 4-164　填充公式

4.6　本章实例：制作电脑报价单

下面根据电脑各配件的报价信息制作一个电脑报价单，具体操作方法如下所述。

Step 01 打开“素材文件\第 4 章\电脑报价单.xlsx”，在“配件报价”工作表中输入配件标题和名称，在名称右侧输入价格。按住【Ctrl】键的同时选中所有配件名称右侧的的单元格，在编辑栏中输入“=M1&"单价"”，按【Ctrl+Enter】组合键快速填充所选单元格，如图 4-165 所示。

图 4-165　编辑标题单元格

Step 02 按住【Ctrl】键的同时选择配件标题所在的列，在“公式”选项卡下单击“根据所选内容创建”按钮，如图 4-166 所示。

Step 03 弹出“根据所选内容创建名称”对话框，选中“首行”复选框，然后单击“确定”按钮，如图 4-167 所示。

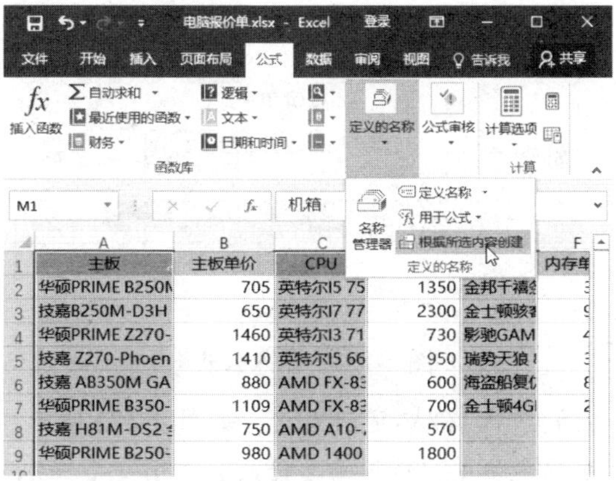

图 4-166　单击“根据所选内容创建”按钮

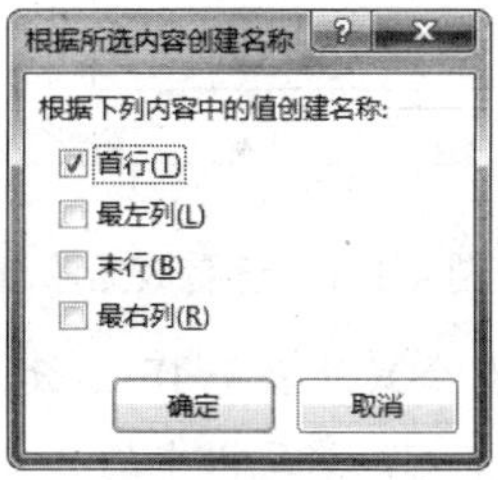

图 4-167　选中“首行”复选框

Step 04 切换到“报价单”工作表，选择 A7 单元格，在编辑栏中输入“=配件报价!A1”并按【Enter】键确认，获取“配件报价”工作表中的标题名称。采用同样方法，编辑该列的其他“商品类别”单元格，如图 4-168 所示。

图 7-168　获取标题名称

Step 05 选择 B7 单元格，打开“数据验证”对话框，在“允许”下拉列表框中选择“序列”选项，在“来源”文本框中输入“=INDIRECT($A7)”，然后单击“确定”按钮，如图 4-169 所示。

Step 06 向下拖动填充柄，为其他单元格设置数据验证格式，如图 4-170 所示。

图 4-169　设置数据验证

图 4-170　复制公式

Step 07　单击 B7 单元格下拉按钮，选择所需的商品，如图 4-171 所示。

Step 08　选择 C7 单元格，在编辑栏中输入公式“INDEX(配件报价!A:N,MATCH(B7,主板,0)+1, MATCH(A7&"单价",配件报价!$1:$1,0))”，按【Enter】键得出相应的价格，如图 4-172 所示。

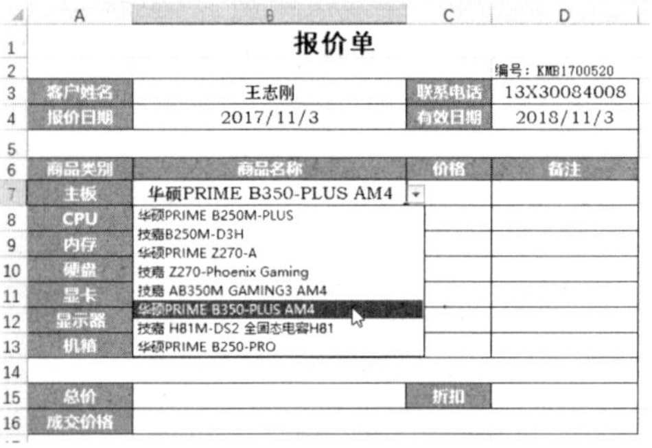

图 4-171　查看数据验证

图 4-172　输入公式

Step 09　在公式外嵌套 IF 函数，表示当商品名称为空时，价格显示为空，如图 4-173 所示。

Step 10　将 C7 单元格中的公式复制到下方的其他单元格中，根据需要修改公式第一个 MATCH 函数中的名称，例如，在 C8 单元格中将名称“主板”修改为 CPU，如图 4-174 所示。

图 4-173　嵌套公式

图 4-174　修改公式

Step 11　选择其他商品名称，其价格将自动显示，如图 4-175 所示。

Step 12　在表格下方通过使用 SUM 函数和数学运算计算总价、折扣和成交价格等，如图 4-176 所示。

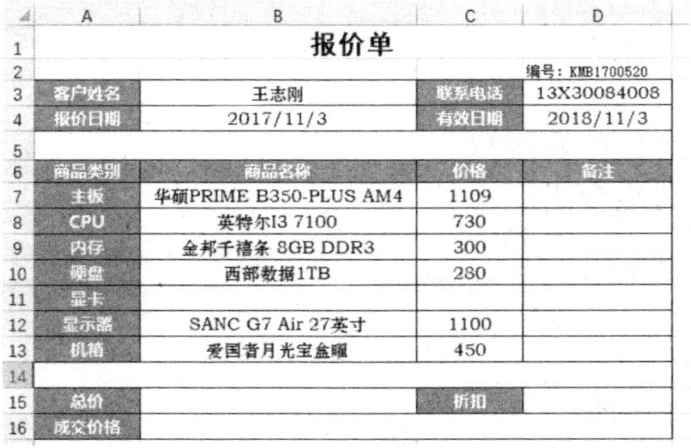

	A	B	C	D
1	报价单			
2			编号：KMB1700520	
3	客户姓名	王志刚	联系电话	13X30084008
4	报价日期	2017/11/3	有效日期	2018/11/3
5				
6	商品类别	商品名称	价格	备注
7	主板	华硕PRIME B350-PLUS AM4	1109	
8	CPU	英特尔I3 7100	730	
9	内存	金邦千禧条 8GB DDR3	300	
10	硬盘	西部数据1TB	280	
11	显卡			
12	显示器	SANC G7 Air 27英寸	1100	
13	机箱	爱国者月光宝盒曜	450	
14				
15	总价		折扣	
16	成交价格			

图 4-175　选择商品名称

B15　=SUM(C7:C13)

	A	B	C	D
4	报价日期	2017/11/3	有效日期	2018/11/3
5				
6	商品类别	商品名称	价格	备注
7	主板	华硕PRIME B350-PLUS AM4	1109	
8	CPU	英特尔I3 7100	730	
9	内存	金邦千禧条 8GB DDR3	300	
10	硬盘	西部数据1TB	280	
11	显卡			
12	显示器	SANC G7 Air 27英寸	1100	
13	机箱	爱国者月光宝盒曜	450	
14				
15	总价	¥3,969.00	折扣	¥595.35
16	成交价格	¥3,373.65		

图 4-176　汇总价格

本章小结

本章主要讲述了 Excel 工作表的基本操作、Execl 单元格的基本操作、输入与填充数据、设置单元格数字格式、使用公式和函数等知识。通过本章的学习，读者应了解 Excel 的基本概念；掌握如何插入与删除、移动或复制、保护工作表等；掌握如何选择与定位单元格、行和列操作、合并单元格，以及应用单元格格式；掌握如何输入与填充数据并进行相应的操作；掌握应用预设数字格式、自定义日期格式、自定义数字格式的准则；掌握公式和函数的应用。

习题 4

一、选择题

1．数据验证的验证条件不包括（　）。

A．整数　　B．文本　　C．序列　　D．自定义

2．以下哪项说法不正确。（　）

A．要复制包含公式的数据，需要将数据粘贴为“值”

B．为了防止用复制的空白单元格替换数据单元格，可以使用“选择性粘贴”功能，在“选择性粘贴”对话框中选中“跳过空单元”即可

C．合并单元格操作可以保留单元格中的所有数据

D．在工作表中插入或删除单元格时，受插入影响的所有引用都会相应地做出调整，无论它们是相对单元格引用，还是绝对单元格引用

3．AVERAGE 函数属于哪种函数。（　）

A．数学函数　　B．逻辑函数　　C．统计函数　　D．引用函数

4．以下运算符优先级最高的是（　）。

A．比较运算符　　B．算数运算符　　C．文本连接符　　D．引用运算符

5．关于公式，以下哪种说法不正确。（　）

A．公式中所有左括号和右括号需匹配

B．输入公式时，必须以“=”开始

C．公式中可以包括函数，在函数中必须输入所有函数参数

D．单元格的引用方式有相对引用、绝对引用与混合引用 3 种

二、填空题

1．要移动行或列数据，可选中行或列后，按住__________键进行拖动。

2．要快速填充数据，可在选中数据单元格区域后按________组合键。

3．要使用“选择性粘贴”功能，可在复制数据后，按_________组合键打开“选择性粘贴”对话框。

4．公式可以由___________、___________、__________、_________和_________构成。

5．若要更改单元格的引用方式，可以按_________键。

6．逻辑函数主要包括______、______、______、______、______、______、______和______等函数。

三、实操题

使用“快速填充”功能将 D 列的生日数据在 E 列转换为正确日期格式，如图 4-177 所示。

	A	B	C	D	E
1	姓	名	姓名	生日	生日
2	张	一飞	张一飞	19870126	
3	刘	与淑	刘与淑	19860530	
4	诸葛	宸浩	诸葛宸浩	19840425	
5	上官	亮	上官亮	19890619	
6	孔	霞	孔霞	19880427	
7	陈	吉丰	陈吉丰	19830513	
8	李	家强	李家强	19920705	
9					

图 4-177　转换日期格式

第 5 章　电子演示文稿软件 PowerPoint 2016

【本章概览】

PowerPoint 2016 是 Office 2016 系列办公软件中一款非常优秀的幻灯片制作软件，使用它可以制作出带有图片、图形、表格、图表及动画效果的演示文稿，被广泛应用于公司会议、课堂演示、教育培训及各种演示会等场合。

【本章目标】

- 认识 PowerPoint 2016 工作界面，了解设置幻灯片大小和方向。
- 了解新建幻灯片并输入文本的方法，掌握如何插入文本与图片、表格，如何使用大纲视图编辑内容、将文本转换为 SmartArt 图图形，如何设置文本效果。
- 掌握如何应用主题样式和变体样式，自定义幻灯片母版、创建于应用新版式。
- 掌握幻灯片的反映、录制、设置和控制。
- 了解如何导出 PDF 文件、视频和图片。

5.1　PowerPoint 2016 基本知识

下面引领读者认识 PowerPoint 2016 的工作界面，熟悉 PowerPoint 的视图模式，以及设置幻灯片大小和方向。

5.1.1　认识 PowerPoint 2016 工作界面

PowerPoint 2016 的工作界面主要由功能区、幻灯片编辑区、幻灯片/大纲任务窗格、备注窗格、状态栏和视图切换区组成，如图 5-1 所示。

- **功能区**：包含了对幻灯片进行编辑和设置格式的各种工具。在功能区内，根据不同的功能分为 9 个选项卡，即“文件”“开始”“插入”“设计”“切换”“动画”“幻灯片放映”“审阅”和“视图”选项卡。
- **幻灯片编辑区**：用于显示和编辑幻灯片，演示文稿中的所有幻灯片都是在这个区域中编辑完成。
- **幻灯片/大纲窗格**：包括“幻灯片”和“大纲”选项卡。幻灯片模式是调整和设置幻灯片的最佳模式，在这种模式下幻灯片会以序号的形式进行排列，用户可以在此预览幻灯片的整体效果。使用大纲模式可以很好地组织和编辑幻灯片内容。在编辑区的幻灯片中输入文本内容之后，在大纲模式的任务窗格中也会显示文本的内容，用户也可以直接在此输入或修改幻灯片的文本内容。

图 5-1　PowerPoint 2016 工作界面

- **备注窗格**：位于幻灯片编辑区下方，是为当前幻灯片添加备注、显示备注的区域。单击“备注”按钮，即可显示“备注”窗格。
- **状态栏**：显示当前正在编辑的幻灯片状态，如幻灯片的总页数和当前页数、语言状态、视图状态、幻灯片的放大比例等。
- **视图切换区**：位于状态栏右侧，用于切换演示文稿视图的显示方式等。

5.1.2　设置幻灯片大小和方向

在制作幻灯片前，应根据放映要求对幻灯片的大小进行自定义设置，具体操作方法如下所述。

Step 01　选择“设计”选项卡，在“自定义”组中单击“幻灯片大小”下拉按钮，选择需要的显示比例，在此选择“标准（4:3）”选项，如图 5-6 所示。

Step 02　弹出提示信息框，单击“确保适合”按钮，如图 5-7 所示。这样可以在缩放到较小的幻灯片大小时减小幻灯片内容的大小，以显示幻灯片中的所有内容。

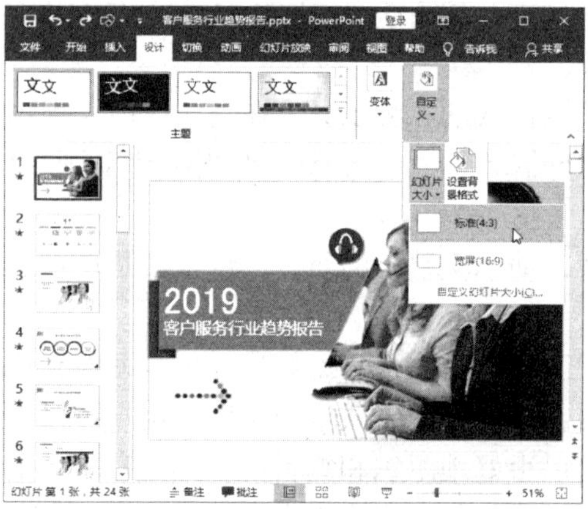

图 5-6　选择幻灯片大小比例

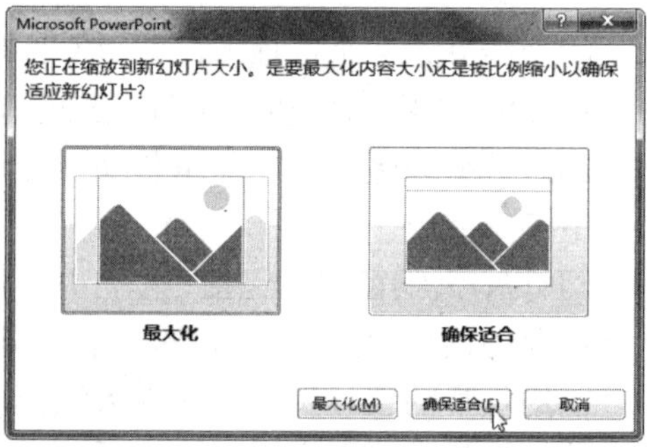

图 5-7　单击“确保合适”按钮

Step 03 返回普通视图，查看幻灯片显示效果，如图 5-8 所示。

Step 04 在“幻灯片大小”下拉列表中选择“自定义幻灯片大小”选项，将弹出“幻灯片大小”对话框，设置幻灯片大小与方向，然后单击“确定”按钮，如图 5-9 所示。

图 5-8　幻灯片显示效果

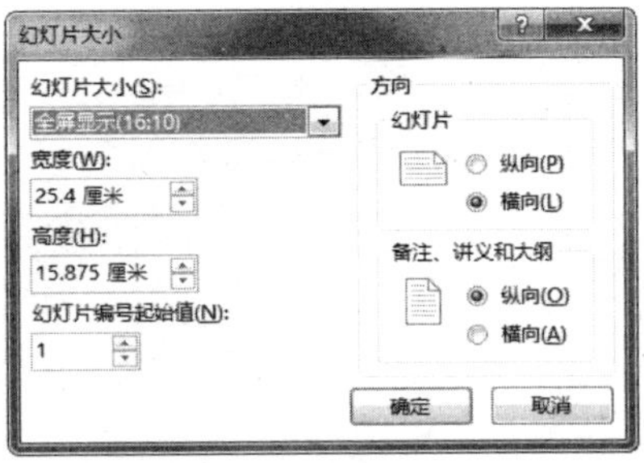

图 5-9　自定义幻灯片大小与方向

5.2　添加与编辑幻灯片

下面介绍如何在演示文稿中添加与编辑幻灯片，其中包括新建幻灯片并输入文本、添加图片、插入文本与图片、插入表格等。

5.2.1　新建幻灯片并输入文本

要在幻灯片中输入文本，只需在其中的文本占位符中单击，然后输入文本并进行格式设置即可，具体操作方法如下所述。

Step 01 新建“商品宣传”演示文稿，在左侧幻灯片预览窗格中定位光标，单击“新建幻灯片”下拉按钮，选择“标题和内容”版式，如图 5-30 所示。

Step 02 新建一张“标题和内容”幻灯片，在幻灯片中会显示相应的占位符。在标题占位符中输入标题，选择内容占位符，在“格式”选项卡下单击“形状样式”组右下角扩展按钮，如图 5-31 所示。

图 5-30　选择幻灯片版式

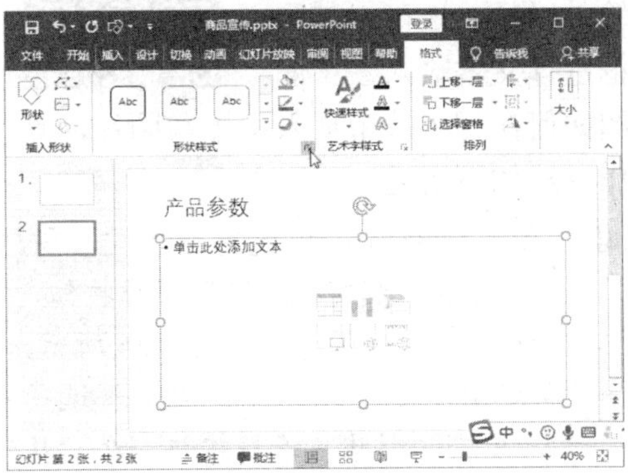

图 5-31　新建幻灯片

Step 03　打开“设置形状格式”窗格，选择“大小与属性”选项卡，在“文本框”选项区中选中“溢出时缩排文字”单选按钮，如图 5-32 所示。

Step 04　在文本框中粘贴产品参数文本，选择内容占位符，在“段落”组中单击“添加或删除栏”下拉按钮，选择“更多栏”选项，如图 5-33 所示。

图 5-32　设置文本框属性

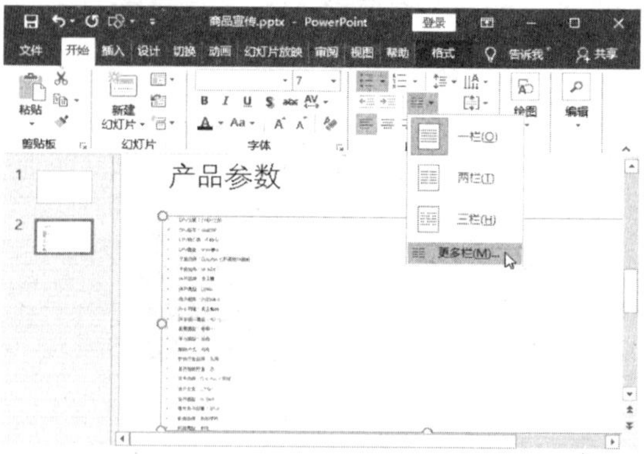

图 5-33　选择“更多栏”选项

Step 05　弹出“栏”对话框，设置栏的数量和间距，然后单击“确定”按钮，如图 5-34 所示。查看分栏效果，如图 5-35 所示。

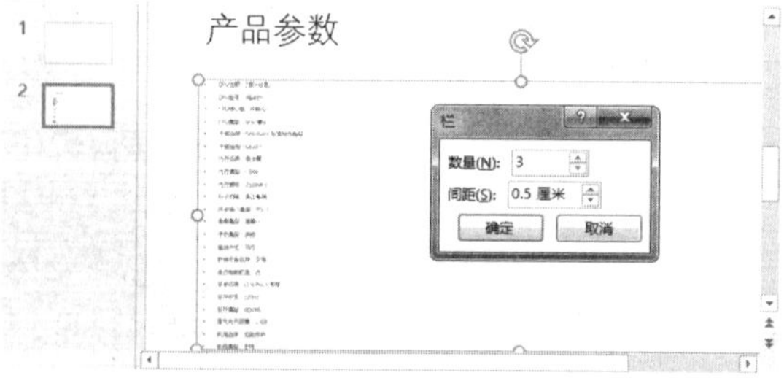

图 5-34　设置分栏

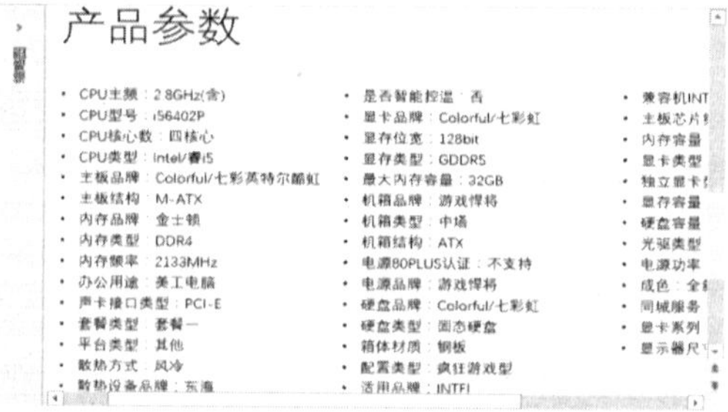

图 5-35　分栏效果

5.2.2　插入文本与图片

在幻灯片中输入文本时，除了在预留的占位符中进行输入以外，还可以使用文本框进行文本输入。下面将介绍如何在幻灯片中插入文本与图片，具体操作方法如下所述。

图 5-36　选择幻灯片版式

Step 01　在左侧幻灯片预览窗格中定位光标，单击“新建幻灯片”下拉按钮，选择“空白”版式，如图 5-36 所示。新建空白幻灯片。选择“插入”选项卡，单击“形状”下拉按钮，在“基本形状”组中单击“文本框”按钮，如图 5-37 所示。

Step 02 在幻灯片中单击即可插入文本框，输入所需的文本，在“字体”组中设置字号。采用同样的方法，继续插入文本框并输入所需的文本，如图 5-38 所示。

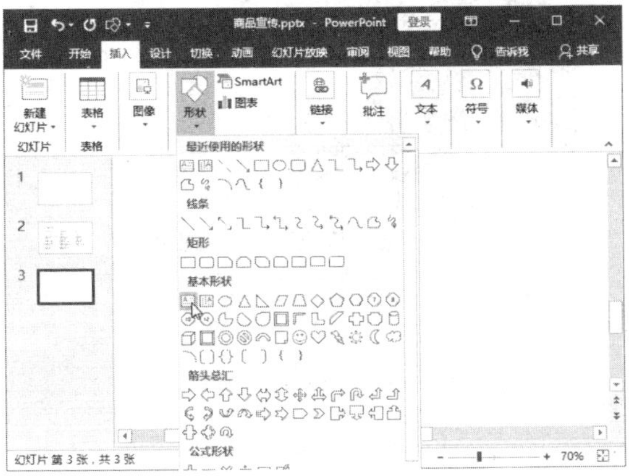

图 5-37　单击“文本框”按钮

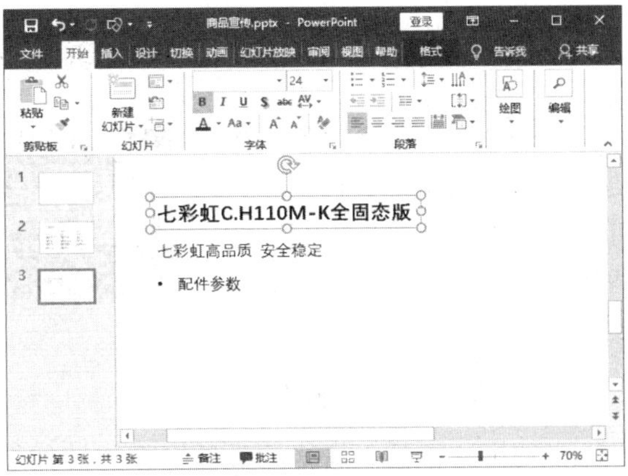

图 5-38　输入文本

Step 03 选择“插入”选项卡，在“图像”组中单击“图片”按钮，如图 5-39 所示。

Step 04 弹出“插入图片”对话框，选择图片，然后单击“插入”按钮，如图 5-40 所示。

图 5-39　单击“图片”按钮

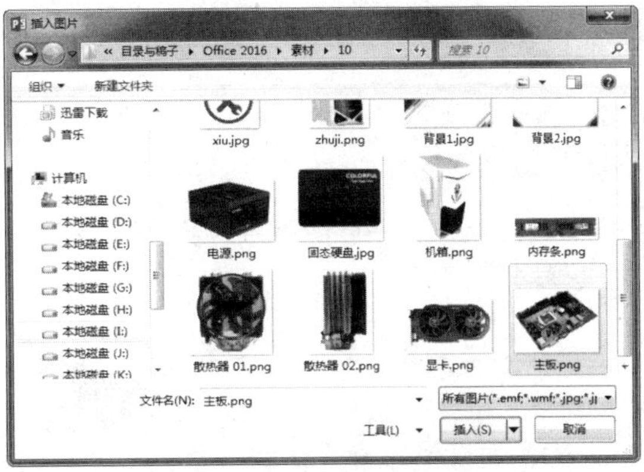

图 5-40　“插入图片”对话框

Step 05 在幻灯片中插入图片，根据需要调整图片的大小，如图 5-41 所示。

Step 06 选择第 1 张幻灯片，选择“开始”选项卡，在“幻灯片”组中单击“版式”下拉按钮，选择“空白”选项，将幻灯片更改为“空白”版式，如图 5-42 所示。

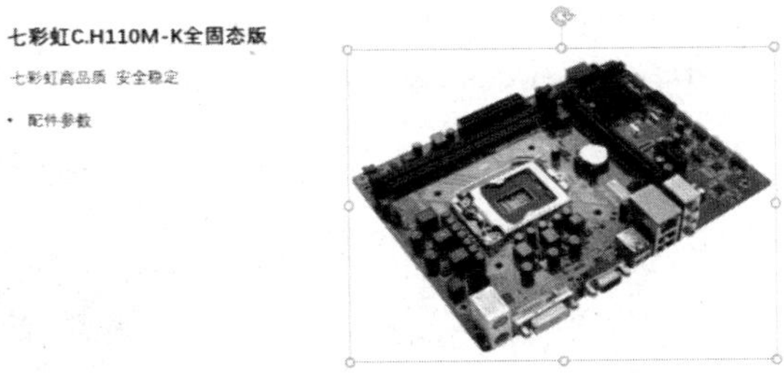

图 5-41　调整图片大小

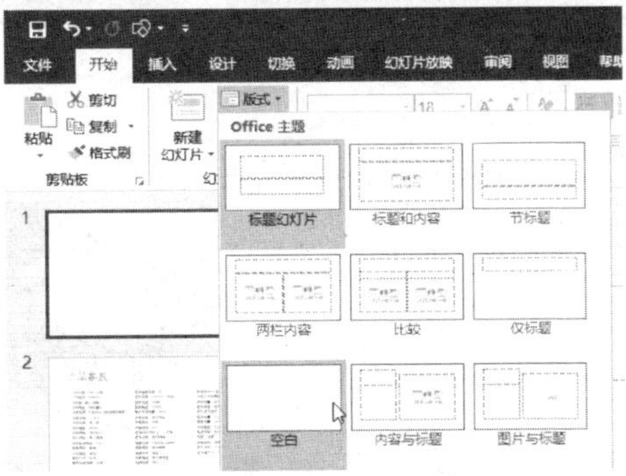

图 5-42　更改幻灯片版式

Step 07 根据需要分别在幻灯片中插入图片和文本，并设置格式，效果如图 5-43 所示。

图 5-43 插入图片和文本

5.2.3 插入表格

在幻灯片中插入表格，主要用于输入表格型数据。用户可以通过多种方法在幻灯片中插入表格，下面将分别对其进行介绍。

1. 在幻灯片插入表格

在幻灯片中插入表格的具体操作方法如下所述。

Step 01 选择“插入”选项卡，单击“表格”下拉按钮，选择网格大小，如图 5-44 所示。

Step 02 在幻灯片中插入表格，根据需要调整表格的大小。选择“设计”选项卡，在“表格样式选项”组中取消选择“标题行”复选框，如图 5-45 所示。

图 5-44 选择网格大小

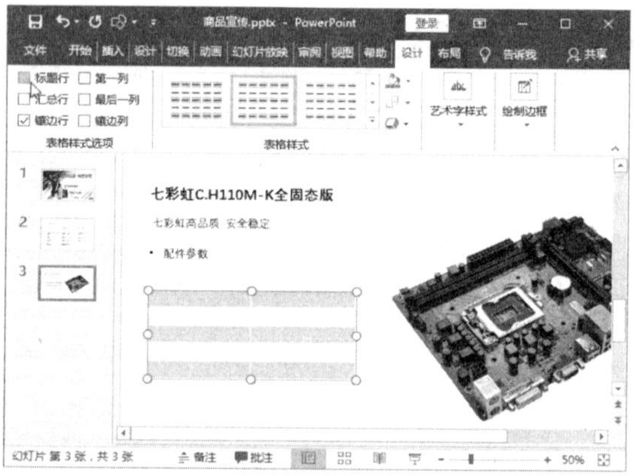

图 5-45 设置表格样式

Step 03 在“表格样式”列表中选择所需的样式，如图 5-46 所示。

Step 04 在表格中输入所需的文本，效果如图 5-47 所示。

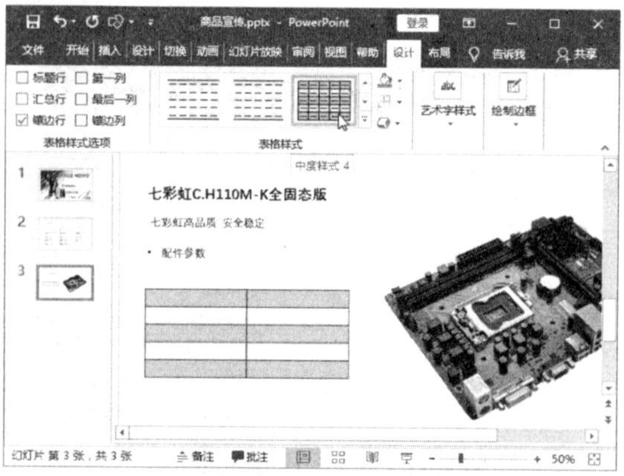

图 5-46 应用表格样式

图 5-47 输入文本

2. 插入 Excel 表格

Excel 最适合制作各类表格，对于要放到幻灯片中的表格，用户可以先在 Excel 中制作好，然后将其粘贴到幻灯片中，具体操作方法如下所述。

Step 01 使用 Excel 程序打开“素材文件\第 5 章\天猫放心购.xlsx”，选择数据表格单元格区域，按【Ctrl+C】组合键复制表格数据，如图 5-48 所示。

Step 02 切换到演示文稿窗口，单击“粘贴”下拉按钮，选择“使用目标样式”选项，如图 5-49 所示。

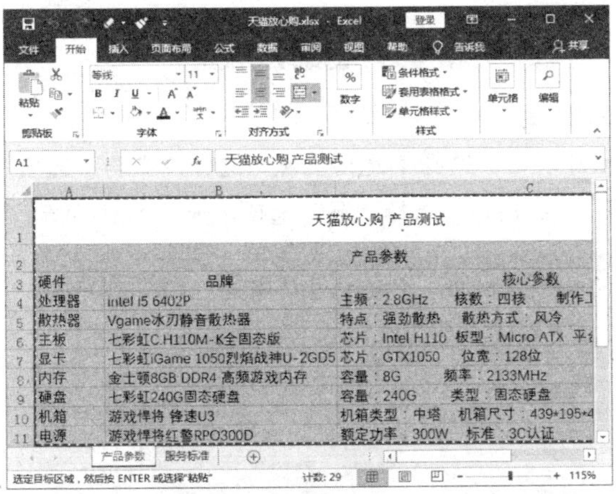

图 5-48　复制表格数据

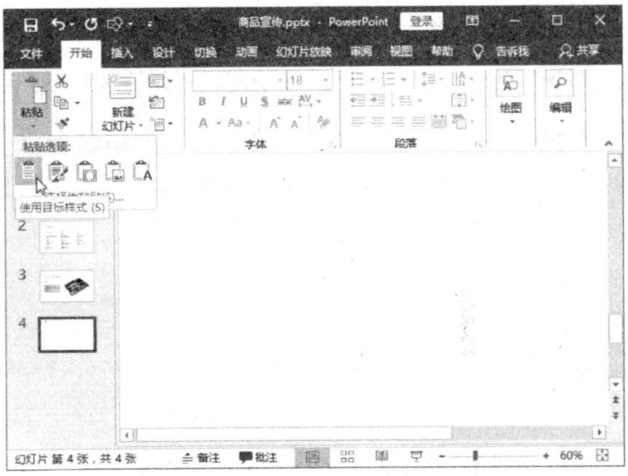

图 5-49　粘贴表格

Step 03 调整表格大小，并设置文本的字体格式，如图 5-50 所示。

Step 04 选择“设计”选项卡，在“表格样式选项”组中选中“镶边行”复选框，在“表格样式”列表中选择所需的样式，如图 5-51 所示。

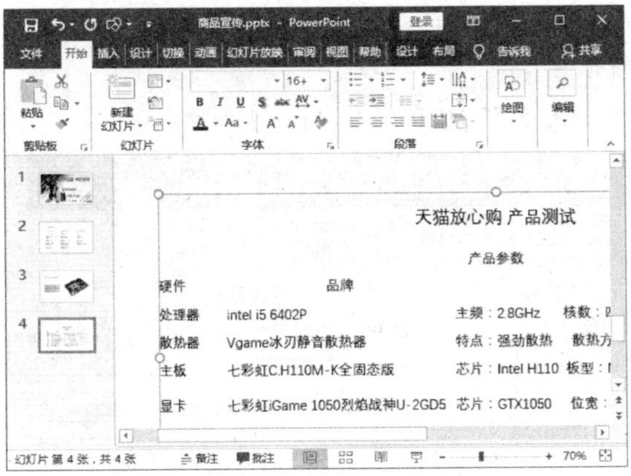

图 5-50　设置字体格式

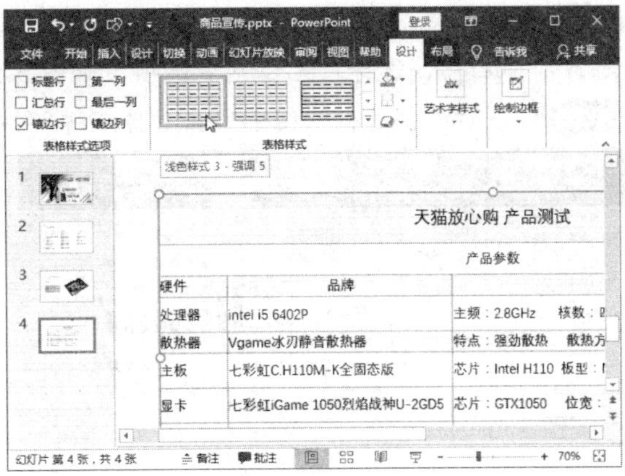

图 5-51　设置表格样式

Step 05 根据需要设置表格中文本的字体格式，选择数据单元格区域，在“开始”选项卡下单击“段落”组右下角的扩展按钮，如图 5-52 所示。

Step 06 弹出“段落”对话框，设置“文本之前”缩进 0.4 厘米，然后单击“确定”按钮，如图 5-53 所示。

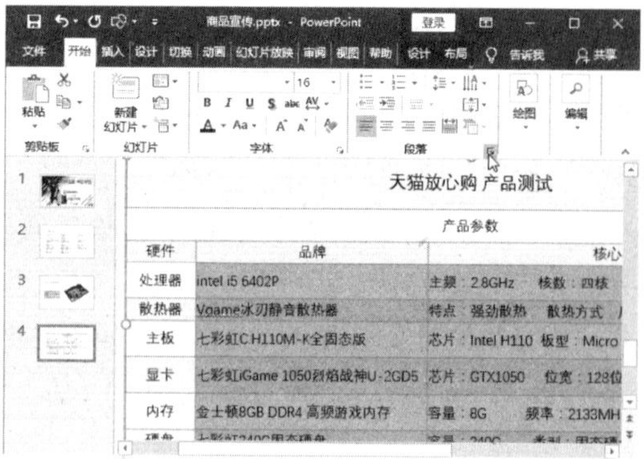

图 5-52　选择数据单元格区域

图 5-53　设置段落缩进

Step 07 查看设置段落缩进后的文本效果，如图 5-54 所示。

Step 08 新建幻灯片，采用同样的方法粘贴并设置 Excel 表格。选择单元格区域，选择“布局”选项卡，在“对齐方式”组中单击“单元格边距”下拉按钮，选择“窄”选项，如图 5-55 所示。

图 5-54　段落缩进后的文本效果

图 5-55　设置单元格边距

Step 09 选择最左列的单元格，选择“设计”选项卡，在“表格样式”组中单击“底纹”下拉按钮，选择“无填充”选项，如图 5-56 所示。

Step 10 在“绘制边框”组中单击“橡皮擦”按钮，如图 5-57 所示。

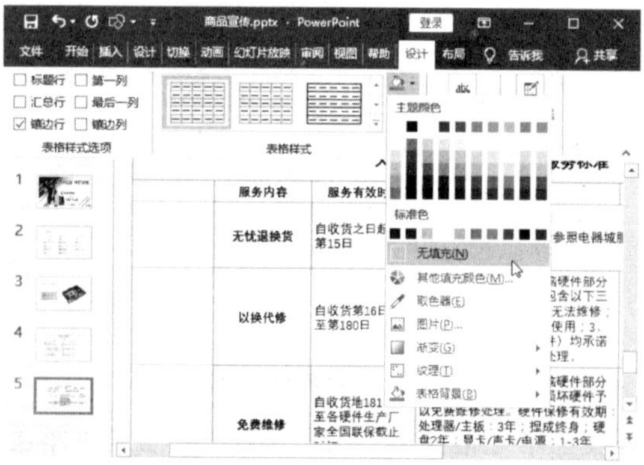

图 5-56　设置无底纹填充

图 5-57　单击“橡皮擦”按钮

Step 11 鼠标指针变为橡皮擦样式，在表格框线上单击即可擦除表格线，如图 5-58 所示。

Step 12 擦除不需要的表格线后，在幻灯片中插入素材图片，效果如图 5-59 所示。

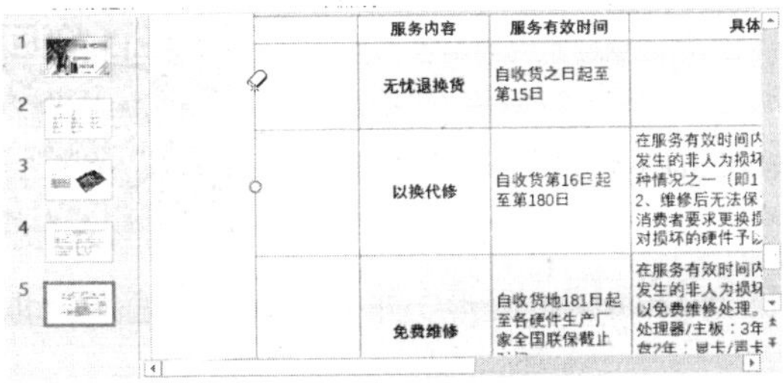

图 5-58　擦除表格线

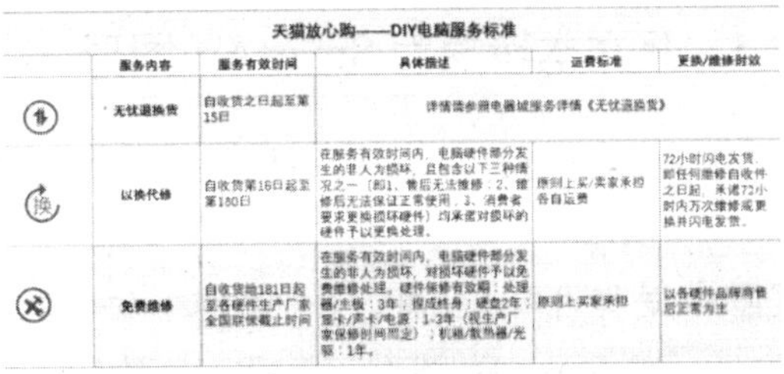

图 5-59　插入图片

5.2.4　使用大纲视图编辑内容

在大纲视图视图下不仅可以编辑当前幻灯片的内容，还可以看到前后幻灯片中的内容，以便进行对照。在大纲视图下编辑幻灯片内容的具体操作方法如下所述。

Step 01 在任务栏中单击两次“普通视图”按钮，切换到大纲视图，按【Enter】键即可新建一张幻灯片，输入标题内容，如图 5-60 所示。

Step 02 再次按【Enter】键，然后按【Tab】键进行降级处理，此时将降级为内容。要进行升级操作，可以按【Shift+Tab】组合键，如图 5-61 所示。

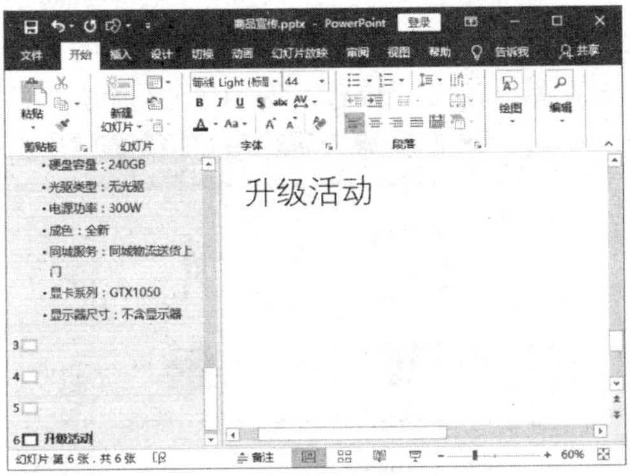

图 5-60　新建幻灯片

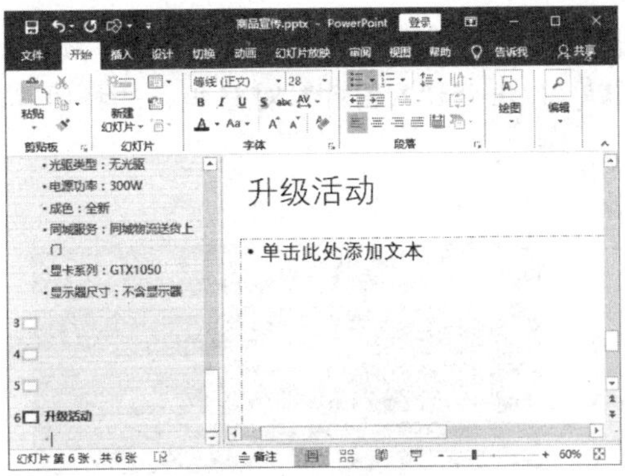

图 5-61　设置降级

Step 03 输入内容文本，然后按【Enter】键，如图 5-62 所示。

Step 04 按【Tab】键进一步降级处理，继续输入所需的内容，如图 5-63 所示。

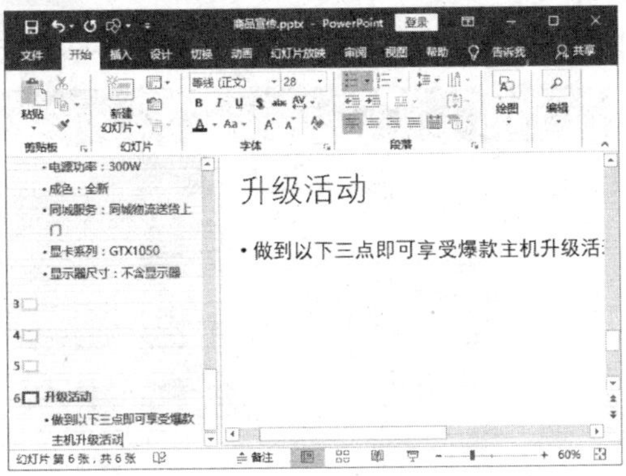

图 5-62　输入内容

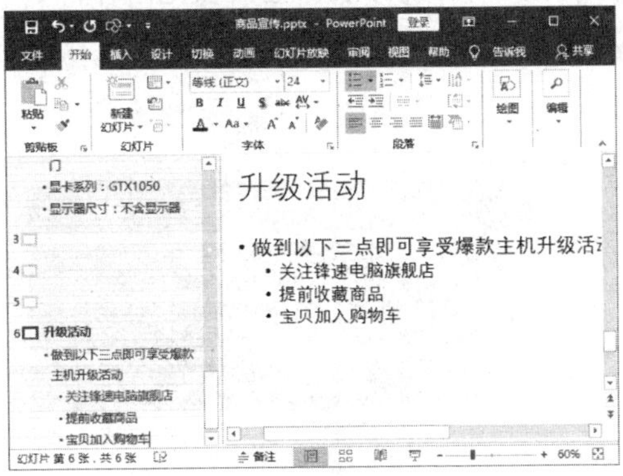

图 5-63　降级并输入内容

5.2.5 将文本转换为 SmartArt 图形

在 PowerPoint 2016 中可以将文本快速转换为 SmartArt 图形，具体操作方法如下所述。

Step 01 选择内容占位符，在“段落”组中单击“转换为 SmartArt 图形”下拉按钮，选择“其他 SmartArt 图形”选项，如图 5-64 所示。

Step 02 弹出“选择 SmartArt 图形”对话框，在左侧选择“图片”选项，在右侧选择“图片重点列表”类型，然后单击“确定”按钮，如图 5-65 所示。

图 5-64 选择“其他 SmartArt 图形”选项

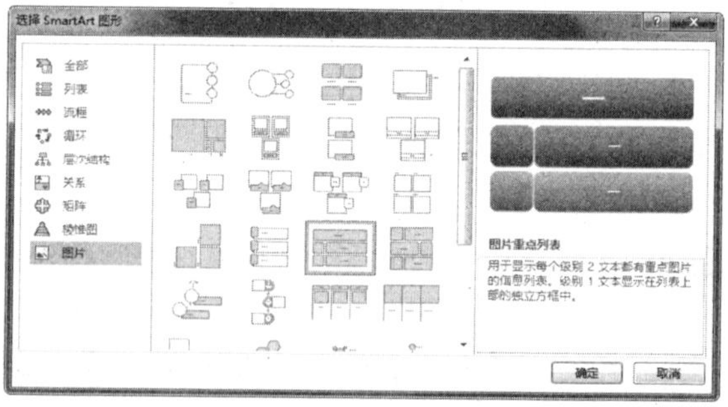

图 5-65 选择图形类型

Step 03 将文本转换为“图片重点列表”图形，单击图片占位符，如图 5-66 所示。

Step 04 弹出“插入图片”对话框，选择图片，然后单击“插入”按钮，如图 5-67 所示。

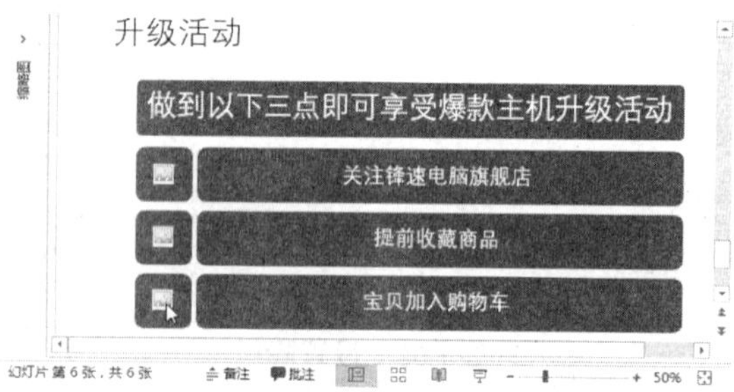

图 5-66 图片重点列表

图 5-67 “插入图片”对话框

Step 05 采用同样的方法，插入其他图片，如图 5-68 所示。

Step 06 选择“设计”选项卡，单击“更改颜色”下拉按钮，选择所需的样式，如图 5-69 所示。

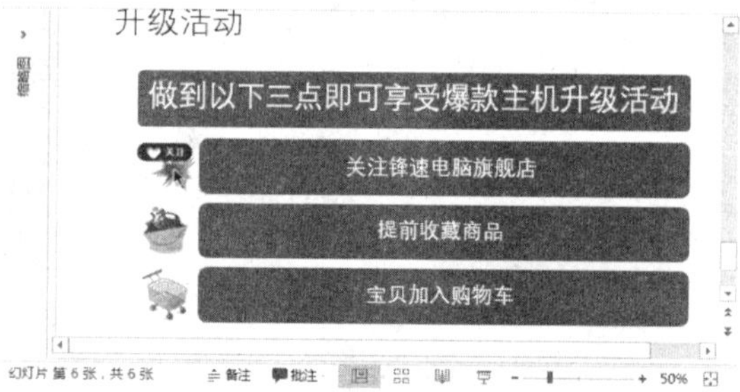

图 5-68 插入其他图片

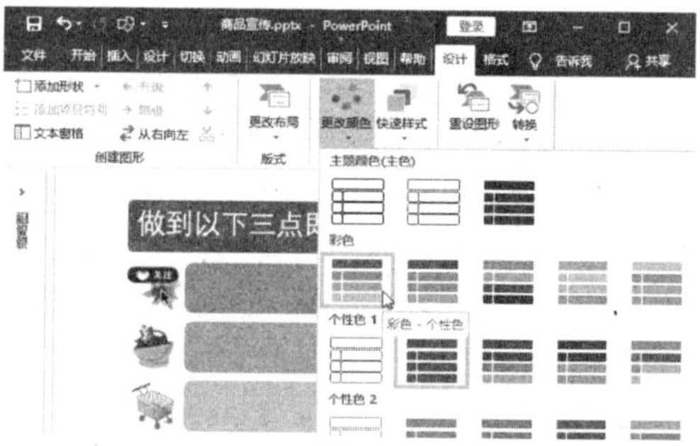

图 5-69 应用颜色样式

Step 07 单击“快速样式”下拉按钮，在弹出的下拉列表中选择“金属场景”样式，如图 5-70 所示。

Step 08 在“设计”选项卡下单击“转换”下拉按钮，在弹出的下拉列表中可以选择将 SmartArt 图形转换为文本或形状，如图 5-71 所示。

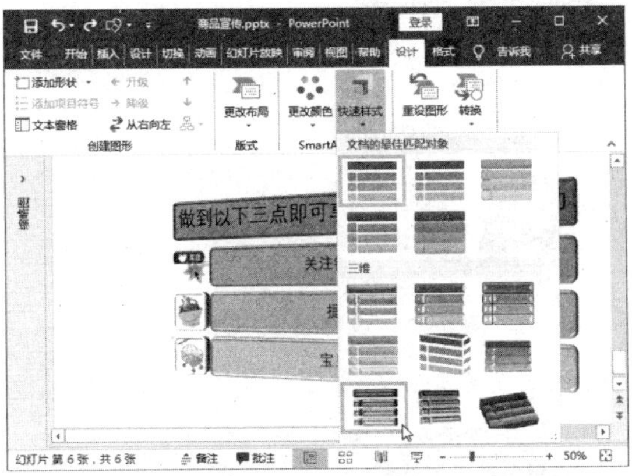

图 5-70　应用外观样式

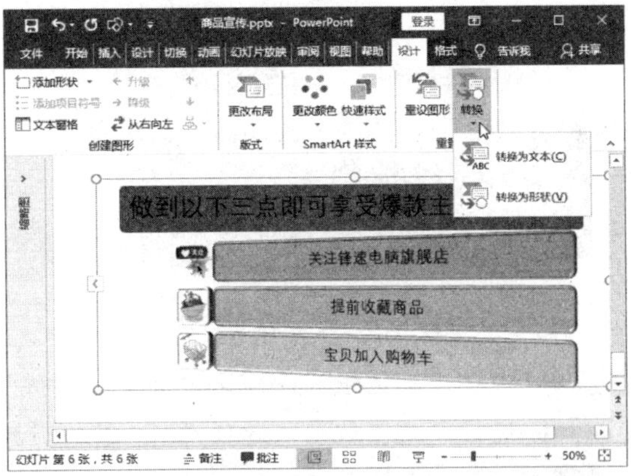

图 5-71　选择转换格式

5.2.6　设置文本效果

为了使幻灯片中的文字更具个性，用户可以为文字添加文本效果，或者使用形状修饰文字，还可根据需要应用艺术字效果。

1. 添加文本效果

在对幻灯片中的文字进行格式设置时，除了设置字体格式外，还可添加多种文字效果，如渐变填充、文本边框、阴影、映像、三维等效果，具体操作方法如下所述。

Step 01 在幻灯片中插入文本框，输入文本，并设置字体格式。选择“格式”选项卡，单击“艺术字样式”组右下角的扩展按钮，如图 5-72 所示。

Step 02 打开“设置形状格式”窗格，选择“文本填充与轮廓”选项卡，选中“渐变填充”单选按钮，单击“预设渐变”下拉按钮，选择所需的渐变样式，如图 5-73 所示。

图 5-72　单击扩展按钮

图 5-73　选择渐变样式

Step 03 设置渐变方向、角度、渐变光圈等，如图 5-74 所示。

Step 04 在幻灯片中插入文本框，采用同样的方法设置文本渐变填充，如图 5-75 所示。

图 5-74 设置渐变参数

图 5-75 设置渐变填充

Step 05 在“文本边框”选项区中选中“实线”单选按钮，设置颜色与宽度，如图 5-76 所示。

Step 06 选择“文字效果”选项卡，添加阴影效果并设置各项参数，如图 5-77 所示。

图 5-76 设置文本边框

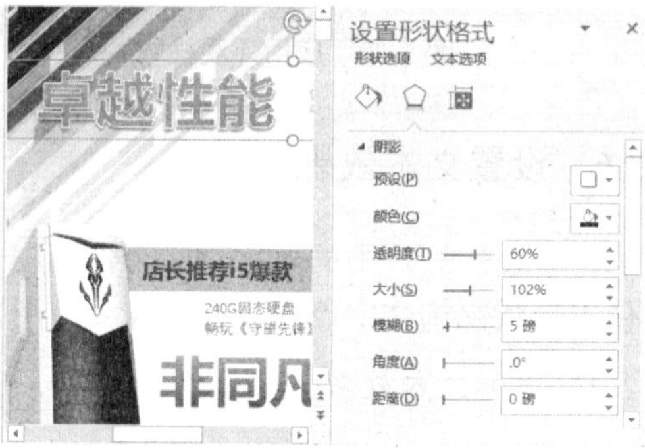

图 5-77 添加阴影效果

2. 使用形状修饰文字

将形状与文字组合起来，可以制作出特殊的文字效果，具体操作方法如下所述。

Step 01 选择第 1 张幻灯片，使用“直线”形状在文字上绘制线条，如图 5-78 所示。

Step 02 选择“格式”选项卡，单击“形状样式”组右下角的扩展按钮，如图 5-79 所示。

图 5-78 绘制线条

图 5-79 单击扩展按钮

Step 03 打开“设置形状格式”窗格，选择“填充与线条”选项卡，在“线条”选项区中设置线条颜色为白色，宽度为“0.75 磅”，如图 5-80 所示。

Step 04 选择文本框与形状，按【Ctrl+G】组合键组合对象，如图 5-81 所示。

图 5-80　设置线条样式

图 5-81　组合对象

3. 应用艺术字效果

为幻灯片中的文字应用艺术字效果后，就可以拉伸文本，对文本进行变形，使文本适应预设形状，或应用渐变填充等。为文本应用艺术字效果的具体操作方法如下所述。

Step 01 新建幻灯片，绘制圆形并输入文本，如图 5-82 所示。

Step 02 选择“格式”选项卡，单击“快速样式”下拉按钮，选择所需的艺术字样式，如图 5-83 所示。

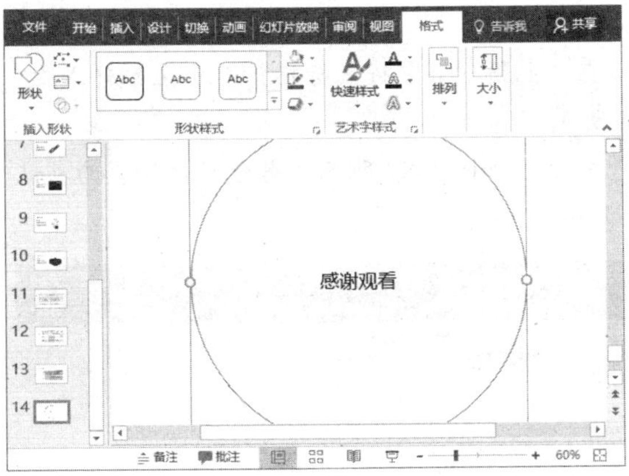

图 5-82　绘制圆形并输入文本

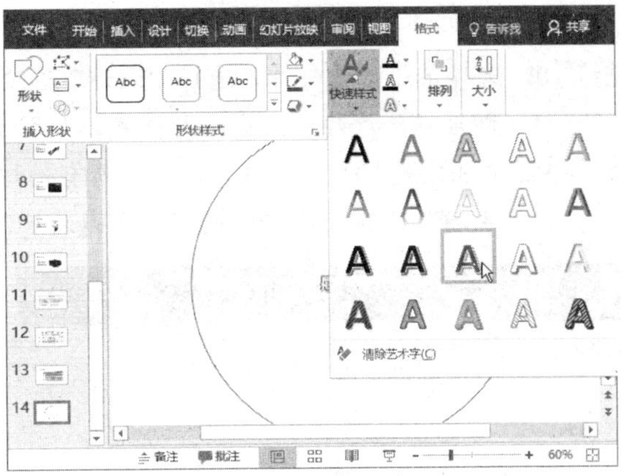

图 5-83　应用艺术字样式

Step 03 在“艺术字样式”组中单击“文本效果”下拉按钮，选择所需的转换效果，即可设置路径文字，如图 5-84 所示。

Step 04 在“形状样式”组中单击“形状轮廓”下拉按钮，选择“无轮廓”选项，如图 5-85 所示。

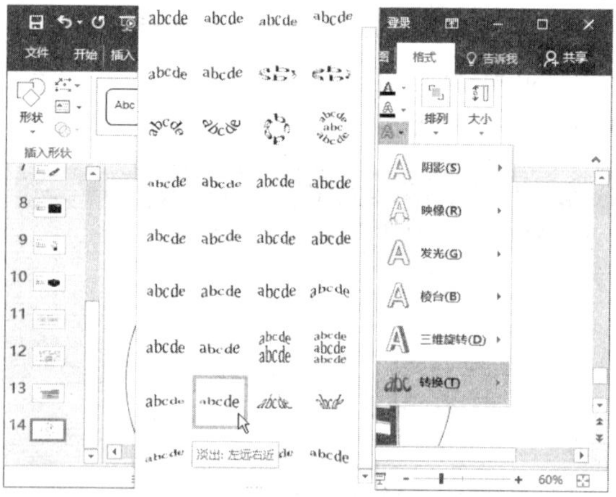

图 5-84 选择转换效果

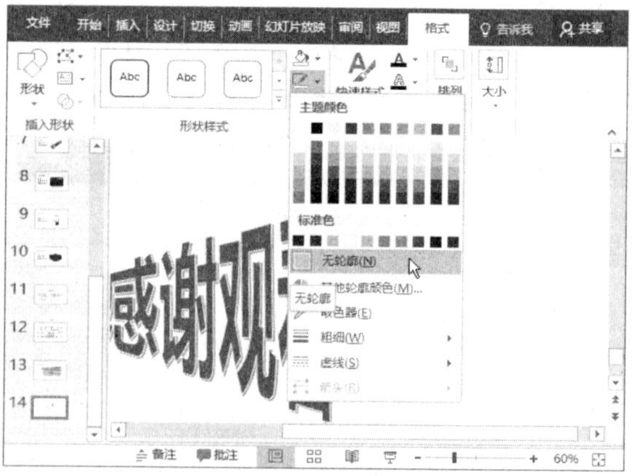

图 5-85 设置无轮廓

5.3 使用主题

主题是主题颜色、主题字体、效果和背景样式的组合，它可以作为一套独立的选择方案应用于文件中，为演示文稿提供统一的精美外观。使用主题可以简化专业水准演示文稿的创建过程，下面将介绍如何应用与自定义幻灯片主题。

5.3.1 应用主题样式

在 PowerPoint 2016 中提供了多种内置主题样式可供用户使用，应用内置主题样式的具体操作方法如下所述。

Step 01 选择第 1 张幻灯片，选择“设计”选项卡，在“主题”组中将鼠标指针置于主题样式上，即可在幻灯片中预览主题样式，如图 5-86 所示。

Step 02 右击主题样式，选择“应用于所有幻灯片”命令，如图 5-87 所示。若选择“设置为默认主题”选项，将默认使用该主题新建演示文稿。

图 5-86 预览主题样式

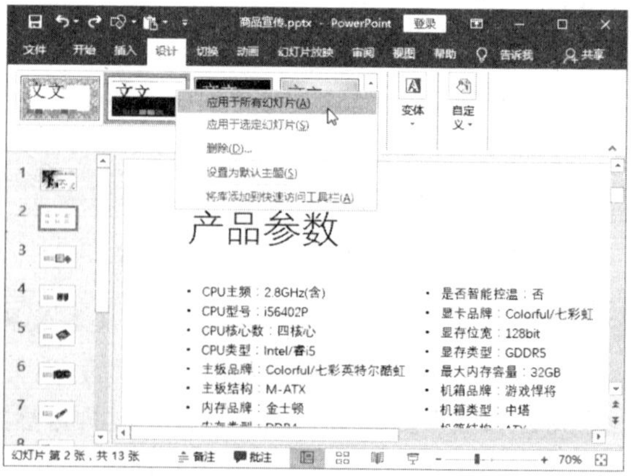

图 5-87 应用主题

Step 03 将所选主题样式应用到所有幻灯片中，如图 5-88 所示。

Step 04 选择其他幻灯片，查看应用主题样式的效果，如图 5-89 所示。

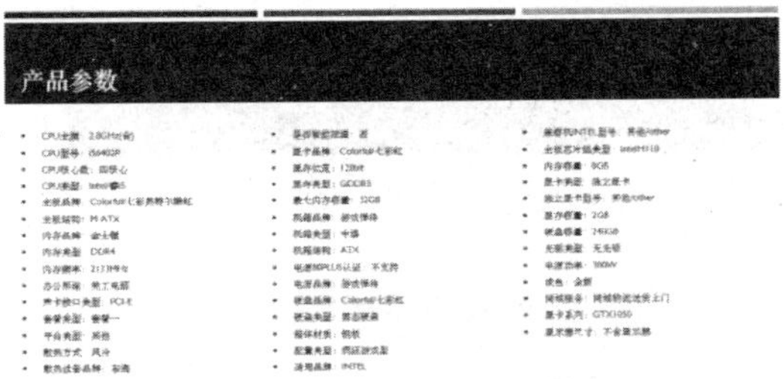

图 5-88　应用主题样式效果

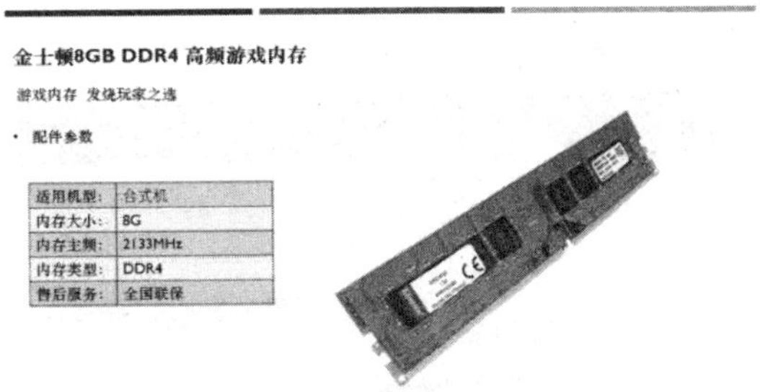

图 5-89　其他幻灯片效果

5.3.2　应用变体样式

变体样式是在主题样式的基础上对外观进行更改，如更改背景样式、颜色样式、字体样式、形状效果等。应用变体样式的具体操作方法如下所述。

Step 01 在“变体”组中单击要应用的样式，即可在所有幻灯片中快速应用主题的变体样式，如图 5-90 所示。

图 5-90　应用变体样式

Step 02 在“变体”组中单击下拉按钮，选择“颜色”选项，在弹出的列表中选择所需的颜色样式，在此选择“纸张”样式，如图 5-91 所示。

Step 03 在“变体”组中单击下拉按钮，选择“字体”选项，在弹出的列表中选择所需的字体样式，如图 5-92 所示。

图 5-91　应用颜色样式

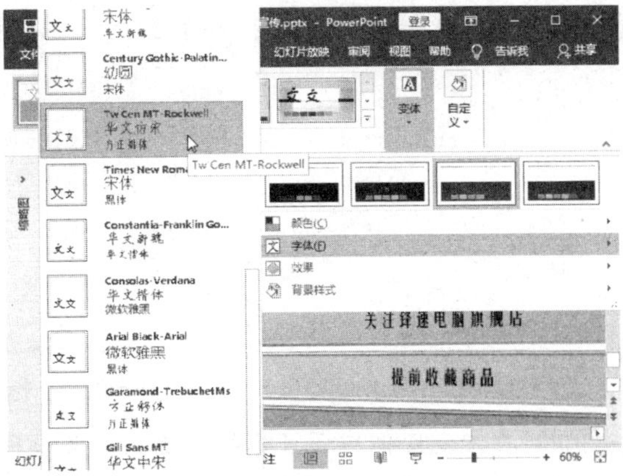

图 5-92　应用字体样式

Step 04 在“变体”组中单击下拉按钮，选择“效果”选项，在弹出的列表中选择“极端阴影”样式，如图 5-93 所示。

Step 05 在“变体”组中单击下拉按钮，选择“背景样式”选项，在弹出的列表中选择所需的背景样式，如图 5-94 所示。

图 5-93 应用效果样式

图 5-94 应用背景样式

Step 06 应用变体样式后的幻灯片效果如图 5-95 所示。

Step 07 选择第 2 张幻灯片，在“背景样式”列表中右击样式，选择“应用于所选幻灯片”命令，如图 5-96 所示。

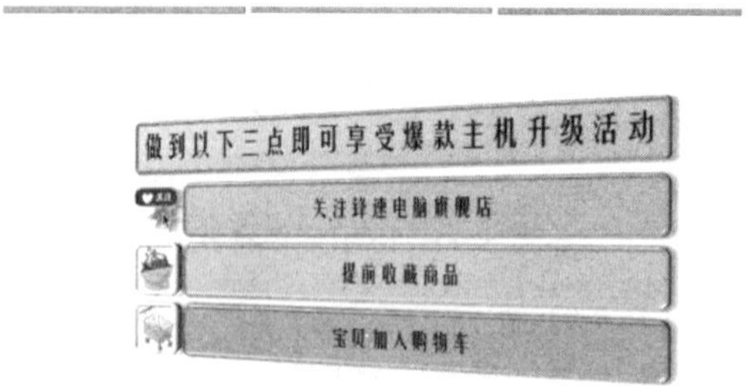
做到以下三点即可享受爆款主机升级活动
提前收藏商品
宝贝加入购物车

图 5-95 应用变体样式幻灯片效果

图 5-96 应用背景样式

Step 08 将背景样式仅应用于标题幻灯片，如图 5-97 所示。

图 5-97 标题幻灯片效果

Step 09 在主题变体中还可根据需要自定义颜色或字体样式，例如，在“颜色”菜单中选择“自定义颜色”选项，如图 5-98 所示。

Step 10 弹出“新建主题颜色”对话框，在此设置文字颜色为深绿色，输入名称，然后单击“保存”按钮，如图 5-99 所示。

图 5-98 选择“自定义颜色”选项

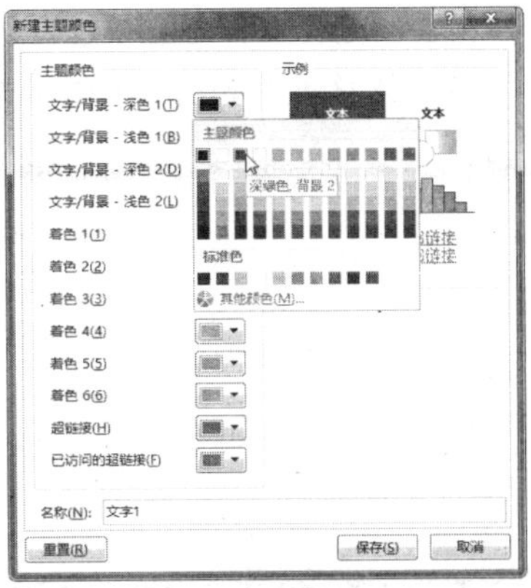

图 5-99 设置主题颜色

5.4 使用幻灯片母版

幻灯片母版是幻灯片层次结构中的顶层幻灯片，用于存储有关演示文稿主题和幻灯片版式信息，包括背景、颜色、字体、效果、占位符大小和位置等。修改和使用幻灯片母版，可以对演示文稿中的每张幻灯片进行统一的样式更改，所以可以节省很多时间。

5.4.1 自定义幻灯片母版

使用幻灯片母版可以快速统一各张幻灯片中的颜色、字体、标题、徽标和其他样式，并统一演示文稿的形式，具体操作方法如下所述。

Step 01 选择“视图”选项卡，单击“幻灯片母版”按钮，如图 5-100 所示。

Step 02 进入幻灯片母版视图，在缩略图窗格最上方的幻灯片为母版幻灯片，其下方为与母版相关的各版式幻灯片。在更改幻灯片母版时，与母版相关的各版式幻灯片也会得到更改。选择幻灯片母版，选择其中的形状，按【Delete】键将其删除，如图 5-101 所示。

图 5-100 单击“幻灯片母版”按钮

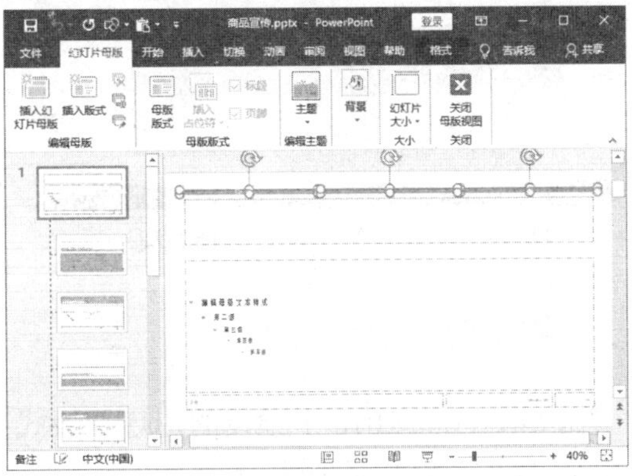

图 5-101 删除形状

Step03 在幻灯片母版上方和下方插入形状，并设置形状格式。在左下方插入文本框，并输入企业名称，如图 5-102 所示。

Step04 在左侧选择“标题和内容”幻灯片版式，删除标题占位符中的形状，并设置标题占位符的字体格式，如图 5-103 所示。

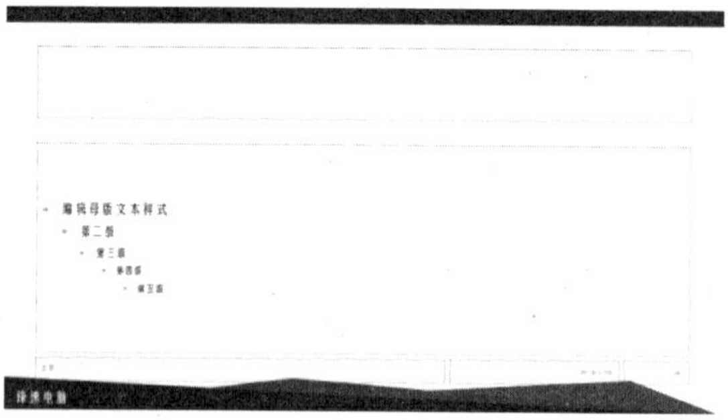

图 5-102　插入形状和文本框

图 5-103　设置“标题和内容”幻灯片版式

Step05 选择不需要的幻灯片版式并右击，选择“删除版式”命令，如图 5-104 所示。

Step06 将不需要的版式删除，如图 5-105 所示。

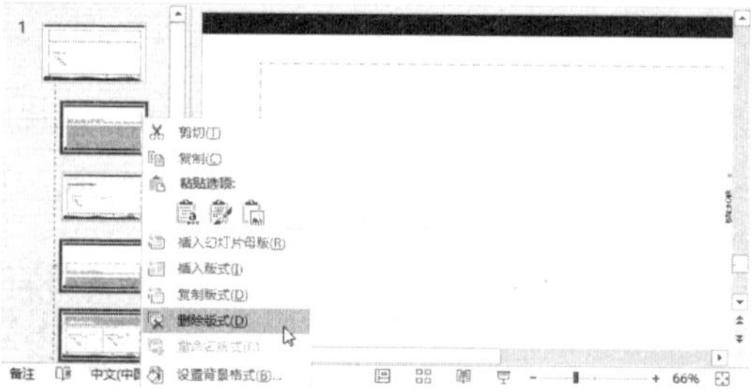

图 5-104　选择“删除版式”命令

图 5-105　删除版式效果

Step07 在任务栏中单击“普通视图”按钮，退出幻灯片母版视图，查看第 2 张幻灯片效果，如图 5-106 所示。

Step08 查看其他幻灯片效果，如图 5-107 所示。

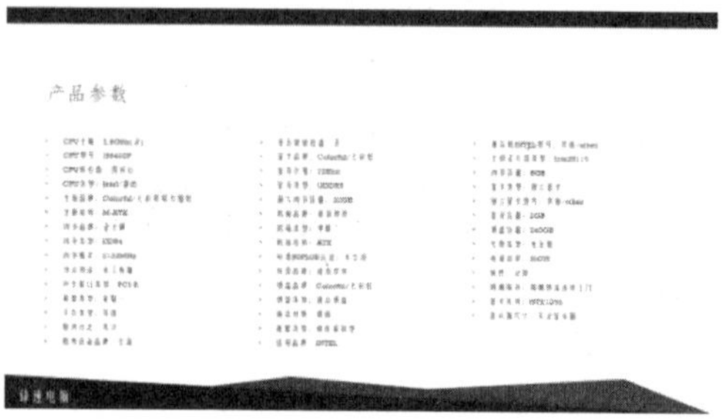

图 5-106　查看第 2 张幻灯片效果

图 5-107　查看其他幻灯片效果

5.4.2 创建与应用新版式

若 PowerPoint 2016 中预设的幻灯片版式无法满足需求，可以创建新的版式，具体操作方法如下所述。

Step 01 切换到幻灯片母版视图，右击“空白”幻灯片版式，选择“复制版式”命令，如图 5-108 所示。

Step 02 复制出一个新版式。右击版式，选择“重命名版式”命令，如图 5-109 所示。

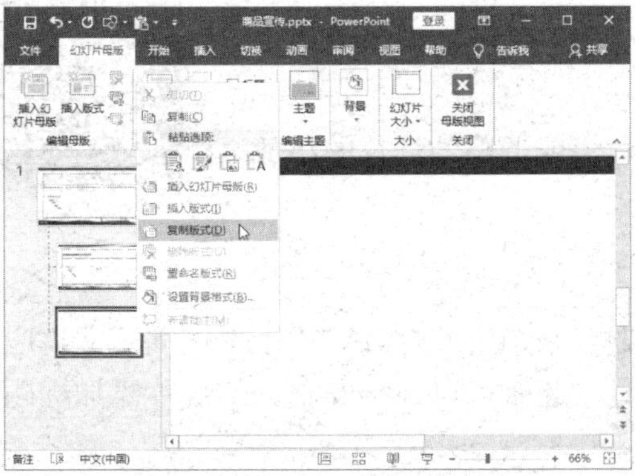

图 5-108　选择“复制版式”命令

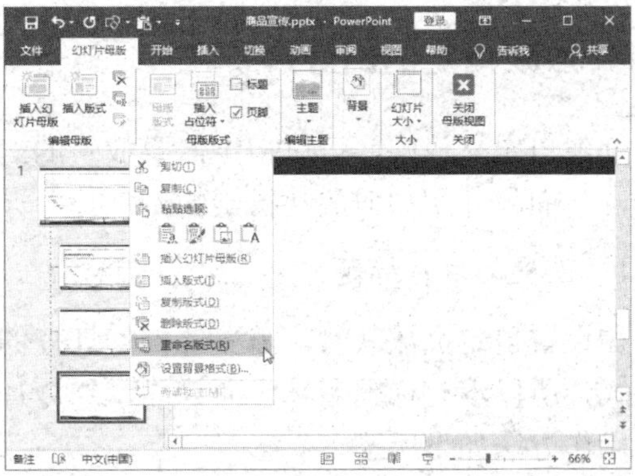

图 5-109　选择“重命名版式”命令

Step 03 在弹出的对话框中输入版式名称，然后单击“重命名”按钮，如图 5-110 所示。

Step 04 在幻灯片中的合适位置插入形状，并设置形状格式，如图 5-111 所示。

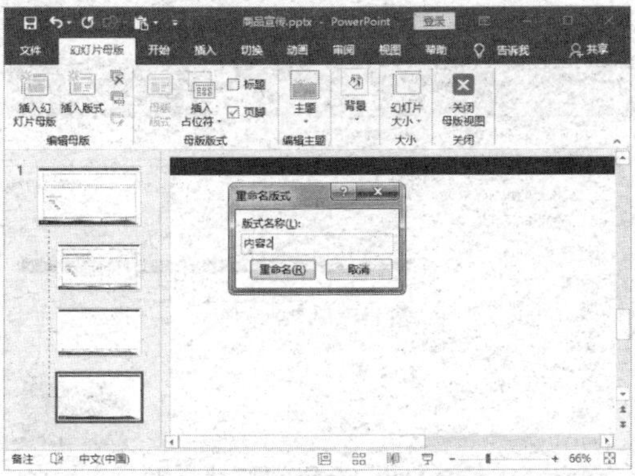

图 5-110　重命名版式

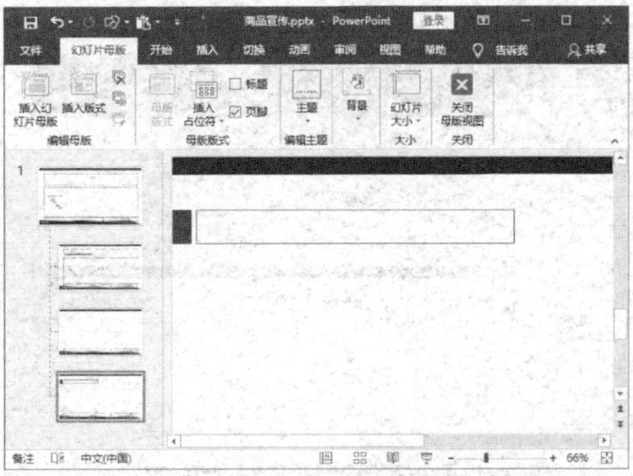

图 5-111　插入形状

Step 05 返回普通视图，在左侧选择要应用新版式的幻灯片，单击“幻灯片版式”下拉按钮，在弹出的下拉列表中选择新建的版式，如图 5-112 所示。

Step 06 为所选幻灯片应用新版式，效果如图 5-113 所示。

图 5-112　选择新版式

图 5-113　应用新版式效果

5.5　放映幻灯片

5.5.1　放映指定的幻灯片

创建自定义放映，可以指定需要放映的幻灯片，或调整幻灯片的播放次序，下面将介绍如何放映指定的幻灯片。

1. 设置幻灯片标题

在设置自定义放映时，需要依据幻灯片的标题名来指定幻灯片。由于本例演示文稿应用的版式，所以没有标题名称，而只显示幻灯片编号，此时可以根据需要为幻灯片添加标题，具体操作方法如下所述。

Step 01 切换到幻灯片母版视图，在左侧选择版式，在“母版版式”组中选中“标题”复选框，添加幻灯片标题，然后将标题占位符移至幻灯片外，并设置字体颜色，如图 5-114 所示。

Step 02 切换到大纲视图，将光标定位到标题位置，输入幻灯片标题，此时在幻灯片中将同步显示标题文字，如图 5-115 所示。

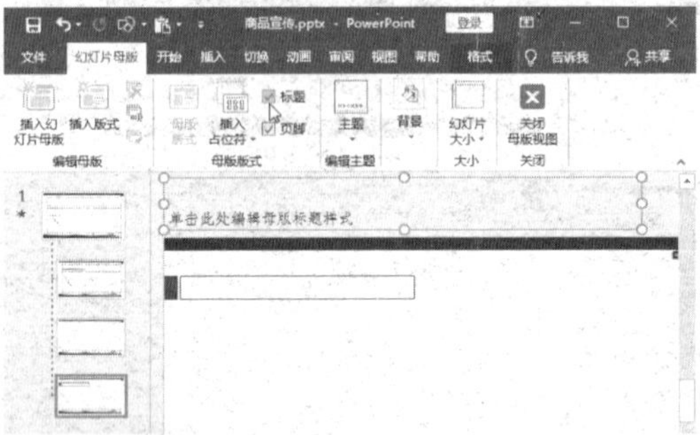

图 5-114　添加“标题”占位符

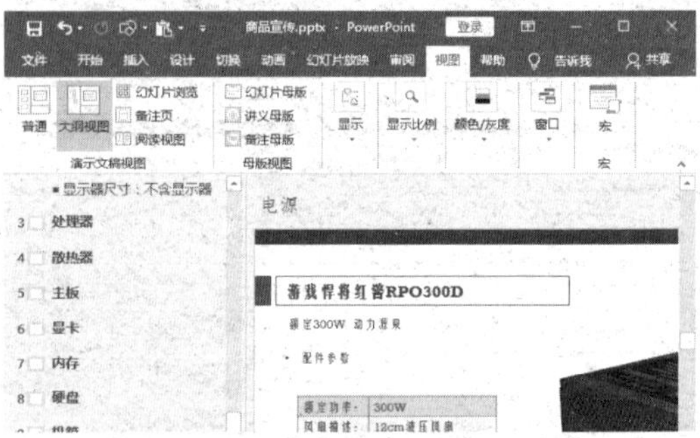

图 5-115　设置幻灯片标题

2. 创建自定义放映

通过创建自定义放映可以放映指定的幻灯片，具体操作方法如下所述。

Step 01 选择“幻灯片放映”选项卡，在“开始放映幻灯片”组中单击“自定义幻灯片放映”下拉按钮，选择“自定义放映”选项，如图 5-116 所示。

Step 02 弹出“自定义放映”对话框，单击“新建”按钮，如图 5-117 所示。

图 5-116　选择“自定义放映”选项

图 5-1117　“自定义放映”对话框

Step 03 弹出“定义自定义放映”对话框，输入自定义放映名称，在左侧列表框中选中要放映的幻灯片前面的复选框，然后单击“添加”按钮，如图 5-118 所示。

Step 04 将自定义放映的幻灯片添加到右侧的列表框中。单击右侧的按钮，可以调整幻灯片顺序或删除幻灯片，然后单击“确定”按钮，如图 5-119 所示。

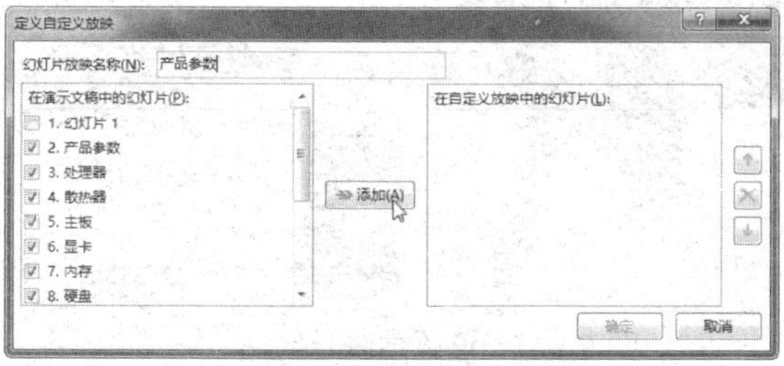

图 5-118　添加幻灯片

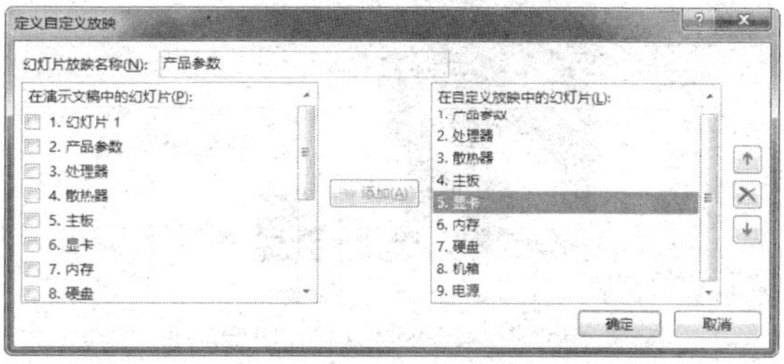

图 5-119　自定义幻灯片放映顺序

Step 05 返回“自定义放映”对话框，可以编辑、删除或复制自定义放映，然后单击“关闭”按钮，如图 5-120。

Step 06 若要播放自定义放映幻灯片，可以单击“自定义幻灯片放映”下拉按钮，选择放映名称即可，如图 5-121。

图 5-120　自定义放映”对话框

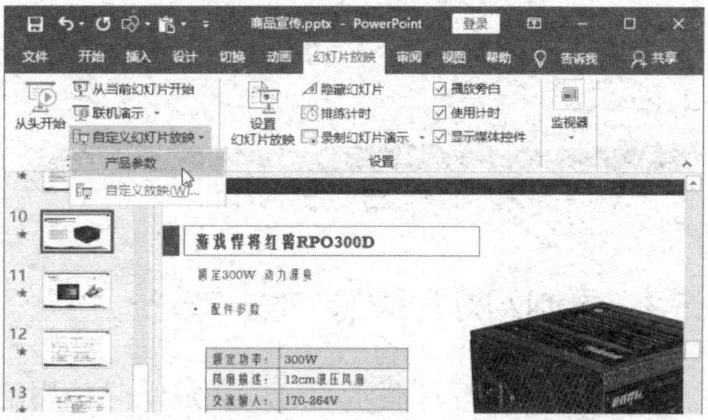

图 5-121　自定义放映幻灯片

5.5.2　排列计时

对于非交互式的演示文稿而言，在放映时可以为其设置自动演示功能，即幻灯片根据预先设置的显示时间逐张自动演示。使用“排练计时”功能即可实现，具体操作方法如下所述。

Step 01 选择“幻灯片放映”选项卡，在“设置”组中单击“排练计时”按钮，如图 5-122 所示。

Step 02 进入幻灯片放映状态，在左上角出现“录制”工具栏，在该工具栏中显示了放映时间。单击工具栏中相应的按钮，可以设置暂停录制、重复等，如图 5-123 所示。

Step 03 单击鼠标左键或按空格键放映下一张幻灯片，直到排列计时结束，弹出提示信息框，单击“是”按钮，结束排练计时，如图 5-124 所示。也可在放映过程中按【Esc】键提前结束放映。

Step 04 切换到幻灯片浏览视图，会显示出每张幻灯片的放映时间，如图 5-125 所示。

图 5-122　单击“排练计时”按钮

图 5-123　设置放映计时

图 5-124　结束排列计时

图 5-125　查看排列计时

5.5.3　录制幻灯片演示

通过录制幻灯片演示，可以在放映时使用笔或为其添加旁白对幻灯片进行解释。录制幻灯片演示的具体操作方法如下所述。

Step 01 选择“幻灯片放映”选项卡，在“设置”组中单击“录制幻灯片演示”按钮，弹出“录制幻灯片演示”对话框，选择要录制的内容，单击“开始录制”按钮，如图 5-126 所示。

Step 02 开始放映幻灯片，并自动进行录制，用户可以使用麦克风进行录音，为幻灯片添加旁白，如图 5-127 所示。

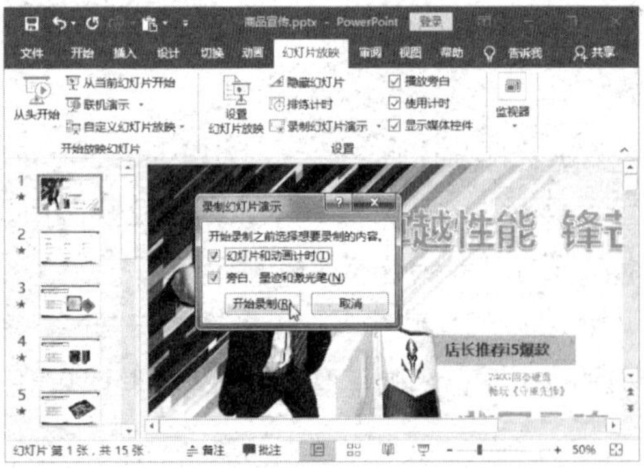

图 5-126　选择录制内容

图 5-127　开始录制幻灯片

Step 03 录制完毕后，切换到幻灯片浏览视图，即可看到计时时间，且在每张幻灯片的右下角多出一个小喇叭图标，如图 5-128 所示。

Step 04 单击“录制幻灯片演示”下拉按钮，选择“清除”选项，在其子菜单中选择要清除的项目，即可清除计时或旁白，如图 5-129 所示。

图 5-128 录制完毕

图 5-129 清除计时或旁白

5.5.4 设置幻灯片放映

在幻灯片实际放映过程中，演讲者可能会对放映方式有着不同的需求，这时就需要对幻灯片的放映类型进行设置，具体操作方法如下所述。

Step 01 选择“幻灯片放映”选项卡，在“设置”组中单击“设置幻灯片放映”按钮，如图 5-130 所示。

Step 02 弹出“设置放映方式”对话框，在“放映类型”选项区中选择所需的放映类型，在此选中“观众自行浏览（窗口）”单选按钮，如图 5-131 所示。

图 5-130 单击“设置幻灯片放映”按钮

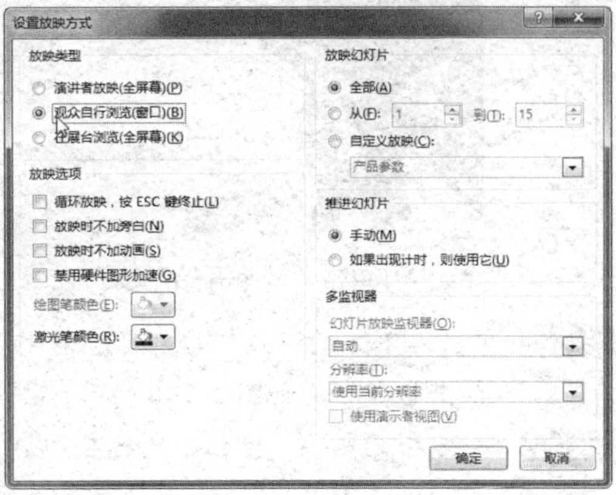

图 5-131 选择放映类型

Step 03 在“放映选项”选项区中设置各项参数，在右侧设置自定义放映及换片方式，然后单击“确定”按钮，如图 5-132 所示。

Step 04 按【F5】键放映幻灯片，查看放映效果，如图 5-133 所示。

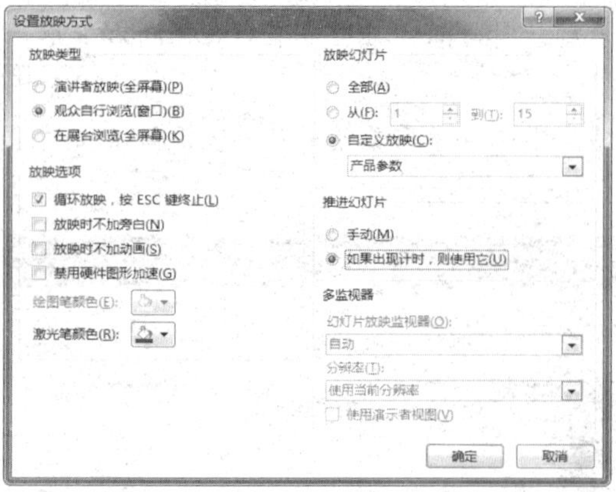

图 5-132　设置其他放映选项

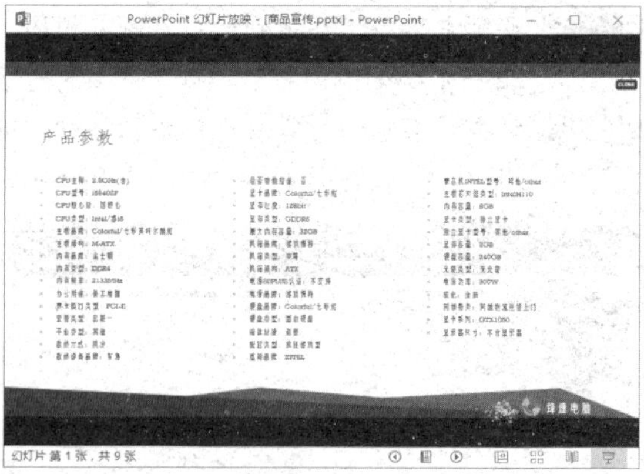

图 5-133　查看放映效果

5.5.5　控制幻灯片放映

下面介绍如何对幻灯片进行放映，以及在放映过程中的一些技巧，操作方法如下所述。

Step 01 为了便于操作，将“从头开始”按钮添加到快速访问工具栏。在快速访问工具栏中单击“从头开始”按钮，如图 5-134 所示。

Step 02 进入全屏模式的幻灯片放映视图。单击左下方的“笔”按钮，在弹出的列表中选择笔及笔颜色，以在放映过程中进行绘制，如图 5-135 所示。

图 5-134　单击“从头开始”按钮

图 5-135　选择笔及笔颜色

Step 03 单击左下方的按钮，即可查看演示文稿中的所有幻灯片。若要放映某张幻灯片，只需单击它即可，如图 5-136 所示。

Step 04 单击左下方的按钮，然后在幻灯片中选择要放大的区域并单击鼠标左键，如图 5-137 所示。

Step 05 将所选区域放大到整个屏幕，拖动鼠标可以移动屏幕位置，右击可以退出放大状态，如图 5-138 所示。

Step 06 在幻灯片中右击，选择“屏幕”选项，在其子菜单中选择“黑屏”或“白屏”命令，即可进入黑屏或白屏状态，如图 5-139 所示。

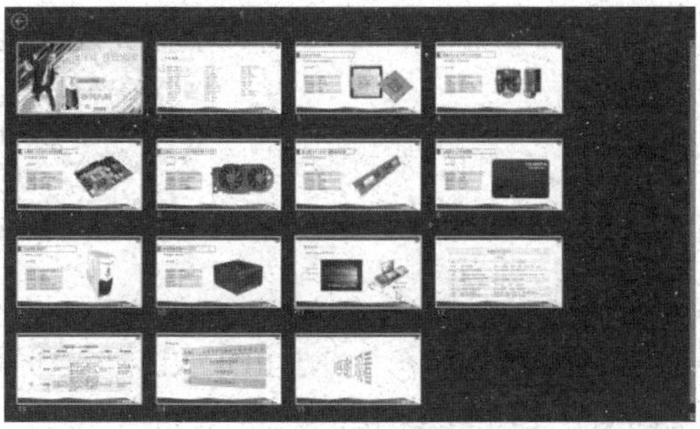

图 5-136　查看所有幻灯片

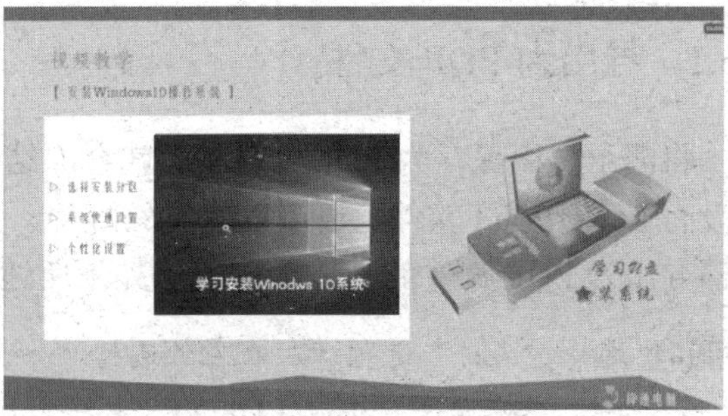

图 5-137　选择放大区域

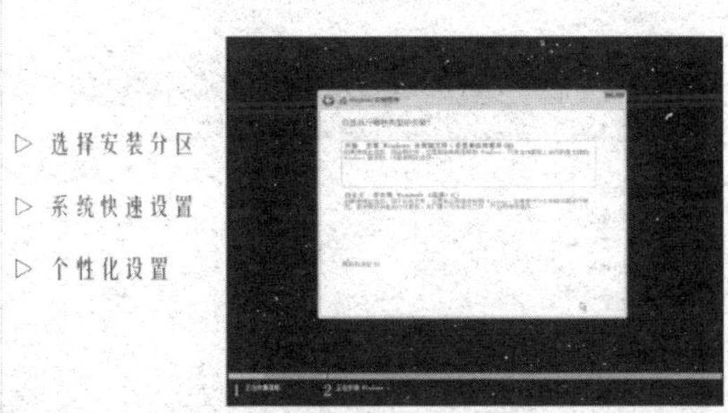

图 5-138　放大所选区域

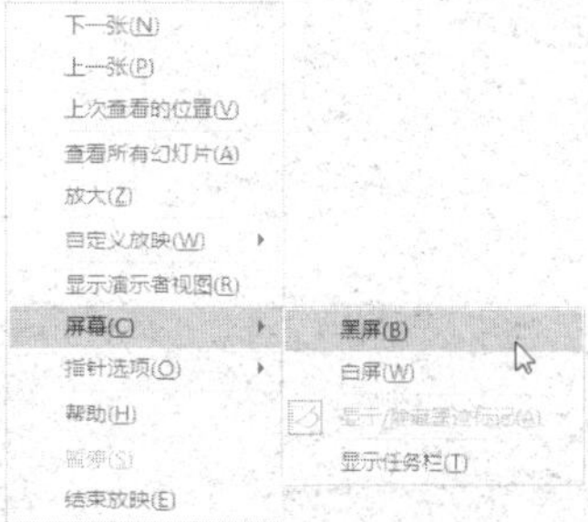

图 5-139　选择进入黑屏或白屏

Step07 在幻灯片中右击，选择“显示演示者视图”命令，即可进入演示者视图，在该视图中演讲者可以查看备注信息，如图 5-140 所示。要应用演示者视图，需在“幻灯片放映”选项卡下的“监视器”组中选中“使用演示者视图”复选框。

Step08 按【F1】键打开“幻灯片放映帮助”对话框，在“常规”选项卡下可以查看放映幻灯片时常用的快捷方式，如图 5-141 所示。

图 5-140　进入演示者视图

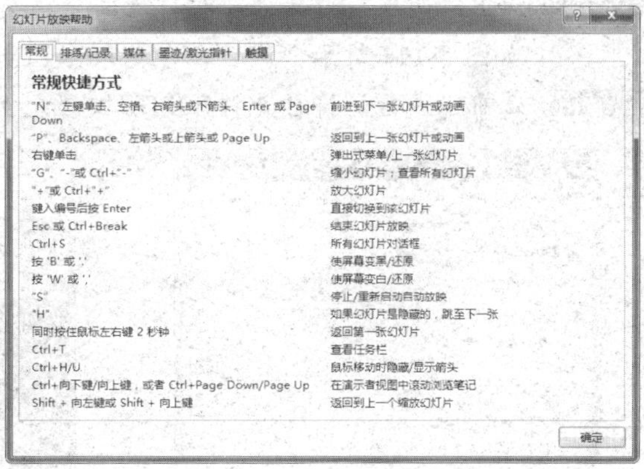

图 5-141　幻灯片放映快捷方式

5.6　导出演示文稿

若希望将演示文稿分发给他人，并且防止他人对其进行修改，可以将其导出为 PDF 文件、视频或图片。

5.6.1 导出为 PDF 文件

将演示文稿保存为 PDF 文件后，就会冻结幻灯片的格式和布局。用户即使没有 PowerPoint 软件，也可以查看幻灯片，但不能对其进行更改。将演示文稿导出为 PDF 文件的具体操作方法如下所述。

Step01 选择“文件”选项卡，在左侧选择“导出”选项，在中间选择“创建 PDF/XPS 文档”选项，然后单击“创建 PDF/XPS 文档”按钮，如图 5-142 所示。

Step02 弹出“发布为 PDF 或 XPS”对话框，选择保存位置，然后单击“选项”按钮，如图 5-143 所示。

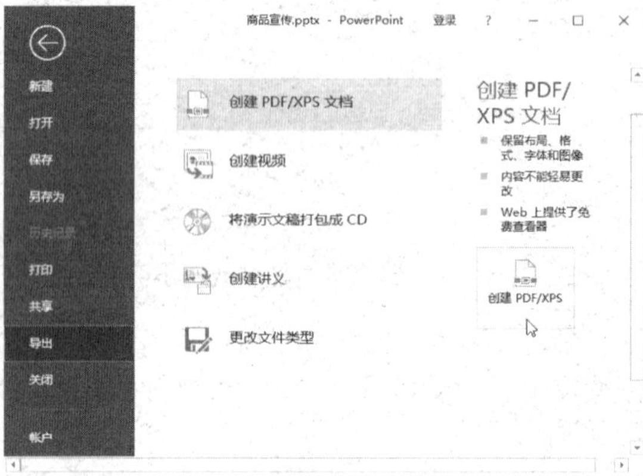

图 5-142 单击“创建 PDF/XPS 文档”按钮

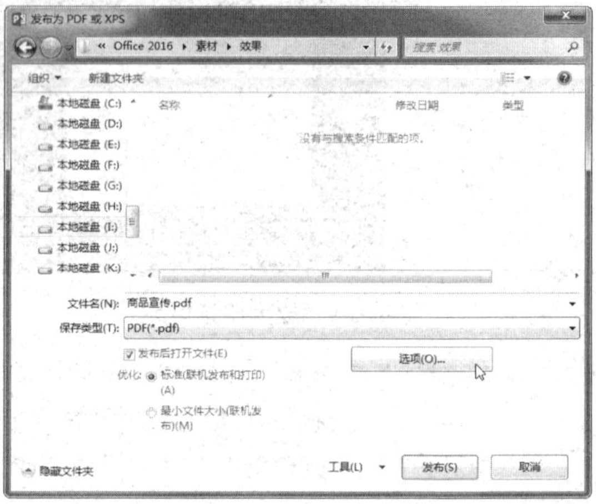

图 5-143 “发布为 PDF 或 XPS”对话框

Step03 弹出“选项”对话框，对“范围”“发布选项”等参数进行设置，单击“确定”按钮，如图 5-144 所示，然后在“发布为 PDF 或 XPS”对话框中单击“发布”按钮。

Step04 发布完成后，将自动打开 PDF 文档，如图 5-145 所示。

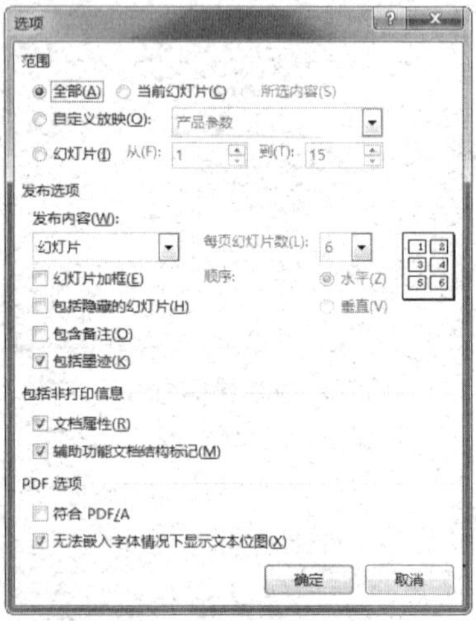

图 5-144 设置发布选项

图 5-145 导出为 PDF 文档

5.6.2　导出为视频

在 PowerPoint 2016 中，可以将演示文稿保存为一个全保真的视频文件，这样可以确保演示文稿中的动画、旁白和多媒体内容能够顺畅地播放，将其分发给他人时也更加放心。将演示文稿导出为视频的具体操作方法如下所述。

Step 01 选择“文件”选项卡，在左侧选择“导出”选项，在中间选择“创建视频”选项，如图 5-146 所示。

Step 02 在右侧选择视频质量为“高清 720p”，然后选择“使用录制的计时和旁白”选项，单击“创建视频”按钮，如 5-147 所示。

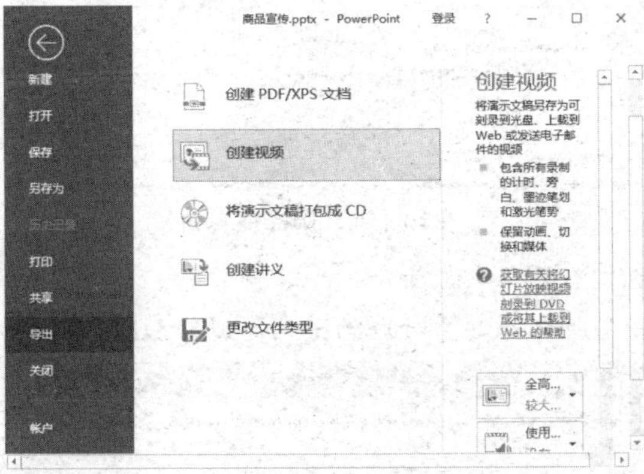

图 10-146　选择“创建视频”选项

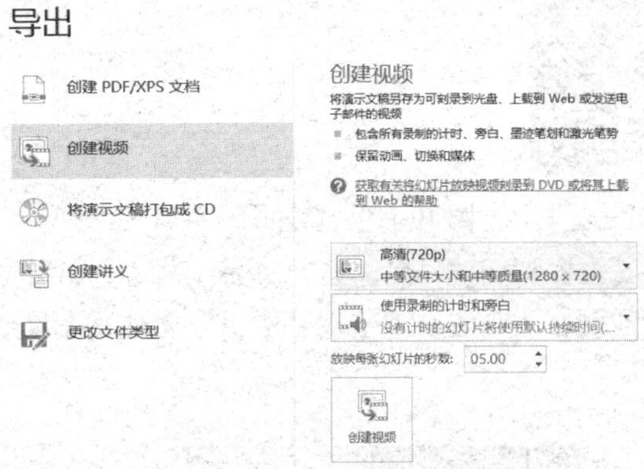

图 10-147　设置视频选项

Step 03 弹出“另存为”对话框，选择保存位置，然后单击“保存”按钮，如图 5-148 所示。

Step 04 创建视频文件，在 PowerPoint 2016 任务栏中会显示导出进度。导出完成后，使用视频播放器打开视频进行播放，如图 5-149 所示。

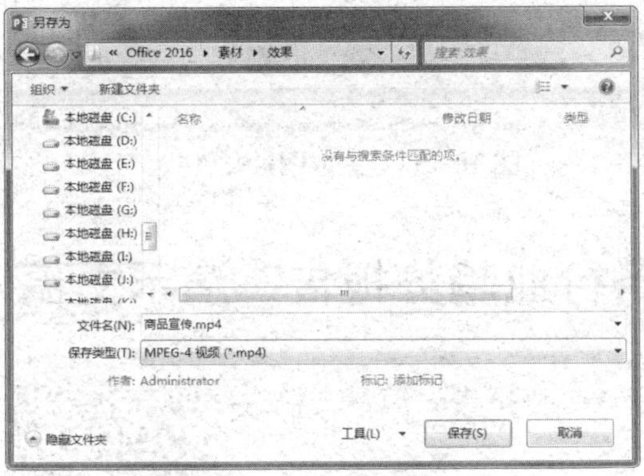

图 10-148　选择保存位置

图 10-149　播放视频

5.6.3　导出为图片

除了将演示文稿导出为 PDF 文件和视频外，还可根据需要将每张幻灯片导出为一张图片，具体操作方法如下所述。

Step 01 选择“文件”选项卡，在左侧选择“导出”选项，在中间选择“更改文件类型”选项，在右侧选择“PNG 可移植网络图形格式”选项，然后单击“另存为”按钮，如图 5-150 所示。

Step 02 弹出“另存为”对话框，选择保存位置，然后单击“保存”按钮，如图 5-151 所示。

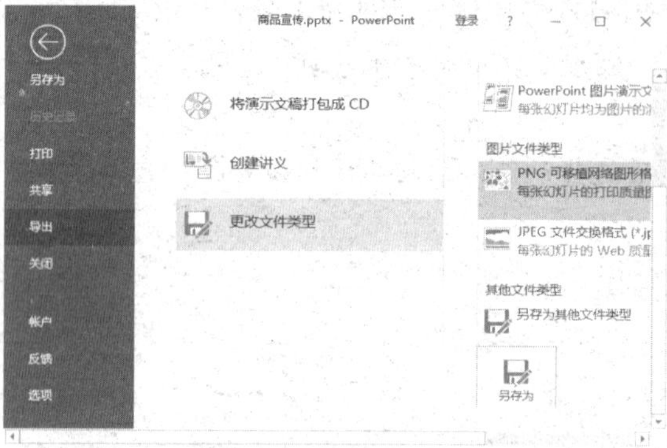

图 10-150 选择图片类型

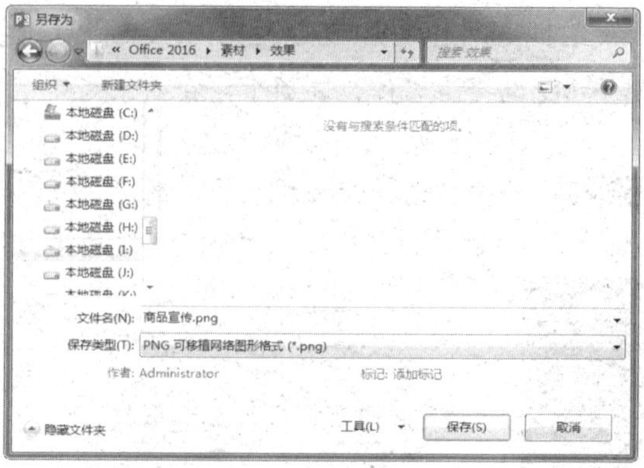

图 10-151 选择保存位置

Step 03 弹出提示信息框，单击“所有幻灯片”按钮，如图 5-152 所示。

Step 04 在保存位置生成一个图片文件夹，其中包含了所有幻灯片对应的图片，如图 5-153 所示。

图 10-152 单击“所有幻灯片”按钮

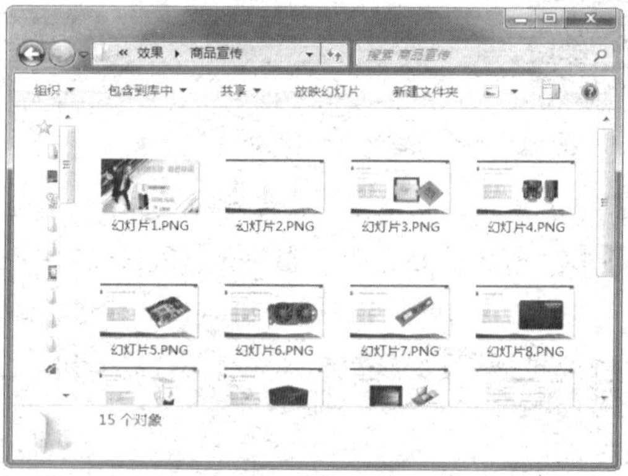

图 10-153 生成图片文件夹

5.7 本章实例：放映“客户服务行业趋势报告”演示文稿

下面综合运用本章所学知识，对“客户服务行业趋势报告”演示文稿进行放映操作，方法如下所述。

Step 01 打开“素材文件\第 5 章\客户服务行业趋势报告 1.pptx”，切换到大纲视图，选择节标题幻灯片，在左窗格中输入幻灯片标题“第 1 节”，在幻灯片中将标题文本框移出幻灯片，如图 5-154 所示。采用同样的方法，为其他节标题幻灯片添加幻灯片标题。

Step 02 选择“幻灯片放映”选项卡，单击“自定义幻灯片放映”按钮，弹出“自定义放映”对话框，单击“新建”按钮，如图 5-155 所示。

图 5-154　添加幻灯片标题

图 5-155　选择自定义放映

Step03 弹出“定义自定义放映”对话框，输入自定义放映名称，在左侧列表框中选中要放映的幻灯片前面的复选框，单击“添加”按钮，然后单击“确定”按钮，如图 5-156 所示。

Step04 返回“自定义放映”对话框，为其他节和目录页创建自定义放映，然后单击“关闭”按钮，如图 5-157 所示。

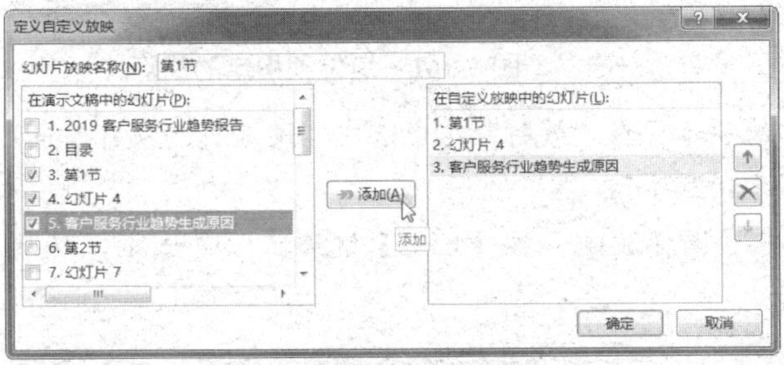

图 5-156　添加自定义放映幻灯片

图 5-157　继续创建自定义放映

Step05 按【F5】键放映幻灯片，如图 5-158 所示。

Step06 按【G】键浏览所有幻灯片，单击要放映的幻灯片，如图 5-159 所示。

图 5-158　放映幻灯片

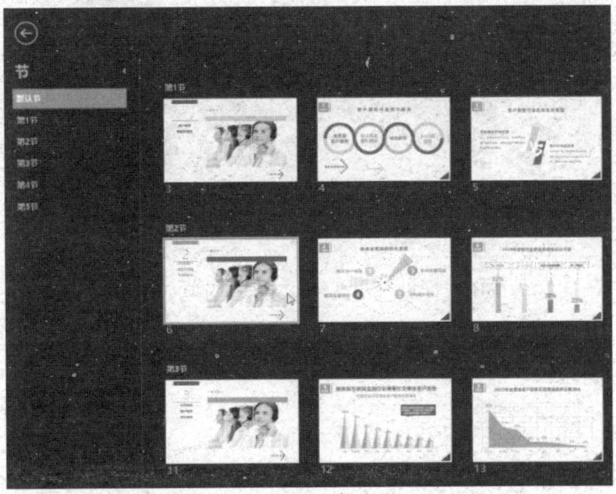

图 5-159　浏览所有幻灯片

Step07 右击幻灯片，选择“自定义放映”命令，在其子菜单中可以选择要放映的节，如图 5-160 所示。

Step08 按【Ctrl+S】组合键，弹出“所有幻灯片”对话框，在“放映”下拉列表框中选择“所有幻灯片”选项，然后选择要放映的幻灯片，单击“定位至”按钮，即可快速跳转到该幻灯片，如图 5-161 所示。若要结束放映，可以直接按【Esc】键。

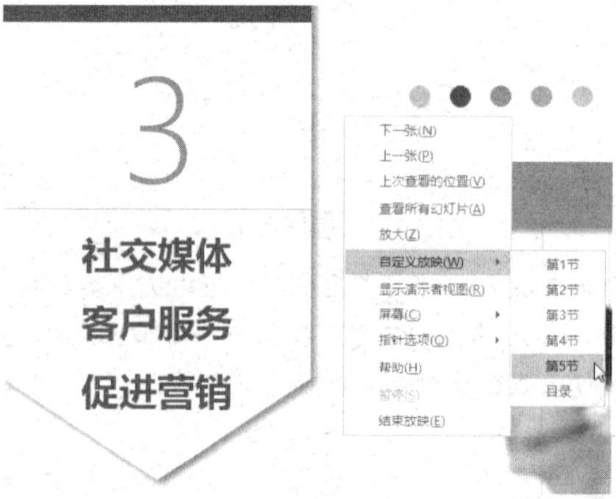

图 5-160　选择要放映的节

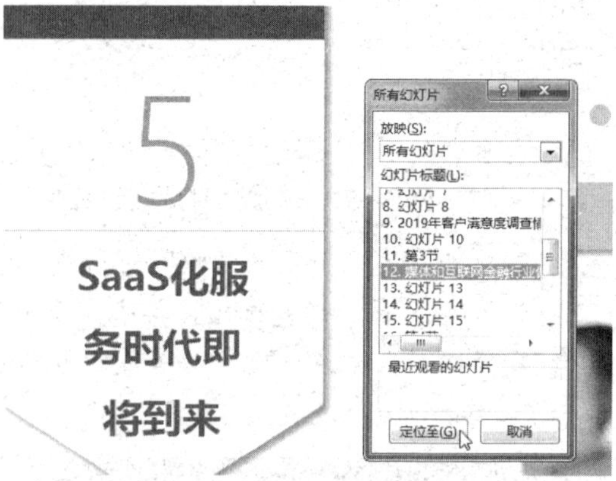

图 5-161　定位到指定的幻灯片

Step09 选择所有幻灯片，然后选择“切换”选项卡，在“计时”组中选中“设置自动换片时间”复选框，将时间设置为 18 秒，如图 5-162 所示。

Step10 打开“设置放映方式”对话框，选中“循环放映，按【ESC】键终止”复选框，然后单击“确定”按钮，如图 5-163 所示。

图 5-162　设置自动换片时间

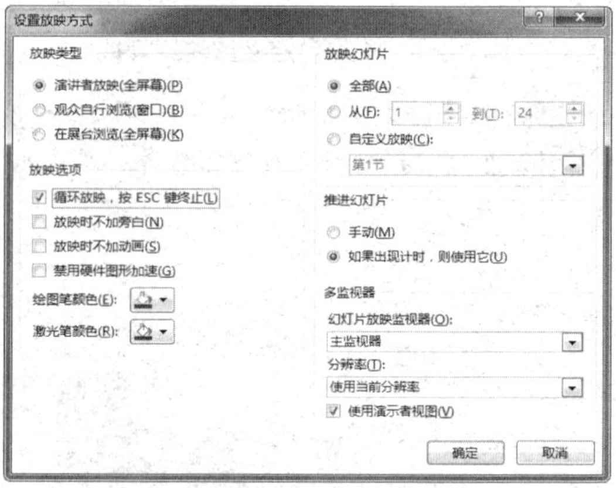

图 5-163　设置放映方式

本章小结

本章主要讲述了 PowerPoint 2016 基本知识、添加与编辑幻灯片、使用主题、使用幻灯片母版、放映幻灯片和导出演示文稿等知识。通过本章的学习，读者应认识 PowerPoint 2016

工作界面，了解设置幻灯片大小和方向；了解新建幻灯片并输入文本的方法，掌握如何插入文本与图片、表格，如何使用大纲视图编辑内容、将文本转换为 SmartArt 图图形，如何设置文本效果；掌握如何应用主题样式和变体样式，自定义幻灯片母版、创建于应用新版式；掌握幻灯片的反映、录制、设置和控制；了解如何导出 PDF 文件、视频和图片。

习题 5

一、选择题

1．下列操作不能在幻灯片缩略图窗格中设置的是（　）。

A．新建幻灯片　　B．复制幻灯片　　C．重排幻灯片　　D．输入幻灯片内容

2．幻灯片母版中的占位符不包括（　）。

A．形状　　B．表格　　C．图片　　D．页脚

3．以下哪种说法不正确。（　）

A．在浏览视图中可以非常方便地移动幻灯片

B．在幻灯片母版视图中，在缩略图窗格最上方的幻灯片为母版幻灯片，其下方为与母版相关的各版式幻灯片

C．在主题中可以将“字体”样式应用于单独的一张幻灯片

D．在演示文稿中，不可以删除内置主题样式

4．幻灯片放映类型不包括（　）。

A．排列计时　　B．演讲者放映　　C．观众自行浏览 D．在展台浏览

5．关于链接，下列哪种说法不正确。（　）

A．在为幻灯片对象添加超链接时，可以设置链接到网页

B．在演示文稿中，一个幻灯片对象可以添加多个链接

C．在为幻灯片对象添加超链接时，可以使用链接运行程序

D．在为幻灯片对象添加超链接时，可以设置链接到电子邮件

二、填空题

1．通过__________操作，可以还原幻灯片的版式。

2．主题样式主要包括____________、____________和____________。

3．占位符是版式中的容器，可以容纳如_______、_______、_______、_______、_______、_______、_______等内容。

4．要手动设置幻灯片放映时间，可以在“切换”选项卡下________________。

5．要在放映幻灯片时不播放动画，可以在“设置放映方式”对话框中________________。

6．要放映指定的幻灯片，可以创建_______________。

三、实操题

使用形状和文本框制作一个简单的演示文稿封面页，如图 5-164 所示。

图 5-164　演示文稿封面页

第 6 章　计算机网络基础

【本章概览】

计算机网络是计算机技术和通信技术相结合的产物，它的产生奠定了信息社会发展的技术基础。人们将计算机技术与通信技术相结合，构成了计算机网络，利用计算机实现信息的加工和存储，利用通信设备传送信息。

【本章目标】

- 了解计算机网络的概念、硬件、软件和局域网的知识。
- 了解 Internet 的概念、IP 地址和域名、WWW 服务、电子邮件的应用。

6.1　计算机网络基础知识

6.1.1　计算机网络概述

1. 计算机网络的定义

计算机网络是计算机技术与通信技术的结合。计算机网络就是：利用通信设备和通信线路将地理位置不同的、具有独立功能的多个计算机系统互连起来，进行信息交换、资源共享、可互操作和协同处理的系统。它具有以下几个含义：

（1）网络中要有两台以上的独立自治的计算机，地理位置不限，机型不限。

（2）网络中的计算机是通过某种传输介质连接起来。

（3）要有网络软件（通信协议软件、网络操作系统）。

（4）连网的目的是使计算机之间能够交换信息，实现资源共享。

计算机网络按照覆盖范围来分，可将网络分为局域网、广域网和城域网。计算机网络具有共享资源、通信、数据传输与集中处理，以及提高计算机的可靠性的功能。

2. 计算机网络拓扑结构

计算机网络的基本拓扑结构有总线结构、环型结构、星型结构、树型结构、网状结构等。在实际构造网络时，大量的网络是这些基本拓扑形状的结合。

- **总线结构**：就是将网上设备均连接在一条总线上，任何两台计算机之间不再单独连接。如图 9-1 所示。这种结构容易产生瓶颈问题，总线本身的故障对系统是毁灭性的。总线结构是局域网最常用的结构，典型的以太网就是总线网。总线结构的优点是：结构简单、易于安装、易于扩充。总线结构的缺点是总线任务重。

➢ **环型结构**：是将网上计算机连接成一个封闭的环，如图 9-2 所示。环型网络的特点是：两台计算机间有唯一通路，没有路径选择问题，信息流控制简单。缺点是不便于扩充，一台计算机出现故障会影响全网。令牌环网、FDDI 等网络都是环型结构。

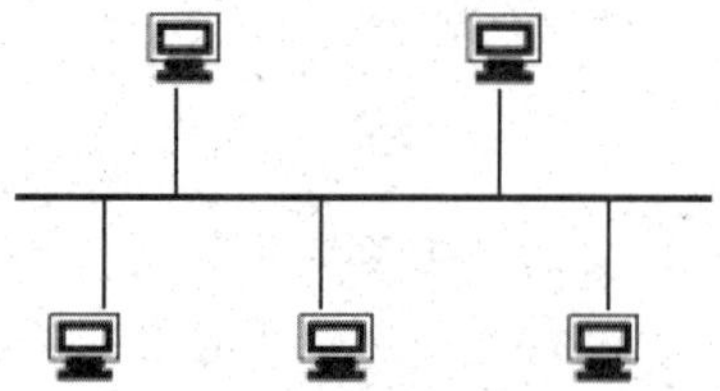

图 9-1　总线拓扑结构

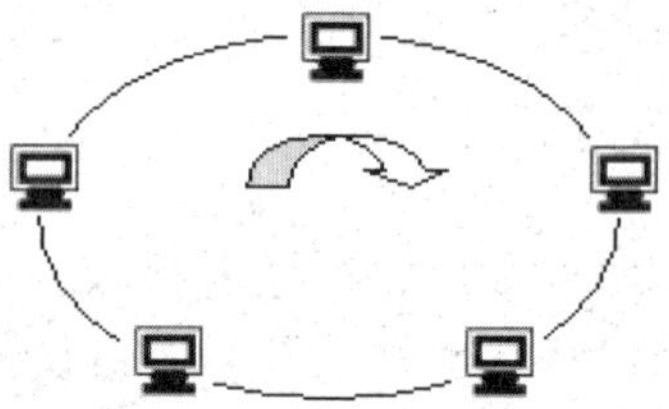

图 9-2　环型拓扑结构

➢ **星形网络**：将多台计算机连在一个中心节点（如集线器）上，各计算机之间通信必须通过中心节点，如图 9-3 所示。星型结构的优点是：结构简单、便于管理、扩展容易、容易检查、隔离故障。其缺点是：网络性能依赖中心结点，一旦中心结点出现故障，就会导致全网瘫痪。每个站点都需要有一个专用线路，电路利用率低，连线费用大。

➢ **树型结构**：这是星型结构的扩展，具有连接简单、易于扩充、易于进行故障隔离等特点，如图 9-4 所示。

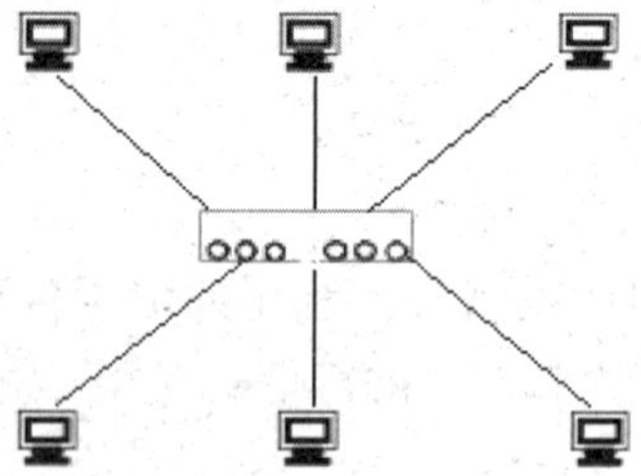

图 9-3　星型拓扑结构

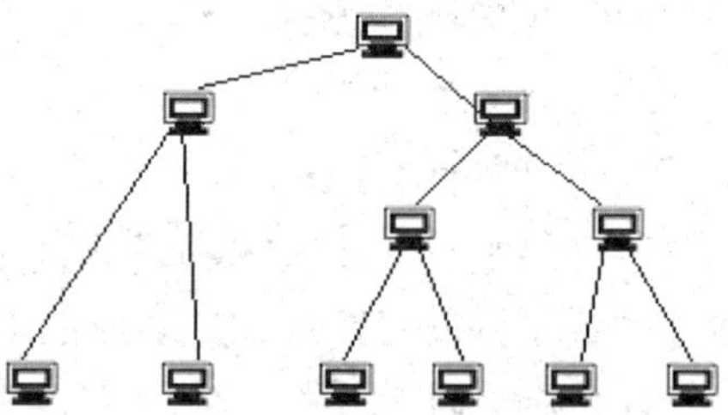

图 9-4　树型拓扑结构

➢ **网状网络**：这是一种不规则的连接，通常一台计算机与其他计算机有两条以上的通路，如图 9-5 所示。其特点是：容错能力强，一条通路故障，可以经其他通路连接目的计算机。其缺点是费用高、布线困难。它一般用于大型网络系统和骨干网。

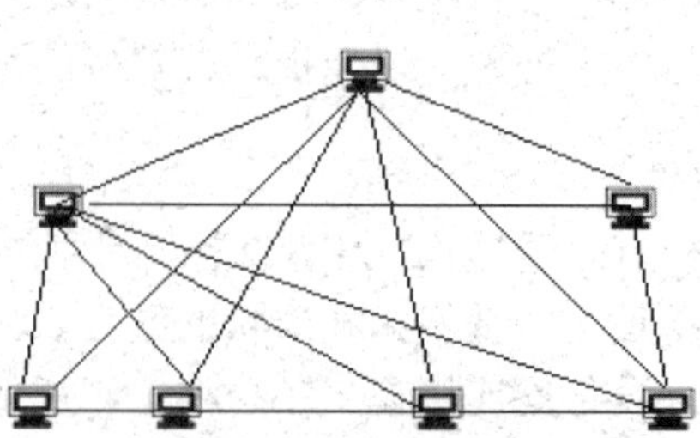

图 9-5　网状网络型拓扑结构

6.1.2 计算机网络硬件

网络硬件包括计算机、网络连接设备和传输介质。

1. 计算机

网络中的计算机根据作用不同分为服务器和工作站。

（1）工作站是网络中各用户的工作场所，可以是各种档次的计算机。当一台计算机连接到网络上，它就成为工作站，可以使用网络所提供的各种服务。

（2）服务器的主要功能是提供网络服务，一般由高档计算机承担。服务器上运行网络操作系统，通过网络操作系统控制和协调网络中各工作站的运行，处理和响应各工作站发来的各种网络操作要求。根据所提供的服务不同，可划分为文件服务器、数据库服务器、网站服务器、邮件服务器等。

2. 网络连接设备

网络中的各种连接设备很多，主要用于互连计算机之间的数据通信，负责控制数据的接收、发送或转发。常用的网络接口设备有：网卡、调制解调器、集线器、中继器、交换机、网桥和路由器等。

3. 传输介质

传输介质是通信网络中发送方和接收方之间传送信息的物理通道。传输介质的质量好坏直接影响数据传输的质量，如速度、数据丢失等。常用的网络传输介质分为两大类：一类是有线介质；另一类是无线介质。有线介质常用的有双绞线、同轴电缆和光缆；无线介质主要有无线电波、微波、激光和红外线。

6.1.3 计算机网络软件

网络软件可以包括网络操作系统、网络通信协议和网络应用软件。

1. 网络操作系统

网络操作系统是具有网络功能的操作系统。它除了具有通用操作系统的功能外，还应具有网络的支持功能，能够对网络进行统一管理。网络操作系统把网上的计算机有机的结合起来，使它们能够相互通信、管理共享资源、提供各种服务等。

2. 通信协议

计算机网络中，计算机彼此之间要想相互通信，必须遵守统一的规则，这种规则称为网络协议。网络协议主要对计算机通信时数据的格式、使用什么控制信息和事件实现的顺序做出规定。计算机网络必须使用某种协议才能相互通信，例如在小型局域网中使用 NetBEUI，在 Internet 中使用 TCP/IP 协议。

6.2 Internet 的基础知识

6.2.1 Internet 的基本概念

Internet 是国际计算机互联网的英文简称，又称为因特网。它是全球最大的、开放的、由众多网络互联而成的计算机网络。Internet 可以连接各种各样的计算机系统和大大小小的计算机网络，不论是大、中型计算机，不论是局域网还是广域网，不管它在世界上的什么地方，只要遵循共同的网络协议 TCP/IP，就可以连入 Internet。

Internet 就像是一个电子城市，为我们提供了包罗万象、瞬息万变的信息资源。在 Internet 中有虚拟的图书馆、商店、办公室和美术馆等，成为我们获取信息的一种方便、快捷、有效的手段。同时，它可以大大缩短人与人之间交流的空间距离，使身居世界各地的人能够彼此交流信息。

6.2.2 IP 地址与域名

1. TCP/IP 协议

在 Internet 上使用 TCP/IP 协议，该协议由许多协议组成，其中最重要的是 IP 协议和 TCP 协议。IP 协议又叫用户数据报协议，其作用是保证数据从发送端通过网络送达到接收端；TCP 协议又叫传输控制协议，其作用是保证发送端和接收端之间的数据传输是可靠的。此外，TCP/IP 协议中还提供了向用户提供服务的各种应用协议。

2. IP 地址

Internet 包含了许多不同的复杂网络和许多不同类型的计算机，将它们连接在一起又能互相通信，靠的是 TCP/IP 协议。按照这个协议，接入 Internet 的每一台计算机都有一个唯一的地址标识符，这个地址称为 IP 地址。IP 地址具有唯一性，即连接到 Internet 上的不同计算机应具有不同的 IP 地址。

3. 域名与域名服务

（1）域名的概念。域名是一种基于标识符号的名字管理机制，可以把它理解为 IP 地址的助记符号。在 Internet 上的主机不仅要申请一个 IP 地址，还要为其注册一个域名，和 IP 地址一样，域名在全世界范围内要唯一。域名系统是一种层次结构，与行政区域的划分很相似，分成不同的级。一般国内域名多为四级，以国家域名为顶级域名，其结构如下：

主机名.单位名.机构名.国家名

例如：北京大学的信息服务器：www.pku.edu.cn，其中 www 是服务器名字；pku：北京大学注册名；edu：教育机构；cn：中国。

（2）专用域名的含义

- **国家域名**：cn：中国、fr：法国、us：美国、jp：日本、ru：俄罗斯、gb：英国、de：德国等。

- **我国国内的地区域名**：bj：北京、js：江苏、sh：上海、tj：天津、ln：辽宁等。
- **机构域名**：net：网络支持中心、edu：教育科研机构、com：商业机构、gov：政府机构、mil：军事机构、org：非盈利组织等。

（3）域名解析

用户可以根据域名访问 Internet 上的主机，但 Internet 最终要靠 IP 地址通信，因此需要将域名转换为 IP 地址，这个过程叫域名解析。承担解析任务的计算机叫域名服务器（DNS）。

6.2.3 接入 Internet

1. ISP

Internet 服务提供商（Internet Service Provider，ISP）是众多企业和个人用户接入 Internet 的桥梁。当计算机用户需要连接到 Internet 时，并不是直接连接到 Internet 上，而是采用某种方式与 ISP 提供的某一台服务器连接起来，再通过它接入 Internet。按其所提供的增值业务 ISP 可分为两类：一类是以接入服务为主的接入服务提供商（Internet Access Provider，IAP），另一类是以信息内容服务为主的内容服务提供商（Internet Content Provider，ICP）。随着 Internet 在我国的迅速发展，提供 Internet 服务的 ISP 也越来越多。

2. 接入 Internet 方式

接入 Internet 的方式有多种。从通信介质角度来看，有专线接入和拨号接入；从网络架构来看，有单机直接连接和局域网连接。

（1）单机连接方式。这是最简单也是最容易的一种方式，特别适合于个人、家庭用计算机。连接线路可以根据计算机所在地的通信线路状况选择普通电话线、ADSL、宽带线路或有线电视网，还可以选择无线上网的方式。单机接入到 Internet，在使用前需要向所连接的 ISP 申请一个帐号。申请帐号成功后，ISP 会为用户提供一个合法的帐号名和密码。

（2）局域网连接方式。目前许多单位和企业都建立了自己的局域网，如果局域网与 Internet 的一台主机已连接，那么局域网的用户无需增加设备就能访问 Internet 资源。

局域网与 Internet 的连接一般采用专线接入方式。所谓专线接入是指通过固定不变的通信线路接入 Internet，以保证局域网上的每一个用户都能正常地使用 Internet 上的资源。当通过专线将局域网连接到 Internet 上以后，局域网就变成 Internet 上的一个子网，局域网中的每台计算机都可以拥有自己的静态 IP 地址。为此，局域网需要事先申请网络 IP 地址，或从所连接的 ISP 处获取 IP 地址。

6.3 Internet 的应用

6.3.1 WWW 服务

WWW 是 Internet 的多媒体信息查询工具，是近年来发展最快也是目前使用广泛的服务。

正是因为有了 WWW 工具，才使得近年来 Internet 迅速发展，用户数量飞速发展。

1. WWW 概念

WWW 是 world wide web（环球信息网）的缩写，简称为 Web，中文名字为“万维网”，是集文字、图形、图像、动画、音频、视频多种媒体为一体的超媒体。

WWW 是以超文本标记语言（Hypertext Markup Language，HTML）与超文本传输协议（Hypertext Transfer Protocol，HTTP）为基础，能够以十分友好的接口提供 Internet 信息查询服务。WWW 系统的结构采用客户机/服务器工作模式（C/S 模式），所有的客户端和 Web 服务器统一使用 TCP/IP 协议，用户只需要提出查询要求就可自动完成查询操作。

2. URL

WWW 主页地址（URL）的一般形式为：http://www.<主机域名>。例如，新浪网主页地址为 http://www.sina.com.cn。

URL 不仅可以描述 WWW 资源地址，也可以描述其他服务器的地址，还可以表示本机磁盘文件。例如：

ftp://ftp.tsinghua.edu.cn	FTP 服务器
file://E:/myweb/index.html	本地磁盘文件

3. IE 浏览器的使用

（1）浏览网页。可以使用以下方法访问网页：

- 在 IE 窗口中通过地址栏输入要访问的网址或 IP 地址，如果是中文网页，还可以用中文实名，按【Enter】键后就可以浏览网页。
- 要访问刚刚访问过的网页，可以单击“后退”按钮，“前进”按钮则是对“后退”的否定。
- 要访问以前访问的网页，可以单击地址栏上的下拉按钮，在打开的地址列表中选择要访问的地址即可。

浏览器是对 Internet 信息进行浏览时所使用的客户端工具软件，它可以向 Web 服务器发出各种请求，并将从服务器端传输来的 HTML 文档转换成网页。双击桌面上的 IE 图标，可以启动 IE 浏览器界面。

（2）使用收藏夹。若要经常访问某些网站，每次输入网址很麻烦，这时可以将经常访问的网址添加到收藏夹，以后就可以在收藏夹中选择网址访问网站了。其具体操作是：打开要收藏的网页，单击“收藏夹|添加到收藏夹”命令，当前网页的网址就被收藏在收藏夹中，以后可以单击“收藏夹”菜单或单击“收藏”按钮就可以选择网址，访问网页。

（3）访问历史上访问过的网页。IE 浏览器可以将一段时间内（默认 20 天）访问过的网址记录下来，以备将来访问。要使用历史记录，可以单击“历史”按钮，然后再选择网址，浏览网页。

（4）保存网页。在网页上找到所需要的资料时，可以将他们保存在本地磁盘中。

若保存打开的网页，单击“文件”菜单中的“另存为”命令，在“保存网页”对话框中，选择保存位置，单击“保存”按钮进行保存；若保存网页中的图片，可以用鼠标右击要保存的图片，在快捷菜单中单击“图片另存为”命令，在打开的“保存图片”对话框中选择保存位置，然后单击“保存”按钮。

（5）打印网页。打开要打印的网页，单击“文件”菜单中的“打印”命令，即可将网页打印出来。

4. 设置 IE 浏览器

IE 浏览器提供了许多属性，供用户按自己的习惯和所处的环境配置浏览器。单击“工具”菜单中的“Internet 选项”命令，可以打开“Internet 选项”对话框，在对话框中可以进行各种设置。

（1）常规选项卡。常规选项卡可以设置启动浏览器时的起始页、临时文件、历史记录以及颜色、字体等选项。

➢ **主页区域：**“主页”是打开浏览器后出现的第一个页面，也是单击“主页”按钮要到达的页面，在“主页”区域可以设置启动浏览器的起始页，具体设置方法为：

①在地址栏中键入想作为起始页的网址。

②在“Internet 选项对话框”中单击“使用当前页”按钮。

③若使用默认页，单击“使用默认页”按钮，默认页为微软公司的页面。

④若使用空白页则单击“使用空白页”按钮。

➢ **Internet 临时文件：**当我们访问 Internet 上的网页时，会在本地计算机的硬盘上生成临时文件。临时文件的作用是可以在下次访问该网页时，起到加速作用，可以设置临时文件占用磁盘空间的大小。若磁盘空间紧张，可以删除临时文件，释放磁盘空间。

➢ **历史记录：**用户访问过的网页被保存在特定的文件夹中，用户可以使用历史记录快速访问最近查看过的网页。可以设置网页保存在历史记录中的天数，也可以清空历史记录。

（2）其他选项卡。“安全”选项卡用于设置安全级别；“内容”选项卡可以控制从 Internet 上下载的内容，以防止收看网上不健康的内容；“连接”选项卡可以设置拨号网络和局域网连接的相关信息、代理服务器信息等；“程序”选项卡可以设置由 IE 浏览器启动的其他软件程序，如电子邮件程序等；“高级”选项卡用于设置浏览器各深层次的细节问题。

6.3.2 电子邮件

1. 电子邮件概述

电子邮件（E-mail）是一种应用计算机网络进行信息传递的现代化通信手段，它是 Internet 提供的一项基本服务，也是使用最广泛的 Internet 工具。

Internet 上的电子邮件系统的工作过程遵循客户机/服务器模式，分为邮件服务器端和邮件客户端两部分。

2. 电子邮件地址

在 Internet 上收发电子邮件的前提是，要拥有一个属于自己的“电子信箱”，也就是 E-mail

帐号。可以向 ISP 申请，也可以在 Internet 网上申请免费的 E-mail 帐号。有了 E-mail 帐号和密码后就可以享用 Internet 上的邮件服务了。

电子邮件地址的典型格式是：Username@hostname

其中 Username 就是用户在向电子邮件服务机构申请时获得的用户码。@符号后面的 hostname 是存放邮件用的计算机主机域名。例如，zhangli_bwu@sina.com，就是一个用户的 E-mail 地址。

6.3.3 文件传输（FTP）服务

FTP 的全称是 File Transfer Protocol（文件传输协议），是专门用来传输文件的协议。FTP 服务器是在互联网上提供存储空间的计算机，它们按照 FTP 协议提供服务。当 FTP 协议所提供的服务运行时，用户就可以连接到服务器上下载文件或将自己的文件上传到 FTP 服务器上。所谓“下载”（Download）是将远程提供 FTP 服务的计算机上的文件复制到本地计算机，“上传”（Upload）是将本地计算机上的文件复制到远程提供 FTP 服务的计算机上。

FTP 是一种实时的联机服务，在进行工作时首先要登录到对方计算机上。登录时需要验证用户帐号和口令。如果用户没有帐号，可以使用公开的帐号和口令登录，这种访问方式称为匿名 FTP 服务。但是匿名 FTP 服务会有很大的限制，匿名用户一般只能获取文件，不能在远程计算机上建立文件或修改已存在的文件，对可以复制的文件也有严格的限制。匿名 FTP 通常以 anonymous 作为用户名，当用户以 anonymous 登录后，FTP 服务器可以接受任何字符串作为口令，但一般要求使用电子邮件地址作为口令，这样 FTP 服务器的管理人员就可以知道是谁在使用，需要时可及时联系。

为了提高从 FTP 服务器下载文件的速度，可使用 FTP 下载工具。FTP 下载工具可以在网络连接意外中断后，通过断点续传功能继续传输剩余部分。FTP 下载工具中较有名的共享软件是 CuteFTP，可以从一些提供共享软件的站点获得，它的功能强大，支持断点续传、上传、文件拖放等。

本章小结

本章主要讲解了计算机网络基础知识、Internet 的基本知识、Internet 的应用。通过本章的学习，读者应掌握计算机网络的定义、网络拓扑结构、计算机网络硬件和软件、Internet 的基本概念、IP 地址与域名、如何接入 Internet、WWW 服务、电子邮件，以及文件传输（FTP）服务。

习题 6

一、填空题

1．结构化程序设计中的 3 种基本控制结构包括________、________和________。

2. 算法是指解决问题的________和________。

3. 算法可以用以下几种方法描述________、________、________、________和________。

4. 选择结构包括________、________和________。

5. 循环结构分为________和________两种。

6. 结构化程序设计的总体思想是采用________、________和________。

二、选择题

1. 下列哪一项不是算法的性质。________

A. 有穷性　　B. 确定性

C. 零个或多个输出　　D. 零个或多个输入

2. 算法中的每一个操作都应是计算机可以执行的，并且能够得到确定的结果，这是以下哪种算法的。________

A. 有穷性　　B. 确定性　　C. 有效性　　D. 正确性

3. 用 3 种基本的控制结构即可实现任何单入口/单出口的程序设计方法是________。

A. 早期程序设计

B. 面向对象程序设计

C. 结构化程序设计

D. 现代程序设计

4. 先全局后局部，先整体后细节的设计方法是________。

A. 自顶向下　　B. 集中设计　　C. 自底而上　　D. 分散设计

三、操作题

1. 设置 IE 浏览器的属性（分别从桌面和 IE 窗口下的“工具”菜单下进行）

（1）默认首页为 http://www.sina.com。

（2）历史纪录保存 20 天。

2. 打开一个自己喜欢的网站，如有关“音乐、flash 动画”等。

3. 打开一个搜索引擎，如 baidu，并进行搜索练习。

4. 在网站中查找有关奥运会的信息，并保存有关奥运会的一些图片、文字和网页。

5. 下载一首音乐，保存在自己的文件夹中。

6. 给同学发一个电子邮件，并将下载的图片一起发过去。

第 7 章　计算机信息安全

【本章概览】

网络安全从其本质上来讲就是网络上的信息安全。从广义来说，凡是涉及到网络上信息的保密性、完整性、可用性、真实性和可控性的相关技术和理论，都是网络安全的研究领域。网络安全的具体含义会随着“角度”的变化而变化。

【本章目标】

- 了解信息安全的基本知识、黑客和计算机病毒。
- 掌握信息存储安全技术和防范技术。

7.1　计算机信息安全基本知识

7.1.1　信息安全的概念

信息安全是指信息在存储、处理和传输状态下能保证其完整、保密和可用。

（1）完整的数据信息要求不被修改、破坏和丢失。不完整的数据将失去其真实性，会严重损害各部门、行业的利益，严重的甚至破坏其工作，因此数据信息的首要安全是其完整性。

（2）数据保密是信息存储与传输的电子化所面临的另外一个难题，尤其是在全球网络化的信息时代，数据的远程传输以及存储数据的计算机通过网络与外界连接，这样的因素使得数据被泄露或窃取的途径大大增加。

（3）信息安全的可用性指信息的合法使用者能够使用为其提供的数据。对信息安全可用性的攻击，就是阻断信息合法使用者与信息数据之间的联系，使之无法得到所需要的信息。

7.1.2　信息系统安全的概念

信息系统的安全指存储信息的计算机、数据库的安全和传输信息的网络的安全。信息安全依赖于信息系统安全而得以实现。信息安全是结果，而确保信息系统的安全是保证信息安全的手段。保护信息系统的安全、可靠，防范意外事故和恶意攻击，具有能够从灾难事件中恢复数据的能力是保障信息系统安全的任务。具体需要做到以下几点。

（1）安装完整、可靠的数据存储冗余备份设备，防止数据受到灾难性的损坏。

（2）建立严谨的访问控制机制，拒绝非法访问。

（3）充分利用数据压缩和加密手段，防范数据在传输过程中被别人分析、窃取和篡改。

（4）及时修补软件系统的缺陷，封堵自身的安全漏洞。

（5）安装防火墙，在内网与外网之间、计算机与网络之间建立起安全屏障。

7.1.3　黑客

黑客（Hacker）一般指的是计算机网络的非法入侵者，他们大都是计算机迷以及热衷于设计和编制计算机程序的程序设计者和编程人员，对计算机技术和网络技术非常精通，了解系统的漏洞及其原因所在，喜欢非法闯入并以此作为一种智力挑战而沉醉其中。

1. 黑客的攻击方式

黑客攻击通常采用以下几种典型的攻击方式。

（1）密码破解.通常采用的攻击方式有字典攻击、假登录程序、密码探测程序等，用这几种方式获取系统或用户的口令文件。

➢ **字典攻击**：是一种被动攻击，黑客先获取系统的口令文件，然后用黑客字典中的单词一个一个地进行匹配比较。由于计算机速度的显著提高，这种匹配的速度也很快，而且由于大多数用户的口令采用的是人名、常用的单词或数字的组合等，所以字典攻击成功率比较高。

➢ **假登录程序**：是设计一个与系统登录画面一模一样的程序并嵌入到相关的网页上，以骗取他人的帐号和密码。当用户在这个假的登录程序上输入帐号和密码后，该程序就会记录下所输入的帐号和密码。

➢ **密码探测程序**：在 Windows 系统内保存或传送的密码都经过单向散列函数（Hash）的编码处理，并存放到 SAM 数据库中。于是网上出现了一种专门用来探测密码的程序 LophtCrack，它能利用各种可能的密码反复模拟其编码过程，并将所编的密码与 SAM 数据库中的密码进行比较，如果两者相同，就得到了正确的密码。

（2）IP 嗅探（Sniffing）与欺骗（Spoofing）。

➢ **嗅探**：是一种被动式的攻击，又叫作网络监听。通过改变网卡的操作模式让它接受流经该计算机的所有信息包，这样就可以截获其他计算机的数据报文或口令。监听只能针对同一物理网段上的主机，对于不在同一网段的数据包会被网关过滤掉。

➢ **欺骗**：是一种主动式的攻击，即将网络上的某台计算机伪装成另一台不同的主机，目的是欺骗网络中的其他计算机误将冒名顶替者当作原始的计算机而向其发送数据或允许它修改数据。常用的欺骗方式有 IP 欺骗、路由欺骗、DNS 欺骗、ARP（地址转换协议）欺骗以及 Web 欺骗等。

（3）系统漏洞。漏洞是指程序在设计、实现和操作上存在错误。由于程序或软件的功能一般都比较复杂，程序员在设计和调试过程中总有考虑欠缺的地方，绝大部分软件在使用过程中都需要不断地改进与完善。

被黑客利用最多的系统漏洞是缓冲区溢出（Buffer Overflow），因为缓冲区的大小有限，一旦往缓冲区中放入超过其大小的数据，就会产生溢出，多出来的数据可能会覆盖其他变量的值，正常情况下程序会因此出错而结束，但黑客却可以利用这样的溢出来改变程序的执行流程，转向执行事先编好的黑客程序。

（4）端口扫描。由于计算机与外界通信都必须通过某个端口才能进行，黑客可以利用一些端口扫描软件 SATAN、IP Hacker 等对被攻击的目标计算机进行端口扫描，查看该机器的哪些端口是开放的，由此可以知道与目标计算机能进行哪些通信服务。

2. 防止黑客攻击的策略

（1）数据加密。加密的目的是保护信息系统的数据、文件、口令和控制信息等，同时也可以提高网上传输数据的可靠性。这样，即使黑客截获了网上传输的信息包，也无法得到正确的信息。

（2）身份认证。通过密码或特征信息等来确认用户身份的真实性，只对确认了的用户给予相应的访问权限。

（3）建立完善的访问控制策略。系统应当设置入网访问权限、网络共享资源的访问权限、目录安全等级控制、网络端口和结点的安全控制、防火墙的安全控制等。只有通过各种安全控制机制的相互配合，才能最大限度地保护系统免受黑客的攻击。

（4）审计。把系统中和安全有关的事件记录下来，保存在相应的日志文件中，例如记录网络上用户的注册信息，如注册来源、注册失败的次数等。记录用户访问的网络资源等各种相关信息，当遭到黑客攻击时，这些数据可以用来帮助调查黑客的来源，并作为证据来追踪黑客，也可以通过对这些数据的分析来了解黑客攻击的手段以找出应对的策略。

（5）其他安全防护措施。为了预防黑客入侵，需要对实体安全进行防范，包括机房、网络服务器、线路和主机等安全检查和监护，对系统进行全天候的动态监控，要经常运行专门的反黑客软件。不随便从 Internet 上下载软件，不运行来历不明的软件，不随便打开陌生人发来的邮件中的附件。经常检查用户的系统注册表和系统启动文件中自启动程序项是否有异常，做好系统的数据备份工作，及时安装系统的补丁程序等。

7.1.4 计算机病毒

计算机病毒是人为设计的，能够利用计算机资源进行自我复制，对计算机系统构成危害的一种程序。在《中华人民共和国计算机信息系统安全保护条例》中对计算机病毒明确定义为：“计算机病毒是指编制或者在计算机程序中插入的破坏计算机功能或者破坏数据，影响计算机使用并且能够自我复制的计算机指令或者代码”。

1. 计算机病毒的破坏方式

不同的计算机病毒，实施不同的破坏。其主要破坏方式有以下几种。

（1）破坏操作系统。这类病毒直接破坏计算机的操作系统的磁盘引导区、文件分配表、注册表等，强行使计算机无法启动，导致计算机系统的瘫痪。

（2）破坏文件。病毒发起攻击后会改写磁盘文件甚至删除文件，造成数据永久性的丢失。如，宏病毒附加在 Word 文档中的自动宏或命令宏中，受到感染的 Word 文档一旦被打开，宏病毒就开始执行，在其他文档文件中复制自己，删除文件，或用垃圾增加所攻击的文件的长度，使所有感染病毒的文件长度无限地增长，最后耗尽磁盘空间。

（3）占用系统资源。病毒占用系统资源，使计算机运行异常缓慢，或使系统因资源耗尽而停止运行。如振荡波病毒，如果攻击成功，则会占用大量资源，使 CPU 占用率达到 100%。

（4）破坏网络。如果网络内的计算机感染了蠕虫病毒，蠕虫病毒会使该计算机向网络中发送大量的广播包，从而占用大量的网络带宽，使网络拥塞。另外，收到蠕虫病毒广播的计算机需要阅读报文，因而也消耗了计算机的处理性能，导致速度缓慢。

（5）发布广告，传输垃圾信息。Windows 内置有消息传输功能，用于传输系统管理员所发送的信息。Win32 QLExp 这样的病毒会利用这个服务，使网络中的各个计算机频繁弹出一个名为“信息服务”的窗口，广播各种各样的信息。

（6）泄露计算机内的信息。有些木马程序，专门将所驻留计算机的信息泄露到网络中。感染这种木马病毒的计算机，在每个文件夹中都会找到两个用隐藏方式存放的奇怪文件。有的木马病毒会向指定的计算机传送屏幕显示情况或特定的数据文件（如所搜索到的口令）。

（7）扫描网络中的其他计算机，开启后门。感染“口令蠕虫”病毒的计算机会扫描网络中其他 Windows 计算机，进行共享会话，猜测别人计算机的管理员口令。如果猜测成功，就将蠕虫病毒传送到那台计算机上，开启 VNC 后门，对该计算机进行远程控制。被传染的计算机上的蠕虫病毒又会开启扫描程序，扫描、感染其他计算机。

2. 计算机病毒的一般症状

病毒侵入计算机后，如能及时发现是非常有益的，在病毒广泛传播前发现，系统修复较容易。要想早期发现病毒，就要通过病毒发作时的一些症状来推断。下面列出病毒一般症状：

（1）屏幕上出现不正常的小球、雪花、提示语句等。

（2）程序装入时间比平时长，对磁盘访问时间比平时长，执行程序的时间比平时长。

（3）有规律地出现异常信息。

（4）磁盘的卷标名、文件的建立时间、日期及长度发生了变化。

（5）出现莫名其妙的隐式文件，或磁盘空间突然变小，或出现坏簇。

（6）内存空间变小、磁盘空间变小，程序运行不正常，系统不认磁盘，或硬盘不能引导系统。

（7）打印机或通信端口异常。

（8）死机现象增多，或突然死机。

3. 计算机病毒的预防

计算机病毒防治工作的基本任务是：在计算机的使用过程中，利用各种行政和技术手段，防止计算机病毒侵入、存留、蔓延。具体来说，计算机病毒的预防工作应从以下几方面进行。

（1）系统引导固定。使用相对固定的系统引导方式，最好从硬盘启动，也可用固定的、无毒的，并带有写保护的系统盘引导。防止用不可靠的其他软盘引导系统；系统引导盘不要轻易借给他人使用，防止计算机病毒的侵入。

（2）保存重要参数区、经常建立数据备份。硬盘主引导记录、文件分配表（FAT）和根目录区（BOOT），是硬盘的重要参数区，也是某些恶性病毒的攻击目标，该区域一旦受感染，损失就比较严重。应采取一定的保护措施，如用某些工具软件将其保护起来，以便受到破坏时迅速恢复系统；定期备份数据，是系统管理的最基本要求。备份时，应确保计算机和被备份文件未被病毒感染。

（3）专机专用、专盘专用。对执行重要工作的计算机要专机专用、专盘专用；对于外来的机器、移动盘或软件，要进行病毒检测、消毒，确认无毒后再使用。

（4）软件来源要可靠。慎用来历不明的程序，慎用公共软件和共享软件，不用盗版软件，严禁在计算机上玩来历不明的游戏，杀毒软件要经常更新。

（5）安装操作系统的补丁程序。计算机操作系统是一个庞大的软件程序集合，Windows 2000 的程序代码达到近几千万条。由于操作系统开发人员必然存在的认识局限，因此操作系统发布后仍然存在弱点和缺陷是无法避免的。这样的弱点和缺陷形成的漏洞为病毒特别是蠕虫病毒的传播提供了可乘之机，成为系统的安全隐患。

（6）操作系统安全设置最小化原则。安全设置是指计算机操作系统中一些与安全相关的设置，如用户权限、共享设置、安全属性设置等。使用 Windows 提供的管理工具，将因特网安全级别调整到不同的等级。

Windows 在默认状态下有许多潜在的安全问题，必须重视在新安装完 Windows 操作系统后的重新安装设置，关注安全的各个方面，把安全风险降低到最低。

4. 计算机病毒的清除

由于计算机病毒不仅干扰受感染的计算机的正常工作，更严重的是继续传播病毒、泄密和干扰网络的正常运行。因此，当计算机感染了病毒后，需要立即采取措施予以清除。

（1）使用杀毒软件。使用杀毒软件防治计算机病毒，主要从防毒、查毒、杀毒三方面进行，可以针对病毒的传播途径、方式，提供全方位的防护。目前常用的杀病毒软件有 360、瑞星杀毒软件、金山毒霸等。这些杀病毒软件都具有实时监控、防止压缩文件病毒、杀病毒以及灾难恢复等功能。能监控所有打开的磁盘文件、从网络上下载的文件以及收发的邮件等，一旦检测到计算机病毒，就能立即给出警报。

（2）使用专杀工具。现在一些反病毒公司的网站上提供了许多病毒专杀工具，用户可以免费下载这些杀毒工具，对某个特定病毒进行清除。如瑞星公司提供的流行病毒专杀工具。

（3）手动清除病毒。手动清除病毒是指通过一些软件工具，如 DEBUG.COM、PCTOOLS.EXE、NU.COM 等提供的功能进行病毒的检测与清除。这种清除病毒的方法要求操作者对计算机的操作相当熟练，具有一定的计算机专业知识，熟悉机器指令和操作系统，利用工具软件找到感染病毒的文件，手动清除病毒代码。此方法由于对专业知识要求教高，因此不适合一般用户。

7.2 计算机信息安全技术

7.2.1 信息存储安全技术

由于计算机普遍使用磁盘存储设备保存，而存储设备一旦出现故障而造成其存放的数据损坏或丢失，将可能带来不可估量的严重后果。而任何重要信息又都面临着设备故障导致数据破坏的严重问题。

为解决这样的问题，就需要采取冗余数据存储的方案。所谓冗余数据存储，就是指数据同时被放在两个或两个以上的存储设备中。由于存储设备同时损坏的可能性很小，因此即使发生存储设备故障，数据总会从另外没有出现故障的存储设备中恢复，从而保障了数据信息的安全。实现数据动态冗余存储的技术分为磁盘镜像、磁盘双工和双机容错。

1. 磁盘镜像技术

磁盘镜像的工作原理如图 9-12 所示。通过安装两块容量和分区一致的磁盘，在操作系统的控制下，只要发生向磁盘 A 写操作，就同时对磁盘 B 也进行同样的写操作。如磁盘 A 损坏，数据可以从磁盘 B 中恢复；反之，如磁盘 B 损坏，磁盘 A 中的数据仍是完整的。

2. 磁盘双工技术

磁盘双工技术与磁盘镜像技术一样，会同时在两块或两块以上的磁盘中保存数据。两者的区别可以从图 9-12 和图 9-13 中看出，在磁盘镜像技术中，两块磁盘共用一个磁盘驱动控制器；而在磁盘双工技术中，则需要使用两个磁盘驱动控制器，分别驱动各自的硬盘。

每块硬盘有自己独立的磁盘驱动控制器，就可以减少软件控制重复写操作的时间消耗。操作系统执行磁盘写操作时，同时向两个磁盘驱动器发出写命令，输出写数据，因此大大提高了数据存储的速度。

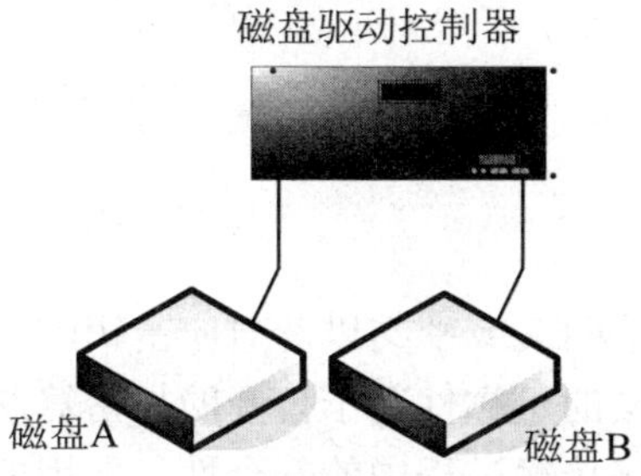

图 9-12 磁盘镜像冗余备份

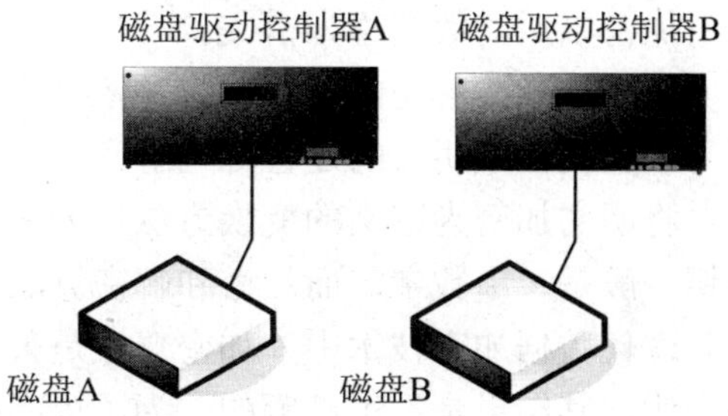

图 9-13 磁盘双工冗余备份

3. 双机容错技术

双机容错技术是一种投资相对较大的技术，如图 9-14 所示。双机容错技术使用两台磁盘驱动器的结构和速度完全相同的数据服务器，其中一台充当面向用户的主服务器，另外一台则跟踪主服务器的所有数据写操作。数据被分别存储在两台不同的计算机中，数据的完整性安全和可用性安全得到了最大限度的保障。

双机容错技术可以保证当主服务器出现故障时，备份服务器能够迅速及时地启动，替代主服务器，承担起数据提供任务。由于大型网络上的服务器故障会造成直接的经济损失，带来严重的后果，因此双机容错技术承担了保障数据可靠性的重要任务。

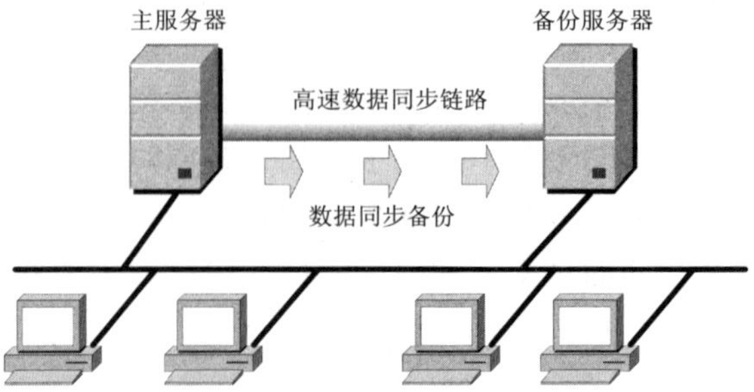

图 9-14 双机容错数据备份

7.2.2 信息安全防范技术

现阶段较为成熟的信息安全技术有数据加密技术、数字签名技术、身份认证技术、防火墙技术等。

1. 数据加密技术

数据加密就是将被传输的数据转换成表面上杂乱无章的数据，合法的接收者通过逆变换可以恢复成原来的数据，而非法窃取得到的则是毫无意义的数据。

- 需要传输的没有加密的原始数据称为明文。
- 加密以后的数据称为密文。
- 明文变换成密文的过程称为加密。
- 密文变换成明文的过程称为解密。
- 将明文加密为密文的变换方法称为加密算法。

密钥一般是一串数字，而加密和解密算法则是作用于明文或密文以及对应密钥的一个数学函数。现代数据加密技术中，加密算法是公开的，密文的可靠性在于公开的加密算法使用不同的密钥，其结果是不可破解的。为了提高信息在网络传输过程中的安全性，所用的策略无非是使用优秀的加密算法和更长的密钥。

（1）不公开密钥加密算法.不公开密钥加密算法就是指加密算法公开，但密钥保密。保密信息的发送方和接收方持有共同的密钥，使用相同的加密算法进行加密和解密，因此也叫对称密钥加密算法，如图 9-15 所示，发送方的明文经由密钥加密后转变为密文，到达接收方后经由相同的密钥解密后变成明文被接收者所接收。

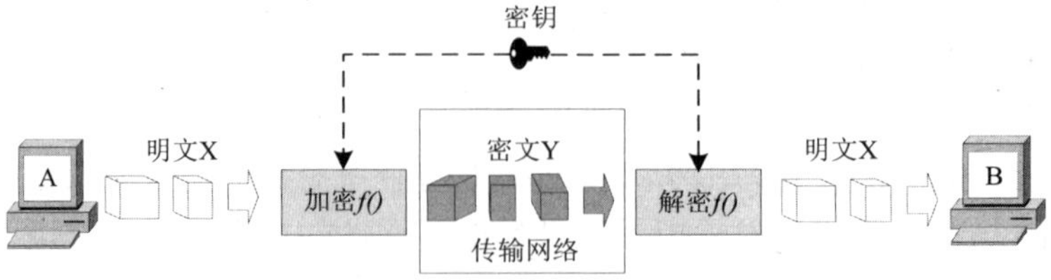

图 9-15 不公开密钥加密过程

（2）公开密钥加密算法。在不公开密钥数据加密体制中，加解密双方使用相同的密钥，因此必须使用安全的方法将密钥分发给双方。为了在传输的途中保护密钥不被窃取，不公开密钥加密算法中的密钥是不得通过计算机网络来传输的。

在公开密钥数据加密体制中，加密解密双方使用不同的密钥，加密密钥公开，解密密钥保密，使用加密密钥无法推算出解密密钥。如图9-16所示。

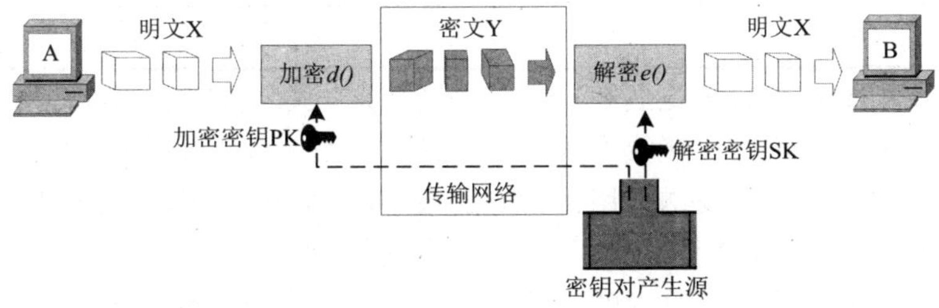

图9-16 公开密钥加密过程

2. 数字签名技术

数字签名（Digital Signature）就是通过密码技术对电子文档形成的签名，它类似现实生活中的手写签名。但数字签名并不就是手写签名的数字图像化，而是加密后得到的一串数据。数字签名的目的是为了保证发送信息的真实性和完整性，解决网络通信中双方身份的确认，防止欺骗和抵赖行为的发生。

数字签名要能够实现网上身份的认证，必须满足以下三个要求。

（1）接收方可以确认发送方的真实身份。

（2）接收方不能伪造签名或篡改发送的信息。

（3）发送方不能抵赖自己的数字签名。

为了满足上述要求，数字签名采用了公开密钥数据加密的方式，就是发送方用自己的私钥来加密，接收方则利用发送方的公钥来解密。在实际应用中，一般把签名数据和被签名的电子文档一起发送，为了确保信息传输的安全和保密，通常采取加密传输的方式。

目前，数字签名已经应用于网上安全支付系统、电子银行系统、电子证券系统、安全电子邮件系统、电子订票系统、网上购物系统和网上报税等一系列电子商务应用的签名认证服务。要能够添加数字签名，必须有一个公钥和相对应的私钥，而且还要能够证明公钥持有者的合法身份，这就需要引入数字证书技术。

3. 数字证书

数字证书就是包含了用户的身份信息，由权威认证中心（Certificate Authority，CA）签发，主要用于数字签名的一个数据文件，相当于一个网上身份证，能够帮助网络上各终端用户表明自己的身份和识别对方的身份。

在国际电信联盟（International Telecommunication Union，ITU）制定的标准中，数字证书中包含了申请者和颁发者的信息，如表8-2所示。

表 8-2　数字证书的内容

申请者的信息	颁发者的信息
证书序列号（类似于身份证号码）	颁发者的名称
证书主题（即证书所有人的姓名）	颁发者的数字签名
证书的有效期限	签名所使用的算法
证书所有人的公开密钥	

数字证书主要用于实现数字签名和信息的保密传送。数字签名的实现方式是：发送方用自己的私钥加密添加数字签名，接收方则利用发送方的数字证书中的公钥解密来验证签名。信息保密传送的实现方式是：发送方用接收方的数字证书中的公钥来加密明文，形成密文发送，接收方收到密文后就可以用自己的私钥解密来获得明文。

数字证书是由 CA 来颁发和管理的，数字证书一般分为个人数字证书和单位数字证书，申请的证书类别则有电子邮件保护证书、代码签名数字证书、服务器身份验证和客户身份验证证书等。可以在中国数字认证网：http://www.ca365.com申请免费数字证书。

4. 防火墙技术

防火墙是设置在被保护的内部网络和外部网络之间的软件和硬件设备的组合，对内部网络和外部网络之间的通信进行控制，通过监测和限制跨越防火墙的数据流，尽可能地对外部屏蔽网络内部的结构、信息和运行情况，用于防止发生不可预测的、潜在破坏性的入侵或攻击，这是一种行之有效的网络安全技术。如图 8-7 所示。

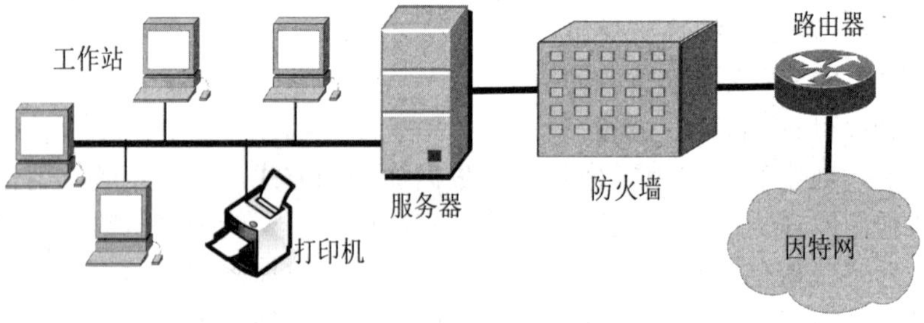

图 8-7　防火墙示意图

防火墙通常是运行在一台计算机上的一个计算机软件，主要保护内部网络的重要信息不被非授权访问、非法窃取或破坏，并记录内部网络和外部网络进行通信的有关安全日志信息，如通信发生的时间和允许通过数据包和和被过滤掉的数据包信息。

将局域网放置于防火墙之后可以有效阻止来自外界的攻击。如一台 WWW 代理服务器防火墙，它不是直接处理请求，而是验证请求发出者的身份、请求的目的地和请求的内容，如果一切符合要求的话，这个请求会被批准送到真正的 WWW 服务器上。当真正的 WWW 服务器处理完这个请求后，并不直接把结果发送给请求者，而把结果送到代理服务器，代理服务器会按照事先的规则检查这个结果是否违反了安全策略，当一切都验证通过后，返回结果才会真正地送到请求者手中。

防火墙具有较高的抗攻击能力，设置于系统和网络协议的底层，在访问与被访问的端口设置严格访问规则，以切断一切规则以外的网络连接的软件和硬件的组合。除了对网络进行管理，设置访问与被访问的规则，切断被禁止的访问以外，计算机系统上防火墙还需要分析过滤进出的数据包，检测并记录通过防火墙的信息内容和活动，并且对来自网络的攻击行为进行检测和报警。这些都是防火墙的功能，不论是物理性的防火墙，还是防火墙软件，都需要具备这些基本功能。

本章小结

本章主要讲解了计算机信息安全基本知识、计算机信息安全技术。通过本章的学习，读者应了解信息安全和信息系统安全的概念、什么是黑客，以及计算机病毒相关知识；了解楚信息存储安全技术和信息安全防范技术。

习题 7

一、填空题

1．按计算机病毒的寄生方式，计算机病毒可以分为________型病毒、________型病毒和________型病毒。

2．数字证书就是包含了用户的身份信息，由________签发，主要用于数字签名的一个数据文件，相当于一个网上身份证，能够帮助网络上各终端用户表明自己的身份和识别对方的身份。

二、选择题

1．下面有关计算机病毒的叙述中，________是不正确的。

A．计算机病毒也是程序

B．将磁盘片格式化可以清除病毒

C．有些病毒可以写入加了写保护的磁盘

D．现在的微机经常是带病毒运行的

2．最常见的保证网络安全的工具是________。

A．防病毒工具　　B．防火墙　　C．网络分析仪　　D．操作系统

3．关于数字签名以下哪项是不正确的________。

A．接收方可以确认发送方的真实身份

B．接收方不能伪造签名或篡改发送的信息

C．发送内容需要加密，签名可以不加密

D．发送方不能抵赖自己的数字签名

第 8 章　计算机多媒体技术

【本章概览】

多媒体技术是指以计算机为手段来获取、处理、存储和表现多媒体的一种综合性技术。多媒体计算机可以在现有 PC 机的基础上加上一些硬件和相应的软件，使其具有综合处理声音、文字、图像、视频等多种媒体信息的多功能计算机，它是计算机和视觉、听觉等多种媒体系统的综合。

【本章目标】

- 了解多媒体技术的基本概念、多媒体信息的类型。
- 掌握多媒体计算机的主要硬件和软件，了解多媒体的有关工具软件。
- 了解音频信息、数字音频的技术指标、图像和视频信息的数字化、数据的压缩技术、视频的采集与压缩。
- 了解光影魔术手、美图秀秀、Photoshop 等平面编辑软件，了解音频和视频编缉知识。

8.1　多媒体技术的基本知识

8.1.1　多媒体技术的概念

多媒体技术是指以计算机为手段来获取、处理、存储和表现多媒体的一种综合性技术。其中“获取”包括采样、扫描和读文件等，是将信息输入到计算机里；“处理”包括编辑、创作；“存储”包括记录和存盘；“表现”包括播放、显示和写文件等，是将信息输出。

多媒体计算机是指计算机综合处理多种媒体信息，使多种信息建立逻辑连接，集成为一个系统并具有交互性。因此，多媒体计算机具有信息载体多样性、集成性和交互性的特点。把一台普通计算机变成多媒体计算机的关键是要解决视频、音频信号的获取和多媒体数据压缩编码和解码的问题。

多媒体技术的主要特性包括信息媒体的多样性、交互性、集成性和数字化等，也是在多媒体研究中必须解决的主要问题。

8.1.2　多媒体信息的类型

1. 文本

文本（Text）分为非格式化文本文件和格式化文本文件。非格式化文本文件是只有文本信息没有其他任何有关格式信息的文件，又称为纯文本文件，如.TXT 文件。格式化文本文件是指带有各种文本排版信息等格式信息的文本文件，如.DOC 文件。

2. 图形

图形（Graphic）一般指用计算机绘制的画面，如直线、圆、圆弧、矩形、任意曲线和图表等。图形的格式是一组描述点、线、面等几何图形的大小、形状及其位置、维数的指令集合。在图形文件中只记录生成图的算法和图上的某些特征点，因此也称矢量图。用于产生和编辑矢量图形的程序通常称为“draw”程序。微机上常用的矢量图形文件有：.3DS（用于 3D 造型）、.DXF（用于 CAD）、.WMF（用于桌面出版）等等。

3. 图像

图像（Image）是指通过扫描仪、数字相机、摄像机等输入设备捕捉的实际场景画面，或以数字化形式存储的任意画面。静止的图像是一个矩阵，阵列中的各项数字用来描述构成图像的各个点（称为像素点 pixel）的强度与颜色等信息。这种图像也称为位图。

4. 动画

动画是活动的画面，实质是一幅幅静态图像的连续播放。动画的连续播放既指时间上的连续，也指图像内容上的连续。计算机设计动画有帧动画和造型动画两种。

帧动画是由一幅幅位图组成的连续的画面，就如电影胶片或视频画面一样要分别设计每屏幕显示的画面。造型动画是对每一个运动的物体分别进行设计，赋予每个动元一些特征，然后用这些动元构成完整的帧画面。动元的表演和行为是由制作表组成的脚本来控制。存储动画的文件格式有 FLC、MMM 等。

5. 视频

视频是由一幅幅单独的画面序列（帧 frame）组成，这些画面以一定的速率（fps）连续地投射在屏幕上，使观察者具有图像连续运动的感觉。视频文件的存储格式有 AVI、MPG、MOV 等。

6. 音频

音频包括话语、音乐及各种动物和自然界（如风、雨、雷）发出的各种声音。加入音乐和解说词会使文字和画面更加生动；音频和视频必须同步才会使视频影像具有真实的效果。在计算机中音频处理技术主要包括声音信号的采样、数字化、压缩和解压缩播放等。

7. 流媒体

流媒体是应用流技术在网络上传输的多媒体文件，它将连续的图像和声音信息经过压缩后存放在网站服务器，让用户一边下载一边观看、收听，不需要等整个压缩文件下载到用户计算机后才可以观看。流媒体就像“水流”一样从流媒体服务器源源不断地“流”向客户机。该技术先在客户机上创建一个缓冲区，在播放前预先下载一段资料作为缓冲，避免播放的中断，也使播放质量得以维护。

8.2　多媒体计算机系统

8.2.1　多媒体计算机的主要硬件

多媒体计算机的硬件系统主要由主机、视频部分、音频部分、基本输入/输出设备、高级多媒体设备等五部分组成，如图 8-1 所示。

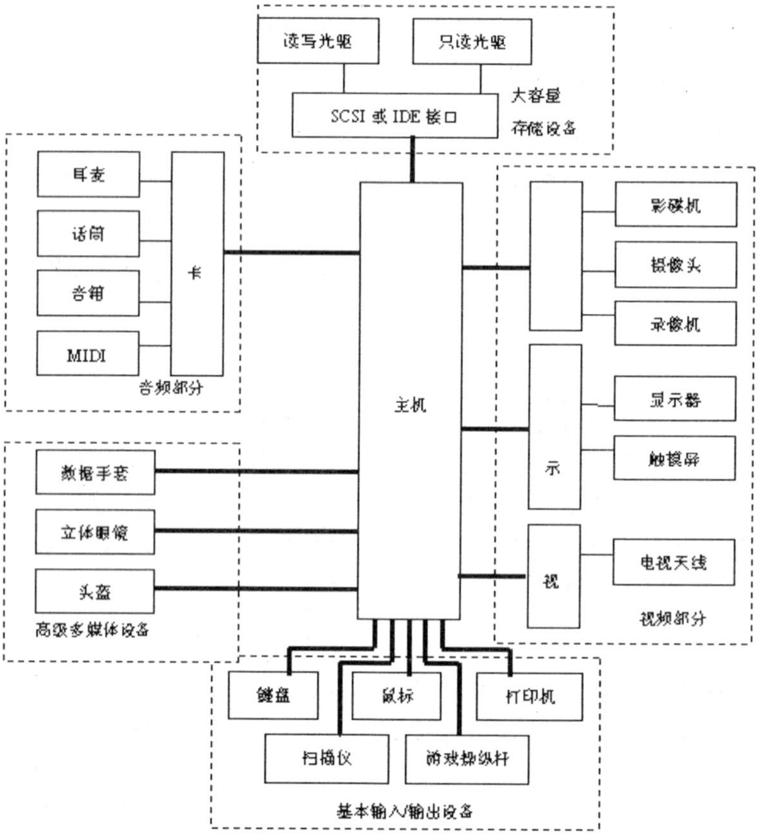

图 8-1　多媒体系统的硬件结构

1. 主机

主机是多媒体计算机的核心，可以是大中型计算机，也可以是工作站，用的最多的还是微机。为了提高计算机处理多媒体信息的能力，应该尽可能地采用多媒体信息处理器。

2. 音频部分

音频部分主要完成音频信号的 A/D 和 D/A 转换以及数字音频的压缩、解压缩和播放等功能，主要包括声卡、外接音箱、话筒、耳麦、MIDI 设备等。

3. 视频部分

视频部分负责多媒体计算机图像和视频信息的数字化摄取和回放。它主要包括视频卡、电视卡、加速显卡等。

4. 基本输入/输出设备

多媒体输入/输出设备有很多，按功能可分为视频/音频输入设备、视频/音频输出设备、人机交互设备、数据存储设备。

5. 高级多媒体设备

随着科学技术的进步，出现了一些新的输入/输出设备。如用于传输手势信息的数据手套、用于虚拟现实产生较好的沉浸感的数字头盔和立体眼镜等。

8.2.2 多媒体计算机软件系统

多媒体计算机软件系统按功能可分为系统软件和应用软件。

1. 系统软件

系统软件是多媒体系统的核心，各种多媒体软件要运行在多媒体操作系统平台之上，因此操作系统平台是软件的基础。多媒体计算机系统的主要系统软件有：多媒体驱动程序、多媒体操作系统、多媒体素材制作工具及多媒体库函数、多媒体创作工具等。

2. 应用软件

多媒体应用软件是在多媒体创作平台上设计开发的面向应用的软件系统。在多媒体应用系统开发设计过程中，不仅要利用计算机技术将文字、声音、图形、图像、动画、及视频等有机地融合在一起，而且还要有创意，使其更加具有人性化和自然化。

8.2.3 制作多媒体的有关工具软件

1. 音频文件

音频文件有 WAV 文件和 MID 文件两种。WAV 文件作为多媒体软件中的解说声，可用 Windows 的“录音机”或声卡自带的软件录制。MID 文件通常作为多媒体软件的背景音乐。制作 MIDI 音乐需要价值昂贵的记录器、电子乐器和 MIDI 编辑程序。受到硬件和软件的限制，所以 MIDI 音乐通常是从现有的 MIDI 音乐库中选取。

2. 图形图像文件

图形图像是多媒体软件中的主要媒体之一。获取图像的方法主要有：由扫描仪扫描生成，利用 Photoshop 进行编辑；从当前屏幕上捕获；使用绘图软件制作。绘图软件包括 AutoCAD 、Paintbrush、Freehand、Corel DRAW 等。

3. 动画文件

动画能生动、形象地表达内容，是多媒体软件中最具吸引力的媒体。利用 Authorware、Animator Studio、IconAnimate、Flash 可以制作二维动画。三维动画由 3DS MAX 制作。字体动画可用 Cool 3D 制作。

4. 视频文件

视频捕捉卡用于处理视频信息，它可以从一个源设备（如录像机）中接收标准的模拟录像信息，从而获得视频信息，然后再将其变成数字信号。视频捕捉卡上有一个连接插头，可与 VHS 体制的录像机连接，也可以与摄影机、电视天线连接。利用视频捕捉卡在获取视频信息的同时，也获取了音频信息。

5. 多媒体编辑工具

获取多种媒体（图形、图像、文本、音频、视频和动画等）后，就可应用多媒体编辑软件制作多媒体应用软件。美国 Macromedia 公司推出的 Authorware 多媒体开发平台是一个多媒体编辑工具，功能全，使用方便。

8.3 多媒体信息的数字化和压缩技术

8.3.1 音频信息

声音是通过空气传播的一种连续的波（叫作声波），这种波到达人的耳膜时，人会感到压力的变化，这就是声音。声音的两个基本参数是幅度和频率。声音的强弱体现在声波压力的大小上，音调的高低体现在声音的频率上。

要使用计算机对音频信息进行处理，就要将模拟信号（如语音、音乐等）转化为数字信号，这一过程称为模拟音频的数字化。模拟音频的数字化过程涉及到音频信号的采样、量化和编码，其过程如图 8-2 所示。

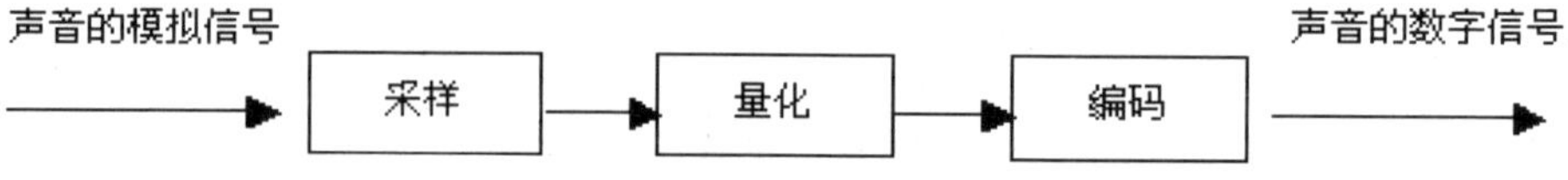

图 8-2 模拟音频的数字化

采样是按规则的时间间隔对模拟信号取其幅度值，把时间上的连续信号变为时间上的离散信号。在采样时刻获得的幅度值为模拟信号的振幅，其时间间隔为采样周期，如图 8-3 所示。采样频率的高低是根据奈奎斯特采样理论和声音信号的最高频率决定的。奈奎斯特理论指出：采样频率不低于声音信号最高频率的两倍，就可从采样中恢复原始波形。采样定律为：

*F*s≥2F

其中，*F* 为被采样的最高信号频率，*F*s 为采样频率。

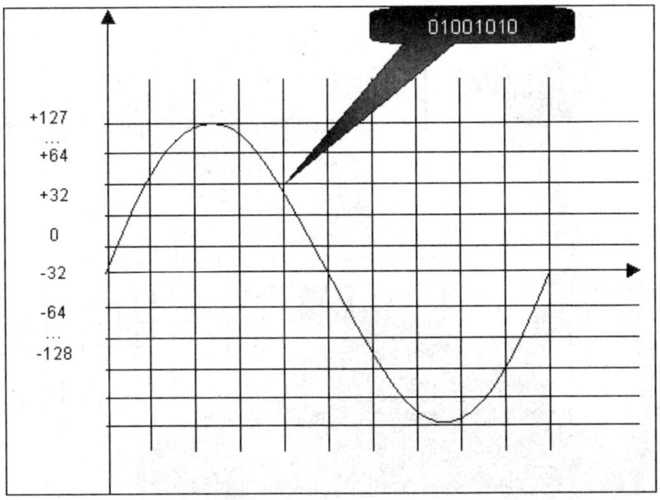

图 8-3　声音信号的采样

8.3.2　数字音频的技术指标

衡量数字化音频的质量指标有三项：采样频率、量化位数和声道数。计算每秒钟存储声音容量的公式为：

采样频率×采样精度（位数）×声道数÷8=字节数

例如：用 44.1KHz 的采样频率，量化位数为 16 位，录制 1 秒钟的立体声（双声道）节目，所需的存储量为：

44.1×103×16×2/8=176 400 字节

一首 3 分钟的歌需要的存储空间为：

176 400×180=31 752 000=30.3（MB）

8.3.3　图像的数字化

图像的数字化是指将一幅真实的图像转换为计算机能够接受的数字形式，要对图像进行采样、量化和编码。图像的采样是将连续的图像转换为离散点的过程，采样的实质就是用若干个像素点来描述一幅图像，称为图像的分辨率，用点的“列数×行数”表示。分辨率越高，图像越清晰，所占的存储空间越大，如图 8-4 所示。

图像的量化是指将图像离散化后，将表示图像色彩浓淡的连续变化值离散化为数值的过程。表示色彩所需的二进制位数称为量化字长。一般用 8 位、16 位、24 位等表示图像的颜色，24 位二进制数可以表示 224=16 777 216 种颜色，称为真彩色。

在计算机中图像的色彩值称为图像的颜色深度，有多种表示色彩的方式。例如：

➢　**黑白图**：图像的颜色深度为 1 位二进制数，1 表示纯白，0 表示纯黑。

➢ **灰度图**：图像的颜色深度为 8 位，灰度级别为 256 级。通过调整黑白两色的程度来有效地显示单色图像。

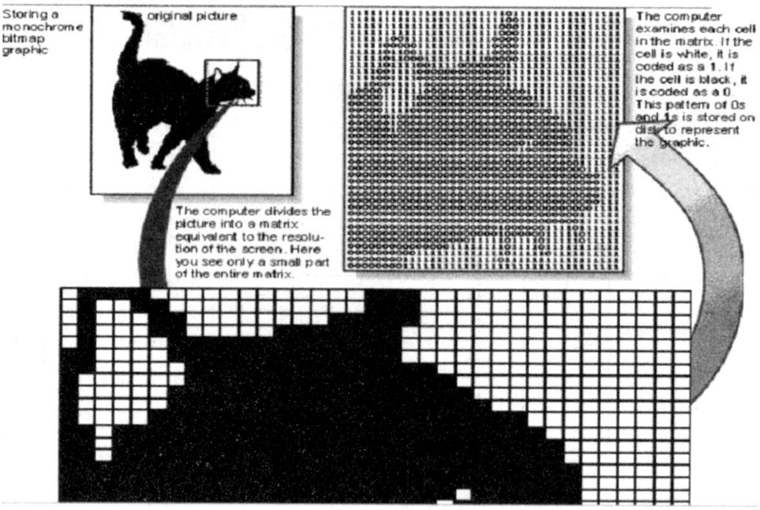
Storing a monochrome bitmap graphic
original picture
The computer examines each cell in the matrix. If the cell is white, it is coded as a 1. If the cell is black, it is coded as a 0. This pattern of 0s and 1s is stored on disk to represent the graphic.
The computer divides the picture into a matrix equivalent to the resolution of the screen. Here you see only a small part of the entire matrix.

图 8-4　图像的采样

➢ **RGB24 位真彩色**：显示彩色图像时，由红、绿、蓝三元色通过不同的强度混合而成，将强度分为 256 级（值为 0~255），占 24 位，就构成了 224 种颜色的“真彩色”图像。

图像的分辨率和像素位的颜色深度决定了图像文件的大小，计算公式为：

列数×行数×颜色深度÷8=字节数

例如：一个分辨率为 640×480 像素的“24 位真彩色”图像所占的存储空间为：

640×480×24÷8≈1MB

因此，数字化后的图像数据量非常大，必须采用编码技术来压缩信息，它是对图像进行存储、传输的关键。

8.3.4　视频信息的数字化

数字视频具有适合于网络使用、可以不失真地无限次复制、便于计算机进行编辑处理等优点，因而得到了广泛的应用。而对于模拟视频信号，计算机要处理和显示这类视频信号必须进行视频数字化。

视频信号的数字化和音频信号的数字化是相似的，在一定的时间内以一定的速度对每帧视频信号进行采样、量化、编码等过程，实现模拟到数字的转换、彩色空间变换和编码压缩等，这可通过视频捕捉卡和相应的软件来实现。

视频信号在数字化后如果不加以压缩，数据量的大小是每幅图像的数据量乘以帧速。例如，在计算机上连续显示分辨率为 1 280×1 024 的 24 位真彩色的视频图像，按每秒钟 30 帧计算，显示 1 分钟，所占的存储空间为：

1 280（列）×1 024（行）×24（颜色深度）/8×30（帧/S）×60（S）≈6.6 GB

一张 650 MB 的光盘只能存放大约 6 秒钟的电视图像，这就带来了图像数据的压缩问题，也是多媒体技术中一个重要的研究课题。可通过压缩、降低帧速、缩小画面尺寸等来降低数据量。

8.3.5 数据压缩技术

数据压缩是通过编码技术来实现降低数据存储时所需要的空间，需要使用时，再进行解压缩。根据对压缩后的数据进行解压缩后是否能准确地恢复压缩前的数据来分类，压缩有无损和有损压缩两类。

衡量数据压缩技术好坏的指标主要有以下 4 个：

（1）压缩比要大。如 5：1，100：1

压缩比=压缩前的存储量/压缩后的存储量

（2）复原效果要好，要尽可能恢复原始数据。

（3）速度要快，即压缩和解压缩的速度，尤其是解压缩的速度更为重要，因为解压缩是实时的。

（4）开销要小，实现压缩的软、硬件开销要小。

8.3.6 视频采集与压缩

视频采集主要包括信号来源（比如摄像机、摄像头、有线电视天线等）、采集卡及相应软件。采集卡主要包括视频、音频的接口及信号采样转换、压缩芯片、与主机的接口（如 1394、PCI、USB 等）。

计算机主板一般自带声卡，可从微软的网站免费下载“Windows Media 编码器”就可以采集视频，并编码为 WMV 格式。该编码软件主要功能为：

- 采集、编码视频为 ASF、WMV 格式。
- 可以把 MP3 转换为 WMA、AVI 及 MPEG 转换为 WMV，转换的过程中可以选择适合网络带宽的码率。
- 为编码得到的视频文件编写版权信息、切入信息、切出信息、脚本命令，使分段播放视频、播放视频时访问相关文档、网页成为可能。
- 采集、转换视频的过程中，通过 HTTP 发送视频信息，供媒体服务器、其他计算机接收观看。

8.4 平面图像编辑

8.4.1 光影魔术手

光影魔术手（NEO IMAGING）是一个对数码照片画质进行改善及效果处理的软件，简单、易用，每个人都能制作精美相框、艺术照，专业胶片效果，而且完全免费。不需要任何专业的图像技术，就可以制作出专业胶片摄影的色彩效果，是摄影作品后期处理、图片快速美容、数码照片冲印整理时必备的图像处理软件。该软件工作界面如图 8-5 所示。

图 8-5　光影魔术手工作界面

1. 照片美化

光影魔术手具有影楼效果、风格化、美容、边框、水印、补光、反转片、证件照排版等功能。其中部分效果演示如图 8-6 所示。

影楼效果

风格化效果

人像美容效果

花样边框效果

图 8-6　光影魔术手部分效果演示

2. 通过批处理压缩图片大小

通常情况下，要将数码相机中的照片发到论坛或博客必须对照片的尺寸和文件的大小进行压缩。单张照片相对简单，如果要处理多张照片，可以使用批处理方式。其操作步骤如下：

（1）打开“文件”菜单中的“批处理”，在弹出的对话框中单击“照片列表”选项卡，添加需要处理的所有照片。

（2）在“自动处理功能”选项卡中，通过单击“缩放”按钮来设置照片的大小，通常边长不超过 800 像素，如果要加边框，可以将照片边长控制在 650~700 之间。

（3）在“输出设置”选项卡中选择指定路径，最好能将输出结果放到一个新的文件夹中，单击“确定”按钮，所有照片开始自动处理。

8.4.2　美图秀秀

美图秀秀是一款很好用的免费图片处理软件，在使用方面比光影魔术手简单，几乎不用学习。其独有的图片特效、美容、拼图、场景、边框、饰品等功能，加上每天更新的精选素材，可以让用户在极短的时间内做出影楼级照片。

美图秀秀的使用很简单，因此仅给出 2 个作品效果，不再对操作步骤进行介绍。美图秀秀的作品如图 8-10 所示。

I HAVE A DREAM
做一个厉害的美图达人
从现在开始.....

图 8-10　美图秀秀作品

8.4.3　Photoshop

Photoshop 是一款集图像扫描、编辑修改、图像制作、广告创意、图像输入与输出于一体的非常专业的图形图像处理软件，深受广大平面设计人员和电脑美术爱好者的喜爱。

Photoshop 的应用非常广泛，平面设计是其应用最为广泛的领域，无论是我们正在阅读的图书封面，还是大街上看到的招帖、海报，这些具有丰富图像的平面印刷品，基本上都需要 Photoshop 软件对图像进行处理。

虽然 Photoshop 主要用于平面处理，但很多三维软件的素材都是依靠它来处理的。从功能上讲，该软件可分为图像编辑、图像合成、校色调色及特效制作部分等。其工作界面如图 8-11 所示。

图 8-11　Photoshop 工作界面

对于非专业人士而言，使用 Photoshop 做平面设计和绘图确实有一定的难度，但是做一些普通的照片修复、数码照片美化以及照片合成工作是完全可以的。Photoshop 在处理数码照片方面有着极强的功能，例如可以轻松为人物瘦身、为牙齿增白等。这些操作是光影魔术手和美图秀秀难以实现的。

【例 1】雕像迁移

利用钢笔工具将雕像很精确地选取出来，迁移后再对阴影进行处理。如图 8-12 所示。

图 8-12　雕像迁移

【例 2】地面置换

地面置换为水面的操作中，需要用蒙版工具将地面遮挡起来，同时还要考虑到建筑物在水面上所产生的倒影，而且距离水面越远的地方倒影越弱，这需要用到渐变和蒙版工具，同时要考虑到由于拍摄角度所产生的倒影变形问题。如图 8-13 所示。

图 8-13　地面置换

8.5　音频视频编辑

8.5.1　音频编辑

Windows 的“录音机”程序、CollEdit 等软件，都可以录制编码声音，但录音机的编辑、处理音频的能力很弱，CollEdit 可以复制、粘贴、移动、剪辑音频，还可以进行混音、降噪等编辑加工，如图 8-16 所示。有些专业音频处理软件可以处理多达 7 个声道的音频、提供更多的编辑功能。

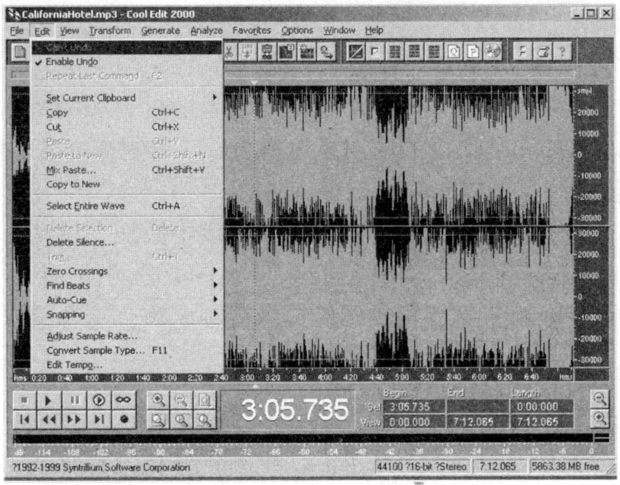

图 8-16　使用 CollEdit 编辑音频

8.5.2 视频编辑

1. Windows Movie Maker

Windows Movie Maker 是 Windows 提供的制作电影的程序。从捕获视频、编辑制作、添加特效、字幕和音效等，直到最后输出成影片，都可在一个程序中完成；也可以通过导入功能，把图片、音频、视频导入到影片中。

Movie Maker 有两种工作模式，即“情节提要”模式和“时间线”模式。

“情节提要”是 Windows Movie Maker 中的默认视图，如图 8-17 所示。可以使用情节提要视图来查看项目中剪辑的排列顺序，如果需要还可以对其进行重新排列，也可以利用此视图查看已添加的视频效果或视频过渡。

使用“时间线”查看或修改项目中剪辑的计时，更改项目视图、放大或缩小项目的细节、录制旁白或调整音频级别等。时间以小时:分钟:秒.百分秒（h:mm:ss.hs）的格式显示。选中剪辑时出现剪裁手柄，使用该手柄可以剪裁剪辑中不需要的部分，如图 8-18 所示。

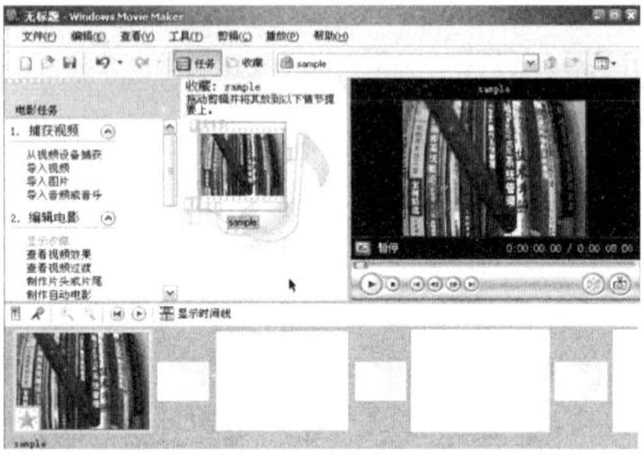

图 8-17　Windows Movie Maker 在情节提要模式

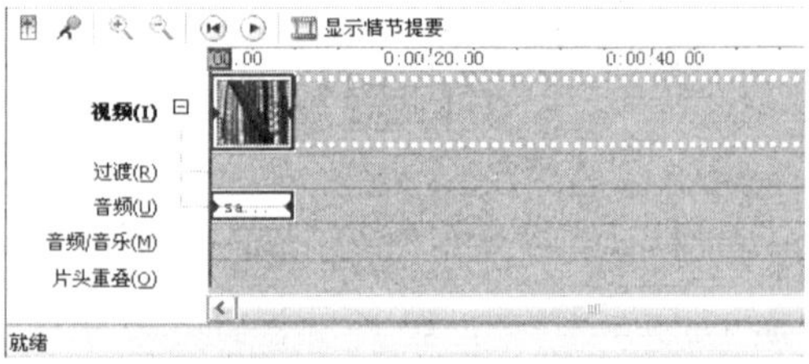

图 8-18　Windows Movie Maker 在时间线模式

2. Adobe Premiere

Premiere 是 Adobe 公司推出的基于非线性编辑设备的视音频编辑软件，已经在影视制作领域取得了巨大的成功，现在被广泛的应用于电视台、广告制作、电影剪辑等领域，成为 PC 和 MAC 平台上应用最为广泛的视频编辑软件。

Premiere 中引入了关键帧的概念，用户可以在轨道中添加、移动、删除和编辑关键帧，对于控制高级的二维动画游刃有余。将 Premiere 与 Adobe 公司的 After Effects 配合使用，更使二者发挥最大功能，主要用于将静止的图像推向视频、声音综合编辑、合成动画等。

3. Ulead Media Studio Pro

Ulead Media Studio Pro 的主要功能除音频编辑、视频编辑外，还含有 CG Infinity、Video Paint。CG Infinity 是一套矢量基础的 2D 平面动画制作软件，有移动路径工具、物件样式面板、色彩特性、阴影特色等功能。Video Paint 的特效滤镜和百宝箱功能非常强大。

4. Ulead Video Studio

Ulead Video Studio 是采用目前最流行的“在线操作指南”的步骤引导方式来处理各项视频、图像素材，它一共分为开始→捕获→故事板→效果→覆叠→标题→音频→完成等 8 大步骤，并将操作方法与相关的配合注意事项，以帮助文件显示出来称之为“会声会影指南”。

Ulead Video Studio 提供了 12 类 114 个转场效果，可以用拖曳的方式，可以方便的在影片中加入字幕、旁白或动态标题的文字功能。该软件输出方式也多种多样，它可输出传统的多媒体电影文件，例如 AVI、FLC 动画、MPEG，也可将制作完成的视频嵌入贺卡，生成一个.exe 格式的可执行文件。

8.6　本章小结

本章主要讲解了多媒体技术的基本知识、多媒体计算机系统、多媒体信息的数字化和压缩技术、音频视频编辑。通过本章的学习，读者应了解多媒体技术的概念、类型，掌握多媒体计算机的主要硬件和软件系统，了解音频信息、数字音频的技术指标、图像的数字化、视频信息的数字化、数据压缩技术、视频采集与压缩、音频编辑和视频编辑等方面的相关知识；熟悉利用光影魔术手、美图秀秀和 Photoshop 等进行图片的编辑。

习题 8

一、填空题

1. 在工程制图软件 AUTOCAD 中，计算机使用指令或数学公式来描述一幅图像，而不是使用像素。如使用圆心坐标和半径及填充颜色来描述一个实心圆。以这种形式存储的图像称为__________。

2. 假设有一段信息为 cccceeeeeffffffffcchhhhhhhhhsssssddddddddeeeee。该信息经过行程编码后为，压缩比为__________。

3. 图像压缩和解压缩方法有多种，比较具有权威的压缩/解压缩技术是__________。

二、选择题

1. Windows 中最常用的图像文件格式是______。

A．WAV　　B．BMP　　C．PCX　　D．TIFF

2. 频响范围是耳机的性能指标之一，好的耳机是全频的，即可以还原人耳所能听见的所有音频。这一范围是______。

A．20 Hz~100 Hz　　B．80 Hz~3 400 Hz

C．20 Hz~20 KHz　　D．0 Hz~20 Hz

3. 图像按颜色数目分有彩色图像、灰度图像和单色图像。单色图像是指______。

A．只有亮度的图像　　B．只有黑色和白色的图像

C．饱和度低的图像　　　　D．只有两种颜色的图像

4．使用 8 个二进制位存储颜色信息的图像能够表示______种颜色。

A．8　　　　B．128　　　　C．256　　　　D．512

三、操作题

1．打开 Windows 自带的录音机，以 22.05 KHz 的采样频率录制一段 20 秒的单声道的音频，将采样频率改为`44.1 KHz 再录制一遍。比较两次录音的声音质量。

2．使用画图工具，画出如下 3 个颜色的圆形：

颜色 1：RGB（211，100，35）；

颜色 2：RGB（125，126，128）；

颜色 3：RGB（15，200，255）。

要求：三个圆形的大小为 70×70 像素，最终的文件以 bmp 形式保存，大小为 450×500，颜色为 256 色。